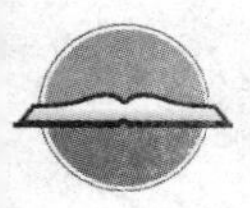

全国高等院校“十二五”规划教材
农业部兽医局推荐精品教材

新编
动物传染病学

【兽医及相关专业】

李清艳　主编

中国农业科学技术出版社

图书在版编目（CIP）数据

新编动物传染病学／李清艳主编．—北京：中国农业科学技术出版社，2012.8

ISBN 978－7－5116－0959－5

Ⅰ.①新…　Ⅱ.①李…　Ⅲ.①兽医学－传染病学　Ⅳ.①S855

中国版本图书馆CIP数据核字（2012）第124753号

责任编辑　闫庆健　胡晓蕾
责任校对　贾晓红

出 版 者　中国农业科学技术出版社
北京市中关村南大街12号　邮编：100081
电　　话　(010)82106632(编辑室)(010)82109704(发行部)
(010)82109709(读者服务部)
传　　真　(010) 82106632
网　　址　http://www. castp. cn
经 销 者　各地新华书店
印 刷 者　北京科信印刷有限公司
开　　本　787 mm×1 092 mm　1/16
印　　张　16. 375
字　　数　402 千字
版　　次　2012年8月第1版　2012年8月第1次印刷
定　　价　30. 00元

《新编动物传染病学》编委会

主　　编　李清艳

副 主 编　刘秀清　赵香汝　程泽华　杨晓花

参 编 者（以姓氏笔画为序）

王红戟（云南农业职业技术学院）

刘　刚（唐山职业技术学院）

刘秀清（青海畜牧兽医职业技术学院）

刘明春（广西柳州畜牧兽医学校）

李清艳（河北农业大学）

张　铁（河北农业大学）

杨晓花（云南农业职业技术学院）

赵香汝（河北北方学院）

耿梅英（河北农业大学）

程泽华（山西农业大学太原畜牧兽医学院）

翟新国（河北工程大学）

序

中国是农业大国，同时又是畜牧业大国。改革开放以来，我国畜牧业取得了举世瞩目的成就，已连续20年以年均9.9%的速度增长，产值增长近5倍。特别是“十五”期间，我国畜牧业取得持续快速增长，畜产品质量逐步提升，畜牧业结构布局逐步优化，规模化水平显著提高。2005年，我国肉、蛋产量分别占世界总量的29.3%和44.5%，居世界第一位，奶产量占世界总量的4.6%，居世界第五位。肉、蛋、奶人均占有量分别达到59.2千克、22千克和21.9千克。畜牧业总产值突破1.3万亿元，占农业总产值的33.7%，其带动的饲料工业、畜产品加工、兽药等相关产业产值超过8 000亿元。畜牧业已成为农牧民增收的重要来源，建设现代农业的重要内容，农村经济发展的重要支柱，成为我国国民经济和社会发展的基础产业。

当前，我国正处于从传统畜牧业向现代畜牧业转变的过程中，面临着政府重视畜牧业发展、畜产品消费需求空间巨大和畜牧行业生产经营积极性不断提高等有利条件，为畜牧业发展提供了良好的内外部环境。但是，我国畜牧业发展也存在诸多不利因素。一是饲料原材料价格上涨和蛋白饲料短缺；二是畜牧业生产方式和生产水平落后；三是畜产品质量安全和卫生隐患严重；四是优良地方畜禽品种资源利用不合理；五是动物疫病防控形势严峻；六是环境与生态恶化对畜牧业发展的压力继续增加。

我国畜牧业发展要想改变以上不利条件，实现高产、优质、高效、生态、安全的可持续发展道路，必须全面落实科学发展观，加快畜牧业增长方式转变，优化结构，改善品质，提高效益，构建现代畜牧业产业体系，提高畜牧业综合生产能力，努力保障畜产品质量安全、公共卫生安全和生态环境安全。这不仅需要全国人民特别是广大畜牧科教工作者长期努力，不断加强科学研究与科技创新，不断提供强大的畜牧兽医理论与科技支撑，而且还需要培养一大批掌握新理论与新技术并不断将其推广应用的专业人才。

培养畜牧兽医专业人才需要一系列高质量的教材。作为高等教育学科建设的一项重要基础工作——教材的编写和出版，一直是教改的重点和热点之一。为了支持创新型国家建设，培养符合畜牧产业发展各个方面、各个层次所需的复合型人才，中国农业科学技术出版社积极组织全国范围内有较高学术水平和多年教学理论与实践经验的教师精心编写出版面向21世纪全国高等农林院校，反映现代畜牧兽医科技成就的畜牧兽医专业精品教材，并进行有益的探索和研究，其教材内容注重与时俱进，注重实际，注重创新，注重拾遗补缺，注重对学生能力、特别是农业职业技能的综合开发和培养，以满足其对知识学习和实践能力的迫切需要，以提高我国畜牧业从业人员的整体素质，切实改变畜牧业新技术难以顺利推广的现状。我衷心祝贺这些教材的出版发行，相信这些教材的出版，一定能够得到有关教育部门、农业院校领导、老师的肯定和学生的喜欢。也必将为提高我国畜牧业的自主创新能力和增强我国畜产品的国际竞争力作出积极有益的贡献。

国家首席兽医官
农业部兽医局局长

二〇〇七年六月八日

前　言

《动物传染病学》一书自2008年2月出版以来，经过2次印刷，深受广大读者欢迎。由于科学技术的不断进步，近年来国内外对动物传染病的研究也有了不少新的进展。为此，本书编写组在原教材基础上进行了全面修订。

新版教材基本保持原有教材的总体框架不变，只进行部分改进和完善。既保持原有教材重视基本理论、基本知识、基本技能，突出重点、强化应用的特点，又兼顾了先进性和创新性，借鉴并汲取其他教材的优点和长处，使本教材在内容和形式上更科学、更系统、更实用。

新版教材的总体框架仍保持总论、各论和实践技能训练三大部分，总论部分为第一章和第二章，论述动物传染病发生和流行的基本规律以及防制措施；各论部分为第三章至第七章，涵盖了人畜共患、猪、禽、牛、羊、犬、猫、兔等多种动物的80多传染病，以国内常见的传染病为重点，也包括新发现的和一些危害大而国内尚未发现的传染病，系统阐述了其病原学、流行病学、临床症状、病理变化、诊断方法和防制措施；实践技能训练共包括15个实验项目，内容主要介绍重要传染病的诊断和防疫操作技术。

新版教材在每个传染病后都附有若干个思考题，便于学生学习、思考。第四章猪的传染病中新增了副猪嗜血杆菌病，实训十二猪瘟的诊断与检测增加了猪瘟间接血凝试验，在第三章到第七章动物传染病的诊断中适当增加了疾病鉴别诊断的内容，以方便学生学习。

本书编写组在原编写组的基础上由下列同志完成（按姓氏笔画为序）：王红戟（云南农业职业技术学院）、刘刚（唐山职业技术学院）、刘秀清（青海畜牧兽医职业技术学院）、刘明春（广西柳州畜牧兽医学校）、李清艳（河北农业大学）、张铁（河北农业大学）、杨晓花（云南农业职业技术学院）、赵香汝（河北北方学院）、耿梅英（河北农业大学）、程泽华（山西农业大学太原畜牧兽医学院）、翟新国（河北工程大学）。具体分工如下：

绪论、第一章、第二章　李清艳

第三章　刘明春　杨晓花

第四章　赵香汝　王红戟

第五章　程泽华　耿梅英

第六章　刘秀清

第七章　翟新国

实践技能训练　张铁、刘刚

由于水平有限，书中一定还有不少错误之处，恳请广大读者批评指正。

编　者

2012 年 5 月

目　　录

绪　论

动物传染病是养殖业危害最严重的一类疾病，它不仅能造成大批动物死亡和动物性产品的损失，影响人们生活和对外贸易，而且某些人畜共患的传染病还能给人们健康带来严重威胁。尤其是现代化的养殖业，畜禽饲养高度集中，调运移动频繁，更易受到传染病的侵袭，因此，对动物传染病的防制研究历来受到世界各国的重视。

一、动物传染病学的概念

动物传染病学是研究动物传染病发生和发展的规律以及预防、控制和消灭这些传染病的方法的科学，是兽医科学的重要预防兽医学科之一。

动物传染病学一般可分为总论和各论两大部分，总论部分是本课程的主要基础理论，主要介绍动物传染病发生和发展的一般规律，以及预防和消灭传染病的一般性措施；各论部分主要介绍各种动物传染病的分布、病原、流行病学、临床症状、病理变化、诊断和防制等。只有掌握动物传染病学的基本理论和基本技能，才能更好地预防、控制和消灭动物传染病。

动物传染病学以兽医微生物学和免疫学、动物病理学、兽医药理学、临床诊断学、兽医流行病学、兽医公共卫生学和生物统计学等学科为基础，并与其他学科在理论和实践方面有着广泛而密切的联系。特别是兽医微生物学和免疫学是研究病原体的生物学特性以及在感染过程中病原微生物与动物机体的相互关系（感染与免疫）等问题的学科，与动物传染病学的关系最为密切。随着现代生物技术的迅速发展，基因工程与本课程的关系也越来越密切。动物传染病的病原诊断、免疫预防均需要应用兽医微生物学、免疫学和基因工程等课程的理论和技术。

二、动物传染病防制研究成就

动物传染病的防制在兽医科学技术研究中居首要位置，动物传染病的控制和消灭程度，是衡量一个国家兽医事业发展水平的重要标志，也代表一个国家的文明程度和经济发展实力。近二十年来，中国重大动物传染病的防制取得显著进展，继1956年宣布消灭牛瘟之后，1996年又宣布彻底消灭牛肺疫。不同程度地控制了猪瘟、鸡新城疫、禽流感、马传染性贫血、马鼻疽、绵羊痘、山羊传染性胸膜肺炎、牛副结核病、牛羊布鲁氏菌病和气肿疽、兔病毒性出血症等一些严重危害畜牧业生产和人民身体健康的畜禽传染病，显著地减少了炭疽和猪丹毒等病的发生，为中国畜牧业的快速发展作出了重大的贡献。

新中国成立以来，先后研制了几十种疫苗，马传染性贫血弱毒疫苗、猪瘟兔化弱毒疫苗和兔病毒性出血症疫苗均居世界领先水平，对控制疫病的发生和流行起了决定性的作用。预防猪大肠杆菌病的基因工程疫苗和伪狂犬病基因缺失疫苗，已被广泛应用。口蹄疫、猪瘟、狂犬病、马立克氏病等的基因工程疫苗的研制，亦已取得较大的进展。此外，对布鲁氏菌病、牛流行热、绵羊痘和山羊痘、牛病毒性腹泻-黏膜病、牛白血病、蓝舌病、猪丹毒、猪肺疫、猪气喘病、猪萎缩性鼻炎等传染病的免疫预防及诊断技术进行了系统研究，取得了前所未有的成果。

近年来，对马传染性贫血、猪瘟、布鲁氏杆菌病等10多种疫病开展了单克隆抗体、核酸探针和PCR诊断技术，在生产实践中取得了可喜成绩。对新城疫、传染性法氏囊病、马立克氏病、传染性支气管炎，产蛋下降综合征等病原的研究，已深入到分子生物学领域，包括病毒载体的构建，有关免疫原性基因的分离、克隆和表达，基因表达产物的生物学功能研究，以及酶切图谱分析和核酸序列测定等。另外，猪瘟病毒、新城疫病毒、传染性法氏囊病毒和传染性支气管病毒的遗传变异和分子流行病学研究作为国家自然科学基金重点项目已取得突破性进展。

动物防疫法规是做好动物传染病防制工作的法律依据，经济发达国家都十分重视兽医法规的制定和实施。1985年国务院颁发的《家畜家禽防疫条例》和1991年全国人民代表大会常务委员会通过并予公布的《中华人民共和国进出境动植物检疫法》将我国动物传染病的防制工作推向了法制轨道。1997年经全国人民代表大会常务委员会通过的《中华人民共和国动物防疫法》已于1998年1月正式实施，其配套实施细则也已出台。这些法律法规是中国开展动物传染病防制研究工作的有效依据，认真贯彻实施这些法律法规将有效提高我国防疫灭病工作的水平。

三、中国动物传染病流行现状

随着中国畜牧业生产的高速发展，特别是规模化、集约化养殖业的发展，致使动物传染病的发生和流行在一定程度上更加复杂化。目前动物传染病的流行呈现3个明显的特征。

1. 多重感染普遍 在生产实际中常见很多病例是由两种或两种以上病原微生物对同一动物机体产生致病作用。并发病、继发感染和混合感染的病例上升，特别是一些条件性、环境性病原微生物所致的疾病。如猪瘟病毒与沙门氏菌、多杀性巴氏杆菌、猪肺炎支原体等多重感染，猪繁殖与呼吸综合征病毒与圆环病毒、伪狂犬病病毒、猪瘟病毒、流感病毒等多重感染，猪链球菌与沙门氏菌、附红细胞体等多重感染，新城疫病毒与传染性法氏囊病毒、传染性支气管炎病毒、大肠杆菌、败血支原体等多重感染等。这些多病原的多重感染导致病情复杂、诊断困难、防治效果不佳。

2. 疾病非典型化和病原出现新的变化 在疫病流行过程中，由于病原的毒力变异、抗原结构变异、血清型复杂多变和动物群体免疫水平不高，导致某些疫病发生非典型感染，原有的旧病常以新的面貌出现。如非典型猪瘟和非典型新城疫常有发生；马立克氏病毒超强毒株和传染性法氏囊病毒变异株引起的疾病显著增多；传染性支气管炎呼吸型较少见，而肾病变型和腺胃型显著增多；猪链球菌病的病原过去以C群兽疫链球菌为主，近年发现2型链球菌对猪的危害甚大，而且感染人类，甚至引起死亡。这些新情况经常导致诊断误差和免疫失败，使防疫工作陷于被动。

3. 新传染病增多 由于缺乏有效的监测手段和配套措施，以致从国外引进种畜、种禽和动物产品时引进了一些新病，如禽流感、鸡传染性贫血、禽网状内皮组织增殖症、产蛋下降综合征、马立克氏病、传染性法氏囊病、猪萎缩性鼻炎、猪密螺旋体痢疾、猪传染性胸膜肺炎、猪繁殖与呼吸综合征、猪圆环病毒感染、猪伪狂犬病、猪细小病毒感染、猪传染性胃肠炎、猪流行性腹泻、牛蓝舌病、赤羽病、牛黏膜病、牛传染性鼻气管炎、绵羊痒病、山羊病毒性关节炎-脑炎和梅迪-维斯纳等多种传染病传入我国，并且造成流行暴发，经济损失惨重，埋下了极为严重的隐患。另一些病是我国新发现的，如兔病毒性出血症、番鸭细小病毒病、鹅的禽副黏病毒病、小鹅瘟等。这些新病有些已在我国大范围流行或局部地区出现，必须引起高度重视。

四、动物传染病防制研究的发展方向

动物防疫是发展畜牧业成败的关键，因此，加强动物传染病的防制研究工作是当务之急。其总体目标是贯彻预防为主的方针，努力提高基础研究、应用研究的总体水平，加快成果转化程度，缩短与发达国家先进水平的差距。

1. 基础研究　我国动物传染病防制研究虽已取得了巨大进展，但还远远不能适应畜牧业快速发展的需要，一些重大传染病病原的生态学、分子流行病学及致病机理和免疫机理的研究一直是薄弱环节，尤其是对其流行规律、病原体的变异情况及变异规律、同一传染病不同来源的病原在毒力、血清型、抗原性、免疫原性等方面的差异还没有充分掌握，这种状况直接导致了我国动物传染病防制工作的盲目性和低水平。因此，对一些重要传染病，如口蹄疫、猪瘟、新城疫、传染性法氏囊病和传染性支气管炎等，应进一步进行分子病原学和流行病学研究，开展病原微生物的基因结构分析、遗传变异规律和耐药性机理及免疫原性分析，以探明目前一些重要传染病免疫保护和治疗效果欠佳的原因，同时为选择疫苗种毒、提高疫苗效力、筛选新型兽药、研制和开发新疫苗提供依据。建立较完整的疫病流行病学数据库和流行趋势计算机模拟预测模型，开展动物传染病发病和免疫机理的研究，为免疫防制提供科学依据。

现有疫苗普遍存在保存期短，保存条件要求高，稳定性差，病毒疫苗的病毒滴度不高，多联苗、多价苗生产水平低等问题。因此，需要研制能适应变异性强、型别多的多价疫苗，能够在有限的免疫制剂体积内容纳多种足量抗原；研制有效的抗原保护剂、稀释剂、佐剂和免疫增强剂，以提高疫苗的稳定性，简化保存条件，延长保存期和免疫期，加快更新换代，不断发展和提高我国生物制品产业的水平。这些都需要在针对性很强的基础性研究方面加快步伐，才能有效地取得突破性的进展。

2. 应用研究　动物传染病防制的应用研究应立足于解决动物疫病防制中的关键技术问题，当前应着重研究我国各地不同规模化、集约化养殖条件下动物疫病的防制体系，包括主要疫病疫情的监测预报、免疫程序、疫病净化、环境卫生监测和消毒以及各种防疫卫生配套措施。同时还应研究制定符合我国国情的、达到国际标准的诊断技术，使现有的抗原生产标准化、诊断试剂标准化、种毒标准化、生物制剂生产工艺和监测方法标准化，加快新技术开发及推广应用。

第一章

动物传染病的感染与流行

第一节　感染和感染的类型

（一）感染

病原微生物侵入动物机体，并在一定的部位定居，生长繁殖，从而引起机体一系列病理反应，如发热、黄疸、水肿、出血、变性、坏死等，这个过程称为感染。动物感染病原微生物后会有不同的临床表现，从没有任何临床症状到有明显症状甚至死亡。这种不同的临床表现称为感染梯度。这种现象不仅取决于病原微生物的致病力和毒力，还与动物的遗传易感性、机体的免疫状态以及环境因素有关。

动物对某一病原微生物没有免疫力（即没有抵抗力）叫做有易感性。病原微生物只有侵入有易感性的动物机体才能引起感染过程。多数情况下，病原微生物侵入具有高度免疫力的机体后，能迅速被机体的防御机能排除或消灭，从而不出现可见的病理变化和临床症状，这种情况下不能引起感染，这种状态称为抗感染免疫。

（二）感染的类型

病原微生物的感染与动物机体抗感染的矛盾运动是受多方面因素制约的。因此，感染过程表现出各种形式或类型。从不同角度来分析，可将感染分为以下几种类型。

1. 外源性感染和内源性感染　是按病原微生物的来源来分的。病原微生物从外界侵入机体引起的感染过程，称为外源性感染，大多数传染病属于这一类。存在于动物体内的条件性病原微生物，在正常情况下，并不表现其致病性。当受到不良因素的影响，致使动物机体抵抗力下降时，可引起病原微生物的活化、增殖、毒力增强，最后引起动物机体发病，这种感染称为内源性感染，或称条件性感染。巴氏杆菌、支原体、沙门氏菌、链球菌等均能引起内源性感染。

2. 单纯感染和混合感染　是按感染病原微生物的种类来分的。由一种病原微生物引起的感染，称为单纯性感染，大多数传染病是由一种病原微生物引起的。由两种或两种以上的病原微生物同时引起的感染，称为混合性感染。混合感染可以是细菌与细菌、病毒与病毒或细菌与病毒。

3. 原发感染和继发感染　是按感染病原微生物的先后来分的。动物机体最初感染了一种病原微生物之后，又由新入侵的或原来存在于体内的另一种病原微生物引起的感染，称为继发感染。而最初的一种病原微生物引起的感染称为原发感染。

混合感染和继发感染使临床表现严重而复杂，给传染病的诊断和防治带来很大的困难。

4. 局部感染和全身性感染　是按感染部位来分的。病原微生物局限在一定部位生长繁殖，引起一定病变的感染称局部感染。如果动物机体抵抗力较弱时，病原微生物突破了机体的各种防御屏障侵入血液向全身扩散，引起感染的全身化，称全身性感染，其表现形式主要有菌血症、病毒血症、毒血症、败血症、脓毒血症、脓毒败血症等。

5. 显性感染和隐性感染　是按感染后是否出现明显的临床症状来分的。当机体抵抗力相对地比较弱时，病原微生物侵入机体后，动物呈现出该病特有的明显的临床症状，称为显性感染。如果机体具有一定程度的免疫力，或病原微生物毒力较弱、数量较少时，则不出现任何临床症状而呈隐蔽经过，称为隐性感染。这些隐性感染的动物虽然外表一切正常，但体内可呈现一定的病理变化，它们能向外散播病原微生物，因此，只有用微生物学和血清学方法才能检查出来。显性感染随着机体抵抗力的提高可能转变为隐性感染，隐性感染在机体抵抗力降低时也能转变为显性感染。

开始症状轻，特征症状未出现即康复的叫消散型或一过型感染；开始症状重，但特征症状尚未出现即迅速消退，恢复康复，称顿挫型感染。这是一种病程缩短而没有表现出该病主要症状的轻症病例，常见于流行的后期。还有一种临床表现比较缓和的类型，称为温和型感染。

6. 典型感染和非典型感染　均属显性感染。在感染过程中表现出该病特征性（有代表性）临床症状者，称为典型感染。缺乏该病特征性临床症状者，称为非典型感染。

7. 最急性、急性、亚急性和慢性感染　是按感染后病程的长短来分的。传染病病程的长短取决于机体抵抗力和病原微生物的致病力等因素。最急性型病程短促，常在数小时或一天，症状和病变不显著而突然死亡，如发生羊炭疽、禽霍乱、猪肺疫、羊快疫、兔病毒性出血症等病时，有时可见这种病型，该病型常见于疾病流行初期。急性型病程较短，几天至1~2周，伴有明显临床症状和病理变化，如猪瘟、口蹄疫、猪丹毒、鸡新城疫等主要表现为这种病型。亚急性型病程稍长，可达3~4周，症状不如急性型显著而比较温和，如疹块型猪丹毒。慢性型病程发展缓慢，可持续1个月以上，症状不明显或不表现出来，如结核病、布氏杆菌病、猪支原体肺炎、鸡败血支原体感染等均以慢性病例为主。

8. 良性感染和恶性感染　是按病情的严重程度来分的。病死率的高低是判定传染病严重程度的主要指标。如果该病不引起患病动物大批死亡，称良性感染。引起大批死亡则称为恶性感染。机体抵抗力减弱或病原微生物毒力增强等都是发生恶性感染的原因。

9. 病毒的持续性感染和慢病毒感染　持续性感染是指动物长期持续的感染状态。由于入侵的病毒不能杀死宿主细胞而形成病毒与宿主细胞之间的共生平衡，感染动物可长期或终生带毒，而且经常或反复不定期地向外排毒，但常缺乏临床症状。慢病毒感染，又叫长程感染，是指潜伏期长，发病呈进行性且最后常以死亡而告终的病毒感染。慢病毒感染可分为2类：一类是反转录病毒科慢病毒属的病毒，如梅迪-维斯那病毒、山羊关节炎-脑炎病毒、人免疫缺陷性病毒等；另一类是亚病毒中的朊病毒，如引发牛海绵状脑病、绵羊痒病等的病毒。

第二节　传染病的发生及其特征

（一）传染病发生的条件

凡是由病原微生物引起，具有一定的潜伏期和临床症状，并具有传染性的疾病，称为传染病。传染病是感染过程的一种表现，传染病的发生必须具备3个基本条件。

1. 具有一定数量和足够毒力的病原微生物以及适宜的入侵门户 引起传染病的病原微生物叫“病原体”，病原体在感染过程中的作用，主要是因为它具有致病力。同一病原微生物不同毒（菌）株，其致病力不一样。没有病原微生物，传染病就不可能发生。病原微生物侵入易感动物的门户一般经消化道、呼吸道、皮肤黏膜、创伤或泌尿生殖道等。病原微生物侵犯机体时，不仅需要一定的毒力，也需要足够的数量，同时还必须有适宜的侵入机体的部位。如果毒力强，但数量过少，或入侵部位不适宜，一般也不能引起传染病。

2. 具有对该传染病有易感性的动物 机体状态对传染病的发生起着决定性作用。如果机体易感性强（抵抗力弱），病原微生物就会突破机体的各种防御屏障，进而在体内大量地生长繁殖，为传染病的发生创造有利因素；相反，机体易感性弱（抵抗力强），病原微生物就难以发挥它的致病作用，传染病就不会发生。机体易感性的强弱与畜禽年龄、营养水平、生理机能和免疫状态有密切关系。

3. 具有可促使病原微生物侵入易感动物机体的外界环境 外界环境不仅影响病原微生物的生命力和毒力、影响动物机体的易感性，而且还影响病原微生物接触和侵入易感动物的可能和程度。为了有效地预防和控制传染病的发生和流行，必须改善外界环境。

（二）传染病的特征

传染病的表现虽然多种多样，但亦具有一些共同特性，根据这些特性可将其与非传染病相区别。

1. 传染病是由病原微生物与机体相互作用引起的 每一种传染病都有其特异的致病性微生物存在，如新城疫是由新城疫病毒引起的，没有新城疫病毒就不会发生新城疫。

2. 具有一定的潜伏期和特征性的临床表现 大多数传染病都具有特征性的综合症状和一定的潜伏期以及病程经过。

3. 传染病具有传染性和流行性 从患病动物体内排出的病原微生物，侵入另一有易感性的健康动物，并出现同样的临床症状，这种特性叫做传染性。像这样使疾病从患病动物传染给健康动物的现象，是传染病区别于非传染病的一个重要特征。在适宜的环境条件下，在一定时间内，某一地区易感动物群体中可能有许多动物被感染，致使传染病蔓延散播，形成流行，这种特性叫做流行性。

4. 感染动物发生特异性反应 在感染发生过程中由于病原微生物的抗原刺激作用，机体发生免疫生物学的改变，产生致敏淋巴细胞、抗体和变态反应等。这种改变可以用血清学方法和变态反应等特异性反应检查出来。

5. 耐过动物获得特异性免疫 动物耐过传染病后，在多数情况下均能产生特异性免疫，使机体在一定时期内或终生不再患该种传染病。因此，传染病可以通过免疫接种来预防。

第三节 传染病病程的发展阶段

传染病的病程发展过程在多数情况下具有严格的规律性，一般可以分为4个阶段，即潜伏期、前驱期、明显期和转归期。

1. 潜伏期 从病原微生物侵入机体并进行繁殖时起，直到疾病的一般性临床症状开始出现为止，这段时间称为潜伏期。不同的传染病由于病原微生物的种类、毒力、数量、侵入机体的途径和部位不同，其潜伏期长短有很大的差异。即使同一种传染病，由于动物的种属、品种或个体易感性的差异，潜伏期的长短也有很大的变动范围（表1-1）。但相对来讲，还是有一定的规律性。一般来说，急性传染病的潜伏期较短，差异范围较小；慢性传染病以及症状不很显著的传染病其潜伏期较长，差异范围也较大，常不规则。同一种传染病潜伏期短促时，疾病经过常较严重；反之，潜伏期延长时，病程也常较轻缓。处于潜伏期的动物虽然带有病原体并可排出病原体，但由于没有临床症状，很难发现甚至被忽视。从流行病学的观点看来，它们可能是重要的传染来源，故对这些动物应引起高度重视。了解各种传染病的潜伏期对于传染病诊断、鉴别症状类似的疾病、确定传染病的检疫期和封锁期、分析传播媒介、控制传染源、制定防疫措施有着重要的实践意义。

表1-1　常见动物传染病的潜伏期

病名	最短	最长	平均
口蹄疫	14~16h	11d	2~4d
狂犬病	1周	1年以上	2~8周
布鲁氏菌病	5~7d	2个月以上	2周
结核	1~2周	数月	1~2周
炭疽	数小时	14d	1~5d
破伤风	1d	1个月以上	1~2周
猪瘟	2d	3周	1周
猪繁殖与呼吸综合征	3d	4周	2周
猪伪狂犬病	36h	10d	3~6d
猪肺疫	3~5d	2周	1~3d
仔猪副伤寒	3d	1个月	1~2周
猪支原体肺炎	3~5d	1个月	1~2周
新城疫	2d	15d	3~5d

2. 前驱期　从出现疾病的最初症状开始，到传染病的特征症状刚一出现为止这段时间为前驱期。是疾病的征兆阶段，其特点是临床症状开始出现，但该病的特征性症状仍不明显。在这个时期，多数传染病仅可察觉出疾病的一般症状，如体温升高、食欲减退、精神异常等。各种传染病和各个病例的前驱期长短不一，通常只有数小时至一两天。

3. 明显期　前驱期之后，疾病的特征症状明显地表现出来，是疾病发展到高峰的阶段。这个阶段很多有代表性的特征性症状相继出现，在诊断上比较容易识别。

4. 转归期　疾病进一步发展到最后结局的时期为转归期。如果病原微生物致病性增强，或动物体的抵抗力减弱，则感染过程以动物死亡为转归。如果加强饲养管理，增强机体防御机能，及时治疗护理，免疫接种，则体内的病理变化逐渐减弱，正常的生理机能逐步恢复，临床症状逐渐消退，机体便逐步恢复健康。应注意的是有些动物机体在临床症状消失后一定时间内仍然携带病原体，随时可能向外排出病原体。

第四节 动物传染病流行过程的基本环节

病原微生物从传染源排出，经过一定的传播途径，侵入新的易感动物而形成新的感染，如此连续地发生、发展构成流行。传染病的流行过程是指传染病在动物群中发生、发展和终止的过程。简单地说，就是从个体感染发病到群体发病的过程。

传染病在动物群中蔓延流行，必须具备3个基本环节，即传染源、传播途径和易感动物。掌握流行过程的这3个基本环节，有助于制订正确的防疫措施，控制传染病的蔓延和流行。

（一）传染源

传染源亦称传染来源，是指有病原体寄居、生长、繁殖，并能排出体外的动物机体。外界环境因素不适合病原体的长期生存和繁殖，也不能持续排出病原体，因此不能视为传染源。具体来说，传染源就是受感染的动物，主要包括患病动物和病原携带者。正确地认识传染源，以便及时发现传染源，及早控制传染源，尽快消灭传染源，防止疫病扩散。

1. 患病动物 患病动物是重要的传染源。不同病期的患病动物，其作为传染源的意义也不相同。前驱期和症状明显期的患病动物因能排出病原体且具有症状，尤其是在急性过程或病情严重阶段，可排出大量毒力强大的病原体，因此作为传染源的作用最大。潜伏期和恢复期的患病动物是否具有传染源的作用，则随病种不同而异。

患病动物能排出病原体的整个时期称为传染期。不同传染病的传染期长短不同，各种传染病的隔离期就是根据传染期的长短来制定的。为了控制传染源，原则上对患病动物应隔离至传染期终了为止。

2. 病原携带者 又称带毒者或带菌者，指外表没有任何症状但携带并能排出病原体的动物。病原携带者排出病原体的数量一般不如患病动物，但由于缺乏症状，不易被发现，因而是更危险的传染源。检疫不严时，常随动物运输等方式而散播到其他地区，构成新的传染和流行。病原携带者通常具有间歇排毒（菌）的特性，只有反复多次的病原学检查均为阴性时才能排除这种带毒（菌）状态。消灭和防止引入病原携带者是传染病防制中艰巨的任务之一。病原携带者可分为以下3种类型。

（1）*潜伏期病原携带者* 指病原微生物侵入机体后至临床症状出现之前已能排出病原体的动物。在这段时间，多数传染病不具备向外排出病原微生物的条件，但有少数传染病，如猪瘟，感染猪在出现临床症状前即可从口、鼻及泪腺分泌、尿和粪便中排毒，此时就有传染性了。

（2）*恢复期病原携带者* 指临床症状消失后仍能排出病原体的动物。一般说来，这个时期的传染性逐渐减小或已没有传染性了。但不少传染病，随着机体抗病能力的增强，外表症状逐渐消失，体内的病原微生物尚未彻底清除，在临床症状消失后的一定时期仍能向外排出病原体，仍然具有传染性。如急性传染病猪瘟病愈后3个月内，仍能排毒；传染性喉气管炎，2%康复鸡可带毒，时间可长达2年；传染性支气管炎病鸡康复后可带毒49d；慢性传染病如猪支原体肺炎、鸡败血支原体感染等，带毒时间可达数月或数年。

（3）*健康病原携带者* 指过去未患过某种传染病，但却能排出该种病原体的动物。一般认为这是隐性感染的结果，通常只有靠实验室方法才能检查出来。如鸡携带沙门氏菌、水禽携带禽流感病毒等现象为数众多，有时可成为重要的传染源。

（二）传播途径

病原体由传染源排出后，经过一定的方式再侵入其他易感动物所经过的途径称作传播途径。针对不同的传播途径，采取相应的措施，防止疫病在易感动物群中扩散和传播，这是防制动物传染病的重要环节之一。

传染病的传播途径可分水平传播和垂直传播两大类。

1. 水平传播　是指传染病在群体之间或个体之间以水平形式横向平行传播，包括直接接触传播和间接接触传播两种方式。

（1）*直接接触传播*　是指不需要任何外界因素参与，病原微生物由传染源通过直接接触（如舔咬、交配等）引起易感动物感染的传播方式。以直接接触为主要传播方式的传染病较少，有代表性的是狂犬病，它主要是通过狂犬病患病动物咬伤经伤口感染。由于传播途径的限制，这类传染病一般不会造成较大规模的流行，往往是一个接一个地发生，形成明显的传染锁链。

（2）*间接接触传播*　是指必须在外界因素参与下，病原微生物通过传播媒介的作用引起易感动物发生感染的传播方式。从传染源将病原微生物传播给易感动物的各种外界环境因素称为传播媒介。传播媒介可能是生物（如昆虫、鼠类等）称媒介者，也可能是无生命的物体（如空气、饲料、水源、用具等）称媒介物。大多数传染病如猪瘟、口蹄疫、新城疫、禽流感等都是以这种方式传播的。以间接接触为主要的传播方式，同时也可以通过直接接触传播的传染病称为接触性传染病。

间接接触一般通过以下几种途径传播。

① 经污染的饲料、饮水传播。以消化道为主要侵入门户的传染病如猪瘟、口蹄疫、沙门氏菌病、大肠杆菌病等，其传播媒介主要是污染的饲料和饮水。传染源的分泌物、排泄物、患病动物的尸体、脏器及污水等，污染了饲料、牧草、食槽、水槽、水池、水桶或经污染的管理用具、畜舍、车船、畜产品等污染饲料和饮水，一旦易感动物食入这种被污染的饲料或饮水便可感染发病。因此，在防疫上应特别注意防止饲料和饮水的污染，防止饲料仓库、饲料加工场、畜舍、牧地、水源的污染，并做好相应的防疫消毒卫生管理。

② 经空气传播。空气不适于任何病原微生物的生存，但可成为病原微生物在一定时间内暂时存留的环境。经空气而散播的感染主要是通过飞沫和尘埃传播的。

由于患病动物呼吸道内渗出液的不断刺激，在喷嚏或咳嗽时通过强气流把病原体和渗出液从狭窄的呼吸道喷射出去，并形成飞沫飘浮于空气中，被易感动物吸入而感染。经飞散于空气中的带有病原体的微细胞沫散播的感染称为飞沫传播，所有呼吸道传染病主要是通过飞沫传染的，如猪喘气病、猪流行性感冒、鸡传染性喉气管炎等。飞沫传播是受时间和空间限制的，从患病动物一次喷出的飞沫来说，其传播的空间不过几米，维持的时间最多只有几个小时。但由于传染源和易感动物不断转移和集散，到处喷出飞沫，所以，不少经飞沫传播的呼吸道传染病还是会引起大规模流行的。

从传染源排出的分泌物、排泄物和处理不当的动物尸体散布在外界环境（如土壤）的病原体附着物，经干燥后由于空气流动冲击，带有病原体的尘埃在空气中飞扬，被易感动物吸入引起感染称尘埃传播。尘埃传播的时间和空间范围比飞沫传播要大，可以随空气流动转移到别的地区。但实际上尘埃传播的作用比飞沫要小，因为只有少数在外界环境生存能力较强的病原体能够耐受这种干燥环境和阳光的暴晒。能借助尘埃传播的传染病有结核、痘病、炭疽等。

经空气传播的传染病因传播途径易于实现，病例常连续发生，患病动物多为传染源周围的易感动物。此类传染病传播速度快，一般以冬春季多见。病的发生常与畜舍条件、饲养密度、通风不良有关。

③经污染的土壤传播。随患病动物排泄物、分泌物或其尸体一起落入土壤而能在其中生存很久的病原微生物称为土壤性病原微生物。它所引起的传染病有炭疽、气肿疽、破伤风、恶性水肿、猪丹毒等。这些传染病的病原体对外界环境的抵抗力较强，疫区的存在相当牢固。因此应特别注意患病动物排泄物、污染的环境、物体和尸体的处理，防止病原微生物落入土壤，以免形成难以清除的持久的污染区。

④经生物媒介传播。生物媒介主要包括节肢动物、野生动物和人类。

节肢动物：虻类、螯蝇、蚊、蠓、家蝇和蜱等作为疫病的传播媒介主要是机械性传播，它们通过在病、健动物群体间的刺螯吸血而散播病原体。但有些病原微生物在感染动物前，能在一定种类的节肢动物体内进行发育、繁殖，然后通过唾液、呕吐物或粪便进入新的易感动物体内。经节肢动物传播的疫病很多，如附红细胞体病、日本乙型脑炎、炭疽等。这类传染病往往发生在节肢动物活跃的夏秋季节。

野生动物：野生动物（鼠类、野禽等）的传播可以分为两大类。一类是本身对病原微生物具有易感性，受感染后再传染给畜禽，此时野生动物实际上是起了传染源的作用。如狐、狼、吸血蝙蝠等将狂犬病传染给家畜，鼠类传播沙门氏菌病、钩端螺旋体病、布鲁氏菌病、伪狂犬病，野鸭传播鸭瘟等。另一类是本身对该病原微生物无易感性，但可机械的传播疾病，如乌鸦在啄食炭疽患病动物的尸体后从粪内排出炭疽杆菌的芽孢，鼠类可机械地传播猪瘟和口蹄疫等。

人类：饲养人员和兽医在工作中如不注意遵守防疫卫生制度，消毒不严时，容易传播病原微生物。如在进出患病动物和健畜的畜舍时可将手上、衣服、鞋底沾染的病原微生物传播给健畜。兽医的体温计、注射针头以及其他器械如消毒不严就可能成为附红细胞体、猪瘟、鸡新城疫等病的传播媒介。人也可以将带有病原的动物带入畜舍，引起疫病的发生和流行。有些人畜共患的疾病如口蹄疫、结核病、布鲁氏菌病等，人也可能作为传染源，因此结核病的患者不允许管理家畜。

2. 垂直传播 是指从母体到其后代两代之间的传播。包括以下几种方式。

（1）经胎盘传播 是指受感染的母畜将病原体经胎盘传播给胎儿的现象。经胎盘传播的疫病主要有猪瘟、猪细小病毒感染、伪狂犬病、繁殖与呼吸综合征、牛病毒性腹泻-黏膜病、蓝舌病、钩端螺旋体病、布鲁氏菌病等。

（2）经卵传播 是指由携带病原体的种禽卵子在发育过程中使胚胎受感染的现象。经卵传播的病原微生物有禽白血病病毒、禽腺病毒、鸡传染性贫血病毒、禽脑脊髓炎病毒、鸡白痢沙门氏菌、鸡败血支原体等。

（3）经产道传播 是指存在于母畜阴道和子宫颈口的病原微生物在分娩过程中造成新生儿感染的现象。经产道传播的病原微生物有大肠杆菌、葡萄球菌、链球菌、沙门氏菌和疱疹病毒等。

动物传染病的传播途径比较复杂，每种传染病都有其特定的传播途径，有的可能只有一种，有的有多种。研究和分析传染病的传播方式和传播途径，是为了采取针对性的措施切断传染源和易感动物间的联系，使传染病的流行迅速平息或终止。

（三）易感动物

易感性是指动物对某种病原微生物感受性的大小。该地区动物群体中易感个体所占的百分率，直接影响到传染病是否能造成流行和疫病的严重程度。只有动物群体中易感个体所占比例较大时，才能使传染病得以流行。影响动物易感性的因素主要有以下几个方面：

1. 内在因素　不同种类的动物对于同一种病原微生物表现的临床反应有很大的差异，这是由遗传性确定的；不同品系的动物对传染病抵抗力的遗传性差异，往往是抗病育种的结果，如通过选种培育而成的白来航鸡对雏鸡白痢有一定的抵抗力；不同年龄的动物对同一病原微生物有不同的易感性，这和动物的特异性免疫状态有关，如幼龄动物对大肠杆菌病、沙门氏菌病等的易感性较成年动物高。

2. 外在因素　传染病的流行与饲养管理条件与外界环境因素有着重要的关系，如饲料质量低下、营养缺乏、密度过大、通风不良、温度过高或过低、畜舍卫生较差、粪便处理不当、隔离检疫不严等都可促进传染病的发生和流行。

3. 特异性免疫状态　在某种传染病流行时，动物群体中易感性高的个体死亡，耐过的获得特异性免疫，致使在流行后期动物群体易感性降低，疫病流行终止。在疫病常发地区，动物的易感性很低，大多数表现为隐性感染或非典型感染，疫病流行缓慢。但无病地区，动物易感性很高，一旦被传染常呈急性暴发。对整个动物群体及时进行免疫接种，动物群体又可获得新的免疫力。在实际工作中，动物群体免疫水平越高越好，一般情况下达到70%～80%，就不可能发生大规模的暴发流行。

可见，为了预防传染病的发生，必须选择抗病能力强的优良品种、改善饲养管理条件、定期免疫接种，降低动物群体的易感性。

综上所述，传染病的流行必须具备上述3个基本环节，缺少其中任何一个环节，传染病流行就不会构成。当传染病流行时，只要切断其中任何一个环节，流行即可终止。因此，针对流行过程的这3个基本环节，采取有效措施，消灭传染源、切断传播途径、降低动物群体的易感性，实施综合性防疫措施，就可以中断或杜绝流行过程的发生、发展，这是预防和扑灭传染病的重要手段。

第五节　疫源地和自然疫源地

（一）疫源地

疫源地是指有传染源及其排出的病原体所存在的地区。发生传染病的地区不仅是患病动物和病原携带者散播病原体，所有可能与患病动物接触的动物和该范围内的环境、饲料、用具和畜舍等也有病原体污染。疫源地具有向外散播病原体的条件，它可能威胁着其他地区的安全。

疫源地的含义比传染源的含义广泛得多，除包括传染源之外，还包括被病原体污染的物体、畜舍、牧地、活动场以及这个范围内的可疑动物群和储存宿主等。疫病发生后，针对疫源地除对传染源隔离、治疗或淘汰外，还应采取包括污染环境的消毒、杜绝各种传播媒介、防止易感动物感染等一系列综合措施，目的在于停止疫源地内传染病的蔓延和向外扩散，防止新疫源地的出现，保护广大受威胁区和安全区。

疫源地的范围大小要根据传染源的分布和污染范围的具体情况而定。它可能只限于个别畜舍、牧地，也可能包括某畜牧场、自然村或更大的地区。

根据疫源地的范围大小可分别将其称为疫点和疫区。

1. 疫点 是指范围小的疫源地或由单个传染源所构成的疫源地，如患病动物所在的畜舍、场、院、草场或饮水点。

2. 疫区 是指有多个疫源地存在、相互连接成片而且范围较大的区域，一般指有某种疫病正在流行的地区。疫区的范围包括患病动物所在的养殖场、自然村以及患病动物在发病前后一定时间内曾经到过的放牧点、饮水点或活动过的地区。

疫点和疫区的划分不是绝对的，从实际防疫工作出发，有时可将某个比较孤立的养殖场或自然村称为疫点。

受威胁区为疫区周围和可能受到传染病侵入的地区。受威胁区的范围可根据疫区山川、河流、交通、社会经济活动的联系等具体情况而定。

疫源地存在有一定的时间性，但时间的长短由多方面的复杂因素决定。只有当最后一个传染源死亡或痊愈后不再携带病原体，或已离开该地，对污染的环境进行彻底的消毒处理，并且经过该病最长的潜伏期，不再有新的病例出现，还要通过血清学检查动物群均为阴性时，才能认为该疫源地已被消灭。如果没有外来传染源和传播媒介的侵入，这个地区就不再有这种传染病。

在疫源地存在的时间内，凡是与疫源地接触的易感动物，都有受感染并形成新疫源地的可能。这样一系列的疫源地就会相继出现，就会构成流行过程。

（二）自然疫源地

有些病原体在自然条件下，即使没有人类和动物的参与，也可通过传播媒介（主要是吸血昆虫）感染宿主（主要是野生脊椎动物）造成流行，并且长期在自然界循环延续其后代。人类和动物疫病的感染和流行，对其在自然界的存在来说不是必要的，这种现象称为自然疫源性疾病。具有自然疫源性的疾病称为自然疫源性疾病。存在自然疫源性疾病的地区称为自然疫源地，即某些可能引起人和动物传染病的病原体在自然界的野生动物中长期存在可循环的地区。

自然疫源性疾病具有明显的地区性和季节性，并受经济活动的显著影响。自然疫源疾病原先一直在野生动物群中传播，当人和动物随着开荒、从事野外作业等闯入这些生态系统时（如原始森林、沙漠、草原、深山等），在一定条件下有可能感染某些自然疫源性疾病。从生物学角度来说，自然疫源地中的病原体、传播媒介和宿主都是一定地理景观中一定生物群落中的成员。假如这个特定的生物群落的相对平衡被破坏，导致宿主和传播媒介的数量下降甚至完全消灭，病原体也就随之消失。从这个观点看，自然疫源性也是一种生物学现象。

自然疫源性人兽共患传染病有：流行性出血热、森林脑炎、狂犬病、伪狂犬病、犬瘟热、流行性乙型脑炎、黄热病、非洲猪瘟、蓝舌病、口蹄疫、鹦鹉热、Q 热、鼠型斑疹伤寒、蜱传斑疹伤寒鼠疫、鼠疫、土拉杆菌病、布鲁氏菌病、李氏杆菌病、蜱传回归热、钩端螺旋体病等。

第六节　流行过程发展的某些规律性

(一) 流行过程的表现形式

在传染病的流行过程中，由于传染病的种类和性质不同，流行强度也有差异。根据一定时间内发病动物数量的多少和传染范围的大小可将流行过程分为下列四种表现形式：

1. 散发性　在一定时间内，发病动物数量较少，呈零星地、散在地发生，而且各病例在发病时间与发病地点上没有明显的关系称为散发。散发性传染病出现的原因可能是：

(1) *某种传染病需要特定的传播条件*　如破伤风的发生需要有破伤风梭菌和厌氧深创同时存在的条件，因此在一般情况下只能零星散发。

(2) *动物群体对某病的免疫水平较高*　如猪瘟本是一种流行性很强的传染病，在每年进行全面免疫接种后，易感动物这个环节基本上得到控制，但如果平时预防工作不够细致，免疫密度不够高时，可能会出现散发病例。

(3) *某些传染病主要以隐性感染的形式出现*　如猪支原体肺炎在较好的的饲养管理条件下主要表现隐性感染，仅有个别抵抗力差的猪偶尔表现症状。

2. 地方流行性　是指在一定地区或动物群体中，发病动物数量较多，但流行范围较小，并具有局限性传播的特征。地方流行性与地区污染有关，如气肿疽梭菌、炭疽杆菌一旦形成芽孢，污染了某个地区，形成常在的疫源地，每年都有可能出现一定数量的病例。

3. 流行性　是指在一定时间内、一定动物群体中发病动物数量超过预期水平。流行性没有一个病例的绝对数界限，而仅仅是指疾病发生频率较高的一个相对名词。流行性疾病的传染能力强、传播范围广、发病率高，如不严加防制，在短时间内可传播到几个县甚至几个省。这些疾病的病原体往往毒力较强，能以多种方式传播，动物群体的易感性较高，如口蹄疫、猪瘟、鸡新城疫等重要疫病可能表现为流行性。

"暴发"可作为流行性的同义词，是指某种传染病在一个动物群体或一定地区，在短期间（该病的最长潜伏期内）突然出现或死亡很多病例的现象，是流行过程的一种特殊形式。

4. 大流行　是指来势凶猛、传播迅速、感染动物比例大、波及面积广的一种规模非常大的流行。此类疫病流行范围可达几个省乃至全国，甚至可涉及几个国家或整个大陆，通常都是由传染性很强的病毒引起。在历史上如口蹄疫、牛瘟和流感等都曾出现过大流行。

上述几种流行形式在发病数量和流行范围上没有量的绝对界限，并且某些传染病在特殊的条件下可能会表现出不同的流行形式。

(二) 流行过程的发展阶段

传染病在动物群体中自然流行，可表现一定的发展阶段。

1. 流行前期　从病原微生物侵入动物群体开始到第一批病例出现为止。

2. 流行发展期　流行前期过后，患病率不断上升的时期。

3. 流行高峰期　又称大流行期，是指患病率和死亡率达到最大限度的时期。

4. 流行减退期　发病数量减少，死亡数量降低，病情减轻的时期。

5. 流行后期　不再出现新的病例的时期。

6. 流行间歇期　自上一次流行结束到下一次流行开始之间的时期。

了解传染病流行过程的发展阶段，有助于采取适当措施，尽可能把疫病扑灭在流行发展期的前期。

（三）流行过程的季节性和周期性

1. 季节性 某些传染病经常发生于一定的季节，或在一定的季节出现发病率显著上升的现象，称为流行过程的季节性。出现季节性的原因，主要有以下几个方面。

（1）*季节影响病原微生物在外界环境中的存在和散播* 夏季气温高，日照时间长，不利于病原微生物在外界环境中的存活。例如炎热的气候和强烈的日光暴晒，可使散播在外界环境中的口蹄疫病毒或禽流感病毒很快失去活力，因此口蹄疫或禽流感一般在冬、春寒冷季节易发生大规模的流行，夏季则减缓或平息。又如在多雨和洪水泛滥季节，土壤中的炭疽杆菌芽孢或气肿疽梭菌芽孢，则可随洪水散播，因而炭疽或气肿疽的发生可能增多。

（2）*季节影响活的传播媒介的孳生和活动* 夏秋气候炎热，蝇、蚊、虻类等吸血昆虫大量孳生，活动频繁，因此，凡是由它们传播的疫病都较易流行，如日本乙型脑炎、附红细胞体病、炭疽等。

（3）*季节影响动物的活动和抵抗力* 冬季舍饲期间，动物聚集拥挤，接触机会增多，当舍内温度降低，湿度增高或通风不良时，常易促使经空气传播的呼吸道传染病暴发流行。季节变化影响到气温和饲料的改变，冬季气温低、青绿饲料少，家畜抵抗力下降，这种影响对于由条件性病原微生物引起的传染病尤其明显。

2. 周期性 某些传染病，经过一定的间隔时期（常以数年计）再度流行的现象，称为流行过程的周期性。如牛的口蹄疫和牛流行热均表现出明显的周期性。在传染病流行期间，易感动物除发病死亡或淘汰以外，其余由于耐过、康复或隐性感染而获得免疫力，因而使流行逐渐停息。但是经过一定时间后，由于免疫水平逐渐降低，或新的一代出生，或引进外来的易感动物，使动物群体易感性再度增高，结果重新暴发流行。传染病流行过程的周期性在牛、马等大动物群中表现比较明显。因为这些大动物每年更新的数量不大，多年以后易感畜的百分比逐渐增大，疫病才能再度流行。而猪和家禽等繁殖率高的动物每年更新或流动的数目很大，疫病可以每年流行，周期性一般不明显。

动物传染病流行过程的季节性和周期性不是不可改变的。只有加强调查研究，掌握它们的特性和规律，采取适当措施加强防疫卫生、消毒、杀虫等工作，改善饲养管理，增强机体抵抗力，有计划地做好预防接种等，无论哪种流行形式都可以得到控制。

第七节 影响流行过程的因素

构成传染病的流行过程，必须具备传染源、传播途径及易感动物群体 3 个基本环节。只有这 3 个基本环节相互连接、协同作用时，传染病才有可能发生和流行。保证这 3 个基本环节相互连接、协同起作用的因素是动物活动所在的环境和条件，即各种自然因素和社会因素。它们对流行过程的影响是通过对传染源、传播途径和易感动物群体的作用而发生的。

（一）自然因素

影响流行过程的自然因素主要包括地理环境、地形、植被、气温、湿度、雨量、阳光等，它们对 3 个基本环节的作用错综复杂。

1. 作用于传染源　一定的地理条件（海、河、高山等）限制了传染源的转移，成为天然的隔离屏障。季节变换引起机体抵抗力的变动，如寒冷潮湿的季节，猪气喘病病情加重，咳嗽频繁，排出的病原体增多，散播传染的机会增加。反之，在干燥、温暖的季节里，加上饲养情况较好，病情容易好转，咳嗽减少，散播传染的机会也小。当野生动物作为传染源时，自然因素的影响更为显著，这些动物生活在一定的自然地理环境（如森林、沼泽、荒野等），它们所传播的疫病常局限于这些环境，往往能形成自然疫源地。

2. 作用于传播媒介　夏季气温上升，媒介昆虫大量孳生，活动增强，增加了传播疫病的机会，因而靠节肢动物传播的疫病如流行性乙型脑炎等病例明显增多。日光和干燥对多数病原微生物具有致死作用，反之，适宜的温度和湿度则有利于病原微生物在外界环境中较长期的保存。当温度降低、湿度增大时，有利于气源性感染。

3. 作用于易感动物　自然因素可以使机体抵抗力增强或减弱。例如，寒冷潮湿的环境，不但可以使飞沫传播的作用时间延长，同时也可使易感动物易于受凉，降低呼吸道黏膜的屏障作用，有利于呼吸道传染病的流行。在高温条件下，肠道的杀菌作用降低，使肠道传染病增加。

（二）社会因素

影响动物疫病流行过程的社会因素主要包括社会的政治经济制度、生产力和人们的经济、文化、科学技术水平以及贯彻执行法规的情况等。它们既可能是促进疫病广泛流行的因素，也可以是有效消灭和控制疫病流行的关键。因为动物和它所处的环境，除受自然因素影响外，在很大程度上是受人们的社会生产活动的影响，而后者又取决于社会制度等因素。

另外，饲养管理因素如畜舍的整体设计、规划布局、建筑结构、通风设施、饲养管理制度、卫生防疫制度和措施、工作人员素质、垫料种类等都是影响疾病发生的因素，有时甚至是小气候、某些应激因素也会对流行过程产生明显的影响。

总之，流行过程是多因素综合作用的结果。这些因素能减弱或促进传染病的流行，掌握这些规律对我们诊断和防制传染病有一定的意义。

【思考题】

1. 解释名词

感染	显性感染	隐性感染	继发感染
混合感染	持续性感染	潜伏期	传染源
传播途径	易感动物	垂直传播	水平传播
传播媒介	飞沫传播	尘埃传播	直接接触传播
间接接触传播	疫源地	自然疫源性疾病	自然疫源地
疫点	疫区	散发性 流行性	地方流行性

2. 什么是传染病？传染病的发生应具备哪些条件？它们对传染病的发生有哪些影响？

3. 动物传染病具有哪些特征？

4. 传染病病程分几个阶段？各有哪些表现？潜伏期在防制传染病实际工作中有何意义？

5. 传染病流行过程的三个基本环节是什么？它们之间有什么联系？了解流行过程的三

个基本环节在防制动物传染病中有何实际意义？

6. 传染源包括哪几类？为什么说患病动物是主要的传染源，而病原携带者是更危险的传染源？

7. 流行过程的表现形式有几种？有何特点？

8. 何谓流行过程的季节性和周期性？如何改变传染病发生的季节性和周期性？

9. 自然因素和社会因素对传染病流行过程的影响表现在哪些方面？

第二章

动物传染病的防疫措施

第一节　防疫工作的基本原则和内容

一、防疫工作的基本原则

1. 贯彻“预防为主”的方针　随着集约化畜牧业的发展，畜禽养殖的数量和密度不断增大，传染病一旦发生或流行，就会给畜禽生产带来惨重的损失，特别是那些传染性强的疫病，发生后可在动物群体中迅速蔓延，造成大面积的扩散。因此，必须重视传染病的预防，贯彻“预防为主”的防疫方针。实践证明，只要搞好平时的预防工作，很多传染病就不会发生，即使发生也能及时得到控制。

2. 建立、健全并严格执行兽医法规　兽医法规是做好动物传染病防制工作的法律依据。改革开放以来，特别是近年来我国政府非常重视法规的建设和实施，先后颁布并实施了一系列重要的法规。1991 年公布的《中华人民共和国进出境动植物检疫法》，将我国动物检疫的主要原则和办法做了详细的规定。1997 年公布并于 1998 年 1 月正式实施的《中华人民共和国动物防疫法》对我国动物防疫工作的方针和基本原则做了明确而具体的叙述，并出台了配套的实施细则。这两部法规是我国目前执行的主要兽医法规，是开展动物传染病防制和研究工作的指导原则和有效依据，认真贯彻执行兽医法规将有效地提高我国防疫工作的水平。

3. 建立、健全各级特别是基层兽医防疫机构　兽医防疫工作与农业、商业、外贸、卫生、交通等部门都有着密切的关系。只有各部门密切配合，从全局出发、大力合作，统一部署，全面安排，建立、健全各级兽医防疫机构，特别是基层兽医防疫机构，拥有稳定的防疫、检疫、监督队伍和懂业务的高素质技术人员，才能保证兽医防疫措施的贯彻落实。

二、防疫工作的基本内容

动物传染病流行是由传染源、传播途径、易感动物 3 个环节相互联系、相互作用而产生的复杂过程。因此，采取适当的措施来消除或切断造成流行过程的 3 个基本环节及其相互联系，就可以阻止传染病发生和传播。在采取防疫措施时，要根据传染病在每个环节上表现的不同特点，分清主次和轻重缓急，突出防疫工作的主导环节，但是只进行一项单独的防疫措施是不够的，必须采取包括“养、防、检、治”四个方面的综合性措施。综合防疫措施可分为平时的预防措施和发生疫病时的扑灭措施两个方面。

1. 平时的预防措施

① 加强环境控制，改善饲养管理条件，提高动物机体的抗病能力。

② 强化动物繁育体系建设，贯彻自繁自养和全进全出的原则，引进动物应严格隔离和检疫，防止病原传入，减少疫病传播。

③ 拟订和执行定期预防接种和补种计划，提高动物特异性免疫力。

④ 定期进行卫生消毒、杀虫和灭鼠，粪便无害化处理。

⑤ 认真贯彻执行动物和动物性产品的国境检疫、交通检疫、市场检疫和屠宰检疫，及时发现并消灭传染源。

⑥ 建立各地动物疫病流行病学检测网络，系统地检测和调查当地疫病的分布状况，各地兽医机构联防协作，有计划地进行消灭和控制，并防止外来疫病的侵入。

2. 发生疫病时的扑灭措施

① 及时发现、诊断和上报疫情，并通知邻近单位做好预防工作。

② 迅速隔离患病动物，污染的环境进行彻底消毒。

③ 若发生危害性大的疫病，如口蹄疫、炭疽等，应采取封锁和扑杀等综合性措施。

④ 对疫区和受威胁区内尚未发病的动物立即实行紧急接种，并根据疫病的性质对患病动物进行及时和合理的治疗。

⑤ 严格处理死亡动物和被淘汰动物的患病动物。

第二节　疫情报告和诊断

一、疫情报告

为了使动物防疫部门及时掌握动物传染病的流行情况，制定有效的防疫措施以便迅速准确地控制疫情，按照《中华人民共和国动物防疫法》规定，任何与动物及动物性产品生产、经营、屠宰、加工、运输等相关的单位和个人，在发现患有疫病或疑似疫病的动物时，特别是可疑为口蹄疫、炭疽、狂犬病、牛瘟、猪瘟、新城疫、高致病性禽流感、牛流行热等重要传染病时，应迅速将发病动物的种类、发病时间、地点、发病及死亡动物数量、临床症状、剖检变化、怀疑病名和防疫情况等以口头、书面、电话或电子邮件等方式详细向当地动物防疫监督机构报告。任何单位和个人不得瞒报、谎报、阻碍他人报告动物疫情。

有关部门接到疫情报告后，应及时派人深入现场进行疫病诊断和疫情紧急处理，并根据具体情况逐级上报，同时通知邻近单位和有关部门做好防疫工作。

当动物突然死亡或怀疑发生传染病时，应立即通知兽医人员。在兽医人员未到现场或尚未做出诊断之前，应将患病动物隔离，并派专人看管，对患病动物污染的环境和用具进行严格消毒，患病动物尸体保留完整，未经兽医允许不得私自急宰、剖检或销售，患病动物的皮、肉、内脏未经兽医检验，不得食用。

二、动物传染病的诊断

及时而正确的诊断是防疫工作的重要环节，是传染病控制和消灭的前提。传染病的诊断方法很多，大体可分为临床综合诊断和实验室诊断。临床综合诊断又叫现场诊断，包括流行病学诊断、临床诊断、病理解剖学诊断；实验室诊断包括病理组织学诊断、微生物学诊断、血清学诊断、变态反应学诊断和分子生物学诊断等。尽管诊断的方法很多，但任何一种方法都有其不足或局限性。况且每种诊断方法所针对的材料对象及其所得结果的价值和意义也不相同，而且每种传染病的特点各有不同，因此在实际工作中特别强调综合诊断，注意各种诊断方法的配合使用和各种诊断结果的综合分析，最后作出确诊。对每种传染病或每次诊断并不是都要采用所有的方法，而是根据具体情况和实际需要选用合适的诊断方法。有时仅需采用其中的一种或两种方法就可以及时作出诊断。现将各种诊断方法简介如下。

（一）临床综合诊断

1. 流行病学诊断　流行病学诊断通常是在流行病学调查的基础之上，根据疫病的流行规律和分布特征，综合分析疫病发生和流行的影响因素进行的，是针对患传染病的动物群体，经常与临床诊断联系在一起的一种诊断方法。某些传染病的临床症状虽然相似，但其流行特点和规律却很不一致。例如口蹄疫和传染性水疱病，在临床症状上几乎是完全一样的，无法区别，但从流行病学方面却不难区分。

流行病学诊断是在流行病学调查的基础上进行的。流行病学调查是为了摸清传染病发生的原因、传播的条件及其影响因素，以便及时采取合理的措施，达到迅速控制和消灭传染病的目的。通过流行病学调查，在平时应掌握某地区影响传染病发生的一切条件，在发病时进行系统的观察，查明传染病发生和发展的过程，为传染病的诊断和科学地制定防制措施提供依据。

流行病学调查应通过询问、座谈等方式向畜主、饲养管理人员和当地居民收集有关疫病的信息，力求查明传染源和传播媒介，并深入现场进行直接察看，了解疫区内的兽医卫生状况、气候特点和饲养管理情况，获取有关的一手资料，必要时需要采集病料进行实验室检查，然后进行综合归纳、分析处理，作出初步诊断。

流行病学调查的内容一般有以下几个方面。

（1）*本次流行情况的调查*　包括最初发病的时间、地点及随后蔓延的情况；目前疫情的分布，疫区内各种畜禽的数量和分布情况；发患病动物禽的种类、数量、年龄、性别。

（2）*疫情来源的调查*　本地过去曾否发生过类似的疫病？何时何地发生的？流行情况如何？是否经过确诊？有无历史资料可查？何时采取过何种防治措施？效果如何？如本地未发生过，附近地区曾否发生？这次发病前，是否由其他地方引进动物、动物性产品或饲料？输出地有无类似的疫病存在？

（3）*传播途径和方式的调查*　本地各类有关畜禽的饲养管理方法、使役、放牧、牲畜流动、收购以及防疫卫生情况；交通检疫、市场检疫和屠宰检验的情况；病死畜禽处理情况；助长疫病传播蔓延的因素和控制疫病的经验；疫区的地理、地形、河流、交通、气候、植被和野生动物、节肢动物等的分布和活动情况等。

（4）*相关背景资料的调查*　该地区政治、经济基本情况；群众生产、生活的基本情况；畜牧兽医机构和工作的基本情况；当地领导、干部、兽医、饲养员和群众对疫情的看法等。

2. 临床诊断　临床诊断是诊断传染病最基本的方法。它是利用人的感官或借助一些简单的器械（如体温计、听诊器等）直接检查患病动物的异常表现。有时也包括血液、粪便和尿液的常规检验。对于某些表现出特征性临床症状的典型病例（如破伤风、狂犬病等）经过仔细的临床检查，一般不难作出诊断。

但是临床诊断有一定的局限性。对大部分传染病，特别是非典型病例和混合感染的病例，由于缺乏典型的或特征性症状，一般只能进行推测性诊断。对发病初期尚未出现典型症状的病例和慢性感染或隐性感染的动物，仅依靠临床症状的检查往往难于作出诊断。在很多情况下，临床诊断只能提出可疑疫病的大致范围，必须结合其他诊断方法才能确诊。在进行临床诊断时，应注意对整个发患病动物群所表现的综合症状加以分析判断，不要单凭个别或少数病例的症状轻易下结论，以防误诊。

3. 病理解剖学诊断 病理解剖学诊断是传染病诊断的重要组成部分。患各种传染病而死亡的动物尸体，多数都有一定的病理变化，可作为诊断的重要依据，如急性猪瘟、猪气喘病、典型鸡新城疫、禽霍乱等都有特征性的病理变化，常有很大的诊断价值。但有时同样的病理变化可见于不同的传染病，因此多数情况下病理学诊断只能缩小可疑疫病的范围，难以作出确切的诊断。有些患病动物特别是最急性死亡和早期屠宰的病例，有时特征性的病变尚未出现，因此进行病理剖检诊断时，应尽可能多检查几头，并选择症状较典型的病例进行剖检。

（二）实验室诊断

实验室诊断是传染病确诊的主要手段，同时也是流行病学监测的重要方法。通过实验室诊断可以发现传染源、确定各种传播因素和易感动物，在传染病预防和扑灭过程中具有重要意义。

1. 病理组织学诊断 病理组织学诊断是应用生物显微镜来观察组织学变化。有些传染病引起的大体变化不明显或缺乏，因靠肉眼观察很难做出判断，还需做病理组织学检查才有诊断意义。如疑为狂犬病时应取脑海马角组织进行包涵体检查。

2. 微生物学诊断 运用兽医微生物学的方法进行病原学检查是诊断动物传染病的重要方法之一。

（1）*病料的采集* 正确采集病料是微生物学诊断的首要环节。病料力求新鲜，最好能在濒死时或死后数小时内采取，要求尽量减少杂菌污染，用具器皿应尽可能严格消毒。通常可根据所怀疑病的类型和特性来决定采取哪些器官或组织。原则上要求采取病原微生物含量多、病变明显的部位，同时易于采取，易于保存和运送。如果缺乏临床资料，剖检时又难于分析诊断可能为何种病时，应比较全面地取材，例如血液、肝、脾、肺、肾、脑和淋巴结等，同时要注意采取带有病变的部分。如怀疑炭疽，则非必要时不准作尸体剖检，只割取一块耳朵即可。

（2）*涂片镜检* 通常选择有明显病变的不同组织器官的不同部位进行涂片、染色镜检。此法对于一些具有特殊形态的病原微生物（如炭疽杆菌、巴氏杆菌等）引起的传染病可以迅速作出诊断，但对大多数传染病来说，仅能提供微生物学诊断的初步依据。

（3）*分离培养和鉴定* 用人工培养方法将病原微生物从病料中分离出来，然后再进行形态学、培养特性、动物接种及免疫学试验等作出鉴定。细菌、真菌、螺旋体等可选择适宜的人工培养基，而病毒则选用易感动物、鸡胚或组织细胞等培养方法分离得到。

（4）*动物接种试验* 主要用于病原体致病力检测，通常选择对该种病原微生物最敏感的实验动物如家兔、小鼠、豚鼠、仓鼠、家禽、鸽子等进行人工感染试验。将病料用适当的方法处理后人工接种实验动物，当实验动物死亡或经一定时间剖杀后，观察病理变化，并采取病料进行涂片检查和分离鉴定。

从病料中分离出病原微生物，虽是确诊的重要依据，但也应注意动物的“健康带菌”现象，其结果还需与临床诊断结合起来进行分析。有时即使没有发现病原微生物，也不能完全否定该种传染病的可能性。

3. 血清学诊断 血清学诊断是传染病诊断和检疫中常用的方法，是利用抗原和抗体特异性结合的免疫学反应进行诊断。可以用已知抗原来测定被检动物血清中的特异性抗体，也可以用已知的抗体（免疫血清）来测定被检病料中的抗原。常用的血清学试验有中和试验、凝集试验、沉淀试验、溶细胞试验、补体结合试验以及免疫荧光技术、酶联免疫吸附试验、免疫酶技术、放射免疫分析等。近年来由于与现代科学技术相结合，血清学试验在方法上日新月异，发展很快，其应用也越来越广，已成为传染病快速诊断的重要工具。

4. 变态反应学诊断 动物患某些传染病（主要是慢性传染病）时，可对该病原体或其产物（变应原）的再次进入产生强烈反应。变态反应方法可用于多种传染病的诊断，如结核、鼻疽等，将结核菌素或鼻疽菌素等注入感染动物后，在一定时间内可观察到动物明显的局部反应或全身反应，即可作出判断。

5. 分子生物学诊断 又称基因诊断，是针对不同病原微生物所具有的特异性核酸序列和结构进行测定来诊断传染病的一种方法。常用的分子生物学诊断技术有单克隆抗体技术、PCR 技术（体外基因扩增技术）、核酸探针技术和 DNA 芯片技术等。

第三节 检疫

（一）检疫的概念

检疫是指利用各种诊断和检测方法对动物及动物性产品进行某些规定疫病的检查，并采取相应的措施防止疫病的发生和传播。检疫工作的目的：一是保护农、林、牧、渔业生产。众所周知，农、林、牧、渔业生产在世界各国国民经济中占有非常重要的地位，采取一切有效措施免受国内外重大疫情的灾害，是每个国家动物检疫部门的重大任务。二是促进经济贸易的发展。具有优质、健康的动物和产品是当前国际间动物及动物产品贸易成交与否的关键，动物检疫工作不可缺少、事关重要。三是保护人民身体健康。动物及其产品与人的生活密切相关，动物检疫对保护人民身体健康具有非常重要的现实意义。

目前涉及动物检疫的法规主要有《中华人民共和国动物防疫法》《中华人民共和国进出境动植物检疫法》《中华人民共和国进出境动植物检疫实施条例》《中华人民共和国进境动物一、二类传染病、寄生虫病名录》《中华人民共和国禁止携带、邮寄进境动物、动物性产品及其他检疫物名录》等。这些法规是检疫工作得以正常运行并发挥其应有作用的根本保证。

（二）检疫的范围

1. 动物 指饲养、野生的活动物。如家畜、家禽、皮毛兽、实验动物、野生动物、蜜蜂、鱼苗、鱼种等。

2. 动物产品 是指来源于动物未经加工或虽经加工但仍有可能传播病虫害的产品。如生皮张、生毛类、肉类、脏器、油脂、动物水产品、蛋类、奶及奶制品、血液、精液、胚胎、骨、蹄、角等。

3. 运输工具及其他检疫物 包括运输动物及动物性产品的车、船、飞机、包装、垫料、饲养工具和饲料等。

（三）检疫的对象

所谓检疫的对象是指动物疫病，包括传染病和寄生虫病。但并不是所有的动物疫病都列入检疫对象。检疫的疫病主要是我国尚未发生而国外经常发生的动物疫病、烈性传染病、危害大或目前防制困难的动物疫病、人畜共患的动物疫病和国家规定及公布的检疫对象。此外，两国签订的有关协议或贸易合同中规定的某些疫病，以及各地根据实际情况补充规定的某些疫病均可列入检疫对象。

我国政府根据疫病对人和动物的危害程度，将动物疫病分为三类，共计116种，其中传染病95种，寄生虫病21种。一类疫病是指对人和动物危害严重，需要采取紧急、严厉的强制性预防、控制和扑灭措施的疫病，大多为发病急、死亡快、流行广、危害大的急性、烈性传染病或人兽共患病；二类疫病是指可造成重大经济损失、需要采取严格控制、扑灭措施，防止扩散的疫病；三类疫病是指常见多发、可能造成重大经济损失、需要控制和净化的动物疫病。

1. 一类动物疫病（14种）

口蹄疫、猪水疱病、猪瘟、非洲猪瘟、非洲马瘟、牛瘟、牛传染性胸膜肺炎、牛海绵状脑病、痒病、蓝舌病、小反刍兽疫、绵羊痘和山羊痘、禽流行性感冒（高致病性禽流感）、鸡新城疫。

2. 二类动物疫病（61种）

（1）多种动物共患病 伪狂犬病、狂犬病、炭疽、魏氏梭菌病、副结核病、布鲁氏菌病、弓形虫病、棘球蚴病、钩端螺旋体病。

（2）牛病 牛传染性鼻气管炎、牛恶性卡他热、牛白血病、牛出血性败血病、牛结核病、牛焦虫病、牛锥虫病、日本血吸虫病。

（3）绵羊和山羊病 山羊病毒性关节炎-脑炎、梅迪-维斯纳病。

（4）猪病 猪流行性乙型脑炎、猪细小病毒病、猪繁殖与呼吸综合征、猪丹毒、猪肺疫、猪链球菌病、猪传染性萎缩性鼻炎、猪支原体肺炎、旋毛虫病、猪囊尾蚴病。

（5）马病 马传染性贫血、马流行性淋巴管炎、马鼻疽、巴贝斯焦虫病、伊氏锥虫病。

（6）禽病 鸡传染性喉气管炎、鸡传染性支气管炎、鸡传染性法氏囊病、鸡马立克氏病、鸡产蛋下降综合征、禽白血病、禽痘、鸭瘟、鸭病毒性肝炎、小鹅瘟、禽霍乱、鸡白痢、鸡败血支原体感染、鸡球虫病。

（7）兔病 兔病毒性出血症、兔黏液瘤病、野兔热、兔球虫病。

（8）水生动物病 病毒性出血性败血病、鲤春病毒血症、对虾杆状病毒病。

（9）蜜蜂病 美洲幼虫腐臭病、欧洲幼虫腐臭病、蜜蜂孢子虫病、蜜蜂螨病、大蜂螨病、白垩病。

3. 三类动物疫病（41种）

（1）多种动物共患病 黑腿病、李氏杆菌病、类鼻疽、放线菌病、肝片吸虫病、丝虫病。

(2) 牛病 牛流行热、牛病毒性腹泻-黏膜病、牛生殖器官弯曲杆菌病、毛滴虫病、牛皮蝇蛆病。

(3) 绵羊和山羊病 肺腺瘤病、绵羊地方性流产、传染性脓疱性皮炎、腐蹄病、传染性眼炎、肠毒血症、干酪性淋巴结炎、绵羊疥癣。

(4) 马病 马流行性感冒、马腺疫、马传染性鼻肺炎、马流行性淋巴管炎、马媾疫。

(5) 猪病 猪传染性胃肠炎、猪副伤寒、猪痢疾。

(6) 禽病 鸡病毒性关节炎、禽传染性脑脊髓炎、传染性鼻炎、禽结核病、禽伤寒。

(7) 鱼病 鱼传染性造血器官坏死、鱼鳃霉病。

(8) 其他动物病 水貂阿留申病、水貂病毒性肠炎、鹿茸真菌病、蚕型多角体病、蚕白僵病、犬瘟热、利什曼病。

(四) 检疫的分类

1. 产地检疫 是动物生产地区的检疫。产地检疫主要分为两种，一种是乡镇内的集市检疫，主要针对农民饲养出售的动物在集市上进行的检疫；另一种是动物收购检疫，是在动物出售时，由收购者与当地检疫部门配合进行的检疫。产地检疫是防止患传染病的动物进入流通环节的关键，是搞好防疫工作的重要手段，是及时发现传染源、阻止疫病扩散的有效方法。

2. 运输检疫 是指对通过铁路、公路、码头、空运的动物及其产品进行的检疫。它是防止动物疫病扩散、控制疫病发生和流行的重要措施之一。运输检疫通常包括铁路检疫和交通要道检疫。

3. 国境检疫 为了维护国家主权和国际信誉，控制重大动物疫病传入和流行，保障畜牧业安全生产，我国在国境各重要口岸和动物进出境集中地设立了动物检疫机构，根据《中华人民共和国进出境动植物检疫法》，按照国家制定的《动物检疫操作规程》实施检疫。国境检疫分为进境检疫、出境检疫、过境检疫和国际运输工具检疫等。

(1) 进境检疫 是指从国外引进动物及其胚胎、精液、受精卵等动物遗传物质时必须按规定履行进境检疫手续。

(2) 出境检疫 是指对输出到其他国家和地区的动物及其产品出境前实施的检疫。

(3) 过境检疫 是指对经过某国国境运输的动物、动物性产品等实施的检疫。

(4) 国际运输工具检疫 是指对来自疫区的装载动物和动物性产品的船舶、飞机、火车及进境的车辆等实施检疫。

第四节 免疫接种和药物预防

免疫接种是指用人工方法将有效地疫苗接种到动物体内，使其产生特异性免疫力，是使易感动物转化为非易感动物的一种手段。有计划、有组织地进行免疫接种是预防和控制动物传染病的重要措施之一。免疫接种根据接种的时机和目的不同分为预防接种和紧急接种。

药物预防是在饲料和饮水中加入某种安全的药物进行集体的化学预防，在一定时间内可以使受威胁的易感动物不受疫病的危害，这也是预防和控制动物传染病的有效措施之一。

一、免疫接种

（一）预防接种

在经常发生某些传染病的地区，或有某些传染病潜在的地区，或受到邻近地区某些传染病威胁的地区，为了预防传染病的发生和流行，按照一定的免疫程序有组织、有计划地对健康动物群体进行的免疫接种，称为预防接种。预防接种通常使用疫苗、菌苗、类毒素等生物制剂作抗原激发免疫。根据所用生物制剂的品种不同，采用皮下、皮内、肌肉注射或皮肤刺种、滴鼻、点眼、气雾、口服等不同的接种方法。接种后经过一定时间可获得数月至1年以上的免疫力。

1. 预防接种应有周密的计划 为了做到有的放矢，应对当地各种传染病的发生和流行情况进行调查了解，针对所掌握的情况，拟订每年预防接种计划，做好预防接种的准备。

（1）*疫苗、器械和人员的准备* 根据接种计划，确定接种日期，统计接种对象及数目、准备充足的疫苗、器材和药品，检查疫苗的质量，所用器械进行消毒，组织安排人员，做好宣传发动工作，按照免疫程序有计划地进行免疫接种。

（2）*畜禽状况检查* 预防接种前，应对被接种的畜禽进行详细的检查，特别注意其健康状况（如是否有发热、下痢和其他异常行为等）、年龄大小、是否处于怀孕期或泌乳期，以及饲养条件等情况。对那些体弱的、年幼的、妊娠后期的、泌乳期的、体温升高的或疑似患病动物，如果不是受到传染病威胁，最好暂时不接种。

（3）*疫病正在流行情况的调查* 预防接种前，应注意了解当地有无疫病正在流行，如发现疫情应首先安排对该病的紧急预防，如无特殊疫病流行则按接种计划进行定期预防接种。

2. 注意预防接种后的反应 疫苗对动物机体来说属于外源性物质，接种后通常会发生一系列的反应，其强度和性质决定于疫苗的种类、质量和毒力等因素，按照反应的性质和强度的不同，将其分为几种类型。

（1）*正常反应* 是指由于疫苗本身的特性引起的反应。大多数疫苗接种后不会出现明显的反应，但少数疫苗接种后常常出现一过性精神沉郁、食欲下降、注射部位短时轻度炎症等局部或全身性异常表现，如果这种反应动物数量较少、反应程度轻、时间短，则认为是正常反应，不影响正常生产过程。

（2）*严重反应* 与正常反应性质相似，但反应较重或发生反应的动物数量较多。出现严重反应的原因是由于疫苗质量低劣或毒株毒力偏强、接种剂量过大，接种技术不正确、接种途径错误或使用对象不正确等因素引起，通过严格控制疫苗质量，并遵照疫苗使用说明书操作，可以避免或降低严重反应出现的频率。

（3）*合并症* 是指与正常反应性质不同的反应。主要包括超敏感（血清病、过敏性休克、变态反应等）、扩散为全身感染（由于接种活疫苗后，防御技能遭到破坏时可发生）、诱发潜伏期感染（如鸡新城疫疫苗气雾免疫时可能诱发慢性呼吸道病）等。

3. 疫苗的联合应用 在一定地区、一定季节流行的动物传染病种类很多，往往需要在同一时间给动物接种两种或两种以上的疫苗。一般认为，这些疫苗可分别刺激机体产生多种抗体，一方面它们可能彼此无关，另一方面可能彼此互相促进，有利于抗体的产生，也可能互相抑制，使抗体产生受阻。同时还应考虑动物机体对疫苗刺激的反应是有一定限度的。因此，选择疫苗联合免疫时，应根据研究结果和试验数据确定哪些疫苗可以联合使用，哪些疫苗在使用时必须有一定的时间间隔。国内外经过大量的试验研究，已研制成功犬瘟热－犬传染性肝炎－犬细小病毒－狂犬病－犬副流感五联苗、猪瘟－猪丹毒－猪肺疫三联苗、羊厌气菌五联苗、新城疫－传染性支气管炎二联苗、新城疫－鸡痘二联苗、牛传染性鼻气管炎－副流感－巴氏杆菌三联苗、牛传染性鼻气管炎－病毒性腹泻二联苗等多种联苗。试验证明，这些联苗一针可以防多病，大大提高了工作效率。多种疫苗联合应用是预防接种工作的发展方向。

4. 合理的免疫程序 所谓免疫程序是指根据一定地区、养殖场和特定动物群体内传染病的流行状况、动物健康状况和疫苗的免疫特性，为特定动物群指定的接种计划。包括疫苗的类型、顺序、时间、次数、方法和时间间隔等。免疫程序的制订应考虑以下方面的因素。

（1）*当地传染病的种类、分布及流行特点* 制定免疫程序必须了解本地区动物传染病的流行情况，分析常见多发传染病的危害程度以及周围地区威胁较大的传染病流行和分布特征，原则上以本地区历年流行的和受周围地区严重威胁的重要传染病为预防重点。免疫接种应安排在易感年龄和流行季节之前进行。

（2）*疫苗的种类和特性* 疫苗的种类很多，不同的疫苗其适用对象、保存、接种方法、接种剂量、接种后产生免疫的时间、免疫保护力的强弱及其持续的时间均不同，因此，在制订免疫程序时，应对这些特性进行充分的研究和分析。

（3）*母源抗体和上次免疫残留抗体的水平* 新生动物的免疫接种应根据母源抗体的高低，确定最佳首免日龄，防止高滴度的母源抗体对主动免疫的干扰。定期进行免疫监测，选择合适时机加强免疫，发现问题及时调整免疫程序并采取补救措施。

（4）*畜禽的用途* 畜有肉、奶、种、役之分，禽有蛋、肉、种用之别，根据畜禽的用途不同，制订不同的免疫程序。如种猪免疫应增加伪狂犬病、细小病毒、蓝耳病等，以预防繁殖障碍病发生；母猪在妊娠中后期接种传染性胃肠炎疫苗，预防新生仔猪的腹泻；蛋鸡要接种产蛋下降综合征疫苗；肉鸡要接种病毒性关节炎疫苗，而一般不接种马立克氏病疫苗（因为后者发病高峰是2～5月龄）；种鸡要多次接种新城疫、传染性法氏囊疫苗等。

目前仍没有一个能够适合所有地区和养殖场的标准免疫程序，不同地区或养殖场应根据各自的实际情况，制订出合乎本地区、本场具体情况的免疫程序。

5. 免疫效果的评价 某一免疫程序对特定动物群体是否合理，是否达到了降低动物群体易感性、降低发病率的作用，需要定期对接种对象的实际发病率和实际抗体水平进行分析和评价。

（1）*免疫学效果评价* 用免疫学方法随机抽样，检查免疫接种动物的血清抗体阳性率和抗体几何平均滴度。血清抗体阳性率是指被接种动物抗体转化为阳性者所占的比例，它可以反应出该病的防疫密度，是衡量免疫效果的重要指标之一；抗体几何平均滴度可以反应出动物群体抵抗该病的总体抗体水平的高低。

$$\text{血清抗体阳性率（\%）}=\frac{\text{免疫监测抗体阳性动物数}}{\text{免疫监测总动物数}}\times 100$$

$$\text{抗体几何平均滴度的对数（\%）}=\frac{\text{被检动物抗体滴度的对数和}}{\text{被检动物总数}}\times 100$$

（2）流行病学效果评价　用流行病学调查的方法随机抽样，检查免疫接种组和未接种对照组的患病率，计算出其保护率（保护效价）和保护指数。当保护指数 <2 或保护率 $<50\%$ 时，则认为该疫苗免疫无效。保护率越高，免疫效果越好。

$$\text{保护率（\%）}=\frac{\text{对照组患病率}-\text{免疫组患病率}}{\text{对照组患病率}}\times 100$$

$$\text{保护指数（\%）}=\frac{\text{对照组患病率}}{\text{免疫组患病率}}\times 100$$

6. 影响免疫效果的因素　影响免疫效果的因素很多，必须从实际出发考虑各方面的可能因素。

（1）免疫动物群体的状况　动物群体品种、年龄、体质、营养状况、饲养管理条件、应激因素以及接种密度等对免疫效果影响很大。幼龄、体弱以及患慢性病的动物接种后可能会出现较严重的接种反应，而且抗体产生慢；饲养条件恶劣、营养缺乏、卫生消毒制度不健全、通风不良、应激等都可降低机体免疫应答反应；由于接种密度过低，动物群体不能形成坚强的免疫屏障，病原微生物一旦侵入即可在动物群体中造成流行。

（2）免疫程序不合理　科学的免疫程序是确保获得良好免疫效果的重要因素，不了解疫苗特性而改变免疫程序，容易出现免疫失败或免疫效果不佳的现象。此外，当疫病分布发生变化时，免疫程序也应随之调整。

（3）血清型和变异性　某些病原微生物血清型多、容易发生抗原性变异或出现超强毒株，常常造成免疫失败，如大肠杆菌病、传染性支气管炎、传染性法氏囊病、马立克氏病等。

（4）免疫抑制性疾病的存在　传染性法氏囊病、马立克氏病、禽淋巴白血病、禽网状内皮组织增生症、鸡传染性贫血等传染病的病原体，可通过不同的机制破坏机体的免疫系统，导致机体免疫功能受到抑制。

（5）疫苗因素　疫苗的运输和保存不当、疫苗内在质量差、使用过期的疫苗或接种活菌苗后又投服抗菌药等都直接影响疫苗的免疫效果，导致免疫失败。

（6）母源抗体的干扰　母源抗体可以使幼龄畜禽在出生后一定时间内免受某种病原微生物的侵害而受到保护，但由于体内缺乏主动免疫细胞，此时接种弱毒苗很容易被母源抗体中和而出现免疫干扰现象。母源抗体持续的时间受畜禽种类、疫病类别及母体免疫状态的影响很大，因此，最好根据母源抗体监测的结果，确定幼龄畜禽最佳的首次免疫的时间，以避免母源抗体的干扰作用，保证免疫的效果。

（二）紧急接种

紧急接种是在发生传染病时，为了迅速控制和扑灭疫病的流行，对疫区和受威胁区尚未发病的动物进行的应急性免疫接种。从理论上说，紧急接种以使用免疫血清较为安全有效。但因血清用量大、价格高、免疫期短，且在大批动物接种时往往供不应求，因此，在实践中很少使用。实践证明，在疫区内使用某些疫苗进行紧急接种是切实可行的。例如，在发生猪瘟、口蹄疫、新城疫等一些急性传染病时，应用疫苗紧急接种取得了较好的效果。

在疫区应用疫苗作紧急接种时，必须对所有受到传染病威胁的畜禽逐头进行详细观察和检查，仅能对健康畜禽使用疫苗进行紧急接种，而对患病动物及潜伏期患畜，必须在严格消毒的情况下立即隔离，使用高免血清或其他抗体预防。由于在外表健康的畜禽中可能混有一部分潜伏期患畜，这一部分患畜在接种疫苗后不但不能获得保护，反而会促使疾病的发生，因此在紧急接种后一段时间内动物群体中发病率可能暂时上升，但由于这些急性传染病的潜伏期较短，而疫苗接种后又很快产生免疫力，因此发病率不久即可下降，最终能使流行停息。

紧急接种必须采取适当的防范措施，防止操作过程中借助人员或器械造成疫病蔓延和传播。

紧急接种的目的是建立免疫带，以包围疫区，防止疫病扩散，就地扑灭。免疫带的大小视疫病的性质而定。某些流行性强大的传染病如口蹄疫等，免疫带应在疫区周围5～10km以上。建立免疫带这一措施必须与疫区的封锁、隔离、消毒等综合措施相配合才能取得较好的效果。

二、药物预防

养殖场可能发生的疫病种类很多，其中有些疫病目前已研制出有效的疫苗，但还有不少疫病尚无疫苗可用，有些疫病虽有疫苗免疫效果却不理想。因此，应用药物防治这些疫病也是一项重要措施。

用于药物预防的药物种类有化学药物、抗生素和中草药等。使用安全而价廉的化学药物或抗生素加入饲料和饮水中进行群体药物预防即所谓“保健添加剂”。现代化畜牧业进行工厂化生产，必须做到使动物群体无病、无虫、健康。而密闭式的饲养制度，又极易使疫病在动物群体中流行，因而保健添加剂在近20年发展很快。近年来常用的保健添加剂有磺胺类药物、抗生素、氟哌酸、吡哌酸和喹乙醇等。在饲料中添加上述药物对预防仔猪腹泻、雏鸡白痢、猪气喘病、鸡慢性呼吸道病等有较好效果。

虽然作为保健添加剂的药物在动物疾病防制中具有重要作用而被广泛应用，但既然是药物就势必带有药物的弊端。首先，长期使用药物尤其是抗生素类药物预防，容易产生耐药性菌株，影响防治效果，并可能给人类健康带来严重危害。其次，药物防制有可能会造成药物中毒和药物在动物性食品中的残留。因此，在生产实践中应注意坚持科学的用药原则和方法，选择合适的药物，不使用国家违禁药物，严格掌握剂量和用法，掌握好用药的时间和时机，做到定期、间断和灵活用药，定期更换、交叉使用药物，严格执行药物休药期的规定。

第五节　消毒、杀虫和灭鼠

（一）消毒

消毒是贯彻“预防为主”方针的一项重要措施。消毒的目的是为了消灭被传染源散播在外界环境中的病原体，切断传播途径，阻止疫病继续蔓延。

1. 消毒的种类　根据消毒的目的和进行的时机不同，分为以下3种情况。

（1）预防性消毒　是指为了预防一般传染病的发生，在平时的饲养管理中，定期对畜舍、场地、道路、用具、车辆及动物群体等进行的消毒。

（2）随时消毒　在发生传染病时，为了及时消灭刚从传染源排出的病原体而进行的不定期的消毒。消毒的对象包括患病动物所在的圈舍、隔离场地以及被其分泌物和排泄物污染的和可能被污染的场所、用具和物品，通常在解除封锁之前，需要进行定期的多次消毒，患病动物隔离舍应每天和随时进行消毒。

（3）*终末消毒* 当患病动物解除隔离、痊愈或死亡之后，或在疫区解除封锁之前，为了消灭疫区内可能残留的病原微生物而进行的全面的彻底的大消毒。在全进全出的生产体系中，当动物群体全部出栏后对场区、圈舍也应进行终末消毒。

2. 消毒的方法

（1）*机械清除法* 是指用清扫、洗刷、通风、过滤等机械方法清除病原微生物。机械清除不能彻底杀灭病原微生物，故需配合其他消毒方法。

（2）*物理消毒法* 是指用高温、阳光、紫外线和干燥等物理方法杀灭病原微生物。

（3）*化学消毒法* 是指用化学药物杀灭病原微生物。用于杀灭病原微生物的化学药物叫消毒剂。各种消毒剂对病原微生物具有广泛的杀伤作用，但有些也可破坏宿主细胞，因此该法通常多用于环境的消毒。化学消毒的效果取决于消毒剂的性质、浓度、酸碱度、作用的温度及时间、微生物的种类和环境中有机物的存在等诸多因素。消毒剂的种类很多，常用的化学消毒剂主要有：

① 氢氧化钠（苛性钠、烧碱）。对细菌和病毒均有强大的杀灭力。常配成1%～2%的热水溶液，用于被细菌或病毒污染的畜舍、地面和用具等的消毒。本品对金属物品有腐蚀性，消毒完毕要用清水冲洗干净。对皮肤和黏膜有刺激性，消毒畜舍时，应驱出家畜，隔半天用水冲洗饲槽和地面后，方可让家畜进圈。

② 草木灰。20%的草木灰热水溶液可用于畜舍和地面的消毒。

③ 石灰乳。10%～20%的石灰乳常适用于粉刷墙壁、圈栏以及消毒地面、渠沟和粪尿等。熟石灰存放过久，吸收了空气中的二氧化碳变成碳酸钙，则失去消毒作用，因此在配制石灰乳时，应现用现配。直接将生石灰粉撒布在干燥的地面上，不但没有消毒作用，反而会使动物蹄部干裂。

④ 漂白粉。主要成分是次氯酸钙，其消毒作用与有效氯含量有关。常用浓度1%～20%不等，5%浓度可杀死一般病原菌，10%～20%溶液可杀死芽孢。一般用于畜舍、地面、水沟、粪便、运输车船、水井等消毒。使用时应注意：本品对金属、衣物、纺织品有破坏力，且有轻度的毒性，使用浓溶液时应注意人、畜安全。

⑤ 过氧乙酸。成品为40%水溶液，性质不稳定，须密闭避光、低温贮放。高浓度加热（70℃以上）能引起爆炸，低浓度水溶液易分解，应现用现配。一般用0.01%～0.5%溶液浸泡和喷洒，0.2%溶液用于浸泡污染的各种耐腐蚀的物品，0.5%溶液用于喷洒消毒地面、墙壁、食槽等，5%溶液喷雾消毒密闭的实验室、无菌室、仓库、加工车间等，0.2%～0.3%溶液可带鸡喷雾消毒鸡舍。

⑥ 福尔马林。粗制的福尔马林为含36%甲醛的水溶液，2%～4%水溶液用于喷洒墙壁、地面、食槽等，1%水溶液可作为畜体体表消毒，也可用作畜舍、橱柜、孵化器等熏蒸消毒，或加入高锰酸钾即可产生高热蒸汽。

⑦ 来苏儿。又称煤酚皂溶液，对一般病原菌具有良好的杀菌作用，但对芽孢和结核杆菌的作用小。常用浓度为3%～5%，用于畜舍、日常器械和洗手消毒等。

⑧ 新洁尔灭。为季铵盐类阳离子表面活性剂，毒性低、无腐蚀、性质稳定、效力强、速度快、消毒对象范围广。0.1%水溶液可用于浸泡器械、衣物、橡胶制品等或皮肤消毒。

⑨ 氨水。常用5%氨水喷洒消毒，消毒人员应戴用2%硼酸湿润的口罩和风镜，以减少对黏膜的刺激。

（4）生物热消毒法　该法主要用于污染粪便的无害化处理。在粪便堆沤过程中，利用粪便中微生物发酵产热，可使温度高达70℃以上，经过一定时间，可以杀死病毒、细菌（芽孢菌除外）、寄生虫虫卵等病原微生物，既达到了消毒的目的，又保持了粪便的良好肥效。

（二）杀虫

多种节肢动物（虻、蝇、蚊、蜱等）是动物传染病的重要传播媒介，因此，杀灭这些媒介昆虫，在预防和扑灭动物传染病方面有重要的意义。常用的杀虫方法主要有：

1. 物理杀虫法　应用机械拍打捕捉、喷灯火焰喷烧、沸水或热蒸汽等方法杀虫。

2. 生物杀虫法　利用昆虫的天敌或病菌及雄虫绝育技术等方法杀灭昆虫。

3. 药物杀虫法　应用化学杀虫剂来杀虫。根据化学杀虫剂对节肢动物的毒杀作用可分为胃毒作用药剂、触杀作用药剂、熏蒸作用药剂、内吸作用药剂等。常用的杀虫剂有有机磷类杀虫剂、拟除虫菊酯类杀虫剂、昆虫生长调节剂和驱避剂等。

（三）灭鼠

鼠类是很多人畜传染病的传播媒介和传染源。灭鼠具有保护人、畜健康和促进国民经济建设的重大意义。

灭鼠应从两个方面进行：一方面从动物栏舍建筑和卫生措施方面着手，防止鼠类的滋生和活动；另一方面采取机械和药物方法直接杀灭鼠类。

第六节　隔离和封锁

（一）隔离

隔离是指将患病动物和可疑感染畜控制在一个有利于防疫和生产管理的环境中单独饲养和防疫处理的方法，是防制传染病的重要措施之一。由于传染源具有持续或间歇性排出病原体的特性，为了控制传染源，便于消毒管理，截断流行过程，防止健康家畜继续受到传染，将疫情控制在最小范围内加以就地消灭，必须对传染源严格隔离。

在传染病流行时，应首先查明疫病在动物群体中蔓延的程度，根据诊断和检疫的结果，将全部受检动物分为患病动物、可疑感染动物和假定健康动物，以便分别对待。

1. 患病动物　包括有典型症状或类似症状，或其他特殊检查阳性的动物。它们是主要的传染源，应选择远离健康畜禽、消毒处理方便、不易散播病原的地方严格隔离。隔离场所应由专人负责看管，禁止其他人员接近，内部及周围环境严格消毒，内部的用具、饲料、粪便等未经彻底消毒处理不得运出，同时要加强饲养管理和护理工作，患病动物及时治疗，没有治疗价值的患病动物，严格按照国家关规定处理。

2. 可疑感染动物　指外表无任何症状，但与患病动物及其污染环境有过明显的接触，如同圈、同群、同牧、使用共同的水源和用具等。这类畜禽有可能处于潜伏期，有排毒的危险，应另选地方或在原来的圈舍隔离，经诊断后进行紧急接种或药物预防，并观察其临床表现，出现症状时及时隔离并按患病动物处理，无症状者经过一个最长的潜伏期后取消限制。

3. 假定健康动物 无任何症状且未与前两类有过明显接触。应与前两类严格隔离饲养，并进行紧急免疫接种和药物预防，加强防疫卫生消毒和相应的保护性措施，严防疫病传入。

（二）封锁

封锁是指当发生法定一类疫病和外来疫病时，以行政手段，采取强制性措施，把疫源地封闭起来，严禁疫区的出入，防止疫病向安全区扩散和健康动物误入疫区而被传染，把疫病迅速控制在封锁区之内，集中力量就地消灭。

一旦暴发或确诊为一类疫病和外来疫病时，当地县级以上畜牧兽医行政管理部门应立即派人到现场，划定疫点、疫区和受威胁区，采集病料，调查疫情，及时报请同级人民政府发布封锁令，实施封锁，并逐级上报国务院畜牧兽医行政管理部门。疫区范围涉及两个或两个以上行政区域时，应由有关行政区域共同的上一级人民政府或由各有关行政区域的上一级人民政府共同决定对疫区实行封锁。

执行封锁时应掌握“早、快、严、小”的原则，亦即执行封锁应在流行早期，行动果断迅速，封锁严密，范围不宜过大。具体措施如下。

1. 封锁的疫点应采取的措施

① 禁止人员、车辆出入和动物、动物性产品及可能污染的物品运出；特殊情况下人员必须出入时，需经兽医人员许可并严格消毒后出入。

② 对病死动物及其同群动物采取扑杀、销毁或无害化处理。

③ 疫点内出入口应设立消毒设施，疫点内用具、圈舍、场地等应严格消毒。

④ 疫点内动物的粪便、垫草、饲料等应在兽医人员监督指导下进行无害化处理。

2. 封锁的疫区应采取的措施

① 交通要道设立检疫消毒哨卡，监督动物、动物性产品移动和转移，对出入人员、车辆实施消毒。

② 停止集市贸易和疫区内动物、动物性产品的交易。

③ 对易感动物进行检疫和紧急接种，限制疫区内动物的活动。

3. 受威胁区应采取的措施

① 受威胁区内的动物应及时进行紧急接种，建立免疫带。

② 防止受威胁区内的动物出入疫区，避免饮用来自或经过疫区的水源。

③ 禁止购买来自疫区的动物、动物性产品或饲料。

当疫区内最后一个病例被扑杀或痊愈，通过实验室检测或临床观察，经过该病最长潜伏期未发现新的感染或发病动物时，经过彻底的清扫和终末消毒，经兽医行政部门验收合格后，由原发布封锁令的政府部门发布解除封锁令，并通知邻近地区和有关部门，解除封锁。

第七节 传染病的治疗与尸体处理

一、传染病的治疗

动物传染病的治疗，一方面是为了挽救患病动物，最大限度地减少疫病造成的经济损失；另一方面作为综合性防制措施的重要内容，在一定限度内起到消除传染源的作用。当无治疗价值或对周围的人、畜有严重传染威胁时，尤其是当某地传入一种过去没有发生过的危害性较大的新病时，为了防止疫病蔓延扩散，造成难以收拾的局面，应在严密消毒的情况下将患病动物淘汰处理。传染病的治疗必须在严密封锁或隔离的条件下进行，勿使治疗成为散播病原的因素。

（一）传染病的治疗方法

在传染病的治疗工作中，既要考虑帮助机体消灭或抑制病原微生物，消除其致病作用，又要帮助机体增强抵抗力和调整、恢复生理机能，促使机体恢复健康。

1. 针对病原体的疗法

（1）*特异性疗法*　应用针对某种传染病的高免血清、痊愈血清（或全血）、卵黄抗体等特异性生物制品进行治疗。因为这些制品只对某种特定的传染病有疗效，而对其他种病无效，故称为特异性疗法。例如，破伤风抗毒素血清只能治破伤风，对其他病无效。

高免血清主要用于某些急性传染病的治疗，如小鹅瘟、猪瘟、猪丹毒、炭疽、破伤风等。在诊断确实的基础上早期注射足够剂量的高免血清，常能取得良好的疗效。如缺乏高免血清，可用耐过动物或人工免疫动物的血清或全血代替，也可起到一定的作用，但用量须加大。使用血清时如为异种动物血清，应特别注意防止过敏反应。一般高免血清很少生产，而且并非随时可以购得，因此在兽医实践中的应用远不如抗生素或磺胺类药物广泛。

（2）*抗生素疗法*　抗生素为急性细菌性传染病的主要治疗药物。合理地应用抗生素，是发挥其疗效的重要前提。应用不合理或滥用，一方面可能使敏感菌株产生耐药性，另一方面可能引起不良反应，甚至中毒。因此，使用时一定要掌握抗生素的适应症，切忌滥用，最好以分离的病原菌进行药物敏感性试验，选择对此菌敏感的药物用于治疗。同时还要考虑到用量、疗程、给药途径、不良反应、经济价值等问题。此外，还应注意药物休药期。抗生素的联合应用应结合临诊经验正确使用，不适当的联合使用不仅不能提高疗效，反而可能影响疗效，而且增加了病原菌对多种抗生素的接触机会，更易广泛地产生耐药性。

（3）*化学疗法*　使用有效的化学药物消灭或抑制病原微生物的治疗方法，称为化学疗法。常用的化学药物有磺胺类药物、抗菌增效剂、硝基呋喃类药物（呋喃唑酮、呋喃呾啶等）、喹诺酮类药物（诺氟沙星、环丙沙星、恩诺沙星、沙拉沙星等）以及其他抗菌药（黄连素、大蒜素等）。

（4）*中草药疗法*　目前的研究成果表明，某些中草药具有抗菌、抗病毒、增强机体免疫功能、抗应激、促生长等多重作用，且毒副作用小、残留量低、效果持久，在一些疫病的治疗过程中效果明显。

2. 针对动物机体的疗法

（1）*加强护理*　对患病动物护理工作的好坏，直接关系到治疗效果的好坏，是治疗工作的基础。

（2）*对症疗法*　对症疗法是为了减缓或消除某些严重的症状、增强机体一般抗病能力、调节和恢复机体的生理机能而进行的内外科治疗方法。如使用退热、止痛、止血、镇静、兴奋、强心、利尿、缓泻、止泻、防止酸中毒和碱中毒、调节电解质平衡等药物以及某些急救手术和局部治疗等，都属于对症疗法的范畴。

（二）治疗效果的评价

治疗效果的评价是为了客观地认识现行的治疗方案，以利于在临床实践中选择最佳的药物或治疗方法。评价某种药物或治疗方法的临床疗效常用流行病学试验。常用的评价指标有以下几种：

1. 有效率 是指经过治疗处理后有效病例数（包括治愈病例数和好转病例数）占接受治疗总病例数的百分比。

2. 治愈率 是指经过治疗处理后治愈病例数占接受治疗总病例数的百分比。

3. 复发率 是指某种疫病临床痊愈后，经过一定时间再次复发的畜禽数占全部痊愈畜禽的百分比。

4. 转阴率 是指经治疗后患病动物禽体内病原体或血清学指标转为阴性者占所有接受治疗畜禽的百分比。

二、尸体处理

因传染病而死亡的动物尸体内含有大量病原微生物，处理不当会造成外界环境的污染，引起人、畜发病。因此，及时而合理地处理尸体，在防制动物传染病和维护公共卫生方面有重大的意义。尸体处理方法如下。

1. 化制 尸体在特设的加工厂中加工处理，既进行了消毒，又保留了许多有利用价值的东西，如工业用油、骨粉、肉粉、血粉等。

2. 掩埋 该方法简单易行，应用广泛，但不是彻底的处理方法。掩埋尸体时应选择干燥、平坦、远离住宅、道路、水井、牧场及河流的偏僻地区，深度2m以上。

3. 焚烧 此法最彻底。适用于特别危险的传染病尸体处理，如炭疽、气肿疽等。

4. 腐败 将尸体投入专用的直径3m，深6～9m腐败深坑中，坑用不透水的材料砌成，有严密的盖子，内有通气管。此法较掩埋方便合理，发酵分解达到消毒目的，取出可作肥料。但此法不适用于炭疽、气肿疽等芽胞菌所致传染病的尸体处理。

【思考题】

1. 解释名词

检疫	产地检疫	免疫接种	预防接种
紧急接种	免疫程序	免疫带	隔离
封锁	特异性疗法	消毒	终末消毒
生物热消毒	假定健康动物		

2. 综合防疫措施制定的原则是什么？包括哪些基本内容？
3. 如何对传染病进行临床综合诊断？
4. 简述传染病实验室诊断的方法和步骤。
5. 传染病流行病学调查有哪些内容？
6. 检疫的目的是什么？检疫的范围包括哪些？
7. 预防接种应注意哪些问题？
8. 免疫程序制订应考虑哪些因素？
9. 影响免疫效果的因素有哪些？

10. 简述消毒的目的、种类和常用的消毒方法。
11. 常用的消毒剂有哪些？如何使用？
12. 隔离和封锁对扑灭动物传染病有何意义？简述封锁的程序和具体措施。
13. 简述传染病患病动物的治疗方法。
14. 传染病尸体如何处理？
15. 哪些情况下应对患病动物采取淘汰处理？

第三章

人畜共患传染病

第一节　口蹄疫

口蹄疫（Foot and mouth disease，FMD）是由口蹄疫病毒引起的偶蹄动物的一种急性、热性、高度接触性传染病。其特征是在口腔黏膜、蹄部及乳房等处皮肤形成水疱和烂斑。

本病感染谱广，传染性强，流行快，往往造成大流行，不易控制和消灭，使得动物及其产品流通和国际贸易受到限制，造成巨大的经济损失。世界动物卫生组织（OIE）将其列为必须报告的 A 类动物疫病，我国也把口蹄疫列为一类动物疫病。

【病原】口蹄疫病毒（Foot and mouth disease virus，FMDV）属于微 RNA 病毒科口蹄疫病毒属。病毒粒子直径为 20～30nm，呈球形或六角形，无囊膜。

口蹄疫病毒具有多型性和易变异的特点。根据血清学特性，已知有 7 个血清型，即 A、O、C、SAT1（南非 1 型）、SAT2（南非 2 型）、SAT3（南非 3 型）及 Asia Ⅰ型（亚洲Ⅰ型），80 多个亚型。各血清型间无交叉免疫现象，但各型在临床症状方面的表现却完全相同。口蹄疫病毒在流行过程中及经过免疫的动物体均容易变异，故口蹄疫病毒常有新的亚型出现。根据世界口蹄疫中心公布，口蹄疫亚型目前已达 80 多个，而且还会有新的亚型出现。该病毒的这一特性给口蹄疫的防制带来了许多困难。我国口蹄疫的血清型主要是 A 型、O 型和亚洲Ⅰ型，欧洲主要是 A 型、O 型，均以 O 型多见。

口蹄疫病毒在患病动物的水疱液、水疱皮、淋巴液及发热期血液内的含量最高，其次是各组织器官、分泌物、排泄物，可长期存在并向外排毒，退热后病毒可以出现于乳、粪、尿、泪、涎水及各脏器中。

口蹄疫病毒在外界的存活力很强，耐干燥。在自然条件下，含毒组织及污染的饲料、饲草、饮水、毛皮、土壤等所含病毒在数日乃至数周内仍具有持传染性。病毒低温下十分稳定，在 −70℃～−50℃可保存数年之久，在 50% 甘油生理盐水中 5℃能存活 1 年以上。但高温和紫外线对病毒有杀灭作用，阳光暴晒、一般加热都可杀灭口蹄疫病毒。口蹄疫病毒对酸和碱特别敏感，在 pH 值 3.0 和 pH 值 9.0 以上的缓冲液中，病毒的感染性将瞬间消失。2%～4% 氢氧化钠、0.2%～0.5% 过氧乙酸、5% 氨水、3%～5% 福尔马林等消毒剂均能杀灭口蹄疫病毒，但碘酊、酒精、石炭酸、来苏儿、新洁尔灭、季铵盐类消毒药对口蹄疫病毒无明显杀灭作用。肉品在屠宰后成熟产酸（pH 值 3.5～5.7）能杀死口蹄疫病毒，但骨髓及淋巴结中的病毒因产酸不良而能存活很长时间。食盐对病毒无杀灭作用。

【流行病学】本病主要发生于偶蹄兽动物，牛的易感性最强，其次是猪，羊的易感性较低，易感性的高低顺序依次为黄牛、奶牛、牦牛、水牛、猪、绵羊、山羊、骆驼。人偶能感染，多发生于与患病动物密切接触的和实验室工作人员，且多为亚临床感染。实验动物中以豚鼠、乳鼠、乳兔最敏感。

传染源主要为潜伏期感染及临床发病动物。感染动物呼出的气体、唾液、粪便、尿液、乳、精液及肉和副产品均可带毒。发病初期排毒量最大、传染性最强，恢复期排毒量减少。水疱液、水疱皮含毒量最高，毒力最强。病牛舌面水疱皮的含毒量最高，病猪则以破溃的蹄部水疱皮含毒量最高，约为牛舌面水疱皮的含毒量的10倍，病猪经呼吸排至空气中的病毒量约为牛的20倍，病猪的排毒量远远超过牛、羊，因此，猪在本病的传播上具有重要的作用。康复期动物可持续带毒，大约50%的病牛带毒时间可达4～6个月，病羊可带毒2～3个月，病猪康复后可带毒2～3周。带毒牛所排出的病毒，在猪群中通过增强毒力后，可能再传染牛而引起流行。病毒在带毒牛体内可发生抗原变异，产生新的亚型。

本病通常以直接和间接接触方式传播，病毒常通过呼吸道和消化道以及损伤的皮肤和黏膜感染。空气是一种重要的传播媒介，如果环境气候适宜，病毒可随风发生远距离的跳跃式传播。被污染的物品、车辆、器具、草料、畜产品及昆虫、飞鸟、鼠类等非易感动物也可机械传播病毒。

口蹄疫是一种传染性极强的传染病，一经发生往往呈流行性，在牧区多呈现大流行。口蹄疫从一个地区、一个国家传到另一个地区或国家，多由输入带毒产品和动物所致。

口蹄疫流行具有一定的周期性，这主要与卫生条件、营养状况、动物群体的免疫状态有关。本病一年四季均可发生，但其流行具有明显的季节性，多在秋季开始，冬季加剧，春季减缓，夏季平息。在规模化猪场密集的地方，一旦被感染极易暴发。

【临床症状】不同动物发病后的临诊症状基本相似，但由于病毒的数量和毒力以及感染途径的不同，潜伏期的长短和临诊症状也不完全一致。

1. 牛 潜伏期2～4d，最长1周左右。病牛体温升高至40～41℃，食欲不振，精神沉郁，闭口，呆立，口角流涎呈白色泡沫状，开口时有吸吮声。1～2d后，唇内、齿龈、口腔、舌面和颊部黏膜有黄豆大至核桃大的水疱，口温高，流涎增多常挂满口角。水疱约经1d后破溃形成红色糜烂，体温降至正常。在口腔水疱出现的同时或稍后，趾间及蹄冠的皮肤上也出现水疱，迅速破溃，出现糜烂，或干燥结成硬痂。乳头皮肤有时也可出现水疱，很快破裂形成烂斑，如涉及乳腺可引起乳腺炎，奶牛产量下降。孕牛可发生流产。本病一般多呈良性经过，经约1周即可痊愈，如果蹄部出现病变时，则病期可延至2周或更久，病死率低。病愈后可获得1年左右的免疫力。吮乳犊牛患病时，水疱症状不明显，表现为出血性肠炎和心肌麻痹，突然倒地死亡，病亡率很高。

2. 羊 潜伏期1周左右，症状与牛相似，感染率较低，病羊跛行。绵羊多于蹄部、山羊多于口腔形成水疱，呈弥漫性口腔炎，水疱发生于硬腭和舌面。成年羊病死率低，孕羊流产；羔羊常表现为心肌炎和出血性胃肠炎而死亡。

3. 猪 潜伏期1～2d。以蹄部水疱为主要特征。体温高达40～41℃，精神沉郁，食欲不振或废绝。口腔黏膜（包括舌、唇、齿龈、咽、腭）形成水疱或烂斑。蹄冠、蹄叉、蹄踵、附蹄等处皮肤出现米粒至黄豆大的水疱，水疱破裂后表现出血，形成糜烂，若如无细菌感染，1周左右痊愈。如继发感染，影响蹄叶、蹄壳，严重者蹄匣脱落，常卧地不起或跛行。病猪鼻端、乳房也常见到水疱、烂斑。有时引起孕猪流产、乳房炎。若哺乳母猪乳头有水疱，则整窝小猪发病，仔猪受感染时，水疱症状不明显，多呈急性胃肠炎和心肌炎而突然死亡。

【病理变化】口腔、蹄部、乳房、咽喉、气管、支气管和胃黏膜可见到水疱、烂斑和溃疡，覆盖有黑棕色的痂块；肠黏膜可见出血性炎症；心脏病变具有诊断意义，心包膜、心肌有弥漫性点状出血，心肌柔软似煮肉样，心肌表面和切面有灰白色或淡黄色的斑点或条纹，称为“虎斑心”。

【诊断】根据临诊症状和病理剖检特点，结合流行病学，可作出初步诊断，确诊需要进行实验室诊断。酶联免疫吸附试验（ELISA）实验反应灵敏、特异性强、操作快捷，可直接鉴定病毒的亚型，并能同时检测水疱性口炎病毒和猪水疱病病毒，广泛用于动物口蹄疫的监测。

1. 病料样品的采集 取水疱皮或水疱液，置于50%甘油生理盐水中，迅速送检。

2. 病原学检测 采集的新鲜水疱皮、水疱液或其他组织样品，经双抗夹心酶联免疫吸附试验、反向间接血凝试验、反转录-聚合酶链反应（PT-PCR）试验、乳鼠中和试验或微量补体结合试验进行病原检测。如检测结果为阴性时，可将样品接种3～5日龄乳鼠或BHK细胞盲传2代进行病毒增殖，用乳鼠或细胞培养物再进行上述检测。

3. 血清学检测 在没有采到水疱皮、水疱液等样品的情况下，将采集的血清样品，经非结构蛋白抗体酶联免疫吸附试验或液相阻断酶联免疫吸附试验进行抗体检测。

4. 鉴别诊断 口蹄疫与牛瘟、牛恶性卡大热、水疱性口炎、猪水疱病、猪水疱性疹等疫病的临诊症状相似，应注意进行鉴别（表3－1、表3－2）。

表3－1 口蹄疫与猪水疱病、猪水疱性疹和水疱性口炎等四种水疱性疾病的鉴别诊断

	病名	口蹄疫	猪水疱病	猪水疱性疹	水疱性口炎
	病原	口蹄疫病毒	猪水疱病病毒	猪水疱疹病毒	水疱性口炎病毒
	易感动物	偶蹄兽	猪	猪	牛、猪、马等
	流行形式	流行性	流行性	地方流行性或散发	散发
	病死率	成年猪低，仔猪高	一般不死	一般不死	一般不死
	水疱的部位	蹄部多，口腔少	蹄部多，口腔少	蹄部、口腔都有	口腔多，蹄部无
动物接种	猪唇皮内	+	+	+	+
	牛舌皮内	+	−	−	+
	马舌皮内	−	−	+/−	+
	绵羊舌皮内	+	−	−	+/−
	豚鼠足踵	+	−	−	+
	2日龄小鼠腹腔或皮下	+	+	−	+
	9日小鼠腹腔或皮下	+	−	−	−
	抗酸试验	对pH值5.0敏感	对pH值5.0耐受		

注：+表示阳性；－表示阴性；+/－表示不规则或轻度反应

表3-2　口蹄疫与牛瘟、牛恶性卡他热的鉴别诊断

病名	口蹄疫	牛瘟	牛恶性卡他热
病原	微RNA病毒	副黏病毒	疱疹病毒
易感动物	偶蹄兽	牛	牛
流行特点	发病率高，病死率低，传播快，流行广	发病率高，病死率高，传播快，常暴发	病牛常与病羊有接触史，病死率高，常散发
主要症状	高热，口涎悬垂，口腔、蹄部、乳房有水疱	严重的溃烂性口炎，唾液带血，眼睑痉挛，高热，严重下痢，多以死亡告终	高热稽留，糜烂性口炎、结膜炎，角膜混浊，血尿，末期有脑炎和腹泻
特征病变	口腔、蹄部有水疱和烂斑，咽、气管、前胃黏膜溃疡，真胃和肠黏膜出血	白细胞减少，消化道黏膜坏死性炎症	初期白细胞减少，后期白细胞增多，气管假膜，真胃、肠出血和溃疡，肝、肾浊肿，肺充血、出血
诊断	血清学试验	血清学试验	犊牛接种试验
防制	扑杀、免疫接种	扑杀	扑杀

【防制】

1. 预防措施　加强饲养管理，保持畜舍卫生，做好消毒工作。不从发生口蹄疫国家或地区输入偶蹄动物及其产品。对购进的动物及动物产品、饲料、生物制品等进行严格检疫。开展口蹄疫疫情的监测、预警预报，进行临床观察、实验室检测、流行病学调查。加强产地检疫、屠宰检疫、种畜及非屠宰畜异地调运检疫的监督工作，严防疫情扩散。

我国对口蹄疫实行强制免疫，免疫密度必须达到100%。选择与流行毒株相同血清型的口蹄疫疫苗用于牲畜的预防接种，通常猪选用O型口蹄疫常规苗或高效灭活疫苗进行免疫，牛、羊使用口蹄疫Asia-I灭活苗或O型-Asia-I型口蹄疫双价灭活疫苗进行免疫。仔猪于40～45日龄首免，80～100日龄二免，后备种猪配种前一周免疫1次，经产母猪产前30天免疫一次，种公猪、后备公猪、后备母猪每隔4个月免疫一次；犊牛在90日龄首免，间隔1个月进行二免，以后每隔6个月免疫一次，母牛分娩前2个月免疫一次；羔羊在28～35日龄初免，母羊分娩前4周免疫一次。

2. 扑灭措施　发现口蹄疫时，应立即上报疫情，及时采集病料，迅速送检确诊定型，按《口蹄疫流行病学调查规范》对疫情进行追踪溯源。按“早、快、严、小”的原则，对疫区实施封锁，采取隔离、检疫、消毒、扑杀等综合措施，迅速通报疫情，查源灭源。对疫区（以疫点为中心，半径3km的区域）内假定健康动物和受威胁区（距疫区周围10km内区域）的易感动物用与当地流行毒株相同血清型的口蹄疫灭活苗进行紧急接种，建立免疫带，防止疫情扩散。所有病死牲畜、被扑杀牲畜及其产品、排泄物以及被污染或可能被污染的垫料、饲料和其他物品进行无害化处理。畜舍、场地和用具用2%～4%烧碱溶液、10%石灰乳、0.2%～0.5%过氧乙酸或1%～2%福尔马林喷洒消毒，粪便堆积发酵或用5%氨水消毒。

待疫区内最后1头患病动物死亡或扑杀后连续观察至少14d没有新发病例，疫区、受威胁区紧急免疫接种完成，疫点经终末消毒，对疫区和受威胁区的易感动物进行疫情监

测，结果为阴性，方可解除封锁。

3. 治疗措施 按现行的法律规定动物发生口蹄疫后不允许治疗，如有特殊需要应在严格隔离的条件下，及时进行治疗。对病牛要精心饲养，对病状较重、几天不能吃的病牛，应喂以麸糠稀粥、米汤或其他稀糊状食物，防止因过度饥饿使病情恶化而引起死亡。畜舍应保持清洁、通风、干燥、暖和，多垫软草，多给饮水。

口腔可用清水、食醋或0.1%高锰酸钾洗漱，糜烂面上可涂以1%～2%明矾或碘甘油（碘7g、碘化钾5g、酒精100ml、溶解后加入甘油10ml），也可用冰硼散（冰片15g、硼砂150g、芒硝18g，共为末）。

蹄部可用3% H_2O_2 洗涤，擦干后涂松馏油或鱼石脂软膏等，再用绷带包扎。

乳房可用肥皂水或2%～3%硼酸水洗涤，然后涂以青霉素软膏或其他刺激性小的防腐软膏，定期将奶挤出以防发生乳房炎。

恶性口蹄疫患病动物除局部治疗外，可用强心剂和补剂，如安钠咖、葡萄糖盐水等。用结晶樟脑口服，每天2次，每次5～8g，可收到良好的效果。

【公共卫生】 人多因接触口蹄疫患病动物及其污染的毛皮，或误饮患病动物的奶、误食患病动物的肉品等途径而感染。潜伏期3～6d，短者1d，突然发病，发烧，口腔干热，唇、齿龈、舌边、颊部、咽部潮红，出现水疱。皮肤水疱见于手指尖、手掌、脚趾。同时伴有头痛、恶心、呕吐或腹泻。患者数天痊愈。幼儿可并发胃肠炎、神经炎和心肌炎等。

预防人的口蹄疫，要做好个人自身防护，不吃生奶及未煮熟牛肉、羊肉、猪肉，接触患病动物后立即消毒，防止患病动物的分泌物和排泄物落入口、鼻、眼结膜，污染的衣物及时消毒处理。

【思考题】

1. 试述口蹄疫的典型症状。

2. 试从口蹄疫的病原特点和流行病学特点两个方面分析口蹄疫为什么难以控制和消灭？

3. 如何预防口蹄疫？发生口蹄疫后应采取哪些扑灭措施？

第二节 狂犬病

狂犬病（Rabies）俗称疯狗病，是由狂犬病病毒引起的一种高度致死性人兽共患传染病。其特征是极度的神经兴奋、狂暴和意识障碍，继之局部或全身麻痹而死亡。该病一旦发生，病死率几乎100%。

该病呈世界性分布，是人类最古老的自然疫源性疾病。我国曾是狂犬病的高发区，现在该病发病数量虽然已经明显减少，但随着犬、猫等宠物饲养数量的逐渐增多，对该病的防控需要给予高度的重视。

【病原】 狂犬病病毒（Rabies virus）属弹状病毒科狂犬病病毒属，病毒粒子呈弹状，直径75～80nm，长140～180nm，外层为含脂质的囊膜，内部为含核蛋白的核心，对脂溶剂敏感，为单链RNA病毒。

狂犬病病毒主要存在于患病动物的中枢神经组织（延脑、大脑皮层、海马角、小脑和脊髓等）中，可在中枢神经组织细胞的胞浆内形成特异性的包涵体，叫内基氏小体。唾液腺和唾液中也有大量病毒，并随唾液排出体外。其他组织脏器、血液和乳汁中也可能有少量的病毒存在。

狂犬病病毒习惯上分为两种。在自然情况下分离到的狂犬病流行毒株称为“街毒”。街毒经过在家兔脑和脊髓内的一系列传代，对家兔的潜伏期缩短，但对犬的毒力下降，这种具有固定特性的狂犬病病毒则称为“固定毒”。固定毒的弱毒特性和免疫原性已被充分肯定，通过动物试验，进而证明由街毒变异为固定毒的过程是不可逆的。用固定毒可制作狂犬病弱毒疫苗。

狂犬病病毒对各种理化因素抵抗力不强，不耐湿热，56℃ 15～30min 或 100℃ 2min 均可使之灭活，但在冷冻或冻干状态下可长期保存病毒。在 50% 甘油缓冲溶液保存的感染脑组织中病毒至少存活 1 个月，在 4℃ 以下低温可保存数月之久。病毒能抵抗自溶及腐败，在自溶的脑组织中可保持活力达 7～10d。

【流行病学】 狂犬病几乎感染所有的温血动物。狂犬病病毒主要的贮存宿主是犬、野生肉食动物、土拨鼠、蝙蝠等。外表健康的猫也是狂犬病的重要传染源。病犬和带毒犬是人和家畜狂犬病的主要传染源，而狼、狐、豺、浣熊、蝙蝠、啮齿类动物、鸟类等野生动物在流行病学上也起着非常重要的作用。

本病主要通过被患病动物咬伤而感染，在少数情况下也可由抓伤或舔舐健康动物伤口而感染，健康动物皮肤黏膜损伤处接触患病动物的唾液亦可感染。野生动物可因啃食患病动物尸体而经消化道感染，蝙蝠叮咬、子宫内或哺乳等多种途径也可传播本病。另据报道，狂犬病还可以通过气溶胶而经呼吸道感染。

【临床症状】 潜伏期差异很大，最短只有 8d，长的可达一年以上，一般为 2～8 周。潜伏期的长短与咬伤部位和伤口的严重程度有关。

1. 犬　潜伏期 10d 至 2 个月，临床上一般分为两种类型，即狂暴型和麻痹型。狂暴型可分为前驱期、兴奋期和麻痹期。

（1）前驱期或沉郁期　此期约为半天到两天。病犬精神沉郁，常躲在暗处，不愿和人接近或不听呼唤，强迫牵引则咬畜主；食欲反常，喜吃异物，喉头轻度麻痹，吞咽时颈部伸展；瞳孔散大，反射机能亢进，轻度刺激即易兴奋，有时望空捕咬；性欲亢进，嗅舔自己或其他犬的性器官，唾液分泌逐渐增多，后躯软弱。

（2）兴奋期或狂暴期　此期约 2～4d。病犬高度兴奋，表现狂暴并常攻击人、畜，狂暴发作往往和沉郁交替出现。病犬疲劳卧地不动，但不久又立起，表现一种特殊的斜视惶恐表情，当再次受到外界刺激时，又出现一次新的发作。狂乱攻击，自咬四肢、尾及阴部等。随病势发展，陷于意识障碍，反射紊乱，狂咬；病犬显著消瘦，吠声嘶哑，眼球凹陷，散瞳或缩瞳，下颌麻痹，流涎和夹尾等。

（3）麻痹期　约 1～2d。麻痹急剧发展，下颌下垂，舌脱出口外，流涎显著，不久后躯及四肢麻痹，卧地不起，最后因呼吸中枢麻痹或衰竭而死。

整个病程 6～8d，少数病例可延长到 10d。

麻痹型病犬的沉郁期、兴奋期很短或轻微表现即转入麻痹期。表现喉头、下颌、后躯麻痹、流涎、张口、吞咽困难和恐水等，经 2～4d 死亡。

2. 牛　潜伏期 4～8 周，多表现为狂暴型。病初精神沉郁，反刍减少，食欲降低。随病程发展表现为起卧不安，前肢刨地，有阵发性兴奋和冲击动作，如试图挣脱绳索、冲撞墙壁，跃踏饲槽、磨牙、性欲亢进、流涎等，一般少有攻击人、畜现象。当兴奋发作后，常有短暂停歇后再次发作，并逐渐出现麻痹症状，如吞咽麻痹、伸颈、流涎、臌气、里急后重等，最后倒地不起，衰竭而死。

3. 羊 病例少见。症状与牛相似，多无兴奋症状或兴奋期较短。表现起卧不安，性欲亢进，并有攻击其他动物的现象。常舔咬伤口，使之经久不愈，末期发生麻痹。

4. 猪 多表现为狂暴型，兴奋不安，横冲直撞，叫声嘶哑，流涎，反复用鼻掘地，攻击人畜。在发作间歇期间，常钻入垫草中，稍有音响即一跃而起，无目的地乱跑，最后发生麻痹症状，2～4d 后死亡。

5. 猫 一般呈狂暴型，症状与犬相似，但病程较短，出现症状后 2～4d 死亡。在疾病发作时攻击其他动物和人。

【病理变化】常见尸体消瘦，体表有伤痕，口腔和咽喉黏膜充血或糜烂。胃黏膜充血、出血，胃内空虚或有石块、泥土等异物。典型的病理变化为非化脓性脑炎，在大脑海马角或小脑皮层的神经细胞浆内可见内基氏小体。

【诊断】根据本病的流行特点和临床特征可作出初步诊断，确诊需做实验室诊断。

1. 病理组织学检查 取新鲜未固定脑等神经组织制成压印标本或作病理组织切片，在海马角、大脑皮层锥体细胞和小脑蒲金野氏浆内检出包涵体（内基氏小体）。

2. 动物接种试验 将脑组织制成乳剂，脑内接种 3～5 周龄小鼠，接种后 1～2 周试验小鼠出现痉挛、麻痹等神经症状并死亡，可确诊为狂犬病病毒感染。如果小鼠症状不典型，可扑杀取脑，采用内基氏小体检查或免疫荧光试验。

3. 免疫学检测 荧光抗体试验是世界卫生组织推荐的一种方法，我国也将此法作为检查狂犬病的首选方法。酶联免疫吸附试验即可检测抗原，又可检测抗体，也是狂犬病免疫诊断常用的一种检测方法。

【防制】由于狂犬病动物主要是犬，因此世界上大多数国家都高度重视对犬的管理。大力开展宣传教育，普及防制狂犬病的知识，认真贯彻执行养犬管理规定，合法养犬，加强对犬的检疫，防止引进带毒犬，控制传染源。建立并实施有效的疫情监测体系，及时发现并扑杀病犬。

对犬实行强制性免疫，所有犬在 3 月龄时进行初次免疫，1 年后加强一次。经免疫接种过的动物发放统一的动物免疫证明，并佩戴免疫标记。国内使用的狂犬病疫苗有狂犬病弱毒苗和与其他疫苗联合制成的多联苗可供选用。

狂犬病目前尚无特殊疗法。发现患有本病或者疑似本病的动物，都应当立即上报疫情，隔离疑似患畜，限制其移动，进行调查核实、诊断，并根据诊断结果采取相应措施。确诊后，立即采取不放血方式扑杀所有感染、患病动物。被咬（抓）伤的动物，应对伤口进行消毒处理，并迅速用狂犬病疫苗进行紧急免疫接种，有条件可结合免疫血清进行治。对疫区或受威胁区的所有易感动物进行紧急免疫接种。对扑杀的动物尸体、排泄物进行无害化处理。粪便、垫料污染物等进行焚毁，栏舍、用具、污染场所必须进行彻底消毒。

【公共卫生】人的狂犬病主要是由带狂犬病病毒的犬咬伤所致。人感染后潜伏期多为 1～3 个月，最短 3d，最长可达数十年。

狂犬病病人起初表现中度发热、不适、食欲消失、头痛、恶心等症状，2～14d 出现应激高热、胸痛及气流恐怖症，即风吹面部会引起咽部肌肉痉挛。有的病人对光、噪声和感觉刺激的应激敏感性高，有的出现多汗、流涎、狂躁行为，肌肉痉挛性收缩，而怕饮水，故称“恐水症”。在症状出现后的14d后，出现继发性呼吸和心脏衰竭，昏迷而死亡，一旦发病即无治疗办法，病死率高达100%。

加强犬类动物的管理，控制传染源，进行大规模的免疫接种和消灭野犬，是预防人狂犬病最有效的措施。人被犬、猫等动物咬伤后，应立即对受伤部位先用20%肥皂水或1%新吉尔灭彻底清洗，再用清水冲洗伤口至少20min，最后用2%~3%碘酒或70%酒精涂消毒伤口，局部伤口原则上不缝合、不包扎，不擦软膏、不涂粉剂，以利伤口排毒。及时到当地卫生防疫机构注射狂犬病疫苗，以减少狂犬病的危害。

【思考题】

1. 狂犬病的主要传播途径是什么？如何预防狂犬病？
2. 狂犬病的诊断方法是什么？

第三节　流行性感冒

流行性感冒（Iinfluenza）简称流感，是由流感病毒引起人畜禽共患的急性呼吸道传染病，其特征是高热、咳嗽、全身衰弱无力，有不同程度的呼吸道炎症。该病发病急剧、传播迅速、流行范围广。

在我国，本病在人群中的大流行已有多次，在猪、马中的流行也有暴发流行。近年来在禽类中的频频暴发流行。

【病原】流感病毒（Iinfluenza virus）属于正黏病毒科，包括A型流感病毒属、B型流感病毒属、C型流感病毒属。这三型病毒在基因结构和致病性方面存在很大差异，B型和C型一般只感染人类，A型流感病毒既可感染人，也可感染猪、马、水貂、海豹和鲸等其他哺乳动物和禽类。

A型流感病毒粒子呈多形性，多为球形，也有呈丝状或杆状者。核衣壳呈螺旋对称，内部为由8个节段组成的单股RNA，外有囊膜，囊膜上有呈辐射状密集排列的两种穗状突起物（纤突）：一种是血凝素（HA），可使病毒吸附于易感细胞的表面受体上，诱导病毒囊膜和细胞膜的融合；另一种是神经氨酸酶（NA），可水解细胞表面受体，使病毒在宿主体内自由传播。HA能凝集马、驴、猪、羊、牛、鸡、鸽、豚鼠和人的红细胞，但不凝集兔的红细胞。HA和NA都为糖蛋白，具有良好的抗原性，并诱导机体产生相应的抗体，血凝抑制抗体能抑制病毒的血凝作用，并能中和病毒的传染性，因此可以通过血凝（HA）和血凝抑制（HI）试验检测病毒及抗体。NA抗体能干扰细胞内病毒的释放，抑制流感病毒的复制，有抗流感病毒感染的作用。

HA和NA容易变异，它们是病毒血清亚型及毒株分类的重要依据。目前已知HA有16个亚型（H_1~H_{16}），NA有10个亚型（N_1~N_{10}）。由于不同的毒株所携带的HA和NA抗原不同，因此A型流感病毒有众多亚型，如H_1N_1、H_1N_2、H_2N_2、H_1N_3、H_3N_2、H_5N_1、H_5N_2、H_7N_1、H_9N_2等，各亚型之间无交叉或只有部分交叉免疫保护作用，这就给疫苗研制和本病的防制带来了极大的困难。由于流感病毒的基因组具有多个片段，在病毒复制时容易发生重组，从而出现新的亚型或新的毒株。流感病毒的不同亚型对宿主的特异性和致病性有很大的差异，如猪流感主要是由 H_1N_1、H_3N_2 亚型引起，人流感主要是由 H_1N_1、H_2N_2、H_3N_2 亚型引起，禽流感的病原主要是 H_5N_1、H_5N_2、H_7N_1、H_9N_2 等亚型。

流感病毒对外界环境的抵抗力相对较弱，高热或低 pH、非等渗环境和干燥均可使病毒灭活。60℃10min 可将病毒杀灭。一般消毒剂对病毒均有作用，尤对碘溶液特别敏感。

一、猪流行性感冒

猪流行性感冒（Swine influenza）简称猪流感，是由 A 型流感病毒引起的猪的一种急性、呼吸道传染病。其特征是突然发病，咳嗽，呼吸困难，发热，衰竭及迅速康复。

猪流感病毒至少有 5 种亚型：H_1N_1、H_1N_2、H_1N_7、H_3N_2、H_3N_6。其中 H_1N_1、H_3N_2 能引起猪大批发病，与人流感有密切的关系。20 世纪 70 年代和 80 年代在美国曾发生不少猪流感（H_1N_1）感染人并引起人死亡的例子，80 年代末和 90 年代初在瑞士和荷兰也曾发生猪流感（H_1N_1）感染人，并引起急性呼吸道障碍综合征而死亡。

【流行病学】各个年龄、性别和品种的猪对猪流感病毒都有易感性。猪流感常呈地方性流行或大流行，传播迅速，发病率高，而死亡率低。病猪和带毒猪是主要传染源，病毒存在于病猪或带毒猪的鼻液或气管、支气管渗出液以及肺和肺淋巴结内。呼吸道是主要的传播途径，也可由于食入含病毒的肺丝虫的幼虫而感染。该病多发于深秋、寒冬和早春季节，猪群最早发病常与从外地引进猪只有关，暴发是由感染猪群移动到易感群引起。流感病毒在某些情况下，可从一种动物传向另一种动物，如由人或禽传给猪。

【临床症状】潜伏期短，几小时至数天，自然发病平均 4d，人工感染为 24～48h。常突然发病，同群猪几乎同时感染并出现症状。体温升高到 40.5～41.5℃，有时高达 42℃。厌食，精神委顿，肌肉和关节疼痛，常卧地不起或钻卧垫草中。腹式呼吸明显，常夹杂阵发性痉挛性咳嗽。粪便干硬。眼和鼻流出黏性分泌物，有时分泌物带血。多数病猪可于发病后 6～7d 康复。如有继发感染，则可使病势加重，多因发生纤维素性出血性肺炎或肠炎而死亡。个别病例转为慢性时，多持续性咳嗽、消化不良、瘦弱，长期不愈，病程 1 个月以上，也常引起死亡。母猪在怀孕期感染，产下的仔猪在产后 2～5d 发病严重，有些在哺乳期及断奶前后死亡，耐过的则转为慢性，生长缓慢。

【病理变化】主要表现为病毒性肺炎，以尖叶和心叶最常见，严重病例大半个肺受害，呈现纤维素性胸膜肺炎。受害肺组织与正常肺组织之间分界明显，受害区域呈紫色并实变，小叶水肿明显。鼻、喉、气管和支气管黏膜充血、出血，有大量带血的纤维素性渗出物。支气管淋巴结和纵膈淋巴结肿大、充血、水肿，脾轻度肿大，胃肠有卡他性炎症。并发其他病毒、细菌感染时，病理变化常变得复杂。

【诊断】根据其流行病学的特点，结合典型的临床症状和病理变化，可以作出初步诊断。确诊需通过血清学方法和病毒分离鉴定。用于病毒分离的样品以鼻腔拭子为最佳。猪流感与急性猪肺疫临床症状相似，容易混淆，应注意鉴别。

【防制】采取严格的生物安全措施和免疫接种是预防本病的有效措施。因为流感存在种间传播，所以应防止猪与其他动物（特别是禽类）或患有流感的饲养人员接触。注意防寒保暖，圈舍保持清洁、干燥，定期消毒。发病时，应立即隔离治疗。供给充足的饮水，在饮水中加放祛痰剂、清热解毒的中草药和抗菌药（青霉素、链霉素等），以对减轻症状，控制并发症和防止继发感染。中药治疗用青蒿、柴胡、桔梗、黄芩、连翘、金银花、板蓝根组成基础方，若高热不退伴有阵咳，且便秘者加石膏、知母、紫草以清肠胃积毒；全身疼痛者加桑叶、葛根、荆芥；体虚者加党参、黄芪、何首乌、甘草。水煎，每日1剂。

二、禽流行性感冒

禽流行性感冒（Avian influenza，AI）简称禽流感，曾被称为欧洲鸡瘟、真性鸡瘟，是由A型禽流感病毒引起的一种烈性传染病，其中部分 H_5 和 H_7 亚型禽流感病毒引起的高致病禽流感（Highly pathogenic avian influenza，HPAI）被世界动物卫生组织（OIE）确定为A类烈性传染病，我国也将其列为一类疫病。高致病性禽流感常以突然发病和高死亡率为主要特征，少数高致病性禽流感毒株（H_5N_1）感染人并致死。

【流行病学】A型禽流感病毒（Avian influenzavirus，AIV）能自然感染鸡、火鸡、鸭、鹅、鹌鹑、雉鸡、鹧鸪、鸵鸟、孔雀等多种禽类和野鸟。家禽中以火鸡、鸡最易感，自然界的鸟类和水禽带毒最为普遍，候鸟迁徙带毒引发禽流感最为常见。包括 H_1 ~ H_{16} 和 N_1 ~ N_{10} 亚型的A型流感病毒几乎都已在家禽和野禽中分离到。其中 H_5 和 H_7 亚型致病性最强，可以引发高致病性禽流感，发病率和死亡率很高，有的鸡群可达100%。而所有其他亚型对禽类均为低致病性。自1990年以来 H_9 亚型禽流感病毒在一些亚洲国家的鸡群中成为优势血清亚型。据我国部分养鸡场的禽流感血清学调查，221个禽流感阳性鸡场中，H_9 亚型阳性鸡群占93.6%，表明 H_9 亚型禽流感在我国广大地区存在，是我国禽流感的主要血清型。近年来，又有 H_5N_1 亚型发生，说明该病已成为我国养禽业面临的严重威胁。

传染源主要为病禽（野鸟）和带毒禽（野鸟）。鸭、鹅和野生水禽在本病传播中起重要作用，候鸟也可能起一定作用。禽流感病毒的传播主要是接触感染禽（或野鸟）及其分泌物和排泄物及污染的饲料、水、蛋托（箱）、垫草、种蛋、鸡胚和精液等经消化道感染，也可经气源性呼吸道传播。由 H_5N_1 亚型引起的高致病性禽流感，以粪—口途径传播为主，传播速度快。发病或带毒的水禽造成水源和环境污染，对扩散本病有特别重要的意义。

本病一年四季都会发生，但以冬、春季多发。

【临床症状】因病毒的毒力、感染的禽种和途径的不同，潜伏期有差异。

1. 低致病性禽流感（MPAI）　其病原主要为低致病性毒株 H_9N_2 亚型。野禽感染后不产生明显的临床症状。鸡和火鸡表现为呼吸、消化、泌尿和生殖器官的异常，其中呼吸道症状最为常见，如咳嗽、打喷嚏、啰音、喘鸣和流泪等。产蛋鸡产蛋下降。病鸡精神不振、食欲减退、堆挤、羽毛松乱、呆立，间或下痢，死亡率较低。有并发感染时症状加重。

2. 高致病性禽流感（HPAI）　其病原为 H_5 和 H_7 亚型的一些高致病性毒株，主要为 H_5N_1。鸡和火鸡多呈急性发病，死亡率高，有的鸡群可达100%。主要症状为脚鳞出血，鸡冠出血和发绀，头部和脸部高度水肿。鸭、鹅等水禽可见神经症状和腹泻，有时可见角膜炎症，甚至出血。产蛋期感染禽均表现产蛋下降。病情较缓的，精神沉郁，饮水和采食量下降，头颈震颤，流泪，呼吸困难，叫声沙哑，不能站立，角弓反张。

【病理变化】病理变化因禽种类和病毒致病性等情况不同而有很大差异。

1. 低致病性禽流感　病理变化主要在呼吸道，尤其是对窦的损害。以卡他性、纤维素性、脓性或纤维脓性炎症为特征。气管黏膜水肿、充血、出血，气管内有浆液性、干酪性渗出物，继发细菌感染则出现纤维脓性支气管炎。眶下窦肿胀，有浆液性、浆液脓性渗出物。腹腔有卡他性、纤维素性炎症和卵黄性腹膜炎。盲肠和小肠卡他性、纤维素性炎症。有些鸡肾脏肿胀，伴有尿酸盐沉积。胰腺带白斑。鸭也可发生窦炎、结膜炎和其他呼吸道损害。

2. 高致病性禽流感 以浆膜、黏膜、内脏器管、肌肉、脂肪广泛性出血为特征。头部颜面、鸡冠、肉垂和颈部皮下水肿，出血。腺胃黏液增多，可见腺胃乳头出血，腺胃和肌胃之间交界处黏膜可见带状出血，肠黏膜出血更为广泛和明显，肠系膜出血。心外膜、心冠脂肪出血，心肌局灶性坏死。有时在胸骨内侧、胸肌出血或淤血斑；肝、脾、肾和肺多发性出血和坏死。气管黏液增多，气管黏膜严重出血。输卵管中部可见乳白色分泌物或凝块，卵泡充血、出血、萎缩、破裂，有的可见卵黄性腹膜炎。法氏囊和胸腺萎缩。

【诊断】通过临床症状、流行病学和病理变化分析可以作出初步诊断。在临床上应注意将本病与新城疫相区分（表3-3）。

实验室诊断：取肝、脾、脑或气管，按常规方法接种9~11日龄SPF鸡胚，进行病毒分离，取18h后死亡的鸡胚收取尿囊液或绒毛尿囊膜，并进行病毒鉴定。通过琼脂扩散试验确定病毒是否为A型流感病毒；通过HA和HI试验或以及分子生物学PCR试验鉴定亚型；通过静脉接种致病指数（IVPI）测定法和致死比例测定法进行病毒致病性测定。

高致病性禽流感的诊断指标如下。

临床诊断指标：急性发病死亡，脚鳞出血，鸡冠出血或发绀、头部水肿；浆膜、黏膜、肌肉和组织器官广泛严重出血，可初步怀疑为高致病性禽流感。

血清学诊断指标：琼脂扩散试验阳性（水禽除外）；H_5或H_7血凝抑制价在1：16以上。

病原学诊断指标：H_5或H_7亚型病毒分离阳性；H_5或H_7分子生物学诊断阳性；任何亚型病毒静脉内接种致病指数（IVPI）大于1.2。

表3-3 禽流感与新城疫的鉴别诊断

病名	新城疫	禽流感
病原	副黏病毒	正黏病毒
流行特点	各种鸡均易感，发病急，传播快，死亡率极高	不同品种和日龄的禽类均可感染，高致病性禽流感发病率高，传播快，病死率高达100%
主要症状	精神沉郁，呼吸困难；嗉囊积液，倒提有酸臭液体从口中流出；拉黄绿色稀粪，神经症状明显	突然发病，急性死亡；头部肿胀，冠髯发紫，脚鳞出血；水禽有明显的神经症状
特征病变	浆膜、黏膜显著出血，尤其是消化道黏膜出血最明显	皮下、浆膜、黏膜及个组织器官广泛出血，头部水肿
诊断	病毒分离鉴定，血凝抑制试验	病毒分离鉴定，琼扩试验，血凝抑制试验，RT-PCR
防制	抗体监测，免疫接种	隔离、封锁、扑杀、消毒、免疫等综合防治措施

【防制】

1. 加强饲养管理，提高环境控制水平 饲养、生产、经营场所必须符合动物防疫条件，取得动物防疫合格证。饲养场实行全进全出饲养方式，控制人员出入，严格执行清洁和消毒程序。鸡和水禽禁止混养，养鸡场与水禽饲养场应间隔3km以上，且不得共用同一水源。养禽场要有良好的防止禽鸟（包括水禽）进入饲养区的设施，并有健全的灭鼠设施和措施。

2. 加强消毒，做好基础防疫工作 各饲养场、屠宰厂（场）、动物防疫监督检查站等要建立严格的卫生消毒管理制度。疫苗免疫接种应选择相同亚型的禽流感疫苗按免疫程序对家禽进行预防接种，当前研制与使用的有禽流感灭活疫苗（H_5N_2亚型、H_5N_1亚型、H_9亚型）、禽流感（$H_5N_2+H_9N_2$）二价灭活疫苗、重组禽流感病毒灭活疫苗（H_5N_1亚型，Re-1株）和禽流感－新城疫重组二联活疫苗（rL-H_5株）、禽流感－鸡痘重组二联活疫苗（rFPV-H_5株）。推荐免疫程序：对产蛋鸡，20～30日龄首免，0.3～0.5ml，颈部皮下注射；开产前20d二免，0.5ml胸肌注射。种鸡及禽流感高发地区，在300日龄三免。或在雏鸡10～12日龄用禽流感—新城疫重组二联活疫苗（rL-H_5株）滴鼻首免，以后可选择活苗或灭活苗免疫。对商品肉仔鸡，要根据需要确定是否接种。同时还要注意免疫监测，当抗体滴度大于$5\log_2$时鸡群才能得到保护。

3. 对禽类实行疫情监测，掌握疫情动态 由县级以上动物防疫监督机构组织实施。对未经免疫区域，以流行病学调查、血清学监测为主（包括琼脂扩散试验、血凝抑制试验等方法），结合病原分离和毒型鉴定、毒力鉴定进行监测；对免疫区域，以病原学监测为主，结合血清学监测。

4. 扑灭措施 一旦发生或疑似高致病性禽流感，应及时报告疫情，正确诊断，追踪调查，立即采取隔离、限制移动等措施，划定疫点、疫区和受威胁区，严格封锁。疫区（指以疫点为中心，半径3km范围内区域）内所有的禽只以不放血方式扑杀，并对所有病死禽、被扑杀禽、禽类产品、排泄物、被污染饲料、垫料、污水等按国家规定标准进行无害化处理，对被污染的物品、交通工具、用具、禽舍、场地进行严格彻底消毒，对受威胁区（疫区外延5km范围内的区域）内所有易感禽类采用国家批准使用的疫苗进行紧急强制免疫接种，建立完整的免疫档案。

发生低致病性禽流感时，可在严密隔离的条件下，进行必要的药物治疗，以减少损失。若配合应用清热解毒、止咳平喘的中药如板蓝根、大青叶、连翘和清瘟散等，则效果更好。由于本病常并发或继发大肠杆菌或支原体感染，因此适当应用抗菌药物，如氟苯尼考、强力霉素、环丙沙星、利高霉素等，减少死亡。

【公共卫生】人禽流感是由禽A型流感病毒某些亚型中的一些毒株引起的急性呼吸道传染病。1997年香港禽流感事件，报道有18人感染H_5N_1亚型禽流感病毒，其中有6人死亡，引起了全世界的关注。2007年1月22日，WHO报道全球经实验室确诊的H_5N_1禽流感患者269例，其中死亡163例。很多感染病例都发生在饲养家禽的农村或城郊，家禽和候鸟是病毒的主要传染源，病禽随着粪便排出大量病毒，在宰杀病禽和准备烹调过程中被感染，儿童则在玩耍和密切接触家禽和鸟类的过程中感染发病。H_9亚型毒株的禽流感病毒引起的人类感染的症状似普通流感，H_7亚型毒株主要引起角膜炎和上呼吸道轻微症状。H_5N_1亚型禽流感病毒引起的人类感染通常以严重下呼吸道感染，进行性呼吸系统衰竭和严重的呼吸道综合征为特征，病死率高。

预防人禽流感，要养成良好个人卫生习惯，不食生禽和生蛋，不食用病死禽，在接触病禽或屠宰禽、禽尸体剖检时要做好个人防护与严格消毒。

【思考题】

1. 试述动物流感的公共卫生意义。
2. 何为高致病性禽流感？如何诊断高致病性禽流感？发生高致病性禽流感应如何处置？
3. 猪流感的流行病学特点和症状是什么？

第四节　痘　病

痘病（Pox）是由痘病毒引起的各种动物和人类的一种急性、热性、接触性传染病。哺乳动物的痘病特征是在皮肤和黏膜上形成特异的痘疹，禽痘则在皮肤和黏膜上产生增生性和肿瘤样病理变化。本病多为局性反应，大多数动物发病后，一般都呈良性经过。各种动物的痘病中以绵羊痘、山羊痘、猪痘和禽痘最为常见，马痘、牛痘发生较少。

【病原】 痘病毒（Pox virus）属于痘病毒科脊椎动物痘病毒亚科，与痘病有关的有6个属：正痘病毒属、山羊痘病毒属、禽痘病毒属、兔痘病毒属、猪痘病毒属和副痘病毒属，痘病毒为双股DNA病毒，有囊膜，病毒粒子呈砖形或椭圆形，大小（170～250）nm×（300～325）nm。各种禽痘病毒与哺乳动物痘病毒间不能交叉感染或交叉免疫，但各种禽痘病毒之间在抗原性上极为相似，且都具有血细胞凝集特性。各种哺乳动物的痘病毒有其固定的宿主，一般不出现交叉感染，但同属病毒各成员之间存在着许多共同抗原和广泛的交叉反应。

病毒对热、直射阳光、碱和消毒剂敏感，58℃经5min、37℃经24h可使病毒灭活，常用消毒剂如0.5%福尔马林等数分钟内可将其杀死。但病毒在干燥的痂块中可以存活几年。

一、绵羊痘和山羊痘

绵羊痘和山羊痘（Sheep pox and goat pox）分别是由痘病毒科山羊痘病毒属的绵羊痘病毒和山羊痘病毒引起的绵羊和山羊的急性、热性、高度接触性传染病，是OIE规定的A类动物疫病，也是我国划定的一类疫病。

（一）绵羊痘

绵羊痘（Sheep pox）又叫绵羊天花，是各种动物痘病中危害最严重的一种，特征是皮肤和黏膜上发生特异的痘疹，可见到典型的红斑、丘疹、水疱、脓疱和结痂等病理过程。

【流行病学】 在自然条件下，绵羊痘病毒只感染绵羊，不感染山羊和其他家畜；山羊痘病毒的少数毒株则可感染绵羊和山羊，引起绵羊和山羊的恶性痘病。不同品种、性别和年龄的羊均可感染，以细毛羊、羔羊最为易感，病死率高。粗毛羊和土种羊有一定的抵抗力，发病率和病死率较低，主要感染从外地引进的绵羊新品种。妊娠母羊感染时常常发生流产，因此在产羔前流行绵羊痘，可造成很大的损失。病羊和带毒羊是主要的传染源，病毒主要通过呼吸道感染，也可通过损伤的皮肤或黏膜或由厩蝇等吸血昆虫叮咬而感染。饲养和管理人员以及被污染的饲料、垫草、用具、皮毛产品和体外寄生虫等均可成为本病的传播媒介。

本病多发于冬春季节，呈地方性流行，传播快，发病率高。饲养管理不良、饲草缺乏、气候寒冷、霜冻、雨雪等因素可促进本病的发生，并可使病情加重。

【临床症状】 潜伏期平均6~8d，最长21d。

1. 典型绵羊痘　病羊体温升至40℃以上，精神不振，食欲减少，结膜潮红，有浆液、黏液或脓性分泌物从鼻孔流出，1~4d后皮肤上出现痘疹。痘疹多出现在皮肤无毛或被毛稀少的部位，如眼周、唇、鼻、乳房、腹股沟、腋下和会阴等部位，最初局部皮肤出现为红斑，1~2d后形成丘疹，突出皮肤表面，随后丘疹逐渐扩大，变成灰白色或淡红色的结节。几天之内结节变成水疱，内有浆液性水疱液，后变成脓性，如果无继发感染则在几天内干燥成棕色痂块，痂块脱落遗留一个红斑，随着时间的推移颜色逐渐变淡。本病多呈良性经过，耐过绵羊可获得终身免疫。病羊常死于继发感染。

2. 非典型绵羊痘　不呈现上述典型临诊症状或经过，有的仅出现体温升高和呼吸道、眼结膜的卡他性炎症；有的甚至不出现或仅出现少量痘疹，或在局部皮肤上仅出现结节，很快便干燥脱落而不形成水疱和脓疱，呈良性经过。但有些病羊的痘疱内出血，称黑色痘；有些皮肤发生化脓和坏疽，形成深的溃疡，呈恶性经过，病死率高达25%~50%。

【病理变化】 在前胃或第四胃黏膜上，往往有大小不等的圆形或半球形坚实的结节，有的病例还形成糜烂或溃疡。咽和支气管黏膜也常有痘疹出现。在肺见有干酪样结节和卡他性肺炎区。此外，常见肝脂肪变性、心肌变性、淋巴结急性肿胀等细菌性败血症变化。

【诊断】 典型病例可根据临诊症状、病理变化和流行情况作出诊断。对非典型病例可进行胞浆内包涵体检查。取痘疹组织涂片，经莫洛佐夫镀银染色法染色后镜检发现有呈红紫色或淡青色的球菌样圆形小颗粒（原小生体），姬姆萨或苏木紫—伊红染色，镜检发现胞浆内紫色或深亮红色的包涵体，即可确诊。

【防制】 加强饲养管理，饲养场要严格控制人员、车辆的出入，加强种羊调运检疫管理，建立严格的卫生消毒制度。在绵羊痘常发地区每年定期进行免疫接种，并建立免疫档案。目前常用的疫苗是绵羊痘鸡胚化弱毒苗，不论羊只大小，一律在尾根皱褶处或尾内侧进行皮内注射0.5ml，注射后4~6d产生可靠的免疫力，免疫期1年。

发现患有本病或者疑似本病的病羊，应当立即报告疫情，进行临床诊断、流行病学调查、采样送检。对疑似病羊及同群羊应立即隔离，限制移动。确诊后，立即划定疫点、疫区、受威胁区，并采取封锁，对疫点内的病羊及其同群羊扑杀，对病死羊、扑杀羊及其产品无害化处理，对病羊分泌物、排泄物和被污染或可能被污染的圈舍、场地、饲料、垫料、污水等彻底消毒处理。对疫区和受威胁区所有易感羊进行紧急免疫。

本病尚无特效药，对病羊早期可注射免疫血清，痘疹可用0.1%高锰酸钾溶液洗涤，擦干后涂碘甘油等，或用抗生素或磺胺类药物，防止继发感染。

（二）山羊痘

山羊痘（Goat pox）是由山羊痘病毒引起的，临床症状和病例变化与绵羊相似，其特征是发热，有黏液性、脓性鼻漏，在皮肤和黏膜上形成痘疹。该病主要在欧洲地中海地区、非洲和亚洲的一些国家发生。中国1949年后在西北、华北和华东地区流行。少数地区疫情较严重。目前由于广泛使用山羊痘细胞弱毒疫苗，结合有力的防疫措施，疫情已得到控制。

二、猪　痘

猪痘（Swine pox）是由猪痘病毒或痘苗病毒引起的，其特征是皮肤、黏膜发生痘疹和结痂。

【流行病学】猪痘病毒主要由猪血虱传播，也可由蚊、蝇等昆虫传播。本病多发于4~6周龄的仔猪，成年猪有抵抗力。猪可以通过直接或间接接触感染。痘苗病毒可引起各种年龄的猪感染发病，呈地方性流行，多见于温暖季节；接种过痘苗病毒的人也可将该病毒经吸血昆虫传染给猪，引起猪发生猪痘。

【临床症状】潜伏期4~7d，病猪体温升高，食欲减少，精神沉郁，鼻和眼有浆液性分泌物。痘疹常发生于鼻盘、眼皮、腹下、股内侧、背部、耳廓皮肤等处。痘疹呈深红色的半球状硬结节，见不到形成水疱即转为脓疱，并很快形成棕黄色痂块，脱落后遗留白色斑块而痊愈。整个病程10~15d，多为良性经过。

【诊断】根据病猪典型痘疹，结合流行病学可以作出诊断。区别猪痘由何种病毒引起，可将病料接种家兔，痘苗病毒可在接种部位引起痘疹，而猪痘病毒不感染家兔。必要时可进行病毒的分离鉴定。

【防制】加强猪群的饲养管理，搞好卫生，消灭猪血虱和蚊、蝇。对新购入猪隔离观察1~2周，防止带入病原。发现病猪要及时隔离治疗，可试用康复猪血清或痊愈猪全血治疗，剥去痘痂，用0.1%高锰酸钾溶液洗涤患处，再涂龙胆紫或碘甘油。病猪康复后可获得坚强免疫力。对病猪污染的环境及用具要彻底消毒，垫草焚毁。

三、牛 痘

牛痘（Cow pox）是由牛痘病毒或痘苗病毒引起的，以乳房或乳头上局部发生痘疹间或表现全身发病为特征。

病毒能感染多种动物，主要是乳牛。病牛是主要的传染源，一般通过挤奶工人的手或挤奶机传播本病。人可因接触病牛的乳房或乳头而感染发病，人与人之间一般不传播。

潜伏期4~8d，病牛体温轻度升高，食欲减退，反刍停止，挤奶时乳房和乳头敏感，不久在乳房和乳头上出现红色的丘疹，1~2d后形成豌豆大小的水疱，逐渐形成脓疱，然后结痂，10~15d痊愈。

根据临床症状和流行病学特点可作出初步诊断。确诊可作包涵体检查。

预防应注意挤奶卫生，发现病牛及时隔离。在牛痘流行地区可用痘苗于易感牛会阴部划痕或皮下接种。治疗可用氧化锌、磺胺类、硼酸或抗生素软膏涂抹患部，促使痊愈和防止继发感染。

四、禽 痘

禽痘（Avian pox）是由禽痘病毒引起的禽类的一种急性、接触性传染病。通常分为皮肤型和黏膜型。皮肤型以皮肤（尤以头部皮肤）的痘疹，继而结痂、脱落为特征，黏膜型可引起口腔和咽喉黏膜的纤维素性坏死性炎症，形成假膜，又名禽白喉。

本病广泛分布于世界各国，尤其是在大型鸡场更容易流行。可引起病禽生长迟缓，产蛋下降，若并发其他传染病和寄生虫病时，也可造成大批死亡，尤其是雏鸡，造成更严重的损失。

【流行病学】本病一年四季均可发生，在秋季和蚊子活跃的季节最易流行。一般在夏、秋季多发生皮肤型痘疹，冬季则以黏膜型痘疹多见。家禽中以鸡的易感性最高，雏鸡和生长鸡最常发病。火鸡，鸭、鹅也可发病，但不严重。

病禽是主要的传染源，病毒可从病禽的唾液、鼻液和眼泪排出，也可经脱落的碎散痘痂散毒。病毒主要通过皮肤和黏膜的伤口感染。吸血昆虫如蚊、刺螨、虱等也可传播本病。饲养管理不良、饲养密度过大、通风不良、体表寄生虫寄生、营养不良、缺乏维生素等可使病情加重，如有葡萄球菌病、传染性鼻炎和慢性呼吸道病混合感染，可造成大批死亡。

【临床症状】潜伏期4～8d。按侵犯部位不同，可分为皮肤型、黏膜型和混合型。

1. 皮肤型　以头部皮肤形成特殊的痘疹为特征。痘疹常见于冠、肉髯、喙角、眼皮和耳球上，起初为细薄、灰色麸皮状物，迅速形成灰色、黄灰色的结节，结节增大相互融合，形成大块的厚痂，致使眼缝完全闭合。腿、脚、泄殖腔和翅内侧也可见痘疹。产蛋鸡产蛋减少或停止。除病情严重的雏鸡外，很少见到全身症状，多呈良性经过。

2. 黏膜型（白喉型）　多发于幼雏和中雏。病初呈鼻炎症状，鼻炎出现后2～3d，口腔、咽喉等处黏膜发生痘疹，初为圆形黄色斑点，逐渐扩大融合成一层黄白色的假膜（故称白喉型），随后变厚而成棕色痂块，痂块不易脱落，强行撕脱则引起出血。如痘疹蔓延至喉部，病鸡出现呼吸、吞咽困难，严重时窒息死亡；如痘疹发生在眼及眶下窦，则眼睑肿胀，结膜上有多量脓性或纤维素性渗出物，甚至引起角膜炎而失明。

3. 混合型　即皮肤和黏膜均被侵害发生痘疹，病情较严重，死亡率也较高。

【诊断】皮肤型鸡痘，根据临诊症状可以确诊。黏膜型的鸡痘，可采取病料（痘痂或假膜）做成1∶5的悬浮液，通过划破冠、肉髯或皮下注射等途径接种易感鸡，如有痘病毒存在，被接种鸡在5～7d内出现典型的皮肤痘疹。此外，也可进行包涵体检查或用血清学方法进行诊断。

【防制】平时加强饲养管理，做好卫生消毒工作，尽量减少或避免鸡的外伤。有计划地进行预防接种是防制本病的有效方法。我国目前使用的是鸡痘鹌鹑化弱毒疫苗，于翅膀内侧无血管处皮下刺种。按瓶签注明羽份，用生理盐水稀释，用鸡痘刺种针蘸取稀释的疫苗给20～30日龄的雏鸡刺种1针，30日龄以上的鸡刺种2针，6～20日龄雏鸡用量为20～30日龄雏鸡用量的1/2。接种7～10d刺种部位出现轻微红肿、结痂，14～21d痂块脱落。后备鸡可于雏鸡免疫60d后再免疫1次。

发生本病时，应迅速将病鸡隔离，轻者治疗，重者淘汰。病死鸡深埋或焚烧，健康鸡紧急免疫接种，污染场所严格消毒，隔离的病鸡应在完全康复后2月方可合群。皮肤上的痘疹，可先用1%高锰酸钾液冲洗，而后小心剥离，伤口用碘酊或龙胆紫消毒。口腔病灶可先用镊子剥去假膜，用0.1%高锰酸钾液冲洗，再涂碘甘油，或撒上冰硼散。眼部肿胀的病鸡，可先挤去干酪样物，用2%硼酸液冲洗，再滴入5%蛋白银溶液或眼药水。大鸡群发病时使用抗菌药物，防止继发细菌感染。

【思考题】

1. 试述绵羊痘的危害和防制措施。
2. 鸡痘有哪两种类型？如何预防？

第五节　流行性乙型脑炎

流行性乙型脑炎（Epidemic encephalitis B）又称日本乙型脑炎，简称乙脑，是由流行性乙型脑炎病毒引起的一种人兽共患病。该病属于自然疫源性疾病，多种动物均可感染，其中人、猴、马和驴感染后表现明显的脑炎症状，病死率较高。猪群感染最为普遍，大多不表现临床症状，死亡率较低，怀孕母猪可表现为高热、流产、死胎和木乃伊胎，公猪则出现睾丸炎。其他动物多为隐性感染。

该病最先发现于日本，为了与冬季流行的昏睡性脑炎区别，1928年将昏睡性脑炎称为流行性甲型脑炎，而将夏、秋季节流行的脑炎称为流行性乙型脑炎。由于该病疫区范畴较大，危害严重，被世界卫生组织列为需要重点控制的传染病。我国大部分地区经常发现该病。

【病原】流行性乙型脑炎病毒（Epidemic encephalitis B virus）属黄病毒科黄病毒属。病毒呈球形，有囊膜和纤突，能凝集鹅、鸽、鸭、绵羊和雏鸡的红细胞。

病毒对外界环境的抵抗力不强，对热敏感，56℃经60min、100℃经2min即可灭活。在-20℃可保存1年，在50%甘油生理盐水中于4℃可存活6个月。病毒在pH值7以下或pH值10以上活性迅速下降，常用消毒药都有良好的消毒效果。

【流行病学】本病为自然疫源性疾病，人、马属动物、猪、牛、羊、犬、猫、兔、禽等均有易感性，多种动物和人感染后都可成为本病的传染源。国内很多地区的猪、马、牛等血清阳性率在90%以上，特别是猪的感染最为普遍。本病在猪群中流行的特征是感染率高，发病率低。绝大多数在病愈后不再复发，成为带毒猪，所以猪的隐性感染率最高，几乎可达100%。感染后病毒可长期存在于中枢神经组织、脑脊髓和血液中，病毒血症持续时间较长，因此猪是本病的主要增殖宿主和传染源。

蚊虫是本病的传播媒介和贮存宿主，通过猪—蚊—猪的循环传播使病毒扩散。在热带地区，本病全年均可发生。在亚热带和温带地区本病有明显的季节性，主要在7~9月流行。

【临床症状】

1. 猪　自然感染潜伏期一般为2~4d。多为隐性感染，少数病猪表现为体温升高（40~41℃），稽留热，精神沉郁，嗜睡，采食量减少，饮水增加。粪便干硬附有灰白色黏液，尿呈深黄色。有的病猪后肢轻度麻痹，步态不稳，有的后肢关节肿胀、疼痛、跛行；有的病猪表现明显的神经症状，视力障碍，后肢麻痹，倒地死亡。

妊娠母猪常在妊娠后期突然发生流产，流产胎儿多为死胎、木乃伊胎、弱胎或濒于死亡。母猪流产后一般对继续繁殖无影响。

公猪除有一般症状外，常发生睾丸炎。一侧或两侧睾丸肿大，患睾阴囊皱褶消失，温热，有痛觉。数日后睾丸肿胀消退，萎缩变硬，失去配种能力。

2. 牛、羊　多呈隐性感染。牛感染发病后主要见有发热和神经症状，食欲废绝、呻吟、磨牙、痉挛、转圈以及四肢强直和昏睡，急性者经1~2d，慢性者10d左右死亡。山羊病初发热，从头部、颈部、躯干和四肢渐次出现麻痹症状，视力、听力减弱或消失，牙关紧闭、流涎、角弓反张、四肢关节伸屈困难、步态蹒跚或后躯麻痹、卧地不起，约经5d

死亡。

【病理变化】猪脑脊髓液增多，脑膜和脑实质充血、出血、水肿。公猪睾丸实质充血、出血和有坏死灶。流产胎儿脑水肿，腹水增多，皮下有血样浸润。牛、羊脑组织均有非化脓性脑炎变化。

【诊断】本病有严格的季节性，常发于蚊虫活动猖獗的季节，多发于幼龄动物。有明显的脑炎症状，怀孕母猪流产，公猪发生睾丸炎。死后取大脑皮层、丘脑和海马角进行脑组织学检查，有明显非化脓性脑炎病变，可作为诊断的依据。

血凝抑制试验、中和试验和补体结合试验是本病常用的血清学诊断方法。此外，荧光抗体、酶联免疫吸附试验、反向间接血凝试验、免疫黏附血凝试验和免疫组化染色法等也用于诊断。

猪日本乙型脑炎应注意与猪布鲁氏菌病、猪繁殖与呼吸综合征、猪伪狂犬病、猪细小病毒病等相区别（表3－4）。

表3－4　猪日本乙型脑炎与猪布鲁菌病、猪繁殖与呼吸综合征、猪伪狂犬病、猪细小病毒病鉴别诊断

病名	日本乙型脑炎	布鲁氏菌病	繁殖与呼吸综合征	伪狂犬病	细小病毒病
病原	乙型脑炎病毒	布鲁氏菌	繁殖与呼吸综合征病毒	伪狂犬病毒	细小病毒
流行特点	初产母猪多发，人兽共患，夏秋多见，与蚊虫有关，感染率高，发病率低	人兽共患，多见于产仔季节，感染率高，发病率低	孕猪和仔猪易感，无季节性，感染率高，仔猪死亡率高，垂直传播	多种动物易感，孕猪与新生仔猪最易感，无季节性，垂直传播	只感染猪，仅初产母猪表现症状，垂直传播
主要症状	可侵害各期胎儿，多为死胎和木乃伊胎，公猪睾丸单侧性肿胀	孕猪流产以早中期多见，公猪表现睾丸炎	流产、死产多见于妊娠后期，母猪有全身症状	仔猪有呼吸道和神经症状，母猪流产、死产、木乃伊胎及弱仔	胚胎死亡、木乃伊胎
特征病变	胎儿脑水肿，非化脓性脑炎，脑发育不良，皮下水肿，肝脾坏死	胎儿自溶、水肿、出血，母猪发生胎盘炎，子宫内膜炎	淋巴结肿大、出血，肺淤血、水肿、出血	无明显肉眼病变	死胎充血、水肿、出血或木乃伊胎
诊断	分离病毒，接种小鼠，测定抗体	镜检、分离细菌，检测抗体	分离病毒，抗体检测	荧光抗体检测病毒	分离病毒，抗体检测
防制	无法治疗，疫苗预防	淘汰病猪	无法治疗，疫苗预防	无法治疗，疫苗预防	无法治疗，疫苗预防

【防制】预防流行性乙型脑炎应注意加强饲养管理，搞好畜舍及其周围的环境卫生和消毒，猪定期驱虫。夏季到来之前做好灭蚊防蚊工作，杜绝传播媒介。为了提高动物的免疫力可接种乙脑疫苗，预防注射应在当地流行开始前完成。

使用弱毒活疫苗应注意一定要在当地蚊蝇出现季节的前1～2个月接种。为防止母源抗体干扰，种猪必须在5月龄以上接种。

本病无特效疗法。对患病动物应立即隔离，对症治疗和支持疗法。早期采取降低颅内压、调整大脑机能、解毒为主的综合性治疗措施。病猪可肌注康复猪血清，亦可使用抗菌药物防止继发感染。

【公共卫生】 人群对乙脑病毒普遍易感，通常以10岁以下儿童发病较多。带毒猪是人乙脑的主要传染源，通过蚊虫叮咬而传播给人。

预防乙脑要做好防蚊灭蚊，切断传播途径；搞好环境卫生，控制猪等动物感染，消灭传染源；按时对易感人群免疫接种；对突然发热、头痛、呕吐、嗜睡的儿童要及时就医，做到早发现、早报告、早隔离、早治疗。

【思考题】

1. 流行性乙型脑炎有哪些流行特点?
2. 如何让鉴别猪流行性乙型脑炎与其他几种传染病引起的繁殖障碍?
3. 预防乙型脑炎有哪些措施?

第六节　轮状病毒感染

轮状病毒感染（Rotavirus infection）是由轮状病毒引起的多种幼龄动物和婴幼儿的一种急性肠道传染病，以腹泻和脱水为特征。成年动物和成人多呈隐性经过。

【病原】 轮状病毒（Rotavirus）属呼肠孤病毒科轮状病毒属。病毒呈圆形，无囊膜，由11个双股RNA片段组成，有双层衣壳，似车轮状，故而得名。

轮状病毒分为A、B、C、D、E、F共6个群。多数哺乳动物及人的轮状病毒都属于A群，B群可感染人、猪、牛、绵羊和大鼠，C群和E群可感染猪，D群和F群可感染鸡和火鸡。

轮状病毒对理化因素有较强的抵抗力，粪便中的病毒室温下能保存7个月。在pH值3~9范围稳定，能耐超声震荡和脂溶剂，56℃30min不能完全被灭活。0.01%碘、1%次氯酸钠和70%酒精可使病毒丧失感染力。

【流行病学】 各种年龄的动物和人都可感染轮状病毒，感染率可高达90%~100%，但常呈隐性经过，发病的多是幼龄动物或新生婴儿。各种动物的轮状病毒之间有一定的交叉感染，可以从人或一种动物传染给另一种动物。病人、患病动物和隐性感染的动物是本病的传染源，病毒主要存在于人和动物肠道内，随粪便排到外界，污染饲料、饮水、垫草及土壤等，主要经消化道传染。

本病传播迅速，多发生在晚秋、冬季和早春。

【临床症状】

1. 牛　潜伏期15~96h，多发于1周龄以内的新生犊牛。精神沉郁，体温正常或略有升高，厌食和腹泻，粪便呈黄白色，液状，混有未消化的凝乳块、黏液和血液，病犊脱水明显，病情严重的在腹泻后继发肺炎常导致死亡。病死率可达50%，病程1~8d。

2. 猪　潜伏期12~24h，常呈地方流行性。多发生于8周龄以内的仔猪。病猪精神萎靡，食欲减少，食后呕吐。迅速发生腹泻，粪便呈黄白色或暗黑色，水样或糊状，病猪脱水明显。病势与仔猪日龄、母源抗体保护、环境条件、继发感染有关。无母源抗体保护的仔猪，感染发病严重，病死率可达100%；有母源抗体保护时，1周龄的仔猪不易发病。

10~21日龄哺乳仔猪症状轻，腹泻1~2d即迅速痊愈，病死率低；3~8周龄仔猪，病死率一般10%~30%，严重时可达50%。环境温度降低或有混合感染时，则症状加重，病死率增高。

3. 其他动物 禽和羔羊感染后，主要症状是腹泻，厌食、体重减轻和脱水。一般经数日痊愈。幼犬感染后，以腹泻为主，排水样至黏液样粪便，可持续8~10d，成年犬感染后一般取隐性经过。

【病理变化】主要限于消化道。幼龄动物胃壁弛缓，内充满凝乳块和乳汁。小肠壁菲薄，半透明，内容物呈液状、灰黄或灰黑色，小肠广泛出血，肠系膜淋巴结肿大。

【诊断】根据本病发生于寒冷季节，主要侵害幼龄动物，临床症状以腹泻为特征，发病率高、病死率低可作出初步诊断。确诊需在腹泻开始24h内采取直肠内容物或粪便进行电镜检查、免疫电镜和免疫荧光抗体术等检查抗原。也可通过细胞培养分离病毒或双份血清进行酶联免疫吸附试验、凝胶免疫扩散、对流免疫电泳和补体结合试验检测抗体。

猪轮状病毒感染应注意与仔猪黄痢、仔猪白痢、传染性胃肠炎、流行性腹泻相区别，犊牛轮状病毒感染应与犊牛大肠杆菌病相区别。

【防制】预防本病要加强饲养管理，认真执行兽医防疫措施，增强动物抵抗力，新生仔畜应及早吃到初乳。我国用MA-104细胞系连续传代，研制出猪源弱毒疫苗和牛源弱毒疫苗。猪源弱毒疫苗免疫的母猪所产仔猪其腹泻下降60%以上，成活率高，牛源弱毒疫苗免疫母牛其所产犊牛保护率高。使用猪轮状病毒感染和猪传染性胃肠炎二联弱毒疫苗，给新生仔猪吃初乳前注射或妊娠母猪分娩前注射，可使新生仔猪取得良好的免疫效果。

发病后应对立即停止仔畜哺乳，做好消毒、卫生工作，对患病动物对症治疗，投服收敛止泻剂，用抗菌药物防止继发感染。静脉注射或腹腔注射葡萄糖生理盐水和碳酸氢钠溶液以防止脱水和酸中毒。

【公共卫生】感染人的轮状病毒有3种，即主要感染婴幼儿的A群轮状病毒、感染青壮年的B群轮状病毒及引起散发病例的C群轮状病毒。婴幼儿感染轮状病毒后会出现每天10余次的急性腹泻症状，并持续1周，脱水，酸中毒，并发肺炎、病毒性心肌炎、脑炎等，严重的造成死亡。预防婴幼儿感染，应做到饭前便后洗手，保持乳房乳头的清洁卫生。

【思考题】

轮转病毒的流行病有哪些特点？

第七节 传染性海绵状脑病

传染性海绵状脑病（Transmissible spongiform encephalopathies，TSE）又称朊病毒病，是由朊病毒引起人和动物的一组致死性中枢神经系统变性疾病，包括牛海绵状脑病、痒病、貂传染性脑病和人的克-雅病、库鲁病等。共同特征是潜伏期长（可达几个月至几十年）、进行性共济失调、震颤、姿势不稳、知觉过敏、痴呆和行为反常等神经症状，病程发展缓慢，但全部以死亡告终。我国将牛海绵状脑病和痒病列为一类动物疫病。

一、痒 病

痒病（Scrapie）又称“驴跑病”或“搔痒病”，是成年羊的一种传染性中枢神经系统疾病。该病潜伏期长、缓慢发展，主要表现为剧痒、肌肉震颤、衰竭、委顿、瘫痪，最后死亡。

本病在18世纪中叶发现于英格兰，随后传播到欧洲许多国家以及北美和世界其他地区。我国1983年从苏格兰引进的边区莱斯特羊群中发现该病，由于采取果断措施，及时扑灭了疫情。

【病原】本病的病原是一种特殊传染因子，即富含蛋白质的传染性颗粒，称为朊病毒。朊病毒是一种亚病毒因子，它不同于一般病毒，也不同于类病毒，即不含任何种类的核酸，是一种特殊的具有致病能力的糖蛋白。研究表明许多正常动物和人的脑细胞也有这类朊病毒蛋白，用PrP表示。PrP以细胞型（PrP^{c}）和异常型（PrP^{sc}）存在于细胞表面。PrP^{c}是正常细胞具有的，对蛋白酶敏感，存在于细胞表面，无感染性；PrP^{sc}是由PrP^{c}翻译后修饰而来的异构体，仅见于感染动物或人的脑组织中，对蛋白酶有一定抵抗力，具感染性。

按感染滴度高低，PrP^{sc}在感染动物各组织中的含量以脑为最高，脊髓次之，其他组织如淋巴结、骨骼、肌肉、心等的感染滴度均甚低。PrP^{sc}对热、辐射、酸碱和常规消毒剂有很强的抵抗力。

【流行病学】患病羊和带毒羊是本病的主要传染源。不同性别、不同品种的羊均可发病，常见于2~4岁的绵羊，山羊发病很少。据报道，本病可以经垂直和水平两种方式传播。绵羊与山羊之间可以接触传播。感染母羊的胎膜和胎盘内含有痒病病毒，可垂直传染胎羊和羔羊。

【临床症状】自然感染潜伏期为1~5年或更长，1岁以下的羊极少出现临床症状。病羊体温不高，食欲正常。病初表现沉郁、敏感、易惊、癫痫等；或表现过度兴奋、抬头、竖耳、眼凝视，以一种特征的高抬腿姿态跑步，驱赶时常反复跌倒。随着病情的发展，共济失调逐渐严重，头颈部肌肉发生震颤。病羊不断摩擦其背部、体测、臀中和头部，一些病羊还用其后肢搔抓胸侧、腹侧和头部，并常自咬其体侧和臀部皮肤，致使颈部、体侧、背部和荐部等大面积的皮肤出现秃毛区。触摸病羊可反射地刺激其伸颈、摆头、咬唇和舔舌。视力丧失。病程从几周到几个月，甚至1年以上，所有病羊终归死亡。

【病理变化】内脏常无肉眼可见的病理变化。病理组织学变化仅见于脑干和脊髓，特征性的病理变化包括神经元的空泡变性与皱缩、灰质的海绵状疏松、星形胶质细胞增生等。海绵状疏松是神经基质的空泡化，使基质纤维分解而形成许多小孔。无病毒性脑炎的变化。

【诊断】依据典型的临床症状（潜伏期长、有痒病病史、擦痒、反射性咬唇舔舌和共济失调等）和特征性的病理组织学变化（神经元的空泡变性与皱缩、灰质的海绵状疏松、星形胶质细胞增生等），即可作出诊断。确诊还必须进行实验室诊断，如动物感染试验、PrP^{sc}的免疫学检测及痒病相关纤维（SAF）检查等。

【防制】因本病的潜伏期长、发展缓慢、无免疫应答等的特殊性，一般的防制措施无效。必须加强疫情监测，坚决不从有痒病史的地区引进种羊，一旦发现本病，立即采取隔离、扑杀、消毒等紧急措施。本病尚无有效的疫苗和有效治药物。

二、牛海绵状脑病

牛海绵状脑病（Bovine spongiform encephalopathy，BSE）又称“疯牛病”，是由朊病毒

引起的以潜伏期长、病情逐渐加重、终归死亡为特征的牛的一种传染性脑病。主要表现行为反常、运动失调、轻瘫、体重减轻、脑灰质海绵状水肿和神经元空泡形成。

本病于1986年首次发生于英国，于20世纪90年代传播到整个欧洲，近年又传到亚洲，已成为继艾滋病之后世界性特殊传染病，给人类健康和畜牧业发展造成重大威胁。

【病原】 病原是一种类似痒病病原的朊病毒，一般认为牛海绵状脑病是因“痒病相似抗原”跨越了种属屏障引起牛感染所致。

【流行病学】 不同品种和性别的牛均可发病，发病牛常为3～11岁，但多发于3～5岁的牛，2岁以下或10岁以上牛很少发生。牛海绵状脑病可传至猫和多种野生动物，也可传染给人。患痒病的绵羊、牛海绵状脑病病牛及带毒牛是主要传染源。该病主要是由于摄入混有痒病病羊或牛海绵状脑病病牛尸体加工成的骨肉粉而经消化道感染。

【临床症状】 本病潜伏期平均为5年，疾病呈进行性发展。病牛烦躁不安，行为反常，常由于恐惧、狂躁而表现出攻击性，少数病牛头部和肩部肌肉颤抖、抽搐、强直性痉挛，泌乳减少；对声音和触摸敏感，这是该病很重要的一个临诊特征。运动障碍主要表现为共济失调，步态不稳，乱踢乱蹬以致摔倒，磨牙，低头伸颈呈痴呆状，故俗称疯牛病。耳对称性活动困难，常一只伸向前，另一只伸向后或保持正常。病牛多因极度消瘦，以死亡而告终，病程一般14～180d，病死率100%。

【病理变化】 肉眼观察病理变化不明显，组织学检查有明显的特征。脑组织空泡化呈海绵状外观，脑干灰质发生双侧对称性海绵状变性，在神经纤维网和神经细胞中含有数量不等的空泡。角质细胞肿大，神经元消失，无任何炎症反应。

【诊断】 根据特征的症状和流行病学特点可作出初步诊断。因本病既无炎症反应，又不产生免疫应答，不能进行血清学诊断。目前定性诊断以大脑组织病理学检查为主，脑干神经元及神经纤维网空泡化具有诊断意义。

【防制】 目前尚无有效的治疗方法，也无疫苗可用。我国尚未发现该病，应加强口岸检疫和邮检工作，禁止从有疫情国家和地区进口易感动物、动物性饲料、牛肉、牛精液、胚胎等，禁止在饲料中添加反刍动物蛋白（肉骨粉等）。对疯牛病采取强制性检疫和报告制度，一旦发现可疑病例，应立即屠宰，取脑各部位组织作病理学检查，如符合疯牛病的诊断标准，对其接触的牛群全部捕杀，尸体销毁或深埋3m以下。

【公共卫生】 人类多因食用患有牛海绵脑病的牛肉后，出现人类的新克-雅病。人患本病缓慢，发病前有感冒样前驱症状，呈低烧、流涕、头痛、乏力、精神萎靡、体重下降等症状，患者出现精神、行为异常，性格脾气改变，记忆力减退，情绪不稳，神经活动障碍、痴呆。病末期出现意识障碍、木僵状态、昏迷和并发肺部感染死亡。预防本病，主要采取以下措施：第一，消灭传染源，对患病的牛羊采取扑杀、焚烧或深埋，对患者进行严格管理。第二，切断传播途径，不食患病牛羊肉，改变不良风俗习惯。第三，提高易感人群的免疫力。

【思考题】

1. 传染性海绵状脑病为什么越来越受到人们的重视？
2. 如何防制传染性海绵状脑病？

第八节 大肠杆菌病

大肠杆菌病（Colibacillosis）是由病原性大肠埃希氏菌引起的多种动物不同疾病的统称。尤其对幼龄动物和婴儿，常引起严重腹泻和败血症。随着集约化畜禽养殖业的发展，致病性大肠杆菌对畜牧业造成的损失日益严重。

【病原】 大肠埃希氏菌（*Escherchia coli*）俗称大肠杆菌，为革兰氏阴性、中等大小的直杆菌，有鞭毛，无明显的荚膜，无芽胞，一些菌株菌体表面具有黏附性菌毛（又称黏附素或纤毛，是一种毒力因子）。

本菌为兼性厌氧菌，在普通琼脂培养基上生长良好，形成圆形、凸起、光滑、湿润、半透明、灰白色的菌落；在麦康凯琼脂上形成红色菌落；在伊红美蓝琼脂上产生黑色带金属闪光的菌落；在SS琼脂上不生长或生长较差，生长着；部分致病性菌株在绵羊血平板上呈β溶血。

大肠杆菌能发酵多种碳水化合物，产酸产气。大多数菌株可迅速发酵乳糖，只有少数迟发酵或不发酵。

大肠杆菌的抗原结构比较复杂，主要由菌体抗原（O）、鞭毛抗原（H）和荚膜抗原（K）组成。目前已确定的大肠杆菌O抗原有173种，K抗原有103种，H抗原有60种，它们之间可组合成若干个血清型，通常用抗原结构式O：K：H来表示。近年来，菌毛抗原（F）被用于血清型鉴定，与菌体毒力有关的F抗原主要有F_4（K_{88}）、F_5（K_{99}）、F_6（987P）、F_{41}。

与动物疾病有关的病原性大肠杆菌分为产肠毒素大肠杆菌（ETEC）、肠致病性大肠杆菌（EPEC）、肠侵袭性大肠杆菌（EIEC）、肠出血性大肠杆菌（EHEC）、产类志贺毒素大肠杆菌（SLTEC）、败血型大肠杆菌（SEPEC）、尿道致病性大肠杆菌（UPEC）5类，其中ETEC是致人和幼龄动物腹泻最常见的病原性大肠杆菌，其致病力主要由黏附素（F_4、F_5、F_6、F_{41}）和肠毒素（ST和LT）两类毒力因子构成。

本菌对热的抵抗力较强，55℃ 30min，或60℃ 15min一般不能杀死所有的菌体，但60℃ 30min则能将其全部杀死，在潮湿温暖的环境中能存活近1个月，在寒冷、干燥的环境中存活时间更长，对强酸、强碱敏感，一般的消毒药均能将其杀死。

一、仔猪大肠杆菌病

仔猪大肠杆菌病是由病原性大肠杆菌引起的仔猪的一种肠道传染病。按其发病日龄和临床特征分为3种，即仔猪黄痢、仔猪白痢和仔猪水肿病。

（一）仔猪黄痢

仔猪黄痢（Yellow scour of newborn piglets）又称早发性大肠杆菌病，是初生仔猪的一种急性、高度致死性传染病。临床上以腹泻、排黄色浆状粪便为特征。

【流行病学】 仔猪黄痢常发生于出生后1周龄以内的仔猪，以1～3日龄仔猪最常见。随日龄的增加易感性降低，7日龄以上很少发病，同窝仔猪发病率80%以上，病死率很高，甚至全窝死亡。传染源主要是带菌母猪，病原性大肠杆菌主要存在于母猪的肠道，随粪便排出体外，污染母猪乳头和体表、产房、产床、饲料、用具、饮水，仔猪吮乳或舔舐母猪皮肤时通过消化道感染。

【临床症状】 潜伏期短，出生后12h以内即可发病，长的也仅1~3d。一窝仔猪出生时体况正常，短期内突然有1~2头表现全身衰弱，迅速死亡，以后其他仔猪相继发病，排出黄色浆状稀粪，内含凝乳小片，很快消瘦，脱水，昏迷而死亡，病程3~5d。

【病理变化】 剖检可见尸体严重脱水，颈腹部皮下常有水肿，肠管膨胀，内有多量黄色液状内容物和气体，肠黏膜呈急性卡他性炎症，肠壁变薄，以十二指肠变化最为严重，肠系膜淋巴结有弥漫性小点状出血，肝、肾有凝固性小坏死灶。

【诊断】 根据新生仔猪突然发病，排黄色稀粪，同窝仔猪几乎全部患病，死亡率高，而母猪健康无异常，可以作出初步诊断。临床上应与猪传染性胃肠炎进行鉴别，猪传染性胃肠炎呈流行性，侵害包括母猪在内的各种年龄猪，病猪有严重的水样下痢，常伴有呕吐症状。

确诊需进行细菌学检查。以无菌棉拭子采取新鲜粪便或采取心血、肝脏、肠系膜淋巴结和肠黏膜、肠内容物，分别接种麦康凯和血琼脂平板培养基，37℃培养24h，挑取麦康凯平板上的红色菌落或血琼脂平板上β溶血的典型菌落，接种三糖铁培养基进一步作纯培养和初步生化试验。动物试验包括有乳鼠灌喂试验和腹腔接种，检查肠毒素可用家兔或仔猪肠结扎实验等。血清型鉴定可选用多价和单价大肠杆菌因子血清，与大肠杆菌培养物进行平板凝集或试管凝集试验，鉴定其O抗原。

【防制】 种猪场应坚持自繁自养，严防饲料和饮水被致病菌污染。抓好母猪产前产后的饲养管理，有乳房炎的母猪应及早治疗，产房应保持清洁干燥和严格消毒，哺乳前用0.1%高锰酸钾进行乳房清洗。加强新生仔猪的护理，做好新生仔猪的防寒保暖措施，及早让仔猪吃上初乳。

预防接种是防制该病较为理想的方法。使用大肠杆菌基因工程菌苗$K_{88}-K_{99}$、$K_{88}-LTB$、$K_{88}-K_{99}-987P$，于母猪产前40d和15d各注射1次。也可用自家疫苗免疫，即从本场分离到致病性菌株，制成灭活苗用于本场母猪免疫，其针对性较好。

对存在黄痢的猪场，仔猪出生后12h内可进行预防性投药，注射敏感的长效抗菌药可有效减少发病和死亡。目前较敏感的药物有氟喹诺酮类药物、氟苯尼考、利高霉素等。仔猪在吃奶前投服某些微生态制剂，如促菌生、调菌生、乳菌生等，也可起到一定的预防作用。仔猪发病时应全窝给药，内服或肌注盐酸土霉素等药物。由于本菌的耐药菌株大量出现，最好分离病原菌株做药敏试验，选择抑菌作用最强的药物，提高治疗效果。

（二）仔猪白痢

仔猪白痢（White scour of piglets）又称迟发性大肠杆菌病，其特征是排出灰白色、腥臭、糊糊样稀便。

【流行病学】 多发于10~30日龄仔猪，以10~20日龄者居多，1月龄以上的仔猪很少发生。如果一窝仔猪有一头发病，其余便同时或相继发生，同窝仔猪发病率可达30%~80%，病死率低。本病主要是由内源性感染引起，仔猪舍卫生条件差、阴冷潮湿、气候骤变、母猪的乳汁不足或过浓、仔猪贫血等均可促进本病的发生。

【临床症状】 仔猪突然发生腹泻，排出乳白、灰白色或黄白色腥臭糊状稀粪。病猪体温和食欲无明显变化，逐渐消瘦，拱背，皮毛粗乱不洁，肛门、后肢被稀粪沾污。病程2~3d，长的1周左右。绝大多数可自行康复，但生长发育迟缓，成为僵猪。

【病理变化】剖检尸体外表苍白、消瘦，肠内容物呈灰白色或乳白色糨糊状，肠黏膜有卡他性炎症变化，肠系膜淋巴结轻度肿胀。

【诊断】根据本病主要危害10～30日龄仔猪，排白色糊样稀粪，死亡率低等特点可以作出初步诊断。必要时进行细菌学诊断、血清型和毒力因子鉴定。本病应注意与猪传染性胃肠炎、流行性腹泻、轮状病毒腹泻、仔猪副伤寒相区别（表3－5）。

表3－5　仔猪大肠杆菌病、猪传染性胃肠炎、流行性腹泻、轮状病毒病、仔猪副伤寒鉴别诊断

病名	仔猪白痢	仔猪黄痢	副伤寒	传染性胃肠炎	流行性腹泻	轮状病毒
病原	大肠杆菌	大肠杆菌	沙门氏菌	冠状病毒	冠状病毒	轮状病毒
流行特点	10～30日龄仔猪多发，发病率高，病死率低	1～3日龄仔猪多发，发病率和病死率高	2～4月龄仔猪多发，流行期长，与饲养管理、环境、气候有关	各种年龄猪均可发病，10日龄仔猪死亡率高，寒冷季节多发	与传染性胃肠炎相似，但死亡率低，传播慢	仔猪多发，主要发生与寒冷季节，发病率高，死亡率低
主要症状	排白色稀粪，腥臭，发育迟缓	拉黄色稀粪，脱水，消瘦	体温高，腹泻，耳根、胸前、腹下皮肤发绀	突然发病，呕吐，腹泻，日龄越小病死率越高	与传染性胃肠炎相似	与传染性胃肠炎相似，但较轻
特征病变	外表苍白、消瘦，小肠卡他性炎症	脱水，皮下水肿，小肠有黄色液体，肠壁变薄，胃底出血	败血症、脾肿大、大肠糠麸样坏死	消瘦，脱水，胃肠卡他性炎症，肠壁菲薄，肠绒毛萎缩	与传染性胃肠炎相似	与传染性胃肠炎相似，但较轻
诊断	分离细菌	分离细菌	分离细菌、涂片镜检	分离病毒，接种易感猪	分离病毒，检测抗原	分离病毒，检测抗原
防制	抗生素有效	来不及治疗	抗生素有效	无法治疗，疫苗预防	无法治疗，疫苗预防	无法治疗，疫苗预防

【防制】除参照仔猪黄痢的有关措施外，还应注意加强母猪饲养管理，根据情况增减精饲料或青饲料，避免母猪乳汁过稀、不足或过浓；仔猪提早开食，促进消化机能；给母猪和仔猪补充微量元素和注射抗贫血药物预防仔猪贫血。

发病后应及时治疗，经药敏试验选用敏感药物，如盐酸土霉素、强力霉素、硫酸新霉素、氟苯尼考等，一般连用2～3d。同时口服鞣酸蛋白、活性炭等收敛止泻药，可提高疗效。亦可使用微生态制剂。脱水严重的及时补液。中药治疗仔猪白痢：黄连100g、苦参200g、白头翁160g、白胡椒40g，熔焦研细末，每日2次，每次5～10g，拌入少量精料饲喂母猪即可。或给白痢仔猪后海穴注射2ml大蒜针剂。

（三）仔猪水肿病

仔猪水肿病（Edema disease of pigs）是由产类志贺毒素大肠杆菌（SLTEC）引起仔猪的一种肠毒血症。其特征是突然发病、病程短促、头部水肿、共济失调、惊厥和麻痹。剖检可见胃壁和肠系膜显著水肿。本病发病率低，但病死率高。

【流行病学】常见于断乳后1～2周的仔猪，有时也可使几日龄至数月龄的猪发病，而且病猪多数是生长快而肥壮的仔猪。猪群中呈散发或地方性流行，发病率为 10% ~35%，病死率在 50% ~90%，甚至超过 90%。去势及转群等应激容易诱发本病，本病的发生与饲料单一、饲喂高蛋白饲料和饲养方法突然改变有关。

【临床症状】临床表现为突然发病，病猪精神沉郁，触动时表现敏感，发出呻吟或嘶哑的叫声。结膜充血，脸部、眼睑、结膜、齿龈等处出现明显的水肿，有时波及颈部和腹部皮下。体温无明显变化。便秘，发病前常有轻度腹泻。神经症状明显，表现肌肉震颤，阵发性抽搐，站立不稳，步态蹒跚，盲目运动或转圈。最后发展为共济失调，麻痹和倒卧，四肢泳动。多数病猪在出现神经症状数小时或几天内死亡。

【病理变化】水肿是本病主要的病理变化。胃壁水肿见于大弯和贲门部、胃底部，胃黏膜层和肌层之间有一层胨样水肿液，胃底部弥漫性出血。胆囊、喉头、直肠、肠系膜也常发生水肿。小肠黏膜弥漫性出血。淋巴结水肿、充血、出血。心包腔、胸腔和腹腔有大量积液，肺水肿，大脑间也有水肿变化。

【诊断】根据本病主要危害断奶后的仔猪，病猪发生水肿及神经症状、病死率高等特点可作出诊断。确诊需进行细菌学检查、血清学诊断和毒力因子鉴定。临床上应注意与白肌病（Se-V_E 缺乏症）、猪伪狂犬病、砷中毒等鉴别。

【防制】加强断奶仔猪饲养管理，不突然改变饲料和饲养方法，饲料配比要合理，适当增加饲料中维生素的含量。对于有病猪群，在断奶期间，适当投喂抗菌药物，如氟苯尼考、土霉素、磺胺类药物等进行预防。发现病猪时，可肌注亚硒酸钠、盐酸土霉素、硫酸新霉素等。也可用赤茯苓 20g、猪苓 15g、泽泻 15g、白术 15g、肉桂 15g、滑石 40g、甘草 15g、槟榔 20g、陈皮 5g、木香 20g、生姜皮 30g，水煎或研末治疗仔猪水肿病，效果较好。

二、犊牛大肠杆菌病

犊牛大肠杆菌病是由病原性大肠杆菌引起犊牛的一种急性细菌性传染病。临床上以败血症、肠毒血症和肠道病变为特征。

【流行病学】本病多发于冬、春舍饲期间，呈地方性流行或散发，发病急、病程短、病死率高，主要危害出生后 10 日龄以内的犊牛，以 2 ~3 日龄犊牛最为易感。主要经消化道感染，也可经子宫内和脐带感染。母牛体质瘦弱、乳房污秽不洁，饲料中维生素和蛋白质缺乏，厩舍阴冷潮湿、通风不良，犊牛未吮食初乳或哺乳不及时等可促进本病的发生。

【临床症状】潜伏期短，仅数小时。临床上常见有 3 种类型。

1. 败血型 呈急性败血症。病犊体温升高至 40℃，精神委顿，食欲减退或废绝，间有腹泻，很快陷入脱水状态，常于症状出现后数小时至 1d 内急性死亡，有的未出现腹泻症状之前即死亡，病死率 80% 以上。

2. 肠毒血症型 较少见，病犊常突然死亡。病程稍长的，可见到典型的神经症状，先是兴奋不安、后沉郁、昏迷以至死亡，死前多有腹泻症状。

3. 肠型 多见于 7 ~10 日龄犊牛，病初体温升高，常躺卧，数小时后开始下痢。粪便初呈粥样、黄色，后为水样、灰白色，混有未消化的凝乳块、凝血及泡沫，气味酸败，病牛肛门失禁。出现下痢后体温降至正常。如治疗及时，一般可以治愈。耐过的病犊，发育缓慢，常并发脐炎、关节炎或肺炎。

【病理变化】败血型或肠毒血症死亡的犊牛，病理变化不明显。肠型病犊，真胃含有大量凝乳块，黏膜充血、水肿、出血，肠道松弛，肠壁非薄，肠内容物混有血液和气泡，小肠黏膜充血、出血，部分肠黏膜上皮脱落，肠系膜淋巴结肿大。心内膜有出血点，肝、肾苍白，有出血点。病程稍长的有关节炎和肺炎病变。

【诊断】根据流行病学特点结合临床症状及病理变化可初步诊断。确诊需进行细菌学检查和血清学鉴定。应注意与犊牛副伤寒进行鉴别。

【防制】加强妊娠母牛和犊牛的饲养管理，保持圈舍干燥和清洁。犊牛出生后要尽早哺喂初乳，注意防寒、保暖。犊牛发病后要及时治疗，可根据药敏试验选用抗菌药物，如强力霉素、恩诺沙星、盐酸四环素、痢菌净等。对腹泻严重的犊牛要进行强心、补液，调整胃肠机能，防止酸中毒。

三、羔羊大肠杆菌病

羔羊大肠杆菌病是危害6周龄以下羔羊的一种急性传染病，其特征是败血症或剧烈腹泻。

【流行病学】本病多发生于6周龄以内的羔羊，有些地方3~8月龄的羊也有发病。主要是通过消化道感染，呈地方流行性或散发性，多见于冬春舍饲期间。母羊营养不良、乳房部污秽不洁、圈舍阴冷潮湿、气候骤变等因素均与本病的发生有着密切的关系。

【临床症状】潜伏期数小时至2d。临床上分为败血型和肠型两型。

1. 败血型 多见于2~6周龄羔羊，病初体温高达41.5~42℃，精神委顿，结膜潮红，鼻流黏液。随后出现明显的神经症状，四肢僵硬，运动失调，头向后仰，磨牙，一肢或数肢呈划水状，口吐泡沫，有些关节肿胀、疼痛。最后昏迷，多于发病后4~12h死亡。

2. 肠型 多见于1周龄以内的羔羊。病初体温升高，不久即下痢，体温降至正常。排出黄色、灰色混有血液或带有泡沫的液状粪便。病羊腹痛、虚弱、委顿，如不及时救治，可经24~36h死亡，病死率15%~75%。

【病理变化】

1. 败血型 无明显特征病理变化。主要在胸、腹腔、心包可见大量积液，内含纤维素。某些病羊的关节，尤其是肘关节和腕关节常见肿大，滑液混浊，内含纤维素性脓性絮片。脑膜充血，有小出血点，大脑沟有脓性渗出物。

2. 肠型 尸体严重脱水，真胃、小肠和大肠内容物呈黄灰色半液状，黏膜充血，肠系膜淋巴结肿胀发红。

【诊断】根据本病主要发生于6周龄以内的羔羊，以败血症、腹泻、神经症状为特征，再结合细菌学检查，并鉴定其血清型和毒力因子，可作出诊断。本病应注意与B型产气荚膜梭菌引起的羔羊痢疾区别。

【防制】加强怀孕母羊和新生羔羊的饲养管理，做好母羊临产的准备工作，对产房进行严格消毒，哺乳前用0.1%的高锰酸钾水擦拭母羊的乳房、乳头和腹下，保证羔羊吃到足够的初乳，做好羔羊的保暖工作。对有病的羔羊，及时进行隔离，选用敏感抗菌药物及时治疗。对污染圈舍、场地等严格消毒。在本病常发地区，根据病原的血清型，选用同型菌苗给孕羊和羔羊进行预防注射。

四、家禽大肠杆菌病

家禽大肠杆菌病是由某些致病性血清型大肠杆菌引起的家禽不同病型的总称。包括急性败血型、输卵管炎型、卵黄性腹膜炎型、全眼球炎、死胚和幼雏早期死亡、肉芽肿、脐炎、关节炎型、肿头综合征、脑炎型等一系列疾病。

随着我国养禽业的发展，该病在各地广为流行，造成巨大的经济损失。近年来已上升为对养禽业危害最大、防治最棘手的疾病之一。

【流行病学】各种家禽对本病都有易感性，从胚胎期至产蛋期均可发生，但幼禽阶段更易感，肉鸡比蛋鸡易感，在鹅群中主要侵害种鹅。雏鸡发病率可达30%～60%。大肠杆菌在自然界中广泛分布，饲料、饮水、器具以及禽舍的空气、尘埃常被其污染，家禽主要通过呼吸道和消化道感染，大肠杆菌也可通过污染的蛋壳侵入卵黄囊而引起胚胎感染死亡，交配和人工授精也可造成本病的传播。由于卵巢感染或输卵管炎，在蛋的形成过程中大肠杆菌即可进入蛋内，这样就可造成本病经蛋垂直传播。

本病一年四季均可发生，但以冬春寒冷季节多发。环境卫生差、饲养管理不当、鸡群密度过大、气候突变等因素可诱发本病。本病常易成为其他疾病的并发病或继发病。鸡群中存在传染性法氏囊炎、包涵体肝炎、鸡毒支原本感染、传染性支气管炎、鸡球虫病、鸭霍乱时，常常并发或继发大肠杆菌病。

【临床与病变】禽大肠杆菌病临床表现比较复杂，通常包括以下几种病型。

1. 急性败血型 这是目前危害最严重的一个病型，各种家禽都能感染，主要发生于5周龄以内的幼禽，发病率和死亡率也较高。病禽无特征性症状，一般表现为精神沉郁，羽毛松乱，食欲减退或废绝，排黄白色稀粪。病死禽消瘦，脱水，冠髯发紫。

病死禽剖检可发现腹部皮肤发绀，胸部肌肉紫红色，主要病变是纤维素性心包炎和纤维素性肝周炎，有时可见纤维素性腹膜炎和纤维素性气囊炎。心包积液，心包膜混浊，增厚，心外膜及心包膜上有纤维素附着，严重者心外膜与心包膜粘连。肝脏淤血肿大，表面有不同程度的纤维素性渗出物，甚至整个肝脏为一层黄白色的纤维蛋白覆盖。腹腔内充满茶色的液体，内有黄白色纤维素性凝块。单独感染大肠杆菌会使气囊增厚混浊呈云雾状，与支原体合并感染时气囊下有黄白色干酪样渗出物。

2. 输卵管炎型 多见于产蛋期母鸡，是由于大肠杆菌从泄殖腔侵入，或腹气囊感染引起。患病鸡产畸形蛋，严重者减蛋或停止产蛋。

剖检可见输卵管膨大，管壁变薄，内有干酪样团块，表面不光滑，切面呈轮层状，输卵管黏膜出血、水肿。

3. 卵黄性腹膜炎 多见于成年母鸡和鹅。由于卵巢、卵泡和输卵管感染发炎，进一步发展成为广泛的卵黄性腹膜炎，大多数病禽往往突然死亡。

剖检可见腹腔充满淡黄色腥臭的液体和破损的卵黄，腹腔脏器表面覆盖一层淡黄色、凝固的纤维素性渗出物；卵泡变形，呈灰色、褐色或酱油色等不正常颜色，有的卵泡皱缩，破裂的卵泡则卵黄凝结成大小不等的团块；输卵管黏膜发炎，管腔内有黄白色的纤维素渗出物。

4. 关节炎型 多见于幼雏和中雏，一般呈慢性经过，跛行。跗关节和趾关节肿大，关节腔内有纤维蛋白渗出或有混浊的关节液，滑膜肿胀、增厚。

5. 全眼球炎 单侧或双侧眼球灰白，角膜浑浊，眼前房积脓，严重者失明。

6. 肉芽肿 是一种慢性大肠杆菌病。部分成年鸡感染本病后，常在十二指肠、盲肠、肠系膜、肝脏等处形成大肠杆菌性肉芽肿，病变呈大小不一的结节状，有时可形成较大的凝固性坏死灶。该型比较少见，但病死率高。

7. 卵黄囊炎和脐炎 主要发生于孵化后期的胚胎及出生后1～2周内的雏鸡，死亡率有时可高达40%，表现为卵黄吸收不良，脐孔闭合不全，脐孔周围红肿，腹部膨大。

8. 死胚和幼雏死亡 此种情况较多见，常因污染种蛋的大肠杆菌穿透蛋壳进入蛋内或大肠杆菌经蛋垂直传播引起。剖检可见卵黄囊变软，内容物呈干酪样或黄棕色水样。

9. 脑炎型 有些大肠杆菌能突破鸡的血脑屏障进入脑部，引起鸡昏睡、神经症状和下痢，多数以死亡而告终。

10. 肿头综合征 主要发生于4～6周龄的肉鸡，以头部肿胀为特征。应注意肿头综合征病因比较复杂，大肠杆菌感染只是病因之一。

【诊断】 根据本病的流行病学、临床症状及剖检病理变化可作出初步诊断，但大部分病例需要依靠实验室检查。常用的实验室方法包括细菌分离与鉴定和致病力试验。根据病型采取不同病料，急性败血型病例取肝、脾、血液，局限性病灶则取病变组织，划线接种麦康凯琼脂培养基，分离细菌，然后做生化试验，对已确定的大肠杆菌，通过动物试验和血清型鉴定确定其病原性。

【防制】 平时搞好饮水和饲料卫生，禽舍的温度要适宜，过冷、严寒或潮湿容易发病。加强种禽的饲养管理，及时发现和淘汰病禽，采精及人工授精操作过程一定要注意无菌操作。加强孵化房、孵化用具和种蛋的卫生消毒工作。防止种蛋污染和初生雏感染是预防本病发生的重要环节。搞好新城疫、传染性支气管炎、传染性法氏囊病等的免疫接种以及支原体病的净化。从常发病的鸡场分离致病性大肠杆菌，选择有代表性菌株制成自家多价灭活苗对鸡群进行免疫接种，对于减少本病的发生具有很好的预防效果。

育雏期间或发病时，在饲料中添加抗菌药物有利于控制本病。大肠杆菌对多种抗菌药物易产生耐药性，所以在用药前最好先做药敏试验。常用的药物有甲砜霉素、氟苯尼考、氟喹诺酮类（如环丙沙星、恩诺沙星等）、阿莫西林、头孢噻呋、强力霉素等，连用3～5d。中药可用黄连10g、黄柏10g、大黄5g，开水煮熬3次（100只成鸡用量）供鸡自由饮用，可收到良好的效果。

【思考题】

1. 仔猪大肠杆菌病主要表现哪三种类型？各有何流行病学特点？如何防治？
2. 家禽大肠杆菌病主要表现形式有哪些？如何有效防治禽大肠杆菌病？
3. 大肠杆菌耐药性非常普遍说明什么？如何解决这一问题？

第九节 沙门氏菌病

沙门氏菌病（Salmonellosis），又名副伤寒（Paratyphoid），是沙门氏菌属细菌引起多种动物疾病的统称。临床上多表现为败血症和肠炎，也可使怀孕母畜发生流产。

本病在世界各地广泛流行，对人和动物的健康构成了严重威胁，尤其是有些菌株，宿主范围广，除能引起人和动物感染发病外，还能因食物污染而造成人的食物中毒，因此该病具有重要的公共卫生意义。

【病原】 沙门氏菌（*Salmonella*）为两端纯圆中等大小的杆菌，无荚膜，无芽孢，除鸡白痢和鸡伤寒沙门氏菌外，其余各菌都有周身鞭毛，革兰氏阴性。

本菌为需氧或兼性厌氧菌，在营养琼脂平板和麦康凯琼脂平板上生长良好，形成细小、圆形、光滑、湿润、边缘整齐、半透明、灰白色或无色菌落；在SS琼脂上形成无色透明，圆形、光滑或略粗糙的菌落；在伊红美蓝琼脂上形成淡蓝色菌落，不产生金属光泽；在普通肉汤中生长呈均匀混浊。由于本菌对煌绿、胆盐有抵抗力，故常将这类物质加入培养基中以抑制大肠杆菌的生长，有利于本菌的分离。

沙门氏菌具有菌体（O）、鞭毛（H）荚膜（Vi）和菌毛4种抗原。迄今为止，沙门氏菌依据不同的O抗原、H抗原和Vi抗原分为2 500种以上的多血清型。沙门氏菌能够产生毒力很强的的内毒素，引起动物发热、黏膜出血、白细胞增多和中毒性休克。本菌对干燥、腐败和日光具有一定的抵抗力，在外界条件下可存活数周或数月。对化学消毒剂敏感，常用的化学消毒剂都可以达到消毒目的。

【流行病学】沙门氏菌属中的许多细菌对人和多种动物均有致病。各种年龄的动物均可感染，但幼龄动物较成年动物易感。患病动物和带菌动物是本病的主要传染源。病原菌可由粪便、尿、乳及流产胎儿、胎衣和羊水排出，污染水源和饲料，经消化道引起感染，也可经交配或人工授精感染。临诊上健康动物带菌的现象相当普遍，特别是鼠伤寒沙门氏菌，可潜伏于动物的消化道、淋巴组织和胆囊内，当外界不良因素致使动物机体抵抗力降低时，病原菌大量繁殖引起内源性感染。

本病一年四季均可发生，猪多发于多雨潮湿季节，成年牛多发于夏季放牧时期，育成期羔羊常于夏季和早秋发病，孕羊主要在晚冬或早春季节发生流产。

一、猪沙门氏菌病

猪沙门氏菌病（Swine salmonellosis），又称仔猪副伤寒（Swine paratyphoid），是由猪霍乱沙门氏菌及其变种、猪伤寒沙门氏菌及其变种、鼠伤寒沙门氏菌和肠炎沙门氏菌等引起的一种常见的细菌性疾病。本病主要发生于6月龄以下的仔猪，尤其以1~4个月龄仔猪最常见。急性呈败血症变化，慢性病例发生大肠纤维素性坏死性炎症，表现为顽固性下痢，常引起断奶仔猪大批发病，如伴发或继发感染其他疾病或治疗不及时，死亡率较高，造成较大的损失。

【临床症状】根据病程长短分为急性和慢性两种类型。

1. 急性型（败血型）　多见于断奶前后的仔猪，呈败血症经过。体温升高（41~42℃），精神不振，食欲废绝，后期间有下痢，呼吸困难。耳根、胸前和腹下皮肤有紫红色斑点。多数病程2~4d，病死率很高。

2. 慢性型　是临床多见的类型。体温升高（40.5~41.5℃），精神不振，食欲减退，寒战，喜钻垫草或堆叠一起，眼有黏性或脓性分泌物，上下眼睑常被黏着，少数发生角膜混浊，严重者发生溃疡。病猪初便秘后下痢，粪便呈淡黄色或灰绿色，并混有血液、坏死组织或纤维素絮片，恶臭。后期皮肤发绀，有的出现弥漫性湿疹，并有干涸的痂样物覆盖，揭开见浅表溃疡。有的病猪咳嗽、呼吸困难。病程2~3周或更长，最后极度消瘦，衰竭死亡。病死率25%~50%。有的病猪临床症状逐渐减轻，状似恢复，但以后生长发育不良或又复发。

【病理变化】急性者主要为败血症变化。耳及腹部皮肤有紫斑，全身黏膜、浆膜均有不同程度的出血斑点；肠胃黏膜有急性卡他性炎症；淋巴结肿大、充血、出血，尤其是肠系膜淋巴结索状肿大；脾脏肿大，坚实似橡皮，呈蓝紫色，有“橡皮脾”之称，切面蓝红色，脾髓不软化；肝、肾肿大、充血和出血，有时肝实质可见灰黄色坏死点。

慢性病例特征性病理变化在大肠。回肠、盲肠、结肠黏膜肥厚，溃疡，呈现局灶性或弥散性纤维素性坏死性肠炎，并形成糠麸样假膜，剥开可见底部红色、边缘不规划的溃疡面。少数病例滤泡周围黏膜坏死，稍突出于表面，有纤维蛋白渗出物积聚，形成隐约可见的轮环状；肠系膜淋巴结索状肿胀，部分呈干酪样变；脾稍肿大，呈网状组织增殖；肝可见针尖大灰黄色坏死灶或坏死结节。肺常见卡他性或干酪性肺炎。

【诊断】根据流行病学、临床症状和病理变化可作出初步诊断。确诊需进行沙门氏菌的分离和鉴定。另外，单克隆抗体技术和酶联免疫吸附试验已用于本病的快速诊断。

【防制】预防本病应加强饲养管理，消除诱发病因，保持饲料和饮水的清洁卫生。常发地区和猪场，应用猪副伤寒弱毒冻干菌苗对1月龄以上的仔猪口服或注射进行预防免疫，但应注意在用苗前3d和用苗后7d应停止使用任何抗菌药物。

发病时，圈舍应彻底清扫、消毒，粪便堆积发酵处理，病死猪进行无害化处理。对假定健康猪用抗生素拌料进行预防。病猪隔离，在药敏试验基础上选用敏感药物及时治疗。

二、牛沙门氏菌病

牛沙门氏菌病主要由鼠伤寒沙门氏菌、都柏林沙门氏菌或纽波特沙门氏菌引起的，其特征表现为犊牛下痢，母牛发生流产。该病多发于1月龄以内的犊牛，尤其出生1～2周龄后更易发病，呈流行性，成年牛多为慢性经过或带菌者。在未发生过本病的牛场，往往因引进育肥牛或后备牛而传入本病。

【临床症状】如母牛带菌，则犊牛出生后48h内即可发病，拒食、卧地、迅速衰竭，常于3～5d内死亡。但多数犊牛常于10～14日龄以后发病，病初体温升高（40～41℃），排灰黄色液状粪便，混有黏液和血液，恶臭，最后多因脱水衰竭死亡。病程5～7d，病死率可达50%。病程长者，腕和跗关节肿大，或伴有支气管炎和肺炎症状。

成年患牛体温升高、精神委顿、食欲废绝、呼吸困难，产奶量下降。不久便开始下痢，粪便恶臭，呈水样，混有血块或纤维素絮片及黏膜，此时体温下降。病牛迅速脱水、消瘦、眼窝下陷、眼结膜充血和发黄，多于4～7d内死亡，未经治疗，死亡率可高达75%。怀孕母牛多发生流产，有些牛感染后取隐性经过或自行康复。

【病理变化】犊牛的急性病例，剖检可见广泛性的黏膜和浆膜出血。心壁、腹膜、小肠和膀胱黏膜有点状出血，脾肿胀充血，肠系膜淋巴结水肿、出血。病程长者，肝脏色泽变淡，胆汁稠而混浊，肝、脾和肾脏有坏死灶，肺有肺炎病变。关节受损时，腱鞘和关节腔含有胶样液体。

成牛主要为急性黏液性、坏死性或出血性肠炎病变，以回肠和大肠变化最显著。肠黏膜潮红、出血，大肠黏膜脱落，有局限性坏死区，肠系膜淋巴结水肿、出血；肝脂肪变性或灶性坏死，胆囊壁增厚，胆汁混浊、黄褐色；脾充血、肿大。病程长的可见肺炎病变。

【诊断】根据流行病学、临床症状和病理变化可作出初步诊断。确诊需进行细菌学检查，发热期采取血液或乳汁，下痢者采取粪便，急性病例采取脾或淋巴结等进行沙门氏菌的分离培养和鉴定。应注意与犊牛大肠杆菌病相区别。

【防制】预防本病应加强饲养管理，消除发病诱因，保持饲料和饮水的清洁、卫生。牛群发病后，对病牛及时隔离、治疗或淘汰，尸体深埋或烧毁，对污染的圈舍和用具彻底消毒。治疗本病可根据药敏试验选用敏感的抗生素，并辅以对症治疗。严重下痢时要补液，防止脱水。

三、羊沙门氏菌病

羊沙门氏菌病，包括由羊流产沙门氏菌引起的绵羊流产和由都柏林沙门氏菌、鼠伤寒沙门氏菌等引起的羔羊副伤寒。其特征为羔羊多表现败血症和下痢，怀孕母羊发生流产。

【临床症状】根据临床表现可分为下痢型和流产型。

1. 下痢型　多发于15~30日龄的羔羊，体温高达40~41℃，精神委顿，食欲减退，腹泻，排黏性带血恶臭稀粪。病羊虚弱、卧地不起，经1~5d死于败血症和脱水。有的经2周后可自行康复。发病率30%，病死率25%。

2. 流产型　怀孕绵羊在后期发生流产或死产，流产前体温升高，腹泻，阴道分泌物增多。产下的活羔表现衰竭、委顿、卧地、腹泻、不吮乳，常于1~7d内死亡。患病母羊也可在流产后或无流产的情况下死亡。羊群暴发本病，一般持续10~15d，流产率和病死率可达60%。

【病理变化】死于杀门氏菌感染的羊通常表现败血症变化，脾脏肿大、充血。病羊真胃和肠道空虚，胃肠黏膜充血、水肿，肠内容物呈液状，混有小血块。胆囊黏膜水肿，肠系膜淋巴结肿大、充血，心内外膜有出血点。

流产胎儿皮下水肿，胸腔、腹腔积液，内脏浆膜有纤维素渗出，心外膜和肺出血；母羊急性子宫内膜炎。子宫内含有坏死组织、浆液性渗出物和滞留的胎盘。

【诊断】根据流行病学特点、临床症状和病理变化，可作出初步诊断。确诊需采取病羊的血液、内脏器官、粪便或流产胎儿胃内容物、肝、脾等病料，进行沙门氏菌的分离培养和生化鉴定。

【防制】预防本病应加强饲养管理，消除发病诱因。发病后将病羊隔离治疗，被污染的羊舍、场地、用具等彻底消毒，病死羊做销毁处理。

四、禽沙门氏菌病

禽沙门氏菌病（Avian salmonellosis）是由沙门氏菌属中的一种或多种沙门氏菌所引起的禽类疾病的总称。根据病原体抗原结构不同可分为3种：鸡白痢、禽伤寒和禽副伤寒。其中鸡白痢和禽伤寒沙门氏菌有宿主特异性，主要引起鸡和火鸡发病；而禽副伤寒沙门氏菌则能广泛感染多种动物和人，受其污染的家禽及其产品是人类沙门氏菌感染和食物中毒的主要来源之一。

禽沙门氏菌病常形成相当复杂的传播循环。病禽和带菌禽是主要的传染源，可通过消化道、呼吸道或眼结膜水平传播，但经卵垂直传播具有更重要的意义，感染的幼禽大部分死亡，耐过禽长期带菌，而后产出带菌的卵子，若以此作为种蛋来孵化，则可周而复始的代代相传，致使禽沙门氏菌病在鸡群中很难净化，造成严重的危害。

（一）鸡白痢

鸡白痢（Pullorosis）是由鸡白痢沙门氏菌引起的一种常见的细菌性传染病。主要侵害鸡和火鸡。雏鸡以急性败血症和排白色糨糊状粪便为特征，以2～3周龄以内雏鸡发病率和死亡率较高，常呈流行性发生。成年鸡感染呈慢性或隐性经过，是该病垂直传播的主要传染源。近年来，育成阶段的鸡发病也日趋普遍。新发病地区雏鸡的死亡率可高达100%，老疫区雏鸡的发病率为20%～40%。火鸡对本病有易感性，但次于鸡。

【临床症状】雏鸡和成年鸡感染发病后的临床表现有显著差异。

1. 幼雏　如经蛋内感染，在孵化过程中可出现死胚，孵出的弱雏及病雏常于1～2d内死亡。出壳后感染的雏鸡，常在5～7日龄发病并呈急性败血症死亡，7～10日龄发病逐渐增多，通常在2～3周龄时达到死亡最高峰。病雏怕冷寒战，常成堆拥挤在一起，翅下垂，精神不振，不食，闭目嗜睡状。典型的症状是下痢，排白色、糊状稀粪，肛门周围的绒毛常被粪便所污染，干后结成石灰样硬块，封住肛门，造成排便困难，排便时发出痛苦的尖叫声。肺部有严重病变时，表现呼吸困难和气喘。有的病鸡关节肿大，跛行。病程一般为4～10d。3周龄以上发病者较少死亡，耐过鸡大多生长缓慢，长期带菌。火鸡的临床症状与鸡相似。

2. 中雏　与幼雏症状相似，腹泻明显，排颜色不一样的粪便，病程比雏鸡白痢长一些，本病在鸡群中可持续20～30d，不断地有鸡只零星死亡。

3. 成年鸡　多呈慢性经过，产蛋量下降，蛋的受精率和孵化率降低。有的病鸡精神不振，冠和眼结膜苍白，食欲减少，部分病鸡排白色稀便。有的发生卵黄性腹膜炎，出现“垂腹”现象。

【病理变化】急性死亡的雏鸡没有明显的病理变化。病程长的可见心肌、肺、肝、盲肠、肌胃等有大小不等的灰白色坏死灶或结节，胆囊肿大。输尿管充满尿酸盐。盲肠有干酪样物或混有血液堵塞肠腔，腹膜炎。出血性肺炎，稍大的病雏，肺有灰黄色结节和灰色肝变。

育成阶段的鸡，肝肿大呈暗红色至深紫色，或略带土黄色，质脆易破，表面散在或密布灰白、灰黄色坏死点，有时为红色的出血点。有的肝被膜破裂，破裂处有血凝块，腹腔内有血凝块或血水。

成年母鸡卵泡变形、变色，呈囊状，有腹膜炎或造成卵黄性腹膜炎，并可引起肠管与其他内脏器官粘连。常有心包炎。成年公鸡的睾丸极度萎缩，有小脓肿，输精管管腔增大，充满稠密的渗出物。急性死亡的成年鸡的病变与鸡伤寒相似，肝脏明显肿大，呈黄绿色，胆囊充盈；心包积液；心肌偶见灰白色的小结节；肺淤血、水肿；脾脏、肾脏肿大及点状坏死；胰腺有时出现细小坏死灶。

【诊断】根据本病的流行病学特点、临床症状和病理变化不难作出初步诊断，确诊则需要通过血清学诊断和细菌的分离鉴定。

血清学诊断主要用于鸡场鸡白痢的检疫。成年鸡多为慢性或隐性感染，可用凝集试验进行诊断。临床上最常用的方法是全血平板凝集试验，亦可用血清、全血或卵黄作琼脂扩散试验或进行ELISA等血清学诊断。

禽曲霉菌病的发病日龄、症状及病变与雏鸡白痢相似，这两种病均可能见到肺部的结节性病变，但禽曲霉菌病的肺部结节明显突出于肺表面，质地较硬，有弹性，切面可见有层状结构，中心为干酪样坏死组织，内含绒丝状菌丝体。且肺、气囊等处有霉菌斑。

【防制】

1. 定期严格检疫，净化种鸡场 鸡白痢主要是通过种蛋垂直传播的，因此，淘汰种鸡群中的带菌鸡是控制本病的最重要措施。一般的做法是挑选和引进健康雏种鸡，到40~70日龄用全血平板凝集试验进行第一次检疫，及时剔除阳性鸡和可疑鸡。以后每隔1个月检疫一次，直到全群无阳性鸡，再隔两周做最后一次检疫，若无阳性鸡，则为阴性鸡群。必要时，可以在产蛋后期进行一次抽检。检出的阳性鸡应坚决淘汰。

2. 加强饲养管理、卫生和消毒工作 采用全进全出和自繁自养的管理措施及生产模式；每次进雏前都要对鸡舍、用具等进行彻底消毒，并至少空置1周；育雏室要做好保温及通风工作；消除发病诱因，保持饲料和饮水的清洁卫生；做好种蛋、孵化器、孵化室、出雏器的消毒工作，孵化用的种蛋必须来自鸡白痢阴性的鸡场，种蛋先用0.1%新洁尔灭消毒，然后放入种蛋消毒柜熏蒸消毒。

3. 微生物制剂预防 对本病易发年龄及1周龄内的雏鸡使用敏感的药物进行预防可收到很好的效果。近年来，根据竞争排斥原理研制的活菌制剂——CE培养物，在鸡沙门氏菌病的防制上取得了进展。国内外许多研究已证实，给新生雏鸡口服从成年健康鸡盲肠分离的细菌制成的CE培养物，可使沙门氏菌在盲肠定植的发生率降低。国内自1986年以来，一些研究者在不同地区使用促菌生或其他活菌剂来预防雏鸡白痢，也获得了较好的效果。应注意的是，由于微生态制剂是活菌制剂，因此应避免与抗菌药物同时应用。

4. 治疗 强力霉素、氟苯尼考、甲砜霉素、氟哌酸、恩诺沙星、环丙沙星、氧氟沙星等抗生素对本病具有很好的治疗效果。

中兽医应用黄连止痢散治疗鸡白痢，用黄连30g、白头翁40g、、黄芩30g、乌梅2g、白芍20g、常山20g、白术20g组成方剂，按2%比例与饲料混合，让鸡自由采食，对不食的重症病鸡，可灌服此散，每千克体重用生药4g，连用6d。或用金银花50g、黄芩30g、连翘40g，按2%与饲料混合投喂10d，效果明显。

（二）禽伤寒

禽伤寒（Typhus avium）是由鸡伤寒沙门氏菌引起鸡、鸭、火鸡的一种急性或慢性败血性传染病。特征是黄绿色下痢，肝脏肿大，呈青铜色。本病主要发生于3周龄以上的青年鸡或成年鸡，也可感染火鸡、鸭、珠鸡、孔雀、鹌鹑等鸟类，但野鸡、鹅、鸽不易感。本病多呈散发性或地方性流行。

【临床症状】潜伏期4~5d。雏鸡和雏鸭发病时，其临床症状与鸡白痢相似。经卵垂直传播，常造成死胚或弱雏，在育雏期感染的，病雏精神沉郁，怕冷聚堆，排白色稀便，当肺受侵害时，出现呼吸困难。青年鸡或成年鸡发病后，停食，腹泻，排黄绿色稀粪，冠与肉髯苍白或皱缩，体温升高1~3℃，多在感染后5~10d死亡，病死率10%~50%或更高些。康复鸡往往成为带菌者，慢性经过者症状不典型，表现为长期腹泻、食欲不振、消瘦。

【病理变化】死于禽伤寒的雏鸡（鸭）病理变化与鸡白痢相似，肺脏和心肌有灰白色结节病灶。成年鸡急性者常见肝、脾、肾充血肿大，亚急性和慢性病例，肝脏肿大呈青铜色，肝、心肌有灰白色粟粒大坏死灶，卵泡破裂引起腹膜炎，卵泡出血、变形和变色。

【诊断】根据流行病学、临床症状和病理变化可以作出初步诊断，但确诊必须进行细菌的分离培养和鉴定以及血清学试验，方法见鸡白痢诊断。

【防制】参照鸡白痢。加强饲养管理，搞好环境卫生，减少病原菌的侵入，定期检疫，净化种鸡场，从根本上切断本病的传播途径，使用敏感的药物进行预防和治疗。

（三）禽副伤寒

禽副伤寒（Paratyphus avium）是由多种有周身鞭毛的广嗜性沙门氏菌引起的禽类传染病。除家禽外，许多温血动物，包括人类也能感染，是影响最广泛的人畜共患病之一。特征是下痢和内脏器官的灶性坏死。

引起禽副伤寒的沙门氏菌常见的有鼠伤寒沙门氏菌、肠炎沙门氏菌、乙型副伤寒沙门氏菌、猪霍乱沙门氏菌、德尔俾沙门氏菌、鸭沙门氏菌、海德堡沙门氏菌、婴儿沙门氏菌等，其中以鼠伤寒沙门氏菌最为常见。各种家禽及野禽均易感。家禽中以鸡和火鸡最常见。常在孵化后2周之内感染发病，6～10d达到最高峰，呈地方流行性。

【临床症状】经带菌卵感染或出壳雏禽在孵化器感染病菌，常呈败血症经过，往往不出现临床症状而迅速死亡。年龄较大的幼禽常呈亚急性经过，水样下痢，病程约1～4d。1月龄以上的家禽有较强的抵抗力，一般很少死亡。雏鸭感染本病常见颤抖、喘息及眼睑浮肿，水样下痢，喙变成蓝紫色，常猝然倒地而死，故有“猝倒病”之称。成年禽一般为慢性带菌者，常不出现临床症状，有时出现水泻样下痢。

【病理变化】死于副伤寒的雏鸡，最急性者多无可见病理变化，病程稍长的，可见肝、脾充血，有条纹状或针尖状出血和坏死灶，肺、肾出血，常有心包炎、出血性肠炎。成年鸡，肝、脾、肾充血肿胀，有出血性或坏死性肠炎、心包炎及腹膜炎，产蛋鸡的输卵管坏死，卵巢坏死、化脓。病雏鸭肝脏肿大呈青铜色，并有灰白色坏死灶。北京鸭感染鼠伤寒沙门氏菌和肠炎沙门氏菌时，肝脏显著肿大，有坏死灶，盲肠内有干酪样物。

【诊断】根据流行病学、临床症状和病理变化可以作出初步诊断，确诊需做病原的分离与鉴定。本病应注意与鸡白痢、大肠杆菌病、鸭病毒性肝炎、鸭瘟等进行鉴别诊断。

【防制】严格做好饲养管理、卫生消毒、检疫和隔离工作。种鸡、种蛋应来自无副伤寒鸡群。对种蛋、孵化室、孵化器、出雏器等要严格消毒。病禽要迅速隔离治疗，对死禽及病重濒死的禽应立即淘汰、深埋或焚烧，防止疫情扩散。治愈后的禽往往成为带菌者，不能留作种用。药物治疗可以降低急性禽副伤寒引起的死亡，并有助于控制本病，但不能完全消灭本病。用药时最好通过药敏试验选择敏感药物，常选用氟喹诺酮类药物、氨苄青霉素、磺胺类药物、氟苯尼考、庆大霉素、阿米卡星以及中草药制剂等。

【公共卫生】许多血清型沙门氏菌，可使人感染，发生食物中毒和败血症等症状。人沙门氏菌病的临床症状可分为胃肠炎型、败血型、局部感染化脓型，以胃肠炎型（即食物中毒）为最常见。

为防止本病从动物传染给人，患病动物应严格执行无害化处理，加强屠宰检验。肉类一定要充分煮熟，保存食物要防止鼠类窃食，以免被其排泄物污染。与病禽及其产品接触的人员，应做好卫生消毒工作。

【思考题】

1. 仔猪沙门氏菌病有哪些类型？有何症状和病理变化？如何防治？
2. 家禽沙门氏菌病是怎样传播的？如何有效防治禽沙门氏菌病？
3. 动物沙门氏菌病的公共卫生意义是什么？

第十节 巴氏杆菌病

巴氏杆菌病（Pasteurellosis）是由多杀性巴氏杆菌引起的多种动物传染病的总称。急性病例以败血症和出血性炎症为主要特征，故又称出血性败血病。

【病原】多杀性巴氏杆菌（*Pasteurella multocida*）呈短杆状或球杆状，大小（0.6～2.5）μm×（0.2～0.4）μm，革兰氏染色阴性，不形成芽孢，无鞭毛，新分离的强毒菌株有荚膜，人工培养后荚膜不明显或消失。本菌常单个存在，较少成对排列。病料组织或血液制成的涂片以及新分离的培养物用美蓝、瑞氏或姬姆萨染色后镜检可见明显的两极浓染的菌体，但陈旧或多次继代的培养物两极染色不明显。

本菌为需氧兼性厌氧菌，在普通琼脂培养基上生长不良，在麦康凯培养基上不生长，在加有血清或血液的培养基中生长良好，菌落为灰白色、光滑湿润、隆起、边缘整齐、中等大小，不溶血。根据45°斜射光下观察血液琼脂上生长的菌落表面是否有荧光及荧光的颜色，可将本菌分为3种类型：菌落呈蓝绿色带金光，边缘有红黄色光带，称为Fg型，对猪、牛等家畜致病力较强，对禽类毒力较弱；菌落呈橘红色带金光，边缘有乳白色光带，称为Fo型，对禽类致病力较强，对家畜毒力较弱；无荧光的为Nf型，对畜禽的毒力都较弱。在一定条件下，Fg型和Fo型可发生相互转变。

多杀性巴氏杆菌的抗原结构比较复杂，分型方法有多种。可用特异的荚膜（K）抗原和菌体（O）抗原作荚膜血清型和菌体血清型鉴定。根据K抗原红细胞被动凝集试验，可将多杀性巴氏杆菌分为A、B、D、E、F 5个型。利用O抗原作凝集试验，将本菌分为1～12个血清型。利用耐热抗原作琼脂扩散试验，将本菌分为16个菌体型。一般将K抗原用英文大写字母表示，将O抗原和耐热抗原用阿拉伯数字表示，因此，菌株的血清型可列式表示为5：A，6：B，2：D，等。

多杀性巴氏杆菌存在于患病动物各组织、体液、分泌物和排泄物中，健康家畜的上呼吸道也可能带菌。本菌对各种理化因素的抵抗力不强。在直射日光和干燥条件下很快死亡；对热敏感，加热60℃10min可被杀死；在粪中可存活1个月，尸体中可存活1～3个月。常用消毒药5%～10%石灰乳、1%漂白粉、1%烧碱、3%～5%石炭酸、3%来苏儿、0.1%过氧乙酸和70%的酒精均可在短时间将其杀死。

【流行病学】多杀性巴氏杆菌对多种动物都有致病性，家畜中以牛（黄牛、牦牛、水牛）和猪发病较多，绵羊也易感。各种家禽和兔有很强易感性，人的病例少见。

患病动物和带菌动物是主要的传染源。患病动物通过分泌物和排泄物不断排出毒力强的病原菌，污染饲料、饮水、用具和外界环境，经消化道感染健康动物；或由咳嗽、喷嚏排病菌，通过飞沫经呼吸道感染。也可通过损伤的皮肤、黏膜或吸血昆虫叮咬而感染。水牛往往因饮用病牛饮过的水或被病牛的尸体污染的河水而感染。人的感染多因动物咬伤、抓伤所致，也可发生呼吸道感染。

多杀性巴氏杆菌可大量寄生在动物的上呼吸道和扁桃体中。据报道，有30.6%的健康猪的鼻道深处及喉头带有本菌，有人检查屠宰猪扁桃体带菌率高达63%。在饲养管理不良、圈舍潮湿、拥挤、通风不良、更换饲料、长途运输、气候剧变、寒冷等应激因素作用下机体抵抗力下降时，病原菌乘机侵入机体，经淋巴液入血液，发生内源性感染。

本病的发生无明显的季节性，但以冷热交替、气候剧变、闷热潮湿、多雨时节多发。本病一般为散发性，但水牛、牦牛、猪有时可呈地方流行性。家禽特别是鸭群发病时，多呈流行性经过。

一、猪巴氏杆菌病

猪巴氏杆菌病又称猪肺疫（Sine plague）或猪出血性败血症，是由多杀性巴氏杆菌引起的猪的一种急性、热性传染病。本病的特征是最急性型呈败血症和咽喉炎，急性型呈纤维素性胸膜肺炎，慢性型较少见，主要表现慢性肺炎。其血清型主要有5：A、6：B、8：A、2：D。

本病分布广泛，遍布全球，在我国为猪常见传染病之一。

【临床症状】潜伏期1～5d，临床上分为最急性、急性和慢性三种类型。最急性和急性型多是由Fg菌引起，呈地方性流行；慢性型常由急性转化而来，或由Fo型菌感染引起，多为散发。

1. 最急性型　俗称“锁喉风”，多见于流行初期，突然发病，迅速死亡。病程稍长的，可见体温升高（41～42℃），食欲废绝；呼吸高度困难，呈犬坐姿势。咽喉部肿胀，有热痛、红肿坚硬，严重的可延至耳根及颈部，向后可达胸前。口鼻流出泡沫样液体，黏膜呈蓝紫色；后期耳根、颈部及腹部皮肤呈蓝紫色，有时有出血斑点，最后窒息死亡。病程1～2d，病死率100%。

2. 急性型　较常见，主要表现为纤维素性胸膜肺炎。病初体温升高（40～41℃），发生痉挛性干咳，鼻漏和脓性眼结膜炎。胸部触诊或叩诊有剧烈疼痛，听诊有啰音和摩擦音。随着病势的发展，呼吸困难加重，呈犬坐姿势，可视黏膜呈蓝紫色。先便秘后腹泻，消瘦无力，卧地不起。最后心脏衰弱，心跳加快，多因窒息死亡。病程4～6d，不死的转为慢性。

3. 慢性型　多见于流行后期，主要表现慢性肺炎和慢性胃肠炎。持续性咳嗽和呼吸困难，鼻孔不断流出黏性或脓性分泌物。有时关节肿胀，皮肤出现湿疹；常发生下痢，进行性营养不良，极度消瘦，如不及时治疗，可因衰弱死亡。病程约2周，病死率60%～70%。

【病理变化】

1. 最急性型　全身浆膜、黏膜及皮下组织有大量出血点；咽喉部及其周围组织水肿、出血；喉头、气管内有大量白色或淡黄色胶冻样分泌物；全身淋巴结出血，切面呈红色；脾脏出血，但不肿大；肺充血、水肿。

2. 急性型　除全身浆膜、黏膜和皮下组织出血外，以胸腔病变为主。肺有红色或灰色肝变区，肝变区表面有纤维素絮片，肺切面称大理石样；胸腔积有含纤维蛋白凝块的混浊液体，胸膜有黄白色纤维素附着。病程稍长的，胸膜与肺发生粘连。气管、支气管内含有大量泡沫状黏液。

3. 慢性型　尸体极度消瘦、贫血；肺有较大的肝变区，并有大块坏死灶和化脓灶，外有结缔组织包囊，内含干酪样物质，有时形成空洞，与支气管相通；心包与胸腔积液，胸膜增厚，常与肺发生粘连。

【诊断】根据流行病学、临床症状和病理变化可作出初步诊断。确诊需作细菌学诊断，最急性、急性型可采取血液或局部水肿液、呼吸道分泌物、胸腔积液以及肝、肺、淋巴结等做成触片或涂片，用瑞氏或美蓝染色后镜检，可见多量两极浓染的短杆菌。

急性猪肺疫易与急性猪瘟、猪丹毒、猪副伤寒、猪链球菌病等相混淆，应注意鉴别（见第四章第九节表4－1）；最急性型咽喉部水肿可能疑为猪炭疽，但猪炭疽很少见，多呈慢性经过，且症状不明显；慢性猪肺疫与猪气喘病相似，但猪气喘病体温不高，无败血症变化；猪接触传染性胸膜肺炎的临床症状和胸腔病变更急剧，胸腔积有大量血样液体，不难区别。

【防制】加强饲养管理，消除降低猪抵抗力的外界因素，圈舍、围栏要定期消毒。发现病猪及可疑感染猪，应立即隔离治疗，被污染的猪舍、运动场进行彻底消毒。

定期免疫接种可以有效预防本病的发生。猪肺疫氢氧化铝菌苗具有良好的免疫原性。我国研制的口服弱毒菌苗，使用方便。猪瘟、猪丹毒、猪肺疫三联苗皮下注射1ml，免疫期可达6个月，每年春、秋两季接种可取得良好的预防效果。

本菌对青霉素、链霉素、广谱抗生素、磺胺类药物都敏感，可用于本病的治疗。病初可应用抗猪肺疫免疫血清，配合抗生素或磺胺类药物治疗。

对未发病的猪可用药物进行紧急预防，待疫情稳定后，再注射疫苗。死亡猪的尸体要深埋或焚烧。慢性病猪难以治愈，应及早淘汰。

二、牛巴氏杆菌病

牛巴氏杆菌病又称牛出血性败血病，简称牛出败，是由Fg型多杀性巴氏杆菌引起牛的一种急性、败血性传染病，以高热、肺炎、急性胃肠炎以及内脏广泛出血为特征。其血清型主要有6：B、8：E。

【临床症状】潜伏期2～5d，病死率可达80%以上，痊愈牛可产生坚强的免疫力。根据临床表现可分为败血型、浮肿型和肺炎型3种。

1. 败血型 多见于热带地区，呈季节性流行，发病率和病死率较高。病牛体温升高至41～42℃，采食和反刍停止；呼吸和脉搏加快，肌肉震颤，鼻镜干燥；泌乳减少或停止；下痢、粪中带血和黏液，有恶臭；下痢后体温随之下降，迅速死亡。病程多为12～24h。

2. 浮肿型 多见于水牛、牦牛。病牛除有全身症状外，在头部、咽喉部、颈部及胸前皮下结缔组织出现明显的炎性水肿，舌及周围组织高度肿胀，有时舌伸出口外，呈暗红色，并大量流涎；急性结膜炎，眼红肿、流泪。病牛呼吸极度困难，皮肤和黏膜发绀，往往因窒息而死，病程12～36h。

3. 肺炎型 此型最常见。体温40～41℃，精神沉郁、食欲减退。鼻孔、鼻孔周围和鼻镜有脓性分泌物或有干结的分泌物附着。持续或阵发性湿咳，呼吸急促；肺听诊可听到湿性和干性啰音；哺乳期的患病母牛，泌乳明显减少，多数死亡，病程3～10d。

【病理变化】败血型可见黏膜、浆膜和内脏器官有出血斑点，胸腔有大量渗出液；水肿型在咽喉部或颈部皮下有浆液浸润，切开水肿部流出深红色透明液体，有时有出血，咽周围组织有黄色胶样浸润；肺炎型主要为纤维素性胸膜肺炎，可见胸腔有大量的絮状渗出液，整个肺有红色和灰色肝变区，肺小叶间质明显水肿，呈大理石样花纹。

【诊断】根据流行病学，临床症状和病理变化，可作出初步诊断。确诊需进行细菌学诊断。

【防制】平时应加强饲养管理，增强机体的抵抗力，改善环境卫生条件，减少或消除降低机体抵抗力的各种致病诱因。定期对牛舍及运动场进行消毒，杀灭环境中可能存在的病原体。在常发地区用牛出败氢氧化铝灭活苗，定期免疫接种。

发生本病后，病牛应立即隔离治疗，并加强对同群牛的观察，暂停牛的移动、放牧。对污染的圈舍、用具和场地进行彻底消毒。

治疗常用的药物有青霉素、链霉素、红霉素、庆大霉素、恩诺杀星、林可霉素、壮观霉素、四环素以及磺胺类药物。病的初期可用抗巴氏杆菌免疫血清静脉或肌肉注射，效果良好。如用抗巴氏杆菌免疫血清与青霉素联合应用可提高疗效。

三、羊巴氏杆菌病

本病是由 Fg 型多杀性巴氏杆菌引起的绵羊（多发于幼龄绵羊和羔羊）的急性传染病。以高热、呼吸困难和皮下水肿为特征。其血清型主要有 1：D、4：D。

【临床症状】本病可分为最急性、急性和慢性型 3 种。

1. 最急性型 多见于哺乳羔羊，往往突然发病，呈现寒战、虚弱、呼吸困难等症状，可于数分钟至数小时内死亡。

2. 急性型 精神沉郁，食欲废绝，体温升高至 41～42℃；呼吸急促，咳嗽，鼻孔常有出血，有时血液混杂于黏性分泌物中；眼结膜潮红，有黏性分泌物；病初便秘，后期腹泻，有时有血便；颈部、胸下部发生水肿。病羊常在严重腹泻后虚脱而死，病程 2～5d。

3. 慢性型 病羊消瘦、食欲不振；流黏液脓性鼻液，咳嗽，呼吸困难；有胸下及腹部发生水肿，有角膜炎；病羊下痢，粪便恶臭，最后极度衰弱死亡。临死前极度衰弱，四肢厥冷，体温下降，病程可达 3 周。

【病理变化】皮下有液体浸润和小点出血；胸腔内有黄色积液，肺淤血、有小点出血和肝变，偶见有黄豆至胡桃大的化脓灶；胃肠道出血性炎症；其他脏器水肿和淤血，或有小点出血；脾脏不肿大。病程较长的尸体消瘦，皮下胶样浸润，常有纤维素性胸膜肺炎和心包炎，肝有坏死灶。

【诊断】根据流行病学，症状和病理变化，可作出初步诊断。确诊要进行细菌学诊断。

【防制】参照牛巴氏杆菌病。

四、兔巴氏杆菌病

本病是由 Fo 型多杀性巴氏杆菌引起的急性败血性传染病。以败血症、鼻炎、肺炎、斜颈、结膜炎、子宫积脓、睾丸炎等为特征。该病是引起 9 周龄至 6 月龄兔死亡的主要原因之一。其血清型主要有 7：A、5：A。

【临床症状】潜伏期一般为 4～5d，可分为以下几种类型。

1. 败血型 突然死亡，病程稍长可见精神沉郁，食欲废绝，呼吸困难，体温升高至 41℃以上；鼻孔有浆液性分泌物，有时打喷嚏，粪便稀软。约经 1～3d 死亡。往往是各种病型的结局。

2. 鼻炎型 是最常见的一种病型，其临床特征是有浆液性、黏液性或黏液脓性鼻漏，病兔常打喷嚏、咳嗽和有鼻塞音。鼻液的刺激常使兔用前爪擦揉外鼻孔，使该处被毛潮湿并缠结。

3. 地方流行性肺炎型 临床症状不明显，最初的症状是食欲减退，精神沉郁，最后常因败血病而迅速死亡。

4. 中耳炎型 又称斜颈症，单纯的中耳炎可以不出现临床症状。斜颈是主要的临床表现，是感染扩散到内耳或脑部的结果；严重病例吃食、饮水困难，体重减轻，可能出现脱水现象；如感染扩散到脑膜和脑，则可能出现运动失调和其他神经症状。

除上述各型外，病兔还可能表现生殖器官感染、结膜炎和发生全身各部位脓肿。

【病理变化】

1. 鼻炎型 鼻孔周围皮肤发炎，鼻窦和副鼻窦内有黏液脓性分泌物，窦腔内层黏膜红肿。

2. 地方流行性肺炎型 呈急性纤维素性肺炎变化，以肺的前下方最为常见。严重病例，可形成肺脓肿，脓肿为纤维组织所包围，形成脓腔和整个肺炎叶发生空洞，是慢性病程最后阶段常发生的现象。

3. 败血型 很少见到病变。胸腔和腹腔器官可能有充血，浆膜下和皮下可能有出血。如与其他病型相伴，可出现其他病型的病变。

4. 中耳炎型 主要是一侧或两侧鼓室有奶油状的白色渗出物。病的早期鼓膜和鼓室内壁变红。有时鼓膜破裂，脓性渗出物流入外耳道。中耳或内耳感染如扩散到脑，可出现化脓性脑膜脑炎的病变。

【诊断】根据流行病学，临床症状和病理变化，可作出初步诊断。确诊要进行细菌学诊断。

【防制】注意保暖防寒，定期驱虫，加强检疫，淘汰病兔。兔舍、用具要严格消毒。兔场可用兔巴氏杆菌氢氧化铝甲醛灭活苗或兔巴氏杆菌-魏氏梭菌二联苗或兔巴氏杆菌-魏氏梭菌-兔瘟三联苗对断乳兔进行免疫接种，对预防本病有一定效果。病兔可用链霉素、诺氟沙星、增效磺胺及头孢菌素等治疗。

五、禽巴氏杆菌病

禽巴氏杆菌病又称禽霍乱（Fowl cholera）或禽出血性败血症。主要侵害鸡、鸭、鹅、火鸡等多种禽类。急性病例主要表现为突然发病、下痢、败血症及高死亡率，慢性病例发生鸡冠、肉髯水肿和关节炎，病程较长，死亡率低。

该病在世界所有养禽国家都有发生，在我国某些地区发病严重，是威胁养禽场的常见病之一。我国学者对禽源多杀性巴氏杆菌的分型研究表明：引起我国鸡霍乱的多杀性巴氏杆菌大部分均为 A 型，常见的血清型有 5：A、8：A、9：A，其中 5：A 最多。

【临床症状】自然感染潜伏期 2～9d，根据病程可分为最急性、急性和慢性 3 种类型。

1. 最急性型 常发生于流行初期，以肥壮、成年高产蛋鸡最容易发生。病鸡常无明显症状，突然倒地，拍翅抽搐，经数分钟死亡。

2. 急性型 最常见。病鸡体温升高至 43～44℃以上，精神沉郁，羽毛蓬松，缩颈闭眼，呆立不动；呼吸困难，口鼻流出淡黄色带泡沫的黏液。常有剧烈腹泻，排出绿色或灰黄色稀便。鸡冠、肉髯呈蓝紫色，肉髯常发生水肿，发热和疼痛。发病鸡群产蛋减少或停止。最后衰竭、昏迷死亡。病程 1～3d，病死率高。

3. 慢性型 多见于流行后期，表现为慢性呼吸道炎症和慢性胃肠炎。病鸡消瘦，精神不振，鼻孔流出少量黏液，鼻窦肿大；常有下痢，体渐消瘦。鸡冠、肉髯苍白、肿胀，切开可见脓性或干酪样渗出物。有的病鸡关节肿胀、疼痛，跛行。病程1个月以上，病死率不高。

鸭霍乱多为急性型，发病急，死亡快，症状不如鸡霍乱明显。鸭两脚麻痹，不愿下水，行动缓慢。张口呼吸，口、鼻流黏液，频频摇头，有“摇头瘟”之称。剧烈下痢，排出灰白色或绿色稀粪，有时混有血液。病程稍长者可见关节炎，两腿酸软、瘫痪，不能走动。病程1～3d。

成年鹅与病鸭症状相似，仔鹅的发病率和死亡率较成年鹅严重，以急性为主，食欲废绝，喙角及蹼发紫。眼结膜有出血斑点，喉头有黏液性分泌物，下痢，常于发病后1～2d死亡。

【病理变化】最急性型常无明显的病变，有时可见冠和肉髯呈紫红色，心外膜有小出血点，肝脏表面有数个针尖大小的灰黄色或灰白色的坏死点。

急性型病例剖检可见腹膜、皮下组织及腹部脂肪有小出血点。心包增厚，心包内有大量淡黄色纤维素性絮状混浊的液体，心外膜和心冠脂肪出血明显。肺充血、出血。肝脏的病变具有特征性，肝稍肿，质脆，呈棕红色或棕黄色，表面散布有许多灰白色或灰黄色针头或粟粒大小的坏死点，有时可见点状出血。肠黏膜充血、出血，尤以十二指肠最严重。

慢性型病例除上述部分病变外，鼻腔和鼻窦内有大量黏性分泌物，有些病例见肺硬变。有关节炎的病例，可见关节肿大、变形，有炎性渗出物和干酪样坏死物。公鸡肉髯肿大，内有干酪样渗出物。产蛋鸡卵巢出血，卵泡破裂，腹腔内有卵黄样物质。

鸭、鹅的病变与鸡基本相似。心包内充满透明的橙黄色渗出液，心冠脂肪、心包膜及心肌出血；肝脏肿大，发生脂肪变性，表面有针头大小灰白色坏死点。发生关节炎的雏鸭，关节面粗糙，附着黄色的干酪样物质或红色的肉芽组织；关节囊增厚，内含有红色浆液或灰黄色、混浊的黏稠液体。

【诊断】根据本病有呼吸困难，黄绿色下痢，冠髯蓝紫，肉髯水肿，剖检可见内脏广泛出血，肝脏有弥漫性针尖大小的灰白色坏死点等典型的症状和病理变化可作出初步诊断。

确诊可采集病死鸡的血液、心包液或肝脏等病料做成组织涂片，用瑞氏或美兰染色后镜检，可见两极浓染的短球杆菌。还可作细菌分离培养和动物接种试验。用病料悬液给家兔皮下注射1ml或小鼠皮下注射0.2ml，接种后24～48h死亡，取心血、肝脏涂片，染色镜检，发现巴氏杆菌即可确诊。

禽霍乱与新城疫、鸭瘟症状相似，应注意鉴别。新城疫是由新城疫病毒引起的，抗菌药物治疗无效，且只发生于鸡，鸭、鹅一般很少发病，临床上有明显的神经症状，剖检腺胃乳头出血明显，盲肠扁桃体出血、坏死，肝脏无坏死病变；鸭瘟又叫大头瘟，病鸭头颈肿大，流泪，食道、泄殖腔黏膜有灰黄色假膜，抗菌药治疗无效。

【防制】养禽场应做好平时的饲养管理，严格执行兽医卫生消毒制度，新引进的鸡、鸭要隔离饲养半个月，观察无病才能混群饲养。

常发地区可用禽霍乱菌苗进行预防接种或定期投喂有效的药物。目前国内使用的疫苗有弱毒苗和灭活苗两种，弱毒菌苗主要为有禽霍乱731弱毒菌苗、禽霍乱$G_{190}E_{40}$弱毒等，免疫期3～3.5个月。灭活菌苗主要有禽霍乱氢氧化铝菌苗、禽霍乱油乳剂灭活菌苗和蜂胶菌苗，免疫期3～6个月。有条件的地方可制备自家苗，即从发病禽分离菌株，制备灭活菌苗。或用急性死亡病鸡的肝脏，经研磨、过滤、稀释，加甲醛灭活制成，检验合格后使用。

家禽发病后，应对禽舍、饲养环境和饲养管理用具立即消毒，粪便堆积发酵处理。病死禽烧毁或深埋，尚未发病的家禽，可在饲料或饮水中投喂抗生素或磺胺类药物。

早期使用青霉素、链霉素、土霉素、金霉素、磺胺类药物和喹诺酮类药物对本病均有较好的疗效，如配合抗血清疗效更好。

【思考题】

1. 猪巴氏杆菌病的诊断和防制要点是什么？
2. 禽霍乱和新城疫的鉴别要点是什么？
3. 兔巴氏杆菌病临床上有哪些表现类型？

第十一节 布鲁氏菌病

布鲁氏菌病（Brucellosis）是由布鲁氏菌引起的一种人畜共患传染病。家畜中牛、羊、猪多发，且可传染给人和其他家畜。临床上以生殖器官和胎膜发炎，母畜流产、公畜睾丸炎和关节炎等为特征。

本病广泛分布于世界各地，我国目前在人、畜间仍有发生，给畜牧业和人类的健康带来严重危害。

【病原】布鲁氏菌（*Brucella*）为革兰氏阴性菌，呈或短杆状，大小（0.6～1.5）μm×（0.5～0.7）μm，多单在，菌体无鞭毛不运动，不形成芽孢和荚膜，经改良 Ziehl-Neelsen 或改良 Koster 等鉴别染色法染成红色，可与其他细菌相区别。

长期以来，将布鲁氏菌属分为有 6 个种，即马尔他布鲁氏菌（又称羊布鲁氏菌）、流产布鲁氏菌（又称牛布鲁氏菌）、猪布鲁氏菌、绵羊布鲁氏菌、沙林鼠布鲁氏菌和犬布鲁氏菌，其中羊布鲁氏菌对人致病力最强。

本菌对外界环境的抵抗力较强。在污染的土壤和水中存活 1～4 个月，乳、肉食品中能存活 2 个月，粪尿中能存活 45d，羊毛上可存活 3～4 个月，在冷暗处的胎儿体内可存活 6 个月左右。但对热敏感，60℃30min、70℃5～10min 可杀灭本菌，煮沸立即死亡。对消毒药抵抗力不强，2%石炭酸、来苏儿、烧碱溶液、或 0.1%升汞可于 1h 内杀死本菌，5%石灰乳 2h 或 1%～2%福尔马林 3h 可将其杀死，0.5%洗必泰、0.01%度米芬或 0.1%新洁尔灭 5min 内即可杀死本菌。

【流行病学】本病的易感动物范围很广布，如羊、牛、猪、人、牦牛、野牛、水牛、羚羊、鹿、骆驼、野猪、马、犬、猫、狐、狼、野兔、猴等，但主要是羊、牛、猪。性成熟的母畜比公畜易感，特别是头胎妊娠母牛和羊对本病易感性最强。人与布鲁氏杆菌病患病动物或带菌动物及其产品接触也能引起感染。

本病的传染源是患病动物和带菌者，它们可从乳汁、粪便和尿液中排出病原菌，污染草场、畜舍、饮水、饲料。受感染的妊娠母畜在流产或分娩时将大量布鲁氏菌随着胎儿、羊水和胎衣排出，成为该病最危险的传染源。母畜流产后阴道的分泌物及乳汁中都含有布鲁氏菌，感染公畜的睾丸炎精囊中也有该均存在，在公猪更为明显。此外，布鲁氏菌可随尿排出。

本病主要传播途径是消化道，即通过污染的饲料和饮水而感染。有实验证明，布鲁氏菌可经皮肤感染。其他如通过结膜、交媾也可感染本病。动物感染后可终身带菌。

本病一年四季都可发生，但以产仔季节为多，尤其是春末夏初为发病高峰期。牧区发病率明显高于农区。检疫制度不健全，集市贸易和频繁的流动，毛、皮收购与销售等均可促进本病的传播。

【临床症状】

1. 牛 本病的潜伏期一般在2周至6个月。主要症状是流产，流产可发生在妊娠的任何时期，但最多发于妊娠6~8个月。已流产过的母牛如果再流产，一般比第一次流产时间要迟。流产前数日有流产征兆，如阴唇、乳房肿大，乳汁呈初乳性质，生殖道发炎，阴道黏膜出现粟粒大的红色结节，从阴道流出灰白色或灰色黏性分泌液。流产时，胎水多清朗，有时混浊含有脓样絮片。胎儿有时正常排出，但常见胎衣滞留，特别是晚期流产的，胎衣滞留较多。流产后常继续排出污灰色或棕红色的分泌物，有时恶臭，分泌物至1~2周后消失。早期流产的胎儿，一般在产前死亡。有的流产胎儿产出不久死亡。发病母畜常发生关节炎，关节肿胀疼痛，轻度乳房炎。

公牛可见阴茎潮红肿胀，并有睾丸炎和附睾炎，急性病例可见睾丸肿大疼痛。

2. 羊 首先注意到的症状是流产，流产发生在妊娠后3~4个月，流产前2~3d，食欲减退，精神沉郁，阴道流出黄色黏液或带血分泌物，流产胎儿多为死胎或弱胎，流产后阴道持续排出黏液或脓液，发生慢性子宫炎，使病羊不孕。山羊有的流产2~3次，有的不发生流产。有的病羊发生慢性关节炎，病羊跛行。

公羊除发生关节炎外，有时发生睾丸炎、附睾炎。睾丸肿大，触诊局部发热，有痛感。公羊睾丸炎、乳山羊的乳房炎常较早出现，乳汁有结块，泌乳减少，乳腺组织有结节性变硬。

3. 猪 最明显的症状是流产，多发生在妊娠4~12周，有的妊娠2~3周发生流产，有的接近妊娠期满出现早产。前兆症状常见精神沉郁，阴唇和乳房肿胀，有时阴道流出黏性或黏脓性分泌物。少数情况因胎衣滞留，引起子宫炎和不育。公猪常见睾丸炎和附睾炎。

【病理变化】

1. 牛、羊 胎衣呈黄色胶样浸润，有些部位覆有纤维蛋白絮片和脓液，胎衣增厚有出血点；绒毛叶贫血呈苍黄色，或覆有灰色或黄绿色纤维蛋白絮片，或覆有脂肪状渗出物。胎儿胃特别是第四胃中有淡黄色或白色黏液絮状物，胃肠和膀胱的浆膜下可能见有点状或线状出血；胎儿的淋巴结、脾脏和肝脏肿胀，有的有炎性坏死灶。脐带常呈浆液性浸润，肥厚。公牛生殖器官精囊内可能有出血点和坏死灶，睾丸和附睾可能有炎性坏死灶和化脓灶。

2. 猪 胎儿多为木乃伊胎，子宫黏膜可见到针头大乃至粟粒大的结节，此谓子宫粟粒性布鲁氏菌病。这是猪布鲁氏菌病的特征。

【诊断】根据流行病学、临床症状（如母畜流产、胎衣不下、公畜睾丸炎或关节炎）和胎儿的典型病变，应疑为本病。

实验室诊断可取整个流产胎儿或无菌采取胎儿的胃内容物、羊水、胎盘病变部位、阴道分泌物乳汁、血液、血清等置于灭菌的容器中，进行细菌学和免疫学诊断。

1. 细菌学诊断 病料直接涂片，革兰氏和柯兹洛夫斯基染色后镜检。革兰氏染色可见革兰氏阴性的细小球杆菌；柯氏染色后布鲁氏菌被染成鲜红色，其他细菌染成绿色。也可病料接种于含有10%马血清的马丁琼脂斜面进行分离培养。

2. 免疫学诊断 牛主要是血清凝集试验及补体结合试验。乳环状试验常用于无病乳牛群布鲁氏菌病的监测。山羊、绵羊群检疫用变态反应方法比较合适。少量的羊只常用凝集试验与补体结合试验。猪布鲁氏菌病常用血清凝集试验，也有的用补体结合试验和变态反应。

【防制】 布鲁氏菌病传播途径较多，在防控上必须采取综合性措施，早期发现患病动物，彻底消灭传染源，切断传播途径，防止疫情扩散。

1. 免疫接种 疫苗接种是控制本病的有效措施。我国使用猪布鲁氏菌2号弱毒菌苗（S_2）和羊布鲁氏菌5号弱毒菌苗（M_5）。其中S_2对山羊、绵羊、猪和牛都有较好的免疫力；M_5不能用于猪，在免疫方法上两种菌苗除常用于皮下注射外，在大群牲畜免疫时，多采用气雾、饮水和口服等方法进行，不仅省时、省力，效果也很满意。

2. 建立检疫隔离制度 在未发生布鲁氏菌病的牧场或地区，每年至少进行一次检疫，引进家畜时要隔离观察2个月，并进行2次血清学检查，阴性的才可混群；在疫区，每年春秋对易感动物各进行一次检疫，猪、羊在5月龄以上，牛在8月龄以上为宜，接种过疫苗的动物在免疫后12～36个月检疫。检出的阳性动物，及早淘汰，作无害化处理。发生布鲁氏菌病的养殖场，应采取净化措施，用血清学试验和变态反应方法，反复多次检疫，淘汰发病成年畜和阳性畜，培养健康动物群体。

3. 要做好消毒工作，切断传播途径 在疫区，对流产胎儿、胎衣应深埋或焚烧，被污染的环境、圈舍、用具、运输工具等用2%氢氧化钠、2%福尔马林或10%石灰乳彻底消毒。疫区的生皮、羊毛等畜产品及饲草、饲料等也应进行消毒或放置2个月以上才可利用。

【公共卫生】 人类布鲁氏杆菌病的预防，首先要注意职业性感染，养殖场的饲养员、人工授精人员，屠宰场、畜产品加工厂的工作人员以及兽医、实验室工作人员等，必须严格遵守防护制度和卫生消毒措施，定期接种M_{104}冻干活菌苗。严格产房、场地、用具、污染物的消毒，特别在仔畜大批生产季节，更要注意。

【思考题】

1. 布鲁氏菌病的主要症状是什么？
2. 布鲁氏菌病的防制对策有哪些？

第十二节 坏死杆菌病

坏死杆菌病（Necrobacillosis）是由坏死梭杆菌引起各种哺乳动物和禽类的一种慢性传染病。病的特征是在受损伤的皮肤和皮下组织、消化道黏膜发生坏死，有的在内脏形成转移性坏死灶。一般散发，有时表现地方流行性。本病广泛发生于世界各地，我国也有猪、马、牛、绵羊和鹿发病的报道，在南方耕牛、奶牛较为严重。

【病原】 坏死梭杆菌（*Fusobacterium necrophorum*）为革兰氏阴性菌，呈球杆状或短杆状，在病变的组织或培养物中呈长丝状，长达100μm。幼龄菌着色均匀，老龄培养物着色不匀，似串珠状，本菌无荚膜、无鞭毛，不形成芽孢。

本菌广泛分布于自然界，饲养场、沼泽、土壤中均可发现，也常见于许多草食兽和杂食兽动物的口腔、肠道、外生殖器等处。

本菌为严格厌氧菌，在培养基中加入血液、血清、葡萄糖、肝块等可助其生长，加入亮绿或结晶紫可抑制杂菌生长，获得本菌的纯培养。在血液琼脂平板上，培养 48～72h，形成有花纹、边缘呈波浪状的小菌落，菌落周围呈 β 溶血。本菌能产生内毒素和杀白细胞素，杀白细胞素可使巨噬细胞死亡，释放分解酶，使组织溶解；内毒素可使组织发生坏死。

本菌对理化因素抵抗力不强，常用消毒药均能杀灭，但在污染的土壤中和有机质中能存活 10～30d。

【流行病学】多种动物和野生动物均有易感性，家畜中以绵羊、山羊、牛、猪、马最易感，禽易感性较低。人偶尔也可感染。传染源为患病和带菌动物，患病动物的肢、蹄、皮肤、黏膜出现坏死性病变，病原菌随渗出物或坏死组织污染周围环境。患病动物粪便中约有半数以上能分离出本菌，沼泽、水塘、污泥、低洼地更适宜于坏死杆菌的生存。本病主要经损伤的皮肤和口腔黏膜而感染，新生畜有时可经脐带感染。本病多发生于低洼潮湿地区，常发于炎热、多雨季节，一般散发或呈地方流行性。

【症状和病变】潜伏期数小时至 1～2 周，一般 1～3d。本病常因受害部位不同而有不同的命名。

1. 腐蹄病　多见于成年牛羊，有时也见于鹿。病初跛行，蹄部肿胀或溃疡，流出恶臭的脓汁。病变如向深部扩散，则可波及腱、韧带和关节、滑液囊；严重的可出现蹄壳脱落，重症病例有全身症状，如发热、厌食，进而发生脓毒败血症死亡。

2. 坏死性皮炎　多见于仔猪和架子猪，其他家畜也有发生。其特征为体表皮肤和皮下发生坏死和溃烂，多发生于体侧、头和四肢；初为突起的小丘疹，局部发痒，盖有干痂的结节，触之硬固、肿胀、进而皮下组织迅速坏死；有的病猪发生耳及尾的干性坏死，最后脱落。母猪还可发生乳头和乳房皮肤坏死，甚至乳腺坏死。

3. 坏死性口炎　又称“白喉”，多见于犊牛、羔羊或仔猪。有时亦见于仔兔和雏鸡。病初厌食、发热、流涎、有鼻汁，气喘；在舌、齿龈、上颚、颊、喉头等处黏膜上附有假膜，粗糙、污秽的灰褐色或灰白色，剥脱假膜，可见其下露出不规则的溃疡面，易出血；发生在咽喉的病例，可见颌下水肿，呼吸困难，呕吐，不能吞咽，病变蔓延到肺部或转移到其他部位或坏死物被吸入肺内常导致患病动物死亡。病程 4～5d，长的延至 2～3 周。

4. 坏死性肠炎　常与猪瘟、副伤寒等并发或继发。临床症状表现为严重腹泻，排出带脓血或坏死黏膜的粪便。剖检可见大肠黏膜坏死和溃疡，严重者肠壁穿孔或粘连。

【诊断】根据本病的症状是以肢蹄部和口腔黏膜坏死性炎症为主，以及坏死组织有特殊的臭味，再结合流行病学，可作出初步诊断。

确诊应在病变与健康组织交界处取病料，染色后镜检能发现该菌。细菌分离时，用含 0.02% 结晶紫、0.01% 孔雀绿和苯乙基乙醇的卵黄培养基，接种后再在罐内抽真空，再充入氮气 80%、二氧化碳 10%、氢气 10%，以钯为催化剂，以厌氧培养法培养，经 48～72h 后，本菌长出一种带蓝色的菌落，中央不透明，边缘有一光带，从中选出可疑菌落，获得纯培养后再作生化鉴定。

动物试验可用生理盐水或肉汤制取病料的悬液，兔耳外侧或小鼠尾根皮下接种 0.5～1.0ml，2～3d 后，接种动物逐渐消瘦，局部坏死，8～12d 死亡，从死亡动物实质器官易于获得分离物。

【防制】采取综合性防制措施，加强饲养管理，搞好环境卫生和消除发病诱因，避免皮肤和黏膜损伤。平时要保持圈舍环境及用具的清洁与干燥，地面要平整，及时清除粪尿和污水，防止动物互相啃咬。禁止在低洼潮湿的沼泽地放牧，牛、羊、马要正确保蹄。在多发季节，可在饲料中加抗生素类药物进行预防。

一旦发生本病，应及时隔离治疗，粪便严格消毒，销毁清除的坏死组织。在局部治疗的同时，要根据病型不同配合全身治疗，肌肉或静脉注射磺胺类药物、土霉素、金霉素、螺旋霉素等有控制本病发展和继发感染的双重功效。此外还应配合强心、解毒、补液等对症疗法，以提高治愈率。

对腐蹄病患病动物，用清水洗净患部并清创。再用1%高锰酸钾或5%福尔马林或用10%的硫酸铜冲洗消毒。然后在蹄底的孔内填塞硫酸铜、水杨酸粉、高锰酸钾或磺胺粉，创面可涂敷木焦油福尔马林合剂（5：1）或5%高锰酸钾或10%甲醛酒精液或龙胆紫。牛、羊可用5%福尔马林或10%硫酸铜进行蹄浴。对软组织可涂磺胺软膏、碘仿鱼石脂软膏等药物。

对“白喉”患病动物，应先除去伪膜，再用1%高锰酸钾冲洗，然后用碘甘油或10%氯霉素酒精溶液涂擦，每天2次至痊愈，或用硫酸钾轻擦患处致出血为止，隔日1次，连用3次。

猪坏死性皮炎，先清除坏死组织，然后用抗生素软膏、5%碘酊或5%高锰酸钾等填塞。

【思考题】

1. 坏死杆菌病主要的感染途径是什么？
2. 坏死杆菌病因受害部位不同可有哪些类型？

第十三节 结核病

结核病（Tuberculosis）是由分枝杆菌引起的一种人和动物共患的慢性传染病，其特征是病情发展缓慢、渐进性消瘦、咳嗽、衰竭，并在多种组织器官形成结核结节和干酪样坏死或钙化。

结核病是一种古老疾病，广泛流行于世界各地，以奶牛业发达国家最为严重。目前已有不少国家有效控制了本病，但在防制措施不健全的国家和地区，仍有散发或地方性流行。

【病原】分枝杆菌（*Mycobacerium*）为分枝杆菌属的一群细菌，主要有3个种，即结核分枝杆菌、牛分枝杆菌和禽分枝杆菌。本菌无荚膜、无鞭毛、不形成芽孢，单在或成对，偶排列成簇。其形态因种不同而稍有差异，结核分枝杆菌呈直或稍弯的细长杆菌，呈棒状，有时呈分枝状，大小为（1～4）μm×（0.32～0.5）μm；牛分枝杆菌短粗，着色不均；禽分枝杆菌短而小，为多形性。本菌一般染色不易着色，能抵抗3%盐酸酒精的脱色作用，故称“抗酸菌”。常用Ziehl-Neelsen氏抗酸染色法染色，结核菌染成红色，其他细菌和组织细胞染成蓝色。

结核杆菌在自然环境中对干燥和湿冷的抵抗力较强。干痰中存活10个月，病变组织和尘埃中能存活2～7个月或更长。在潮湿的地方可存活8～9个月，水中5个月，粪便、土壤中6~7个月，奶中7~10d，冷藏奶油中能存活10个月。在-198℃可长期存活。但结核菌对热敏感，60℃经30min死亡。常用消毒药如5%来苏儿48h死亡，3%~5%甲醛溶液12h死亡，70%酒精、10%漂白粉4d死亡。本菌对链霉素、异烟肼、对氨基水杨酸和环丝氨酸敏感，可用于治疗。磺胺类药物、青霉素及其他广谱抗生素对结核菌无效。

【流行病学】本病可侵害多种动物，据报道约有50多种哺乳动物、25种禽类可感染发病。家畜中奶牛最易感，其次为黄牛、牦牛和水牛；猪和家禽易感性也较高；绵羊和山羊极少见。人和牛可互相传染，也能传染其他家畜。禽分枝杆菌也可以感染人、牛和猪。

结核病患畜是本病的传染源，尤其是开放性结核患畜。患畜可以通过各种途径向外排菌，肺部病灶的结核菌可以随咳痰排出，肠结核病灶的病菌可随粪便排菌，乳房结核可随乳汁排出。由患畜排出的病原菌可污染周围空气、地面、土壤、饲料、畜舍及其他用具，由此传染给易感动物。本病主要经呼吸道和消化道感染，也可通过交配感染，犊牛的感染主要是食入带菌乳而引起。

饲养管理不当与本病的传播有着密切关系，特别是在舍饲条件下，舍内饲养的动物过密，而且拥挤，畜舍通风不良、潮湿、阳光不足，缺乏运动，最易患病。

【临床症状】

1. 牛结核病　主要由牛分枝杆菌引起。结核分枝杆菌、禽分枝杆菌对牛毒力很弱，多引起局限性病灶且缺乏肉眼变化，即所谓“无病灶反应牛”，这种牛很少能成为传染源。

肺结核：最常见。病初食欲、反刍无明显变化，易疲劳，常发生短而干的咳嗽，随着病势的发展咳嗽加重、频繁且表现痛苦，伸颈呆立，并有黏液性鼻漏，呼吸次数增加，严重时发生气喘。病牛日渐消瘦、贫血，体表淋巴结肿大，常见于肩前、股前、腹股沟、颌下、咽及颈淋巴结等，当纵膈淋巴结受侵害肿大压迫食道时，则有慢性臌气症状。病势恶化，可发生全身性结核即粟粒性结核。胸膜、腹膜发生结核病灶即所谓的“珍珠病”，胸部听诊可听到摩擦音。

乳房结核：乳房上淋巴结肿大，乳房出现局限性或弥散性硬结，乳房表面凹凸不平，泌乳量减少，乳汁初期无明显变化，严重时稀薄如水。由于肿块形成和乳腺萎缩，两侧乳房不对称，最终泌乳停止。

肠结核：多见于犊牛，表现消化不良，食欲不振，顽固性下痢，迅速消瘦。

生殖器官结核：可见性机能紊乱，发情频繁，性欲亢进，发生慕雄狂与不孕。孕畜流产，公畜睾丸和附睾肿大，阴茎前部可发生结节、糜烂等。

脑结核：脑与脑膜发生结核常引起神经症状，如癫痫样发作、运动障碍等。

2. 禽结核病　由禽分枝杆菌引起，主要危害鸡和火鸡，成年鸡多发，其他家禽和多种野禽亦可感染。感染途径主要经消化道，也可经呼吸道感染。临床表现为贫血、消瘦，鸡冠萎缩、肉髯苍白，产蛋下降或停止；如果病禽关节或肠道受到侵害时，病禽出现跛行或顽固性腹泻。最后病禽因衰竭或因肝变性破裂而突然死亡。病程持续2~3个月，有时可达1年。

3. 猪结核病　猪对禽分枝杆菌、牛分枝杆菌、结核分枝杆菌都有易感性，但对禽分枝杆菌的易感性较其他哺乳动物高。养猪场里养鸡或者养鸡场里养猪，都可能增加猪感染禽结核的机会。猪结核病主要经消化道感染，常在颌下、咽部、肠系膜淋巴结及扁桃体、肺部发生结核病灶。主要临床症状为消瘦、咳嗽、气喘和腹泻等。

【病理变化】特征性病变是在组织器官发生增生性结核结节或渗出性炎症。

1. 牛　在肺脏或其他器官常见有很多突起的白色或黄色结节，切开后有干酪样的坏死，有的见有钙化，切时有砂砾感。有的坏死组织溶解和软化，排出后形成空洞。胸膜和腹膜可发生密集的结核结节，一般为粟粒至豌豆大的半透明或不透明灰白色坚硬的结节，故称为“珍珠样病”。胃肠黏膜可能有大小不等的结核结节或溃疡。乳房结核多发生于进行性病例，切开乳房可见大小不等的病灶，内含干酪样物质。

2. 禽　结核病灶多发生于肠道、肝、脾、骨骼和关节，其他部位少见。肠道溃疡可发生于任何肠段，如同肿瘤样物质突出于肠管的表面。肝、脾肿大，切开可见有大小不一的结节状干酪样病灶，感染的关节肿胀，内含干酪样物质。

3. 猪　猪结核常在某些器官如肝、肺、肾等出现一些小的病灶。颌下、咽、肠系膜淋巴结及扁桃体等也常发生结核病灶。

【诊断】当动物群体中发生进行性消瘦、咳嗽、慢性乳房炎、顽固性下痢、体表淋巴结慢性肿胀等现象时，可疑为本病。确诊需要进行实验室诊断。

1. 细菌学诊断　采取患病动物的病灶、痰、粪尿、乳及其他分泌物做成抹片，用抗酸染色法染色后镜检，见有染成红色的小杆菌可确诊，或做分离培养和动物接种试验。

2. 变态反应诊断　是利用结核菌素对动物结核病进行检疫的主要方法，主要包括提纯结核菌素（PPD）法和老结核菌素（O. T）法。PPD 法比 O. T 法特异性高，检出率高。

【防制】畜禽的结核病一般不予治疗，主要是采取检疫、隔离、消毒、培育健康动物等综合性防制措施，防止病原传入，净化污染群。

以奶牛场为例。对健康牛群，平时加强检疫和消毒。每年春秋两季，用结核菌素进行 2 次检疫，发现阳性病牛，应及时处理，牛群按污染牛群处理。引进牛时要严格检疫，隔离观察 1 个月，再进行 1 次检疫，确认健康才可混群。患有开放性结核病的人不能饲养奶牛。

污染牛群应反复进行多次检疫，淘汰开放性病牛及生产性能不好、利用价值不高的阳性反应牛，阴性牛按假定健康牛对待。病牛所产犊牛，出生后只吃 3 ~ 5d 的初乳，以后由健康母牛供养或喂消毒奶。犊牛在出生后 1 月龄、3 ~ 4 月龄、6 月龄进行 3 次检疫，阳性反应牛必须淘汰。如 3 次检疫都呈阴性反应，且无任何可疑症状，可放入假定健康牛群中培育。

假定健康牛群应在第一年每隔 3 个月进行一次检疫，直到没有阳性牛出现为止。然后再在一年至一年半的时间内连续进行 3 次，如果 3 次均为阴性反应即可称为健康牛群。

加强消毒工作，每年进行 2 ~ 4 次预防性消毒，每当动物群体出现阳性病牛后，都要进行一次大消毒。常用药物为 5% 来苏儿或克辽林，20% 漂白粉，3% 福尔马林或 3% 氢氧化钠。

【公共卫生】人感染动物结核病多由牛型结核杆菌所致，特别是小孩饮用带菌的生牛奶而患病，所以饮用消毒牛奶是预防人患结核病的一项重要措施。婴儿注射卡介苗，与病人、患病畜禽接触时应注意个人防护。

【思考题】

1. 结核病的典型症状有哪些？

2. 如何进行结核病的诊断？

3. 以奶牛场为例，如何进行结核病的综合防制？

第十四节　炭　疽

炭疽（Anthrax）是由炭疽杆菌引起的一种人畜共患的急性、热性、败血性传染病。特征是急性死亡、天然孔出血、血液凝固不良呈煤焦油样、脾脏显著肿大、皮下及浆膜下结缔组织出血性浸润。该病世界各国几乎都有分布，具有重要的公共卫生意义。

【病原】炭疽杆菌（*Bacillus anthracis*）为革兰氏阳性大杆菌，菌体两端平直，呈竹节状，无鞭毛。在病料中多散在或呈2～3个短链排列，有荚膜。在培养物中可形成长链，呈竹节状，一般不形成荚膜。本菌在患病动物体内和未解剖的尸体中不形成芽胞，但当菌体或病料暴露于空气时，在12～42℃条件下遇到自由氧则可形成芽孢，芽孢呈椭圆形，位于菌体中央。

炭疽杆菌为兼性需氧菌，对营养要求不高，在普通琼脂平板上形成灰白色、干燥、表面粗糙的菌落，低倍镜观察菌落边缘呈弯曲的卷发状。在明胶高层培养基中呈倒立松树状生长，能液化明胶，呈漏斗状。在含青霉素（0.5IU/ml）的培养基中，呈串珠反应。在血液琼脂中不溶血。在肉汤中生长，上层液体清亮，底部有絮状沉淀。

炭疽杆菌繁殖体对理化因素的抵抗力不强，但芽孢对外界环境有较强的抵抗力，在干燥状态下可存活32～50年，120℃高压蒸汽灭菌15 min、干热150℃60min才能灭活。常用消毒药为10%氢氧化钠、20%漂白粉、0.1%升汞、0.5%过氧乙酸等。

【流行病学】多种家畜和野生动物都有易感性。草食兽易感性最强，以绵羊、山羊、牛、马最易感，骆驼和水牛次之，猪的感受性较低，犬、猫、狐狸等肉食动物少见，家禽几乎不感染。人对炭疽普遍易感，但主要发生于与动物及畜产品接触较多的人。

患病动物是本病的传染源，其排泄物、分泌物及处理不当的尸体中的病原菌一旦形成芽孢，污染周围环境、圈舍、场地、河流、牧场后，可在土壤中长期存活而成为长久疫源地，随时可传染给易感动物。本病主要因采食污染的饲料、牧草经消化道感染，但也可经吸入附着在尘埃中的炭疽芽孢经呼吸道感染。此外，通过皮肤黏膜的伤口或吸血昆虫叮咬也可感染。

本病多为散发或地方性流行。一年四季都可发生，其中以夏季多雨、洪水涝积、吸血昆虫活跃时更为常见。从疫区购入患病动物产品如骨粉、皮革、羊毛等常成为本病暴发的主要原因。

【临床症状】本病潜伏期一般为1～5d，最长的可达14d。按其临诊表现，可分为以下4种类型。

1. 最急性型　常见于绵羊，偶尔见于牛、马、鹿。患病动物突然倒地，昏迷，磨牙，呼吸困难，可视黏膜呈蓝紫色，全身战栗，濒死期天然孔出血，常在数分钟内死亡。有的在放牧中突然死亡。

2. 急性型　牛、马常见。病牛体温升高至42℃，兴奋不安，吼叫；精神沉郁，食欲减退或废绝，反刍、泌乳减少或停止；呼吸困难，初便秘，后腹泻，粪中带血，尿呈暗红色；妊娠母牛可发生流产。马与牛的症状相似，常伴有剧烈的腹痛，濒死期体温急剧下降，天然孔出血，一般在1~2d死亡。

3. 亚急性型　症状与急性型相似，但病程较长，约2~5d，病情亦较缓和。在体表各部，如喉部、颈部、胸前、腹下、肩胛、乳房等部皮肤，以及直肠、口腔黏膜等发生炭疽痈。初期硬固有热痛，以后热痛消失，可发生坏死，有时可形成溃疡。

4. 慢性型　主要发生于猪，局部症状比较明显，典型的症状为咽型炭疽。咽喉部和附近淋巴结明显肿胀；体温升高，精神沉郁，食欲不振；症状严重时，黏膜发绀，呼吸困难，最后窒息而死。但有不少病例，临床症状不明显，只于屠宰后发现有病变。肠型炭疽常伴有消化道失常的症状，便秘或腹泻，亦有恢复者。败血型极少见。

【病理变化】怀疑炭疽的尸体一般禁止剖检，因炭疽杆菌暴露于空气中易形成芽孢，污染环境。急性炭疽的病理变化主要表现为败血症。尸僵不全，尸体易腐败，天然孔流出带泡沫的黑红色血液，黏膜发绀；血液凝固不良如煤焦油样，皮下、肌间、浆膜下结缔组织胶胨样水肿；脾脏肿大3~5倍，脾髓软化如泥。局部炭疽的病变常见于肠、咽及肺。肠型炭疽为出血性肠炎，局部水肿，肠系膜淋巴结肿大、出血；咽型炭疽多见于猪，颌下淋巴结肿大、出血，切面黑红色，扁桃体出血、肿胀、坏死，有黄色痂皮覆盖；肺型炭疽呈出血性肺炎，周围水肿。

【诊断】当发现突然死亡，死前天然孔出血，死后血凝不良，尸僵不全，尸体迅速腐败时可疑为本病。确诊要进行实验室诊断。

1. 细菌学诊断　采濒死期末梢血或小块脾脏制成涂片，用瑞氏或碱性美蓝染色，发现有大量单在、成对或2~4个菌体相连的竹节状、有荚膜的大杆菌可以确诊。也可将新鲜病料直接接种于普通琼脂培养基，如有可疑菌落，可进行荚膜和溶血性测定，必要时可进行串珠试验。用培养物或病料悬液给小白鼠腹腔注射0.5ml，1~3d后小白鼠因败血症死亡，其血液或脾脏中可检出有荚膜的炭疽杆菌。

2. 血清学诊断　Ascoli氏反应，适用于腐败病料及动物皮张、风干、腌浸过肉品的检验。肝、脾、血液等制成的抗原于1~5min内、生皮病料抗原于15min内两液接触面出现清晰的白色沉淀环。

【防制】认真执行兽医卫生制度，不到污染地区放牧，不从疫区购买饲料及生物制品，不饮来自疫区的水，对疫区和受威胁内的易感动物，每年应定期免疫接种。常用的疫苗有无毒炭疽芽孢苗（山羊不适用）和Ⅱ号炭疽芽胞苗，接种后14d产生免疫力，免疫期为1年。

发生炭疽时，应立即上报疫情，划定疫点、疫区，采取隔离、封锁等措施，禁止患病动物的流动，禁止食用患病动物乳、肉；死亡动物的尸体天然孔及切开处，用浸泡过消毒液的棉花或纱布堵塞，并依法进行焚烧或覆盖生石灰或20%漂白粉后就地深埋；患病动物要隔离治疗，但牛、羊发病后因病程短往往来不及治疗，常在发病前进行预防性给药；对发病群要逐一测温，凡体温升高的可疑患畜用青霉素和抗炭疽血清同时注射，及时采取防控措施；全场进行彻底消毒，病死畜躺过的地面连同15~20cm厚的表层土一起铲下，并与20%漂白粉混合后深埋，污染的饲料、垫草、粪便焚烧处理，污染场所及用具用20%的漂白粉或10%氢氧化钠液喷洒3次，每次间隔1h，然后认真清洗，干燥后火焰消毒。当最后一头患病动物痊愈或死亡，经过14d无新的病例出现，经过一次彻底终末大消毒后方可解除封锁。

【公共卫生】人感染炭疽有3种类型：皮肤炭疽、肺炭疽和肠炭疽。皮肤炭疽主要是兽医和屠宰场工人因接触患病动物或畜产品经皮肤伤口感染，伴有头痛，发热，关节痛，呕吐，乏力等症状；肺炭疽多为羊毛厂、鬃毛厂和皮革厂工人因吸进带有炭疽芽孢的尘埃而感染，病情急骤，恶寒，发热，咳嗽，咯血，呼吸困难，紫绀等；肠炭疽常因吃进患病动物肉类所致，发病急，发热，呕吐，腹泻，血样便，腹痛，腹胀等腹膜炎症状。

人类炭疽的预防应着重于与家畜及其产品频繁接触的人员，在疫区人群、兽医人员，应在每年的4～5月前接种人用皮上划痕炭疽减毒活菌苗，每年1次，连续3年。发生疫情时，病人应住院隔离治疗，与病人或病死畜接触者要进行医学观察，皮肤有损伤的用青霉素预防，局部用2%碘酊消毒。

【思考题】

1. 试述炭疽杆菌的形态特征。
2. 死于炭疽的动物尸体应如何处理？
3. 某奶牛场有一奶牛突然发病死亡，天然孔出血，其临诊症状与炭疽相似，如何确诊？需采取哪些相应的防控措施？

第十五节　破伤风

破伤风（Tetanus）又称强直症，是由破伤风梭菌经伤口感染引起的一种急性、中毒性人畜共患传染病。特征是患病动物骨骼肌持续性痉挛和神经反射兴奋性增高。

破伤风两千多年以前已被人们所认识，1884年Nicolaier发现破伤风梭菌。本病广泛分布于世界各国，呈散发性发生。

【病原】破伤风梭菌（*Clostridium tetani*）又名强直梭菌，是一种两端钝圆、细长、平直或稍弯的革兰氏阳性大杆菌，多单个存在。本菌在动物体内和体外均可形成芽胞，其芽胞位于菌体一端，似鼓锤状或球拍状。多数菌株有周鞭毛，能运动，不形成荚膜。

本菌为严格厌氧菌。在普通琼脂培养基上可形成直径4～6mm、扁平、灰白、半透明、边缘有羽毛状细丝的似小蜘蛛样的菌落。破伤风梭菌在动物体内和培养基中均可产生几种破伤风外毒素，主要有破伤风痉挛毒素、溶血毒素和非痉挛毒素。破伤风痉挛毒素是一种作用于神经系统的神经毒素，是仅次于肉毒毒素的第二种毒性最强的细菌毒素，能引起动物发生特征性强直症状和刺激保护性抗体产生，该毒素对热较敏感，65℃经5min即可灭活，经0.4%甲醛脱毒后可成为类毒素；溶血毒素能溶解马和兔的红细胞，引起局部组织坏死，为该菌的繁殖创造了条件；非痉挛毒素对神经末梢有麻痹作用。

本菌繁殖体抵抗力不强，一般消毒药均能在短时间内将其杀死，但芽孢体抵抗力极强，在土壤中可存活几十年，在阴暗处可存活10年以上，在表层土壤中存活数年，煮沸经1～3h才能杀死。消毒药10%漂白粉和10%碘酊10min、5%石炭酸15min、1%升汞和1%盐酸30min可将其杀死。

【流行病学】破伤风梭菌广泛存在于自然界，人、畜粪便都可带有，尤其是施肥的土壤、腐臭淤泥中。但本病的发生必须通过创伤感染，如钉伤、刺伤、去势、断尾、断脐、剪毛、手术、穿鼻、产后感染等。应注意的是，在临床上有1/3～2/5的病例往往查不到伤口，可能是创伤已愈合或可能经子宫、消化道黏膜损伤感染。

各种家畜均有易感性，其中以单蹄兽最易感，猪、羊、牛次之，犬、猫仅偶尔发病，家禽自然发病少见。人的易感性也很高。本病的发生无明显的季节性，多为散发。幼龄动物的感受性较高。

【临床症状】潜伏期最短1d，最长可达数月，一般1~2周。潜伏期长短与动物种类及创伤部位有关，创伤距头部较近，组织创伤伤口深而小，创伤深部严重损伤，发生坏死或创口被粪土、痂皮覆盖等，潜伏期缩短，反之则延长。人和单蹄兽较牛、羊易感性较高，症状也严重。

1. 单蹄兽　最初表现对刺激的反射兴奋性增高，稍有刺激即抬头，瞬膜外露；接着出现咀嚼缓慢，步态僵硬等症状；随着病情的发展，出现全身性强直痉挛症状。口少许张开，采食缓慢，严重病例开口困难、牙关紧闭，无法采食和饮水。由于咽肌痉挛致使吞咽困难，唾液积于口腔而流涎，且口臭。头颈伸直，两耳竖立，鼻孔开张，四肢、腰背僵硬。腹部卷缩，粪尿潴留，甚至便秘。尾根高举，行走困难，状如木马，各关节屈曲困难，易跌倒，且不易自起。患病动物神志清楚，有饮欲、食欲，但应激性高，轻微刺激可使其惊恐不安，痉挛和大汗淋漓。末期患畜常因呼吸功能障碍（浅表、气喘、喘鸣等）或循环系统衰竭（心律不齐，心博亢进）而死亡。体温一般正常，死前体温可升至42℃，病死率45%~90%。

2. 牛　较少发生。症状与马相似，但较轻微，反射兴奋性明显低于马，常见反刍停止，多伴随有瘤胃臌气。

3. 羊　多由剪毛引起。病羊全身肌肉强直，角弓反张，伴有轻度瘤胃臌气及下痢。母羊多发生于产死胎或胎衣停滞；羔羊多因脐带感染引起，病死率极高，几乎可达100%。

4. 猪　较常发生，多由于阉割感染。一般是从头部肌肉开始痉挛，牙关紧闭，口吐白沫；叫声尖细，瞬膜外露，两耳竖立，腰背弓起，全身肌肉痉挛，触摸坚实如木板，四肢僵硬，难于站立，病死率较高。

【诊断】根据本病特殊的临床症状，如神志清楚，发射兴奋性增高，骨骼肌强直性痉挛，体温正常，并有创伤史，即可确诊。对于病初症状不明显的病例，要注意与马钱子中毒、癫痫、脑膜炎、狂犬病及肌肉风湿等区别。

【防制】在本病常发地区对易感动物定期接种破伤风类毒素，牛、马等大动物在阉割等手术前1个月进行免疫接种，可起到预防本病作用。平时要注意饲养管理和环境卫生，防止动物受伤。一旦发生外伤，要及时处理，防止感染。阉割手术要注意器械的消毒和无菌操作。对较大较深的创伤，除作外科处理外，应肌肉注射破伤风抗毒素1万~3万IU。

发现患病动物时应加强护理，将其安置在光线较暗的安静处及时治疗。

1. 创伤处理　尽快查明感染的创伤和进行外科处理，清除创内的脓汁、异物、坏死组织及痂皮，对创深、创口小的要扩创，以5%~10%碘酊和3%双氧水或1%高锰酸钾消毒，再撒以碘仿硼酸合剂，然后用青霉素、链霉素作创周注射。

2. 药物治疗　早期使用破伤风抗毒素，疗效较好，剂量20万~80万IU，分3次注射，也可一次全剂量注入。同时应用40%乌罗托品，大动物50ml，犊牛、幼驹及中小动物酌减。配合使用青霉素、链霉素作全身治疗。

3. 对症治疗　当患病动物兴奋不安和强直痉挛时，可用氯丙嗪肌肉注射或静脉注射，每天早晚各一次，也可应用水合氯醛 25～40g 与淀粉浆 500～1 000ml 混合灌肠，或水合氯醛与氯丙嗪交替使用。用25%硫酸镁作肌肉注射或静脉注射，以缓解痉挛症状。对咬肌痉挛、牙关紧闭者，可用1%普鲁卡因溶液于开关、锁口穴位注射，每天1次，直至开口为止。

【公共卫生】人的破伤风多由创伤感染引起，病初低热不适、头痛、四肢痛、咽肌和咀嚼肌痉挛，继而出现张口困难、牙关紧闭、呈苦笑状，随后颈背、躯干及四肢肌肉发生阵发性强直痉挛，不能坐起，颈不能前伸，两手握拳，两足内翻，咀嚼困难，饮水呛咳，有时可出现便秘和尿闭，严重时呈角弓反张状态。

一旦出现创伤后，应正确处理伤口，防止形成厌氧微环境，并及时注射破伤风抗毒素。此外，还应注意要用新法接产，防止新生儿脐带感染。

【思考题】

1. 如何预防破伤风的发生？
2. 对破伤风患畜应如何治疗？

第十六节　李氏杆菌病

李氏杆菌病（Listeriosis）主要是由单核细胞增生性李氏杆菌引起的一种人畜共患传染病。家畜主要表现脑膜脑炎、败血症和流产，家禽和龋齿动物表现坏死性肝炎、心肌炎和单核细胞增多症，人主要表现脑膜脑炎。

20世纪80年代以来，人类因食用被污染的动物性食物而屡发李氏杆菌病，才认识到它还是人的一种食物源性疾病，并受到人们的广泛关注。本病广泛分布于全世界，我国许多省区也有发生。

【病原】单核细胞增生性李氏杆菌（*Listeria monocyiogenes*）属于李氏杆菌属。该菌是一种革兰氏阳性的小球杆菌，无荚膜，无芽胞，大小为（0.5～2）μm ×（0.4～0.6）μm，在抹片中或单个分散或两个菌体排成“V”形或互相并列。在含有血清或血液的琼脂上才能很好生长，在血琼脂上生长能形成狭窄的β溶血环。

李氏杆菌与葡萄球菌、肠球菌、化脓棒状杆菌及大肠杆菌有共同抗原。现在已知本菌具有13个血清型，各型对人类都可致病，但以1a、1b、和4b多见；牛、羊以1型和4b多见；猪、禽和龋齿动物以1型较多见。

李氏杆菌对理化因素的抵抗力较强，在土壤、粪便、青贮饲料和干草内能长期存活。pH值5.0以上才能繁殖，至pH值9.6仍能生长。对食盐耐受性强，在含10%食盐的培养基中能生长，在20%食盐溶液内能长期存活。对热的耐受性比大多数无芽胞杆菌强，常规巴氏消毒法不能将其杀灭，65℃经30～40min才能死亡。一般消毒药都易使之灭活。

【流行病学】自然发病多见于绵羊、猪、家兔，牛、山羊次之，马、犬、猫少见；在家禽中以鸡、火鸡、鹅多发，鸭较少发生。许多野兽、野禽、龋齿动物特别是鼠类都有易感性，且常为本菌的贮存宿主。

患病动物和带菌动物是主要的传染源，其粪便、尿液、乳汁、精液以及眼、鼻、生殖道的分泌液都曾分离到本菌。本病的传播途径可能是消化道、呼吸道、眼结膜以及皮肤损伤。污染的土壤、饲料和垫料是主要的传播媒介，家畜因饲喂带菌鼠类污染的青贮饲料可引起本病的发生。

本病常为散发性，偶尔可见地方流行性，一般只有少数发病，但病死率较高。各种年龄的动物都可感染，但幼龄动物比成年动物易感性高，发病较急；妊娠母畜感染后常发生流产。

本病的发生有一定的季节性，主要发生在冬季和早春，多见于饲喂青贮饲料的反刍动物。

【临床症状】自然感染潜伏期约2～3周。短的只有数天，长的可达2个月。

1. 反刍兽　主要表现为神经症状。病初体温升高（40.5～41.5℃），不久降至常温。精神沉郁，食欲减退，不安，哞叫。头颈一侧性麻痹，弯向对侧，该侧耳下垂，眼半闭，以至视力丧失；沿头的方向旋转（回旋病）或作圆圈运动，遇障碍物，则以头抵靠而不动；颈项强硬，有的呈现角弓反张，最后呈昏迷状，卧于一侧，强使翻身，又很快翻转过来，以致死亡。病程短的2～3d，长的1～3周或更长。妊娠母畜常发生流产。水牛突然发生脑炎，症状似黄牛，但病程短，病死率高。

2. 猪　病猪体温稍高，到后期降至常温以下，保持36～36.5℃。运动失常，作圆圈运动，无目的地行走，有的头颈后仰，前肢或后肢张开，呈典型的观星姿势；肌肉震颤、强硬，颈部和颊部尤为明显，有的表现阵发性痉挛，口吐白沫，侧卧地上，四肢划动；一般1～4d死亡，长的可达7～9d。较大的猪有的身体摇摆，共济失调，步态强拘；有的后肢麻痹，不能起立，拖地而行，病程可达1个月以上。仔猪多发生败血症，体温显著升高，精神高度沉郁，食欲减少或废绝，口渴；有的全身衰弱、僵硬、咳嗽、腹泻、皮疹、呼吸困难、耳部和腹部皮肤发绀，病程约1～3d，病死率高。妊娠母猪常发生流产。

3. 家禽　主要为败血症，精神委顿、食欲废绝、下痢，多在短时间内死亡。病程稍长的可能出现痉挛、斜颈等神经症状。

【病理变化】有神经症状的患病动物，脑膜和脑可能有充血、炎症或水肿的变化，脑脊液增加，稍混浊，脑干变软，有小化脓灶，血管周围有以单核细胞为主的细胞浸润。最特征性的病变在脑干部，脑组织切片可见中性粒细胞和单核细胞灶状浸润及血管周围单核细胞管套；败血症的患病动物，有败血症变化，肝脏有坏死；家禽心肌和肝脏有坏死灶或广泛坏死。

反刍兽和马不见单核细胞增多，而常见中性粒细胞增多。流产的母畜可见到子宫内膜充血以至广泛坏死，胎盘子叶常见有出血和坏死。

【诊断】患病动物表现出特殊的神经症状、妊娠流产、血液中单核细胞增多，可疑为本病。确诊需进行细菌学诊断。血清学试验常用的方法主要包括凝集试验和补体结合反应等。

本病应注意与表现神经症状的其他疾病如脑包虫病、伪狂犬病、猪传染性脑脊髓炎、牛散发性脑脊髓炎进行鉴别。

【防制】加强饲料卫生管理，驱除鼠类和其他龋齿动物，消灭外寄生虫，不要从有病地区引入畜禽，是预防本病的主要措施。

发病时应严格实施隔离、消毒、治疗等综合防制措施。本病的治疗以链霉素较好，但易产生抗药性。有人用大剂量的抗生素或磺胺类药物一次治疗病猪，获得满意效果，但有神经症状的绵羊和乳猪治疗难于奏效。

【公共卫生】人主要经粪—口途径传播。孕妇感染后，可经胎盘或产道感染胎儿或新生儿，主要表现为脑膜炎、粟粒样脓肿、败血症和心内膜炎等。

平时应注意饮食卫生，患病动物的肉及其产品须经无害化处理后才可以利用，经常注意灭鼠和杀灭吸血节肢动物。兽医及有关职业人员应注意个人防护。

【思考题】

李氏杆菌病的典型症状有哪些?

第十七节　放线菌病

放线菌病（Actinomycosis）又称大颌病，是由各种放线菌所引起牛、猪及其他动物和人的一种非接触性的慢性传染病。病的特征为头、颈、颌下和舌的放线菌肿。

【病原】本病病原主要是牛放线菌（*Actinomyces bovis*）、伊氏放线菌（*A. israelii*）和林氏放线杆菌（*Actinobacillus lignieresi*）。牛放线菌和伊氏放线菌是牛骨骼放线菌病和猪乳房放线菌病的主要病原，伊氏放线菌还可引起人放线菌病，两者都为革兰氏阳性，在动物组织中呈带有辐射状菌丝的颗粒性凝集物（菌芝），外观似硫磺颗粒，其大小如别针头，呈灰色、灰黄色或微棕色。涂片经革兰氏染色后镜检，中心菌体呈紫色，周围放射状菌丝呈红色，主要侵害骨骼和软组织。林氏放线杆菌是皮肤和柔软器官放线菌病的主要病原菌，是一种不运动、不形成芽孢和荚膜的呈多形态的革兰氏阴性杆菌，在动物组织中也形成菌芝，无显著的辐射状菌丝，以革兰氏法染色后，中心与周围均呈红色。

【流行病学】牛、猪、羊、马、鹿等多种动物均可感染发病，其中以牛最常被侵害，特别是2~5岁的牛。人也可感染。

本病多呈散发性。病原体主要存在于污染的土壤、饲料和水中，也可寄生于动物口腔和上呼吸道，当皮肤或黏膜受损时便可感染发病。本病可发生内源性感染，或通过直接传播如咬伤、刺伤而发病。牛常因食入带刺的饲料刺破口腔黏膜而感染，羊常在头部、面部和口腔的创伤处发生放线菌感染，母猪可因乳头损伤而感染发病。

【临床症状】牛常发生骨骼放线菌感染，常见上、下颌骨肿大，界限明显。肿胀进展缓慢，一般经过6~18个月才出现一个小而坚实的硬块，有时肿大发展甚快，甚至整个头骨。肿胀部位初期疼痛，后期无痛觉。病牛呼吸、吞咽和咀嚼困难，很快消瘦。有时皮肤化脓破溃，脓汁流出，形成瘘管，长久不愈。头、颈、颌部组织也常出现硬结，不热不痛。舌和咽喉被侵害时，组织变硬，舌活动困难，俗称“木舌病”。

猪常见乳房放线菌感染，乳头基部发生硬块，逐渐蔓延到乳头，引起乳房畸形。

绵羊和山羊主要发生在嘴唇、头部和身体前半部的皮肤，皮肤增厚，可发生多数小脓肿。

【病理变化】病理变化主要以增生性为主，也可发生渗出性、化脓性变化。牛主要以臼齿槽的颌骨放线菌感染具有特征性，表现为骨炎、骨膜炎、骨髓炎，骨骼畸形隆起，骨质呈海绵状。在口腔黏膜上有时可见溃烂，或呈蘑菇状生成物，圆形，质地柔软呈褐黄色。病程长的病例，肿块有钙化的可能。

【诊断】根据放线菌病的特殊临床症状，不难作出诊断。必要时可取脓汁少许，用水稀释，找出硫磺样颗粒，在水内洗净，置载玻片上加15%氢氧化钾溶液1滴，覆以盖玻片用力挤压，置显微镜下检查。

【防制】避免在低湿地放牧，舍饲牛在饲喂前最好将干草、谷糠等浸软，避免刺伤口腔黏膜。平时加强饲养管理，特别是防止皮肤黏膜损伤，对伤口应及时处理、治疗，可有效地预防本病的发生。

治疗可用外科手术切除硬结，若有瘘管形成，要连同瘘管彻底切除，新创腔用碘酊纱布填塞，24～48h更换1次。伤口周围注射10%碘仿醚或2%鲁戈氏液，重症病例可静脉注射10%碘化钠，隔日1次。在用药过程中，如出现碘中毒现象（黏膜、皮肤发疹，流泪、脱毛、消瘦和食欲不振等），应暂停用药5～6d或减少剂量。放线菌对青霉素、红霉素、四环素、林可霉素比较敏感，大剂量应用对本病有较好的治疗作用。

【思考题】

1. 放线杆菌的感染途径是什么？如何防制放线杆菌病？
2. 感染放线杆菌后的典型症状是什么？

第十八节　肉毒梭菌中毒症

肉毒梭菌中毒症（Botulism）是由于摄入含有肉毒梭菌毒素的食物或饲料引起的人和动物的一种中毒性疾病。以运动神经麻痹和迅速死亡为特征。

【病原】肉毒梭菌（*Clostridium botulinum*）是一种两端钝圆的革兰氏阳性大杆菌，能形成芽胞，为专性厌氧菌。肉毒梭菌在适宜环境中可产生一种蛋白神经毒素——肉毒素，它是迄今所知毒力最强的细菌毒素。肉毒素主要作用于神经肌肉结合点，抑制了乙酰胆碱的释放，阻断了运动神经冲动传导，因而使运动神经麻痹。毒素还可损伤中枢神经系统，导致呼吸肌麻痹，动物窒息死亡。肉毒素能耐pH值3.6～8.5，对高温也有抵抗力，在动物尸体、骨头、腐烂植物、青贮饲料和发霉饲料及发霉的青干草中，毒素能保存多月不被破坏。

肉毒梭菌根据抗原性不同，可分成A、B、Cα、Cβ、D、E、F、G 8型，人类的肉毒中毒主要由A、B、E、F型引起，畜禽肉毒中毒主要由C型引起。

本菌繁殖体的抵抗力不强，加热80℃30min或100℃10min能将其杀死。但芽胞的抵抗力较强，120℃高压需10～20min、180℃干燥需5～15min才能将其杀死。正常胃液或消化酶24h内不能将肉毒毒素破坏，但在pH值8.5以上即被破坏，因此1% NaOH、0.1%高锰酸钾加热80℃30min或100℃10min均能破坏毒素。

【流行病学】各种动物对肉毒毒素都敏感，其中以鸭、鸡、牛、马较多见，绵羊、山羊次之，猪、犬、猫少见。肉毒梭菌芽胞广泛存在于自然界，土壤为其自然居留场所，也存在于健康动物肠道和粪便中，并随粪便排出体外，在适宜的条件下该菌可大量繁殖产生毒素，人和动物由于采食了含有毒素的食物或饲料引起发病。

本病多发生在炎热季节，因为在22～37℃范围内，饲料中的肉毒梭菌才能产生大量毒素。饲料中毒时，在同等情况下以膘肥体壮、食欲良好的动物发病较多。

【临床症状】本病的潜伏期随动物种类不同和摄入毒素量多少有关，一般为4～20h，长的可达数日。各种动物肉毒梭菌中毒的临床症状基本相似，主要为运动神经麻痹所致。

1. 家禽 以鸭多发，其次是鸡、火鸡、和鹅，特征性症状是双腿、翅膀、颈和眼睑麻痹。主要表现头颈软弱无力，向前低垂，常以喙尖触地支持或以头部着地，颈项呈锐角弯曲，重症病例头颈伸直，平铺地面，不能抬起，因此本病又称为“软颈病”。翅下垂，两脚无力。有的发生嗜眠症状及阵发性痉挛。

2. 牛、羊、马 表现为神经麻痹，由头部开始，迅速向后发展，直至四肢。出现肌肉软弱和麻痹，不能咀嚼和吞咽，垂舌，流涎，下颌下垂，眼半闭，瞳孔散大，对外界刺激无反应。麻痹波及四肢时，共济失调，以致卧地不起，头部弯于一侧。肠音消失，粪便秘结，腹痛。呼吸极度困难，直至呼吸麻痹死亡。临死前体温、意识正常，严重的数小时死亡。病死率达70% ~100%。羊肌肉软弱和麻痹症状比较轻微。

3. 猪 少见，主要表现肌肉进行性衰弱和麻痹，起初虚弱、步态蹒跚，逐渐发展为全身性的运动麻痹，病猪侧卧，唾液外流，两耳无力而下垂，视觉障碍，反射迟钝，粪尿失禁。最后呼吸麻痹，窒息而死。耐过的病例要经过数周至数月后才能康复。

【病理变化】尸体剖检多无特征的病理变化。家禽可见整个肠道充血、出血，尤以十二指肠最严重，喉和气管有少量灰黄色带泡沫的黏液，咽喉和肺部有出血点。

【诊断】根据特征性症状，结合发病原因可作出初诊。确诊需进行毒素检查。采集患病动物胃肠内容物和可疑饲料，加入2倍以上无菌生理盐水，充分研磨，制成混悬液，置室温1 ~2h，离心（血清或抗凝血等可直接离心），取上清液加抗生素处理后，分成2份，一份不加热，供毒素试验用，另一份100℃加热30min，供对照用。吸取上述液体0.1 ~0.2ml注射于鸡眼睑皮下，一侧供试验，一侧供对照，如注射后0.5 ~2h，试验侧眼睑逐渐闭合，而对照侧正常，试验鸡10h后死亡，则证明有毒素。也可将上述液体0.2 ~0.5ml分别注射于两组小鼠皮下或腹腔，如试验组小鼠1 ~2d内麻痹死亡，而对照组小鼠健康存活，则为有毒素。

【防制】加强饲养管理，清除牧场、畜舍中的腐烂饲料，不使动物食入。禁喂腐烂的草料、青菜等，调制饲料要防止腐败，缺磷地区应多补钙和磷，避免动物发生异嗜癖而舐食污水、尸骨。在本病的常发区，可用同型类毒素或明矾菌苗进行预防接种。

发病时，应查明和清除毒素来源，及时更换饲料，清除发患病动物禽的粪便。大家畜内服大量盐类泻剂或用5%碳酸氢钠或0.1%高锰酸钾洗胃灌肠，可促进毒素的排出。发病早期可注射多价抗毒素血清，毒型确定后可用同型抗毒素。盐酸胍和单醋酸酯能促进神经末梢释放乙酰胆碱和加强肌肉的紧张性，对本病有良好的治疗作用。

【公共卫生】肉毒梭菌中毒症是一种重要的食物中毒症。主要由于食入含有毒素的食物引起。开始乏力、头晕、胃肠道紊乱，继而视力模糊、眼睑下垂、瞳孔散大、声音嘶哑、吞咽困难、张口伸舌费力。严重的呼吸麻痹死亡。因此，必须加强卫生管理，注意饮食卫生，严格执行食品卫生法，注意肉类和各种食物的合理保存，严格禁止食用腐败变质的肉类或其他食物。

【思考题】

1. 肉毒梭菌毒素中毒的典型症状有哪些？
2. 如何预防动物发生肉毒梭菌毒素中毒？

第十九节　链球菌病

链球菌病（Streptococosis）是由不同血清群链球菌引起的人和多种动物传染病的总称。动物链球菌病以猪、牛、羊、马和鸡较常见。人链球菌病以猩红热较多见。链球菌病临床表现多种多样，可引起各种化脓创、败血症、脑膜炎和心内膜炎等，严重威胁人和动物的健康。

【病原】链球菌（*Streptococcus*）菌体呈球形或卵圆形，常呈链状排列，长短不一，在固体培养基上常呈短链状，在液体培养基中易呈长链状。也可单个或成双存在。多数链球菌在幼龄培养物中可见到荚膜，不形成芽胞，多数无鞭毛，革兰氏染色阳性。

本菌为需氧或兼性厌氧菌。多数致病菌的生长要求较高，在普通琼脂上生长不良，在含有血清或血液的培养基中生长良好，菌落周围形成α型（草绿色链球菌，致病力较低）或β型（溶血性链球菌，致病力强）溶血环。根据兰氏（Lancefield）血清分类法，将链球菌分为20个血清群（A、B、C……V，I、J除外）。根据荚膜抗原的不同本菌又可分为35个血清型，1～34和1/2型，以猪链球菌2型（与Lancefield R群相对立）流行较广，对猪的致病力最强，该型也是临床分离频率做高的血清型。

链球菌对热和一般消毒药的抵抗力不强，60℃30min可将其杀死，煮沸立即死亡。常用消毒药如2%石炭酸、0.1%新洁尔灭、1%来苏儿均可在3～5 min内将其杀死。日光直射2h死亡。

【流行病学】链球菌的易感动物较多，在流行病学上的表现也不完全一致。猪、马属动物、牛、绵羊、山羊、鸡等都有易感性。猪不分年龄、品种和性别均易感；4月龄至5岁以内的马驹易感染马腺疫，特别是1周岁左右的幼驹易感性最强。

患病和病死动物是主要传染源，无症状和病愈后的带菌动物也可成为传染源。本病主要经呼吸道和受损的皮肤及黏膜感染，猪和鸡可通过各种途径感染，仔猪多由母猪感染本病。

本病有明显的季节性。羊链球菌病的流行季节最明显，多在每年的的10月到翌年4月。马腺疫的流行一般在9月开始，一直到翌年3、4月，5月逐渐减少。猪链球菌病季节性不明显，一年四季都可发生，但在炎热的7～10月容易出现大面积流行。

一、猪链球菌病

猪链球菌病（Streptococosis in swine）是由多种不同血清群链球菌引起猪的疫病的总称。临床主要表现败血症、脑膜炎、关节炎和淋巴结脓肿。其中，猪链球菌是世界范围内引起猪链球菌病的主要病原，该菌可引起猪败血症和脑膜炎等疫病，人通过特定的途径也可感染本病。1991年在我国广东省首次报道了该病的发生，1998～1999年夏季在中国江苏部分地区猪群暴发流行并导致特定人群致死的疫病是由猪链球菌2型所引起的。

本病在我国各地均有发生，目前已成为规模化养猪场最常见的重要细菌病之一，尤其是2005年四川省发生猪链球菌感染人的事件以后，该病引起了人们的高度重视。

【临床症状】潜伏期为1～3d。本病在临床上分为猪败血性链球菌病、猪链球菌性脑膜炎、链球菌性关节炎和淋巴结脓肿4个类型。

1. 猪败血性链球菌病 多见于成年猪，常呈暴发性，主要由C群的马链球菌兽疫亚种、D群的类马链球菌、S群的猪链球菌1型和R群的猪链球菌2型引起。

最急性病例，病猪不表现任何症状即突然死亡。急性病例，病猪体温升高（42～43℃），抑郁、厌食，眼结膜潮红，流泪，或有脓性分泌物。颈部、耳廓、腹下及四肢下端皮肤呈紫红色，并有出血点。多在1～3d内死亡，病死率80%～90%。

2. 猪链球菌性脑膜炎 主要由C群、R群链球菌引起，以脑膜炎为主要症状，多见于哺乳仔猪和断奶仔猪，哺乳仔猪的发病常与母猪带菌有关。病初体温升高，很快出现神经症状，盲目走动或作转圈运动，磨牙、空嚼，抽搐或突然倒地，口吐白沫，四肢作游泳状划动，继而衰竭或麻痹，多在30～36h死亡。

3. 链球菌性关节炎 病猪多由急性转化而来，主要表现为多发性关节炎，关节周围组织和肌肉肿胀，高度跛行或悬蹄，疼痛明显，站立困难，严重的后肢麻痹瘫痪，常因极度衰弱死亡。

4. 猪淋巴结脓肿 多由E群链球菌引起，一般发生于架子猪，6～8周龄的仔猪也发生。颌下淋巴结、咽部和颈部淋巴结发生化脓性炎症，形成脓肿。感染的淋巴结发炎肿胀、坚硬、有热痛，从核桃大至馒头大不等，影响采食、咀嚼、吞咽，甚至呼吸障碍。脓肿成熟后，肿胀部中央变软，表面皮肤坏死，自行破溃，流出黄绿色黏稠脓汁。随脓肿的破溃，全身症状明显好转，逐渐痊愈，病程约为3～5周，一般不引起死亡。

【病理变化】 死于急性败血症的猪可见颈下、腹部及四肢末端等处皮肤有紫红色出血斑点，血液凝固不良；皮下、浆膜、黏膜出血，鼻腔、喉头、气管黏膜充血，内有大量泡沫；胸腔内有大量黄色混浊的液体，含有纤维素絮片；心包液增多，心内膜出血，有些病例心瓣膜上有菜花样赘生物；肺肿胀、充血、出血；脾脏显著肿大，可达1～3倍，呈灰红或暗红色；全身淋巴结肿大，充血和出血。慢性病猪，可见发炎的关节囊膜面充血、粗糙，滑液混浊，并含有黄白色凝乳样块状物；有时关节周围皮下有黄色胶样水肿，严重病例周围肌肉组织化脓，坏死。脑膜炎型病例脑膜充血、出血，脑脊液浑浊、增多，个别病例脑膜下水肿，脑切面可见白质与灰质有小点状出血。

【诊断】 本病的症状和病例变化比较复杂，因此确诊本病必须依靠细菌学检查。

1. 涂片镜检 无菌采取病、死猪的肝、脾、血液、淋巴结、脑、关节囊液、胸腔积液或脓汁等，作涂片染色镜检。见革兰氏阳性、呈球形或卵圆形，成对、单个、短链的球菌，可以确诊。

2. 分离培养 将病料接种于血琼脂培养基，37℃培养24h，可出现灰白色、黏稠湿润的露珠状菌落，周围有β型溶血环。

3. 动物接种 用病料肝、脾、脑或血液等1：10悬液或培养物0.5～1ml皮下或腹腔注射家兔，0.1ml皮下注射小白鼠，家兔和小白鼠分别于接种后12～36h和15～56h死亡。并能从实质脏器中分离出链球菌，即可确诊。

【防制】 加强饲养管理，搞好环境卫生，坚持自繁自养和全进全出制度，严格执行检疫隔离制度，淘汰带菌母猪等措施对本病的预防有重要作用。

该病流行的猪场可用菌苗进行免疫接种，目前国内有猪链球菌弱毒菌苗和灭活苗，也可用当地菌株制备多价菌苗进行预防。

发现本病应按农业部《猪链球菌应急防治技术规范》，立即进行诊断，并将疫情上报主管部门，实施隔离封锁，严禁动物的移动，对病猪实施无血扑杀，对病死猪及排泄物、分泌物及可能污染的饲料、污水等按要求作无害化处理，对可能被污染的物品、用具、畜舍进行彻底消毒。对疫点内同群猪用头孢类、青霉素类、喹喏酮类、磺胺类药物进行预防性治疗，对疫区和受威胁区内所有猪用同型菌株生产的疫苗进行紧急免疫，隔15d后加强免疫一次。在最后一头病猪无害化处理14d后仍无新病例出现，经过彻底的终末消毒后，可解除封锁。

淋巴结脓肿的病例可于患部涂擦10%～20%松节油软膏等刺激剂，以促进脓肿成熟。待脓肿成熟以后，可选择波动最明显的部位切开，充分排出脓汁，按一般化脓创进行外科处理和对症治疗。

【公共卫生】2005年6月四川省发生了猪链球菌疫情，并出现人感染猪链球菌病例。此次疫情发病急、死亡快，呈点状散发，污染面积大。人感染死亡病例多于病死猪直接接触有关，主要经伤口感染。病人潜伏期短（2～3d）、畏寒、发热、恶心、呕吐、伴有头痛等全身症状，重者出现中毒性休克、脑膜炎。因此，处理病死猪时一定要注意个人防护，必须戴口罩、穿防护服、戴手套、穿高筒水鞋。工作结束后，及时消毒用具、场地、手脚等。不食用病死猪肉和未经检疫或检疫不合格的动物产品。

二、牛链球菌病

（一）牛链球菌乳房炎

本病主要由B群无乳链球菌引起，也可由乳房链球菌、停乳链球菌以及G、L、N、O、P群链球菌等引起。本病分布广泛，一般认为奶牛的感染率为10%～20%。

【临床症状】主要表现为浆液性乳管炎和乳腺炎，呈急性和慢性经过。

1. 急性型　乳房明显肿胀、变硬、发热、有痛感。伴有全身不适，体温升高，烦躁不安。食欲减退，产奶量减少或停止。乳房肿胀加剧时则行走困难，常侧卧，呻吟，后肢伸直。病初乳汁或保持新鲜，或只出现为蓝色至黄色，或微红色，或出现细微的凝块至絮片。病情加剧时乳汁稀薄似血清，含有纤维蛋白絮片和脓块。呈黄色、红黄色或微棕色。

2. 慢性型　无明显症状。产奶量逐渐减少，乳汁可能带有咸味，有时呈蓝白色水样，细胞含量可能增多，间断地排出凝块和絮片。触摸时可感觉到乳腺组织中程度不同的灶性或弥漫性硬肿。乳池黏膜变硬。出现增生性炎症时，则可表现为细颗粒状至结节状突起。

【病理变化】

1. 急性型　患病乳房浆液浸润，组织松弛。切面发炎部分明显膨起，小叶间呈黄白色，柔软有弹性。乳房淋巴结髓样肿胀，切面多汁，有小点出血。乳池、乳管黏膜脱落、增厚，管腔内有脓块阻塞。

2. 慢性型　以增生性炎症和结缔组织硬化、部分肥大、部分萎缩为特征。乳房淋巴结肿大，乳池黏膜可见颗粒性突起，乳管壁增厚，管腔狭窄。小叶萎缩，呈浅灰色。切面膨隆、坚实、有弹性、多细孔，部分浆液性浸润，还可见到胡椒粒大的囊肿。

【诊断】根据临床症状和病理变化，再结合流行病学特点作出初步诊断，确诊需进行实验室诊断。

【防制】牛的乳房炎在养牛过程中是非常常见的一种病症，除了链球菌可以引起乳房炎，还有金黄色葡萄球菌和大肠杆菌都是引起乳房炎的主要细菌。牛发病后会严重影响产奶量，所以平时要加强对奶牛的管理，不能有麻痹思想，一旦出现不良症状就要进行治疗，对于长期患慢性乳房炎的牛要及时淘汰。挤奶前后要将奶桶、挤奶机清洗消毒，要严格按照挤乳的操作规程来进行，对乳房进行清洗和按摩。清洗乳头前先挤掉头两把乳汁，然后进行淋洗、药浴、擦干、按摩。挤奶过程中要正确使用挤奶器。挤奶后要及时用杀菌剂，如0.5～1%洗必泰、3～5%次氯酸钠，对乳头清洗。在牛的干奶期要在最后一次挤净乳汁，并向每个乳头注入青霉素、链霉素。对于病牛的治疗，可以采取中西医结合，如用乳房消肿散，主要成分是金银花、蒲公英、川苇、当归、连召等，250克，温水服用，每天早晚各1次，3天一个疗程；特效米先50ml，在牛颈部两侧选4个点，分别打12.5ml，3天为一个疗程。

（二）牛肺炎链球菌病

牛肺炎链球菌病是由肺炎链球菌引起的一种急性败血性传染病。主要发生于犊牛，3周龄以内的最易感。主要经呼吸道感染，呈散发或地方流行性。

【临床症状】病初全身虚弱，不愿吮吸，发热，呼吸困难，眼结膜发绀，心脏衰弱，神经紊乱、痉挛。常取急性败血症经过，于几个小时内死亡。如病程延长至1～2d，鼻镜潮红，流脓液性鼻汁，结膜发炎，消化不良并伴有腹泻。有时发生支气管炎、肺炎，伴有咳嗽、呼吸困难。

【病理变化】剖检可见浆膜、黏膜、心包出血，胸腔渗出液明显增多并积有血液。脾脏充血、肿大，脾髓呈黑红色，质韧如橡皮，这是该病非常明显的特征。肝脏、肾脏充血、出血，有脓肿。成年牛表现子宫内膜炎和乳房炎。

【诊断】根据临床症状和病理变化，再结合流行病学特点作出初步诊断，确诊需进行实验室诊断。

【防制】平时要保持牛圈的卫生，做到干燥、通风，经常换垫草。如果管理条件不好，牛饲料的营养差，气候经常变化，在牛的抵抗力差的时候都容易引起发病。因此，要防止牛受冻，增强牛的抗病能力。

对牛的治疗，可以用抗生素进行全身治疗。对于局部治疗，把皮肤、关节处的溃烂组织剥离，去除脓汁，进行清洗和消毒，最后注射抗生素或涂上一些软膏，必要的时候可以进行一些包扎。发现本病后要隔离病牛，进行大消毒，对粪尿和垫草堆积发酵。对全部的牛群进行一次大检查，发现有发热、怀疑发病的牛要单独饲养或观察治疗，对健康的牛免疫接种。对于死亡的牛，要在兽医专业人员的指导下，送到指定地点统一处理。

三、羊败血性链球菌病

本病是由C群马链球菌兽疫亚种引起的一种急性热性传染病。绵羊最易感，山羊次之。主要特征是全身性出血性败血症及浆液性肺炎和纤维素性胸膜肺炎。

病羊和带菌羊是本病的传染源，主要经呼吸道和损伤的皮肤感染。本病的发生与气候变化有关，新疫区多在冬、春季发生流行，危害严重，常发地区为散发。发病率15%～24%，病死率80%以上。

【临床症状】潜伏期2～7d，少数可长达10d。最急性病例症状不明显，常与24h内死亡。急性病例，病羊体温升高到41℃以上，精神委顿，垂头、弓背、呆立，不愿走动。食欲减退，反刍停止。眼结膜充血、流泪。鼻孔流出浆液性脓性鼻汁。咽喉肿胀，咽背和颌下淋巴结肿大，呼吸困难，流线、咳嗽。粪便带有黏液或血液。孕羊阴门红肿，多发生流产，最后衰竭倒地、窒息死亡，病程2～3d。亚急性型，体温升高，食欲减退，流黏液性鼻液，咳嗽、呼吸困难，粪便稀软带有黏液或血液。喜卧、不愿走动，走时步态不稳，病程1～2周。慢性病例一般轻度发热，消瘦、食欲不振、腹围缩小、步态僵硬。有时病羊咳嗽或出现关节炎，病程1个月左右。

【病理变化】主要病理变化是各脏器广泛性出血，淋巴结肿大、出血。鼻、咽喉和气管黏膜出血，肺水肿、出血，出现肝变区。胸腔、腹腔积液，心冠沟、心内膜和心外膜有小点状出血。肝脏肿大、出血，胆囊肿大，胆汁外渗。肾脏质脆变软、出血梗塞。各脏器浆膜面附有纤维素性渗出物。

【诊断】根据临床症状和病理变化，再结合流行病学特点作出初步诊断，确诊需进行实验室诊断。

【防制】加强饲养管理，做好防寒保温工作。该病最易在气温突变之时发生，做好这一步非常重要。

发病后，立即隔离病羊。羊舍用二氯异氰脲酸钠或1%的福尔马林溶液消毒。粪便堆积发酵，尸体深埋。尚未发病的羊只用羊链球菌氢氧化铝灭活疫苗接种，一次皮下注射3ml，3月龄以下羔羊，在第一次注射后2～3周再注射一次，免疫期半年以上。气候变化季节，提前注射羊链球菌高免血清。

本病初期易被误认为感冒，应早诊断早治疗。发现后立即全群注射高免血清。用磺胺嘧啶粉拌料全群投喂，或用氨苄青霉素、青霉素、链霉素等抗生素注射。有条件的最好是做药敏试验，合理选择抗菌药物。

四、马腺疫

马腺疫（Equine strangles）是由C群马链球菌马亚种（俗称马腺疫链球菌）引起马、骡、驴的一种急性传染病，特征是颌下淋巴结呈急性化脓性炎症。

该病主要发生于1岁左右的幼驹，病菌存在于病马的鼻液和脓肿内，有时健康马扁桃体及上呼吸道黏膜也存在马腺疫链球菌，可通过污染的饲料、饮水、用具等经消化道感染，也可通过飞沫经呼吸道感染，还可通过创伤及交配感染。

【临床症状】潜伏期4～8d，根据临床表现可分为3型。

1. 一过型腺疫　主要表现为鼻黏膜卡他性炎症，潮红，流出浆液或黏液性鼻液；体温轻度升高，颌下淋巴结轻度肿胀。如加强饲养管理，增强体质，症状逐渐消失，很快自愈。

2. 典型腺疫　病初体温升高至39～41℃，呼吸、脉搏增数，心跳加快；鼻黏膜潮红，流鼻液，初为浆液性，以后为黏液性，经3～4d后则变为黄白色脓性分泌物；当咳嗽和喷嚏时，常从鼻孔流出大量鼻液；当炎症波及咽喉时，按压有疼痛感。在出现鼻卡他的同时，颌下淋巴结肿胀，鸡蛋大或拳头大，充满整个下颌间隙，甚至波及到颜面部和喉部；初硬固、热痛，以后肿胀逐渐成熟而变软，有波动感，继而破溃，流出大量黄色黏稠乳脂状的脓液；体温随之下降，炎性肿胀亦渐消退，全身症状好转；如不发生转移性脓肿或并发症，患病动物可逐渐痊愈，病程约2～3周。

3. 恶性型腺疫　如病马抵抗力弱，加之治疗不当，病菌可由颌下淋巴结的化脓灶经淋巴或血液转移到其他淋巴结，特别是咽淋巴结、颈前淋巴结以及肠系膜淋巴结等，甚至转移到肺和脑等器官，发生脓肿。咽淋巴结脓肿破溃后由鼻腔排脓，可流入喉囊，继发喉囊炎，引起喉囊蓄脓，低头时，由鼻孔流出大量脓液；颈前淋巴结肿大时，可在喉部两侧摸到，破溃后，常于颈部皮下或肌间蓄脓，甚至继发皮下组织的弥漫性化脓炎症。此型病马的病程长短不定，体温多稽留不降，如不及时治疗，病马逐渐消瘦、贫血，黄染加重，常因极度衰弱或继发脓毒败血症死亡。

【病理变化】一过型腺疫常见的是鼻黏膜和淋巴结的急性化脓型炎症，鼻黏膜、咽黏膜呈卡他性化脓性炎症，黏膜上有多数出血点或斑，并覆盖有黏液性、脓性分泌物。

典型腺疫淋巴结肿大、化脓灶，成大脓肿，其中以颈下和咽淋巴结为最常见。

恶性型腺疫可见到脓毒败血症的病变，在肺、肾、脾、心、乳房、肌肉和脑等处，见有大小不一的化脓灶和出血点，并有化脓性心包炎、胸膜炎和腹膜炎。

【诊断】对于典型腺疫，根据病马的急性化脓性颌下淋巴结炎和鼻黏膜卡他性化脓性炎等症状，结合流行情况，一般可以确诊。必要时可从未破溃脓肿采取脓汁作细菌学诊断，发现呈链状排列的球菌可以确诊。而对于一过型腺疫和恶性型腺疫，需要进行细菌学诊断。

细菌学诊断需采取病马的脓汁、鼻液和实质器官的化脓灶制成涂片，用骆氏美蓝液或稀释复红液染色，可检出链球菌。或将病料接种于血液琼脂平板，可分离到比较典型的菌落。

【防制】平时加强幼驹的饲养管理，提高抗病力。新购马匹隔离观察，证明无病方可混群。发现病马立即隔离治疗，厩舍和用具严格消毒。

如淋巴结轻度肿胀而未化脓时，可于局部应用轻刺激剂，如樟脑酒精、复方醋酸铅等，同时应用磺胺类药物或青霉素，直至体温恢复正常后，再继续用药1~2d；如炎性肿胀很大，而且硬固无波动，则于局部涂擦较强的刺激剂，如10%~20%松节油软膏等，以促进脓肿成熟。如脓肿中心脱毛，渗出少量浆液，触诊柔软而有波动，证明已经化脓成熟，即可选择波动最明显的部位切开，充分排出脓汁，按一般化脓创处理。当炎症波及喉部使喉部、面部等处发生肿胀时，可外敷复方醋酸铅散。发生咽喉炎时，按咽喉炎处理。有窒息危险时应及时施行气管切开术。

五、禽链球菌病

禽链球菌病（Avian Streptococosis）是禽的一种急性败血性或慢性传染病，多发生于雏鸡。病的特征是昏睡，持续性下痢，跛行和瘫痪或有神经症状。

鸡是自然宿主，但鸭、火鸡、鸽和鹅等均易感。病原主要是兽疫链球菌及粪链球菌，亦有鸭发生鸟链球菌的报告。本病多发生在禽舍卫生条件差，阴暗、潮湿，空气混浊的禽群。多呈地方性流行，也常呈散发，严重时呈毁灭性流行。

【临床症状】根据临床表现，可分为急性型和慢性型。

1. 急性型　多不见临床症状或出现某些症状后4~7h突然死亡。

2. 慢性型　又分为两种，一种病雏精神委顿，嗜睡，眼半闭、缩颈，腹部肿大，步态蹒跚，胫骨下关节红肿或趾端发绀，症状出现后1~3d死亡；另一种神经症状明显，阵发性转圈运动，角弓反张，两翼下垂，足麻痹、痉挛，肌间隙和胸腹壁水肿，个别病雏出现结膜炎，多在3~5d死亡。

【病理变化】急性病例主要呈败血症变化。慢性病例主要是纤维素性关节炎、腱鞘炎、输卵管炎和卵黄性腹膜炎、纤维素性心包炎，实质器官（肝、脾、心肌）出现炎症、变性或梗死。

【诊断】本病的临床症状和病理变化只能作为疑似的依据，必须进行细菌学检查才能确诊。

【防制】链球菌在自然环境中、养鸡环境中和鸡体肠道内较为普遍存在。本病主要发生于饲养管理差，有应激因素或鸡群中有慢性传染病存在的养禽场。因此，本病的防制原则，主要是减少应激因素，预防和消除降低禽体抵抗力的疾病和条件。本病用青霉素、氨苄青霉素、新霉素、庆大霉素、卡那霉素、红霉素、氟哌酸、土霉素、金霉素等抗菌药物都可能有好的治疗效果。近年来，各地养禽场都广泛而持久地使用各种抗菌药物，所分离的菌株对抗菌药物的敏感性不同，应进行药敏试验，选择敏感的药物治疗，才能获得良好的疗效。

【思考题】

1. 链球菌病的流行特点有哪些？
2. 猪链球菌病有哪些临床症状和病理变化？
3. 如何进行猪链球菌病的防制？

第二十节 葡萄球菌病

葡萄球菌病（Staphylococcosis）是由葡萄球菌所引起的人和动物多种疾病的总称，常引起皮肤的化脓性炎症、菌血症、败血症和各内脏器官的严重感染。除鸡、兔等可呈流行性外，其他动物多为个体的局部感染。由葡萄球菌肠毒素所致的食物中毒的增加以及耐药菌株的增多，可引起许多重要器官的疾病，常可危及人和动物的生命。近年来，本病已引起医学界和兽医界的普遍重视。

【病原】葡萄球菌（*Staphylococci*）为革兰氏阳性菌，呈球形，常呈葡萄串状排列，在脓汁或液体培养基中常呈双球或短链状排列。本菌为兼性厌氧菌，在普通培养基上生长良好。本属细菌可分为金黄色葡萄球菌、表皮葡萄球菌和腐生性葡萄球菌 3 种，其中主要的致病菌为金黄色葡萄球菌。

葡萄球菌的致病力取决于其产生毒素和酶的能力，致病性菌株能产生血浆凝固酶、肠毒素、透明质酸酶、溶血素、杀白细胞素等多种毒素和酶。

葡萄球菌对外界环境的抵抗力较强。在尘埃、干燥的脓血中能存活几个月，加热 80℃ 30min 才能杀死。对消毒药如酚类、升汞、次氯酸溶液敏感，对龙胆紫、青霉素、红霉素、庆大霉素敏感，但应注意其耐药菌株的产生。

【流行病学】葡萄球菌广泛分布于空气、尘埃、污水以及土壤中，人和动物体表及上呼吸道也常有本菌存在，多种动物和人均有易感性，尤其是禽、兔、仔猪发病较多。

本病可通过各种途径感染，损伤的皮肤黏膜是葡萄球菌主要的入侵门户，甚至可经汗腺、毛囊进入机体组织，引起毛囊炎、疖、蜂窝织炎、脓肿以及坏死性皮炎等；经消化道感染可引起食物中毒和胃肠炎；经呼吸道感染可引起气管炎、肺炎。葡萄球菌也可成为其他传染病的混合感染或继发感染的病原。

葡萄球菌病的发生和流行与各种诱发因素密切相关，如饲养管理不当，条件恶劣，环境污染严重、有并发病存在使机体抵抗力降低等均可促进本病的发生。

一、仔猪渗出性皮炎

仔猪渗出性皮炎是由表皮葡萄球菌所致的一种仔猪高度接触性皮炎病，多见于5~6日龄仔猪。

【症状与病变】病初首先在肛门和眼睛周围、耳廓和腹部等无毛处皮肤上出现红斑，继而发生3~4mm大小的微黄色水疱。水疱迅速破裂，渗出清朗的浆液或黏液，与皮屑、皮脂和污垢混合，干燥后形成微棕色鳞片状结痂，发痒。痂皮脱落，露出鲜红色创面。通常于28~48h蔓延至全身表皮，患病仔猪采食量减少，饮水增多，并迅速消瘦。一般经30~40d可恢复，严重病例于发病后4~6d死亡。本病也可发生在较大的仔猪、育成猪或者母猪乳房，但病变轻微，无全身症状。

患渗出性皮炎死亡的仔猪严重脱水、消瘦，外周淋巴结水肿。大多数仔猪空腹，在肾的髓质切面中可见尿酸盐结晶，在肾盂中常有黏液或结晶物质聚积，并可能出现肾炎。

【诊断】根据临床症状即可对幼仔猪作出诊断，必要时可进行细菌学检查。

【防制】本病主要经皮肤损伤感染，因此修齐初生小猪的牙齿，保证围栏表面光滑，采用干燥、柔软的畜床，如软木屑或切碎的稻草，都能降低发病率。母猪进入产房应先清洗、消毒，然后放进清洁、消毒过或熏蒸的圈舍。对母猪和小猪的局部损伤立即进行治疗，有助于预防本病。据报道，用从发病场分离的菌株和含有表皮脱落毒素的培养上清液制成自家菌苗来免疫产前的母猪，可能会使新引进的母猪所产的小猪受到保护。

全身治疗可降低皮肤病变的程度，使之仅发生浅层的病变，并促进愈合过程。联合使用三甲氧苄氨嘧啶和磺胺或林可霉素和壮观霉素，在体外对猪葡萄球菌有良好的抑制作用。在抗菌治疗时应给予体液替代品或至少保障患畜清洁饮水供给，并用抗生素或皮肤抗感染药，如西曲溴铵，进行局部治疗，以加速康复和防止感染扩散。治疗必须持续5d以上，有临床症状的小猪可能恢复较慢并且发育障碍。

二、兔葡萄球菌病

兔对金黄色葡萄球菌极易感染发病，通过皮肤损伤或经毛囊、汗腺感染时，可引起转移性脓毒血症。初生仔兔经脐带感染时，也可发生脓毒血症。经呼吸道感染时，可引起上呼吸道炎症。哺乳母兔可引起乳房炎，仔兔可因吸吮含有金黄葡萄球菌的乳汁而引起仔兔肠炎。

【症状和病变】根据感染途径和部位的不同以及细菌在体内扩散情况，可分为多种病型。

1. 仔兔脓毒血症 出生后2~3d的仔兔，在胸腹下部，颈部、颌下以及腿内侧娇嫩的皮肤上，多处发生粟粒大的脓疱，常在病后2~5d内因急性败血症而死。10~21日龄的乳兔，可在上述部位发生黄豆大至蚕豆大并隆出皮肤表面的脓疱，最后消瘦死亡。耐过兔则于2周后脓疱吸收，康复。剖检肺和心脏多有小脓疱。

2. 转移性脓毒血症 脓肿可发生在体表和各个脏器和组织，如病兔的头、颈、背及四肢等部位的皮肤均有化脓灶，可自行破溃，破溃后脓汁中的葡萄球菌可再感染其他部位。

体腔脓肿破溃后，可引起胸腔、腹腔积脓。细菌进入血液后，可转移到其他部位或器官，形成新的脓肿，引起全身感染并发生脓毒血症，导致死亡。剖检可见心、肺、肝、肾等器官以及睾丸、附睾、子宫和关节等处有大小不一的脓肿，脓肿被一层结缔组织包被，内含脂样或干酪样脓汁。

3. 足跖面皮炎 多发生在后肢跖趾区跖侧面皮肤上。病初感染局部发红肿胀，继之出现一个乃至多个脓肿。病程稍长，则脓肿连接在一起，形成溃疡面，经常出血，不易愈合。病兔不愿走动，食欲减退，逐渐消瘦。有的病兔发生全身感染，出现败血症死亡。

4. 鼻炎 病兔打喷嚏，用爪抓挠鼻部，鼻孔周围被流出的浆液或脓性分泌物污染，有的形成干痂，被毛脱落。后期易发生肺炎、肺脓肿和胸膜炎。

5. 乳房炎 病兔体温升高，患病乳房局部红肿，有热痛；乳房表面呈紫红色或蓝红色，乳汁带脓血。慢性病兔乳房局部发硬，肿大，于深层形成脓肿，脓汁呈乳白色或淡黄色脂状。若不及时治疗，常导致新旧脓肿反复发生。

6. 仔兔肠炎 多由吸吮患乳房炎母兔的乳汁引起。发病急，病死率高，多波及全窝；病兔肛门松弛，排黄色水样稀粪，有仔兔“黄尿病”之称，肛门周围和两后肢外侧被毛被稀便污染，有腥臭味；全身乏力，嗜睡。病后2～3d，因脱水或心力衰竭死亡。

【诊断】本病的各种类型都有一定的特征病状，除内部器官的脓肿外，一般不难作出诊断。必要时通过细菌学检查进行确诊。

【防制】保持兔笼、运动场的清洁卫生，避免外伤；孕兔产仔前后可根据情况适当减少优质的精料和多汁饲料，以免产仔后几天内乳汁过多过稠；断乳前减少母兔的多汁饲料，这样可以减少或不致发生乳房炎。对患足跖面皮炎的病兔，应将铁丝笼底换成板条笼底，或在笼内放置脚踏板，以免因身体重量的压迫而使患部经久不愈，甚至导致病情恶化。

金色葡萄球菌感染通常可用抗菌药物作局部或全身治疗。有条件时先作体外抑菌试验，以确定敏感的抗菌药物，局部脓肿可按一般外科处理。

三、家禽葡萄球菌病

家禽葡萄球菌病主要是由金黄色葡萄球菌引起的，常见于鸡和火鸡，鸭和鹅也可感染发病。平养与笼养都有发生，但以笼养发病较多，国外曾称为“笼养病”。

【临床症状】主要表现为急性败血症、关节炎和脐炎3种类型。

1. 急性败血型 40～60日龄鸡多发，病鸡精神沉郁、两翅下垂、缩颈，眼半闭呈昏睡状；食欲减退或废绝，少数病例下痢，排出灰白色或黄绿色稀粪；特征的症状是病鸡胸腹部，甚至嗉囊周围、大腿内侧皮下浮肿，外观呈紫色或紫褐色，有波动感，局部羽毛脱落；有的出现破溃，流出污秽血水，并带恶臭味；部分病鸡在翅膀背侧及腹面、翅尖等皮肤发生大小不一的出血灶和炎性坏死，形成黑紫色结痂。病鸡在2～5d死亡，或1～2d急性死亡。

2. 关节炎型 多个关节炎性肿胀，呈紫红或紫黑色，有的破溃，结成污黑色痂；有的出现趾瘤，脚底肿大，有的趾尖坏死呈紫黑色；病鸡表现跛行，不愿站立和走动，病鸡逐渐消瘦，最后衰弱死亡。病程10余天。

3. 脐炎型 脐炎多发生在刚孵出不久的幼雏，新出壳的雏鸡脐环闭合不全，葡萄球菌感染后引起脐炎。可见腹部膨大，脐孔发炎肿大，局部呈黄红紫黑色，质稍硬；有时脐部有暗红色或黄色液体，病程稍长则变为干涸的坏死物。脐炎病鸡可在出壳后2~5d死亡。

火鸡多见胫骨部关节肿胀，有热感、硬化、脱皮，常波及腱鞘。

鸭和鹅一般是因蹼或趾被划破而感染。急性病例常表现为跗、胫和趾关节发生炎性肿胀，有热痛。也常见结膜炎和下痢。有时发生龙骨上浆液性滑膜炎。病程6~7d，死亡。慢性病例主要表现为关节炎，关节肿胀、跛行、不愿走动，常在2~3周后死亡。

【病理变化】急性败血型特征病变是胸部、腹部皮下出血和炎性水肿。剪开皮肤可见整个胸、腹部皮下呈弥漫性紫红色或黑红色，积有大量胶冻样粉红色或黄红色水肿液；同时，胸腹部甚至腿内侧见有散在出血斑点或条纹；肝、脾肿大，淡紫红色，并有白色坏死点；腹腔脂肪、肌胃浆膜等处，有时可见紫红色水肿或出血。心包积液，呈黄红色半透明。心冠脂肪及心外膜偶见出血。

关节炎型病例可见关节炎和滑膜炎。关节肿大，滑膜增厚，充血或出血，关节囊内有或浆液性、浆性纤维素性或干酪样渗出物，甚至关节周围结缔组织增生、畸形。

脐炎型幼雏可见脐部肿大，呈紫红或紫黑色，有暗红色或黄红色液体，时间稍久则为脓样干固坏死物。肝有出血点。卵黄吸收不良，呈黄红或黑灰色，液体状或内混絮状物。

【诊断】根据发病的流行病学特点，各型临床症状及病理变化，可以在现场作出初步诊断。确诊必要进行细菌学检查。

【防制】搞好鸡舍卫生和消毒工作，定期用适当的消毒剂进行带鸡消毒，可减少鸡舍环境中的细菌数量，降低感染机会；加强饲养管理，防止和减少外伤的发生；适时做好鸡痘的预防接种，防止继发感染；常发地区，可用国内研制葡萄球菌多价氢氧化铝灭活苗给20日龄雏鸡注射，以控制本病的发生和蔓延。

鸡群一旦发病，要立即全群给药。可使用庆大霉素、卡那霉素、红霉素、土霉素、链霉素及磺胺类药物进行治疗，有条件的可做药物敏感试验。此外，还可选用中药治疗本病，急性败血型可用清热泻火、凉血解毒的加味三黄汤（黄芩、黄连叶、黄柏、焦大黄、板蓝根、茜草、大蓟、车前子、神曲、甘草各等份）；关节炎型可用活血化淤、清热利湿的金荞麦全草制剂或根制剂。

【思考题】

1. 葡萄球菌病的主要传播途径是什么？
2. 各种动物葡萄球菌病有哪些临床症状？
3. 动物发生葡萄球菌病后如何进行治疗？

第二十一节　附红细胞体病

附红细胞体病（Eperythrozoonosis）（简称附红体病）是由附红细胞体引起的人畜共患传染病。该病隐性感染率高，急性病例以贫血、黄疸和发热为主要特征。

本病最早发现于1928年，直到1950年确定猪的黄疸性贫血是由附红体所引起才被重视。目前本病已广泛分布于世界30多国家和地区。在我国，1981年晋希民首先在家兔中发现附红细胞体，相继在牛、羊、猪等家畜中查到附红细胞体，以后在人群中也证实了附红细胞体感染的存在。

【病原】附红细胞体（*Eperythrozoon*）（简称附红体）是寄生在红细胞表面、血浆和骨髓中的一种微生物。目前国际上广泛采用1984年版的《伯杰氏细菌鉴定手册》进行分类，将附红体列为立克次氏体目、无浆体科、附红细胞体属。截至目前，已发现并命名的附红体有14种，如牛的温氏附红体，绵羊的绵羊附红体，猪的猪附红体和小附红体，鼠的球状附红体，猫的猫附红体，狗的彼来克洛波夫附红体等。我国报道的有家兔的兔附红体和山羊的山羊附红体。其中，猪附红体和绵羊附红体致病力较强，温氏附红体致病力较弱，小附红体基本上无致病性。近年来，对猪附红体的基因测序分析结果表明，猪附红体不应属于立克次氏体，宜将其列入柔膜体纲支原体属，并建议将猪附红体暂命名为猪嗜血支原体。

附红体是一种多形态微生物，多数为环形、球形和卵圆形，少数呈顿号形和杆状。在红细胞表面单个或成团寄生，呈链状或鳞片状，能改变红细胞表面结构，致使红细胞变形，也有在血浆中呈游离状态。猪附红体一般呈环形，直径为0.8～2.5μm，也有球状、杆状等形态；温氏附红体多呈圆盘形，直径多呈0.3～0.5μm；绵羊附红体呈点状、杆状和球状，直径为0.3～0.6μm；山羊附红体多为不规则圆形，较大者呈环形，直径0.2～1.5μm；兔附红体多呈顿号形，直径为1.2～1.5μm。在电镜下附红体无细胞壁，仅有单层膜，无明显细胞器及核的结构。

附红体对苯胺色素易于着染，革兰氏染色阴性，姬姆萨染色呈紫红色，瑞氏染色为淡蓝色。在红细胞上以二分裂方式进行增殖，迄今仍不能在非细胞培养基上培养。

附红体对干燥和化学药物比较敏感，0.5%石炭酸于37℃经3h可将其杀死，一般常用浓度的消毒药在几分钟内即可使其死亡；但对低温冷冻的抵抗力较强，可存活数年之久。

【流行病学】附红体寄生的宿主有鼠类、绵羊、山羊、牛、猪、狗、猫、鸟类、骆马（美洲驼）和人等。在我国也查到了马、驴、骡、猪、牛、羊、奶山羊、兔、鸡、鼠和骆驼等感染附红体。一般认为，附红体有相对宿主特异性，感染牛的附红体不能感染山羊、鹿和去脾的绵羊；绵羊附红体只要感染一个红细胞就能使绵羊患病，而山羊却很不敏感；有人试图用感染骆马的附红体感染猪、绵羊和猫，但没有成功，因而认为感染骆马的附红体可能是一个新种。

本病的传播途径尚不完全清楚。报道较多的有接触性传播、血源性传播、垂直传播及媒介昆虫传播等。动物之间、人与动物之间长期或短期接触可发生传播。被附红体污染的注射器、针头等器具进行人、畜注射或因打耳标、剪毛、人工授精等可经血液传播。垂直传播主要指母猪经胎盘感染仔猪。本病多发生于夏秋或雨水较多季节，此期正是各种吸血昆虫活动频繁的高峰时期，虱、蚊、螯蝇等可能是传播本病的重要媒介。

【临床症状】动物感染附红体后，多数呈隐性经过，只有在应激因素作用下才发病，主要表现为急性贫血，伴随发热和黄疸、厌食等症状。由于动物种类不同，潜伏期也不同，介于2～45d。

猪感染附红体后，发病最为严重，经济损失巨大。任何年龄猪感染后都会受到影响，但断奶仔猪，特别是阉割后几周的仔猪最易感。急性发病时，猪体温高达41～42℃，呈稽留热，精神沉郁，厌食，黏膜黄染，两耳、四肢、腹下等处皮肤成暗红色，尤其是耳廓边缘发绀。有严重的酸中毒和低血糖症。慢性病例表现消瘦、贫血，皮肤、黏膜苍白，进行性呼吸困难，有的便秘与腹泻交替，生长缓慢。母猪感染后表现不发情或发情后屡配不孕、流产、死胎等繁殖机能障碍，乳房及外阴部水肿、无乳。公猪性欲减低，精子活力低下。

血液学检查表明，红细胞数减少，血红蛋白含量降低，血浆白蛋白、β-球蛋白、γ-球蛋白均下降，淋巴细胞及单核细胞上升等。

【病理变化】肉眼所见主要为黄疸和贫血，皮肤黄染且有大小不等紫色出血点和血斑，全身脂肪和脏器显著黄染，泛发性黄疸较为严重。血液稀薄呈水样，凝固不良。黏膜、皮肤苍白，心包内有淡红色积液，心外膜和心冠肪脂出血黄染，有针尖大出血点；肝脏肿大，呈土黄色和黄棕色，质脆，胆囊充满浓绿色似胶样黏稠胆汁；肾肿大，浑浊，土黄色；膀胱黏膜有少量出血点，肺淤血、水肿；脾脏肿大，质软脆，胃肠黏膜水肿充血，淋巴结肿大，切面外翻，有液体渗出。

【诊断】根据临床症状，可作出初步诊断，确诊需进行实验室检查。

1. 直接镜检　采用直接镜检诊断附红体病仍是当前的主要手段，包括鲜血压片和涂片染色，用吖啶黄染色可提高检出率，在血浆中及红细胞上观察到不同形态的附红体为阳性。

2. 动物接种试验　用可疑附红体病的血液接种健康实验动物（小鼠、兔、鸡等）或鸡胚，接种后观察其表现并采血检查附红体。此法费时较长，但有一定辅助诊断意义。

3. 血清学试验　用血清学方法不仅可诊断本病，还可进行流行病学调查和疫病监测，尤其是1986年Lang等建立了将附红体与红细胞分开，用以制备抗原的方法以后，更加推动了血清学方法的发展。常用的血清学方法有补体结合试验、间接血凝试验、荧光抗体试验和酶联免疫吸附试验等。

牛附红体病在流行病学、临床症状、病原体形态等方面与焦虫病，无浆体病等类似，需注意鉴别。

【防制】预防本病要采取综合性措施，尤其要驱除媒介昆虫，做好针头、注射器的消毒，消除应激因素。将四环素族抗生素混于饲料中，可预防本病的发生。

各种药物，如四环素、卡那霉素、强力霉素、长效土霉素、黄色素、血虫净（贝尼尔）、氯苯胍、914等都有效，一般认为四环素、914是首选药物。严重贫血病猪，配合使用富铁力或牲血素、维生素C、维生素B_{12}注射液，深部肌肉注射；对高热不退的，可配合肌肉注射或静脉滴注双黄连注射液；对大群猪尚有食欲的，可拌料或饮水中加喂板蓝根和青蒿粉。

中医辨证认为，附红体病属气血双虚症，治宜补气升阳、养血、滋阴，有资料报道中药方“党参养荣汤”对牛附红体疗效显著。中药组成：党参40g、炒白术50g、当归40g、白芍药30g、熟地25g、茯苓30g、五味子30g、远志30g、陈皮30g、生姜20g、大枣20枚、甘草30g，食欲减少或不食者加厚朴40g、山楂40g、建曲50g；粪便稀者加苍术30g、升麻25g，水煎服每天1剂，连服4~10剂，轻症服4~5剂饮食欲大增，当患牛饮食欲正常时，深部肌肉注射血虫净每千克体重5~7mg，可使附红细胞体逐渐转阴。

【思考题】

1. 动物感染附红细胞体病的典型症状有哪些？
2. 附红细胞体病的传播方式有哪些？

第二十二节　钩端螺旋体病

钩端螺旋体病（Leptospirosis）（简称钩体病）是由致病性钩端螺旋体（简称钩体）引起的一种人畜共患病。动物多为隐性感染，急性病例以发热，黄疸、贫血、血红蛋白尿，出血性素质，流产，皮肤和黏膜坏死为特征。

本病广泛分布于世界大多数国家和地区，尤以热带、亚热带地区多见。我国28个省区都有本病的发生和流行，以长江流域及长江以南各省区发病最多。

【病原】钩端螺旋体（*Leptospira*）形态纤细，长6～20μm，宽0.1～0.2μm，在暗视野和相差显微镜下，呈细长的丝状，圆柱形，螺纹细密而规则，菌体两端弯曲成钩状，通常呈“C”或“S”形弯曲。运动活泼并沿其长轴旋转。革兰氏阴性，但不易着色，常用镀银法和姬姆萨氏染色法染色观察。

钩端螺旋体在一般的水田、池塘、沼泽及淤泥中可以生存数月或更长，这在本病的传播上有重要意义。适宜的酸碱度为pH值7.0～7.6，超出此范围以外，对酸和过碱均甚敏感，故在水呈酸性或过碱的地区，其危害亦大受限制。一般常用消毒剂的常用浓度均可将其杀死。

【流行病学】本病是一种自然疫源性疾病，几乎所以温血动物都可感染，但以幼龄动物发病较多。啮齿动物是最重要的贮存宿主，鼠类感染后，带菌时间长达1～2年，甚至终生。家畜中以猪、牛、犬的带菌和发病率较高，成为重要的传染源。

本病主要通过皮肤、黏膜和经消化道食入而感染，也可通过交配、人工受精和菌血症期间通过吸血昆虫如蜱、虻、蝇等传播。钩端螺旋体侵入动物机体以后，进入血流，最后定位于肾脏，间歇地或连续地从尿中排出，污染周围环境，使家畜和人感染。鼠类、家畜和人的钩端螺旋体常常互相交错传染，构成错综复杂的传染锁链。低湿草地、死水塘、水田、淤泥、沼泽等呈中性和微碱性有水地方，被带菌的鼠类、家畜的尿污染后成为危险的疫源地。人耕作，家畜放牧，肌体浸在水里就有被传染的可能。

本病有明显的季节性，每年以7～10月为流行高峰期，其他月份常个别散发。饲养管理不善、粪尿与污水不及时清理、饥饿、其他疾病都可促进本病发生，甚至引起死亡。

【临床症状】不同血清型的钩端螺旋体对各种动物的致病性有差异，动物机体对各种血清型的钩端螺旋体的抵抗力又有不同，因此家畜感染钩端螺旋体后的临床表现多种多样。多为隐性感染，长期排菌。一般情况下，感染率高，发病率低，多数症状较轻。

1. 猪　猪患钩端螺旋体病较普遍。急性型多发生于大猪和中猪，呈散发性，病猪发热、厌食、黄疸和脑膜炎，几天内或数小时突然惊厥死亡，死亡率很高。

亚急性和慢性型多发生于断奶前后30kg以下的小猪，呈地方流行性或暴发，病程十几天至一个多月，病死率50%～90%。病猪体温升高，精神沉郁，食欲减退，眼结膜黄染、浮肿，皮肤发红或黄染，有的上下颌、头部、颈部甚至全身水肿；尿液变黄、茶尿、血红蛋白尿甚至血尿。病猪逐渐消瘦，无力。妊娠母猪可发生流产，流产率20%～70%，产出死胎、木乃伊胎，也有衰弱的弱仔，常于产后不久死亡。

2. 牛　急性型多见于犊牛，通常呈流行性或散发。高热，精神沉郁，黏膜发黄，尿血、厌食；皮肤干裂、坏死和溃疡；红细胞数骤减到100万～300万/cm^3。在发病后3～7d

内死亡。病死率高。

亚急性型常见于奶牛，体温升高，食欲减少，黏膜发生黄疸；奶量显著下降或停止，乳色变黄如初乳状，常有血凝块，病牛很少死亡。流产是牛钩端螺旋体病的主要症状之一，一些牛群暴发本病的唯一症状就是流产，但也可与急性症状同时出现。

3. 羊 症状基本与牛相似，但发病率较低。

【病理变化】各种动物基本相似，主要为皮肤、皮下、浆膜、黏膜明显黄染、出血，皮肤干裂和坏死，口腔黏膜溃疡；肝肿大呈棕黄色，胆囊肿大、瘀血；肾脏肿大、淤血，慢性病例有散在的灰白色坏死病灶；脾脏肿大、出血；肠系膜、肠、膀胱黏膜等出血，膀胱积有深黄色或红色尿液；胸腔和心包有黄色积液，心内膜出血，肺有出血斑点；有些病例在肾、下颌、头颈、背、胃壁等部位出现水肿。

【诊断】本病易感家畜种类繁多，钩端螺旋体的血清群和血清型又十分复杂，只有进行实验室诊断才能确诊。

1. 病原学诊断 由于钩端螺旋体易于崩解死亡，所以在病原学检查时应采集新鲜的病料样品。急性病例可采集高热期的血液或死后1h内动物的肝、脾、肾、脑等；发病中、后期的脊髓液和尿液等进行检查。病料采集后应立即处理，并进行暗视野直接镜检或用荧光抗体法检查，病理组织中的菌体应用姬姆萨氏染色或镀银染色后检查，有条件时可进行分离培养和动物接种试验。

2. 血清学诊断 常用凝集溶解实验、酶联免疫吸附试验（ELISA）、炭凝集试验、间接血凝试验、间接荧光抗体法等。

【防制】预防本病应采取加强饲养管理、消除带菌动物、防止环境污染、药物预防等综合性防疫措施。

当动物群体发现本病时，及时用钩端螺旋体病多价苗（也可应用人用多价疫苗）进行紧急预防接种，同时实施一般性防疫措施，多数能在2周内控制疫情。

一般认为，链霉素和土霉素等四环素族抗生素对本病有一定疗效。在猪群中发现感染，应全群治疗，饲料加入土霉素连喂7d，可以解除带菌状态和消除一些轻型症状。妊娠母猪产前1个月连续饲喂添加土霉素的饲料可以防止流产。在病因治疗的同时应结合对症疗法，其中葡萄糖维生素C静脉注射及强心利尿剂的应用对提高治愈率有重要作用。

【公共卫生】人感染本病是由于在污染的水田或池塘中劳作，钩端螺旋体通过浸泡肢体的皮肤或黏膜侵入体内，因而有“水田区农民职业病”之称，也可通过污染的食物由消化道感染。病人突然发热、头痛、肌肉疼痛（尤以腓肠肌疼痛为特征），腹股沟淋巴结肿痛，并有蛋白尿及不同程度的黄疸等症状。

【思考题】

1. 钩端螺旋体病的传染源有哪些？有何流行特点？
2. 钩端螺旋体病的防治措施有哪些？

第二十三节 衣原体病

衣原体病（Chlamydiosis）是一种由衣原体引起的传染病，多种动物和禽类都可感染发病，人也有易感性。临床上以流产、肺炎、肠炎、结膜炎、多发性关节炎、脑炎为特征。

本病分布于世界各地，我国也有发生，对养殖业造成了严重的危害，成为兽医和公共卫生的一个重要问题。

【病原】衣原体（*Chlamydia*）是衣原体科衣原体属的一类严格在真核细胞内寄生的原核型微生物。衣原体属目前认为有4种，包括沙眼衣原体、鹦鹉热衣原体、肺炎衣原体和反刍动物衣原体。其中，鹦鹉热衣原体和反刍动物衣原体是动物衣原体病的主要致病菌，人也有易感性；肺炎衣原体迄今仅从人类分离到；沙眼衣原体以前一直认为除鼠外，人是主要宿主，但近年来，发现它还可引起猪的疾病。

衣原体属的微生物细小，呈球状，有细胞壁。直径为0.2～1.0μm。在脊椎动物细胞的胞质内可形成包涵体，直径可达12μm。易被嗜碱性染料着染，革兰氏染色阴性，用姬姆萨、马夏维洛、卡斯坦萘达等法染色着色良好。

衣原体对热敏感，在室温下很快失去活性，但对低温抵抗力较强，如4℃可存活5d，0℃存活数周，－20℃可存活若干年，－70℃保存4年未丧失其毒力。0.1%福尔马林、0.5%石炭酸在24h内，70%酒精数分钟、3%氢氧化钠能将其迅速灭活。对青霉素、四环素族、红霉素等抗生素敏感，对链毒素、杆菌肽等有抵抗力。

【流行病学】衣原体具有广泛的宿生，目前发现至少有17种哺乳动物、190多种鸟类和家禽能够自然感染，家畜中以羊、牛、猪易感性强，禽类中以鹦鹉、鸽子较为易感，鸡有抵抗力。

发病动物和带菌动物是本病的传染源。衣原体可由粪便、尿、乳汁以及流产的胎儿、胎衣和羊水排出体外，污染饲料和水源，经消化道、呼吸道或眼结膜感染。另外患病动物与健康畜交配或采用患病动物的精液人工受精可感染。节肢动物蜱可能既是衣原体的贮存宿主又可起到传播媒介的作用。

本病的发生没有明显的季节性，但犊牛肺肠炎病例冬季较夏季多；羔羊关节炎和结膜炎常见于夏秋。本病的流行形式多种多样，妊娠牛、羊、猪流产常呈地方流行性；羔羊、仔猪发生结膜炎或关节炎时多呈流行性；而牛发生脑脊髓炎则为散发性。

【临床症状】本病的潜伏期因动物种类和临床表现而异，短的只有几天，长的可达数周或数月。根据临床表现可分为几种病型。

1. 流产型　主要发生于羊、牛和猪，又名地方流行性流产。羊群第一次暴发本病时，流产率可达20%～30%，以后则每年为5%左右。羊流产发生于妊娠的最后1个月，流产后子宫分泌物达数天之久，胎衣常滞留，病羊体温升高达1周，有些母羊因继发感染细菌性子宫内膜炎而死亡。初次妊娠的青年牛感染后，易于引起流产，流产常发生于妊娠中、后期，一般不发生胎衣滞留，流产率高达60%。猪无流产先兆，初产母猪的流产率为40%～90%。

2. 肺肠炎型　主要见于6月龄以前的犊牛，仔猪也常发生。潜伏期1～10d，患病动物表现下痢，体温升高至40.5℃，鼻流浆黏性分泌物，咳嗽和支气管肺炎。

3. 关节炎型　多发于羔羊。体温41～42℃，食欲废绝。肌肉僵硬，疼痛，跛行，羔羊弓背而立，或长期侧卧。两眼常有滤泡性结膜炎，发病率一般达30%，甚至80%以上，病程2～4周。犊牛可见发热、厌食，不愿站立和运动，2～3d后关节肿大，2～12d死亡。

4. 脑脊髓炎型　又称伯斯病。主要发生于牛，以2岁以下的牛最易感，自然感染的潜伏期4~27d。体温突然升高，食欲废绝、消瘦、衰竭，体重迅速减轻；流涎和咳嗽明显，行走摇摆，有的病牛有转圈运动或以头抵硬物；四肢关节肿胀、疼痛。后期角弓反张和痉挛。断奶仔猪也曾出现过类似症状，表现精神不振，稽留热，皮肤震颤，后肢轻瘫；有的高度兴奋，尖叫，突然倒地，四肢作游泳状，病死率可达20%~60%。

5. 鹦鹉热 又称鸟疫，禽类多呈隐性感染，而鹦鹉、鸽、鸭、火鸡等呈显性感染。患病鹦鹉精神委顿、不食，眼鼻有黏性分泌物。下痢，脱水、消瘦。幼龄鹦鹉常引起死亡，成年的则症状轻微。病鸽精神不安，眼鼻有分泌物，厌食，下痢，雏鸽大多死亡。

【病理变化】

1. 流产型 以胎盘炎症和胎儿病变为主。

2. 肺肠炎型 呼吸道黏膜为卡他性炎症。肺的尖叶、心叶、整个或部分隔叶有紫红色至灰红色的实质病变灶，界限清楚。肺间质水肿、膨胀不全，支气管增厚，切面多汁呈红色，有黏稠分泌物流出。真胃黏膜充血水肿，有小点状出血和小溃疡，肠黏膜急性卡他性炎症，肠系膜淋巴结肿大、出血。

3. 关节炎型 大的关节如枕骨关节，常有淡黄色液体，滑液膜水肿并有不同程度的点状出血，附有疏松或致密的纤维素性碎屑和斑块。滑液膜形成粗糙。

4. 脑脊髓炎型 尸体消瘦、脱水，中枢神经系统充血、水肿，脑脊髓液增多，大脑、小脑和延脑有弥漫性炎症变化。有些慢性病例还伴有浆液性、纤维素性腹膜炎、胸膜炎或心包炎。在各脏器的浆膜面上有厚层纤维蛋白覆盖物。

5. 鹦鹉热 病变以消瘦和发生浆膜炎为主。出现浆液性或浆液纤维蛋白性腹膜炎、心包炎和气囊炎。肝和脾肿大，肝周炎，肝、脾有灰黄白色珍珠状小坏死灶。气囊增厚、粗糙，内有渗出物及白色絮片。其他脏器表面被覆一层纤维蛋白样渗出物，卵巢充血或出血，内容物呈黄绿色胶冻状或水样。

【诊断】根据流行病学、临床症状和病理变化仅能怀疑为本病，确诊需取患病动物的血液、实质脏器、流产胎儿的器官、胎盘和子宫分泌物、关节炎病例的滑液、脑炎病例的大脑与脊髓、肺炎病例的肺、支气管淋巴结或肠炎病例的肠道黏膜、粪便等，作细菌学和血清学诊断。

血清学诊断常用补体结合反应。一般用加热处理过的衣原体悬液作为抗原，来测定被检检血清。通常采取急性和恢复期双份血清，如抗体滴度增高4倍以上为阳性。

【防制】防制本病应采取综合性的措施。在规模化养殖场，应建立密闭的饲养系统，对外来鹦鹉鸟类要严格实施隔离检疫，杜绝病原体侵入；在本病流行区，母羊可于配种前接种羊衣原体流产疫苗。

【公共卫生】人类多为职业性疾病，主要有2种病型，即鹦鹉热和Reiter综合征。人类鹦鹉热是一种急性传染病，以发热、头痛、肌痛和以阵发性咳嗽为主要表现的间质性肺炎；Reiter综合征主要发生于成年男性，年龄多在20~40岁，病情于数月至数年内由极期而渐趋减弱。

【思考题】

1. 人感染衣原体的典型症状是什么？
2. 如何防治衣原体病？

第四章

猪的传染病

第一节 猪 瘟

猪瘟（Classical swine fever，CSF；Hog cholera，HC），俗称“烂肠瘟”，是由猪瘟病毒引起猪的一种急性、热性、高度接触性传染病。其特征是发病急、高热稽留和细小血管壁变性，从而引起广泛性出血、梗死和坏死。

本病自1833年在美国俄亥俄州首先被发现以来，在各养猪国都曾有过不同程度的流行，由于其对养猪业造成的经济损失巨大，所以世界动物卫生组织（OIE）将其列为A类传染病，中国将其列为一类动物疫病。目前本病在中国仍时有发生，且其流行特点、临床症状和病理变化等均有所变化，已经引起人们的高度重视，是威胁养猪业的一种最重要传染病。

【病原】猪瘟病毒（Classical swine fever virus，CSFV；美国称为 Hog cholera virus，HCV）是黄病毒科瘟病毒属的一个成员。病毒子呈球形，有囊膜，直径为38～50nm，核衣壳为二十面体对称，核酸类型为单链正股RNA，具有感染性。

目前认为HCV只有一个血清型，但病毒株的毒力有强、中、低之分。强毒株可引发最急性或急性猪瘟，病死率高；中毒株一般引起亚急性或慢性感染；低毒株可感染胎儿引起轻微临床症状或迟发性猪瘟。

HCV和同属的牛病毒性腹泻-黏膜病病毒（BVDV）的基因组序列有高度同源性，抗原关系密切，既有血清学交叉反应，又有交叉保护作用，猪能自然感染这种病毒。用BVDV的抗血清与HCV作中和试验，可将HCV分为H群和B群，H群为强毒株，不能被BVDV抗血清中和；B群为弱毒株，能被BVDV抗血清中和。

将HCV给家兔、豚鼠、绵羊、牛等动物接种，不引起动物发病，但可在其体内增殖。家兔静脉接种猪瘟病毒，交替通过猪体和兔体数代后，然后在兔体连续传代，逐渐失去对猪的致病能力，但可使兔体温升高，这种毒叫兔化毒，是我国培育的优良疫苗种毒。

HCV分布于病猪全身体液和各组织内，以淋巴结、脾和血液含毒量最高。病猪尿液、粪便等分泌物和排泄物都含有大量病毒，发热期含毒量最高。

病毒对外界环境抵抗力不强，血液中的病毒56℃60min可被灭活，60℃30min可使其完全丧失致病力。在干燥的条件下病毒容易死亡，环境中的病毒在干燥和阳光直射的条件下，经1～4周可失去感染性。病毒在冷藏猪肉中可存活几个月，在冷冻猪肉中可存活数年，在盐腌猪肉中能活6个月之久，这些具有重要的流行病学意义。升汞、石炭酸等杀灭病毒的效力不大，而2%氢氧化钠，5%石灰乳及5%漂白粉等药液均能杀死本病毒。

【流行病学】本病在自然条件下只感染猪，不同年龄、性别和品种的猪均易感。病猪和带毒猪是主要的传染源。病猪的排泄物、分泌物以及急宰时的血、肉、内脏、废水、废料都含有大量病毒，随意丢弃病死猪的尸体，用未经加热处理的屠宰间的下脚料或厨房的废弃物和泔水喂猪可使易感猪感染 HCV。感染后 1 ~2d，在未出现临床症状前即可向外排毒，病愈后 5 ~6 周仍可带毒和排毒。带毒的母猪产出的仔猪可持续排毒，也可成为传染源。

本病主要通过直接接触和间接接触方式传播，一般经消化道感染，也可经呼吸道、眼结膜感染，或通过损伤的皮肤、阉割时的创口感染。猪场内的蚯蚓和猪体内的肺丝虫是自然界 HCV 的保毒者，应引起重视。非易感动物、人和节肢动物可能是病毒的机械传播媒介。

低毒力的猪瘟病毒感染妊娠母猪，病毒可以经胎盘垂直感染胎儿，产出弱仔、死胎、木乃伊胎，或产出外观正常的先天性持续性感染的仔猪，这种仔猪可不断地排出病毒达数月之久，因而在猪瘟流行病学中起着极其重要的作用，尤其是在普遍用弱毒疫苗免疫的国家和地区。猪群中引进新的外观正常的感染猪是猪瘟在一个猪场和地区发生和流行的主要原因。

本病一年四季均可发生，一般以深秋、冬季和早春较为严重。易感猪初次受到猪瘟病毒侵袭时，常引起急性暴发，先是几头猪发病，突然死亡，继而病猪数量不断增加，多数呈急性经过并死亡，3 周以后逐渐趋于低潮。若无继发感染，则少数慢性病猪经 1 个月左右死亡或恢复，流行终止。

近年来，猪瘟的流行特点发生了新的变化。①从频发的大流行转变为周期性、波浪式的地区散发性流行，流行速度缓慢，发病率和死亡率降低，潜伏期及病程延长。②临床症状和病理变化由典型转为非典型，并出现了亚临床感染、母猪繁殖障碍、妊娠母猪带毒综合征、胎盘感染、出生仔猪先天性震颤、仔猪持续性感染及先天免疫耐受等。③在加大免疫密度、超量、超前免疫及增加免疫次数的情况下，仍不能有效控制猪瘟的流行。④在一些已宣布消灭了猪瘟的国家和地区，如瑞士、比利时、瑞典、德国等又先后出现了猪瘟的复发。这些现象已引起学术界的广泛关注及兽医行政管理、防疫部门的高度重视。

【临床症状】潜伏期一般为 5 ~7d，短的 2d，长的可达 21d。根据病程长短和临床症状可分为最急性型、急性型、亚急性型、慢性型、繁殖障碍型和非典型猪瘟。

1. 最急性型 多见于流行初期，主要表现为突然发病，高热稽留，体温高达 41℃以上，全身痉挛，四肢抽搐，皮肤和可视黏膜发绀，有出血斑点，很快死亡，病程不超过 5d。

2. 急性型 最为常见。体温升高到 41℃左右，有的可达 42℃以上，持续不退，体温上升的同时白细胞减少，约为 9 000个/mm^3，甚至低至 3 000个/mm^3。表现为行动缓慢，低头垂尾，拱背，寒颤，不食，常卧一处或钻入垫草内闭目嗜睡。病猪早期结膜潮红、发炎，眼角有多量脓性分泌物，严重时使眼睑粘连。病猪初便秘，排出干粪球，上附有血丝或伪膜，随后腹泻，排出灰白色、恶臭的稀粪。在下腹部、耳部、四肢、嘴唇、外阴等处可见出血点或出血斑。公猪包皮内积有尿液，用手挤压可流出浑浊灰白色恶臭液体。哺乳仔猪主要表现为神经症状，如磨牙、痉挛、角弓反张或倒地抽搐，最终死亡。病程 1 ~2 周。

3. 亚急性型 症状与急性型相似，但较缓和，病程一般为 3 ~4 周，不死者转为慢性型。

4. 慢性型 主要表现消瘦，贫血，衰弱，步态不稳，被毛粗乱，体温时高时低，食欲时好时坏，便秘和腹泻交替出现，有的病猪在耳尖及四肢皮肤上有紫斑或坏死痂，死前体温降至正常以下，病程1个月以上，不死者长期发育不良而成为僵猪。

5. 繁殖障碍型 主要发生于生产母猪，其本身呈隐性感染，并无明显的临床症状，但长期带毒、排毒，并能通过胎盘垂直感染胎儿，导致胚胎死亡和仔猪的成活率下降。根据感染仔猪日龄的不同可分为两种类型：

（1）猪瘟胎盘感染 指感染隐性猪瘟的带毒母猪，病毒通过胎盘感染不同时期的胚胎，导致流产、木乃伊胎、畸形、死胎、产出有震颤症状的弱仔或外表健康的感染仔猪。子宫内感染的仔猪皮肤出血、皮下水肿等常见。患病仔猪常在2~3d内死亡，致死率很高。一般不发生水平传播，发病率的高低与带毒母猪的多少有关。

（2）迟发性猪瘟 是先天性HCV感染的结果。胚胎感染低毒HCV，如产下正常仔猪，则终生有高水平的病毒血症，而不能产生对HCV的中和抗体，这是典型的免疫耐受现象。这种仔猪在出生后几个月可表现正常，随后发生轻度食欲不振、精神沉郁、结膜炎、皮炎、下痢和运动失调。病猪体温正常，大多能存活6个月以上，但仍以死亡而告终。

6. 非典型猪瘟 又叫温和型猪瘟，是近年来我国出现的一种新的类型。多发生于11周龄以下（特别是2~4周龄发病多），而且多呈散发或在局部地区的少数养猪场发生，流行速度缓慢，症状较轻且不典型。患猪体温在40~41℃左右，大多数腹下有轻度瘀血或四肢下部发绀，有的四肢末端坏死，俗称紫蹄病；有的耳尖、尾尖呈紫黑色，出现干耳、干尾现象，甚至耳壳脱落。后期站立不稳，后肢瘫痪，部分病猪跗关节肿大。病程半个月以上，有的经2~3个月才能逐渐康复。从这类病猪可分离到毒力弱的HCV，但经易感猪传代后毒力增强。

【病理变化】猪瘟的病理变化随病毒毒力的强弱和机体抵抗力的不同而异。

1. 最急性型 无明显的病理变化，一般仅见浆膜、黏膜和内脏有少量出血斑点，淋巴结轻度肿大和出血。

2. 急性型 以多发性出血为特征的败血症变化。全身皮肤有密集出血点或弥漫性出血，血液凝固不良。淋巴结和肾脏是病理变化出现频率最高的部位。急性病猪全身淋巴结，特别是颈部、肠系膜和腹股沟淋巴结水肿、出血，外观呈紫黑色，切面周边出血呈大理石样。肾脏颜色变浅，呈土黄色，有针尖至小米粒大的出血点或出血斑，出血部位以皮质表面最常见，呈现所谓的“雀斑肾”外观。脾脏边缘有隆起的出血性梗死灶，呈紫黑色，这是猪瘟最有诊断意义的病变。此外全身浆膜、黏膜和心、肺、膀胱均有大小不等、多少不一的出血点或出血斑。口腔黏膜、齿龈有出血点或坏死灶，喉头、咽部黏膜及会厌软骨上有不同程度的出血。胃肠黏膜充血、小出血点，呈卡他性炎症。胆囊、扁桃体发生梗死。大肠的回盲瓣周围淋巴滤泡有出血和坏死。

3. 亚急性型 与急性猪瘟病变相似，但全身性出血的病变较轻，坏死性肠炎和肺炎变化明显。

4. 慢性型 主要表现为坏死性肠炎，出血变化不明显。回肠末端、盲肠和结肠常有特征性的伪膜性坏死和溃疡，呈纽扣状。由于钙磷代谢紊乱，断奶病猪可见肋骨末端和软骨组织变界处，因骨化障碍而形成的黄色骨化线。

5. 繁殖障碍型猪瘟 先天性猪瘟病毒感染可引起胎儿木乃伊化、死产和畸形。死产的胎儿最显著的病理变化是全身性皮下水肿、腹水和胸水。胎儿畸形包括头和四肢变形，小脑和肺发育不良。出生后不久死亡的子宫内感染仔猪的皮肤和内脏器官常有出血点。

6. 非典型猪瘟 无典型的病理变化。可见淋巴结水肿，轻度出血或不出血；肾色泽变浅及少量针尖大小出血点；脾稍肿，有1~2处梗死灶；回盲瓣很少有纽扣状溃疡。

【诊断】 典型猪瘟可根据流行特点、临床症状和病理剖检病变作出相当准确的诊断。对于繁殖障碍型或非典型猪瘟，因临床症状和病理变化存在很大差异，必须结合实验室检测方法才能确诊。我国常用的实验室诊断方法有以下几种。

1. 病毒分离与鉴定 取病猪的扁桃体、脾脏、肾脏、淋巴结组织，加双抗后研磨成乳剂，过滤、离心后取上清液，接种PK-1等细胞进行病毒分离培养，接种48~72h后取出接毒后的细胞制片，用猪瘟免疫荧光抗体法或免疫酶染色法检查。

2. 免疫荧光试验 用冰冻切片或组织切片进行直接或间接荧光抗体染色，细胞浆内呈现明亮的荧光，可判为HCV感染阳性，此法能直接检出感染细胞中的病毒抗原。由于猪瘟兔化毒在猪体内只存在14d，因此注射猪瘟兔化弱毒苗的猪仅在接种后14d内的扁桃体上皮细胞胞浆内可见微弱的荧光，其染色的亮度与强毒有明显的区别。此法方便、快速、检出率高，许多国家将它作为执行猪瘟消灭计划的法定诊断试验。

3. 血清中和试验 可以检测出猪体内的抗体，但因推广应用弱毒苗，猪群中猪瘟抗体普遍较高。所以应进行双份血清检查（前后相差14d以上），才能确定抗体滴度增高与现状的关系。目前常用的血清中和试验方法是免疫荧光中和试验，即用定量病毒加不同稀释度的被检血清进行试验。

4. 猪瘟单克隆抗体纯化酶联免疫吸附试验 本试验使用猪瘟弱毒单抗纯化酶联抗原和猪瘟强毒单抗纯化酶联抗原，可以检测猪瘟弱毒疫苗免疫后产生的抗体和自然感染猪瘟强毒后产生的抗体，从而区分猪瘟免疫猪和自然感染猪。

5. 正向间接血凝试验 本法操作简单，要求条件不高，便于基层推广应用。主要用于监测猪瘟免疫抗体水平，一般认为，间接血凝的抗体水平在1∶16以上者能抵抗强毒攻击。

6. 兔体免疫交叉试验 对猪瘟诊断确实可靠，但所需时间长。

7. 猪瘟DoT-ELISA试验 本试验目前有商品诊断试剂盒，主要用于检测猪瘟血清抗体，操作简单、反应快速准确、敏感性高。

此外，还可应用核酸探针杂交试验、反转录－聚合酶链式反应等分子生物学诊断方法。

急性猪瘟易与败血型副伤寒、猪丹毒、猪链球菌病、猪肺疫等相混淆，应进行鉴别诊断。这些病在症状和病理变化方面虽与猪瘟有相似之处，但其各有各的特征，而且在病原、流行病学以及药物治疗效果上与猪瘟完全不同（详见第九节表4－1）。

【防制】 预防猪瘟必须采取综合性预防措施，把好引种关，有条件的坚持自繁自养，实施全进全出的饲养管理制度；建立免疫监测制度，及时淘汰隐性感染猪和带毒种猪；认真执行免疫接种程序，定期检测免疫效果；做好猪场、猪舍的隔离、卫生、消毒和杀虫工作，减少猪瘟病毒的侵入。

免疫接种是防制猪瘟的主要手段。目前国内市场主要有2种猪瘟兔化弱毒苗，即细胞苗和兔体淋脾组织苗。曾经出现免疫失败的猪场，尤其是有繁殖障碍型、温和型猪瘟存在的情况下，可选用猪瘟脾淋组织苗进行免疫，效果较好。仔猪一般在20日龄和60日龄各接种1次疫苗，猪瘟流行严重的猪场可采取超前免疫，即在仔猪出生后未吃初乳前，接种1～2头份猪瘟疫苗，注苗2h后再吃初乳，于70日龄第2次免疫。超前免疫个别仔猪可能会出现过敏反应，可立即注射地塞米松磷酸钠或苯海拉明、肾上腺素等进行急救。种猪每半年加强1次，种母猪在每次配种前30d免疫1次。为了确保免疫效果，可适当加大免疫剂量，以下剂量仅供参考：种猪4～5头/份，仔猪2～3头/份，断奶前仔猪可接种4头份，以防母源抗体干扰。

某地区或猪场一旦暴发并确诊为猪瘟，应立即上报疫情，划定疫点或疫区，并封锁疫点、疫区。隔离和扑杀病猪，对扑杀和死亡的尸体做无害化处理。认真消毒被污染的场地、圈舍、用具等，粪便堆积发酵、无害化处理。已发生猪瘟的猪场或地区，对假定未感染猪群进行紧急免疫接种，可使大部分猪获得保护，控制疫情，对疫区周围的猪逐头免疫，建立免疫带防治疫情蔓延。加强对猪群进行流行病学调查，对疫区以及周边地区进行免疫监测，以掌握猪群免疫水平和免疫效果。当最后1头病猪死亡或扑杀后，经过1个潜伏期的观察，并经彻底消毒，可报原发布封锁令的政府解除封锁。

世界上不少国家已消灭了猪瘟，也有一些国家正在实施消灭猪瘟的计划。在猪瘟长期流行并依赖于疫苗接种进行控制的国家，由于HCV毒力减弱毒株的不断出现，慢性猪瘟、非典型猪瘟和免疫耐受的持续感染猪的存在，使消灭猪瘟的任务十分艰巨，但随着猪瘟综合防治技术的发展，猪瘟也将进一步得到控制。

【思考题】

1. 猪瘟病毒的持续性感染有何危害？
2. 目前，我国猪瘟的流行有何特点？应采取哪些防制对策？
3. 典型猪瘟的主要症状与病理变化有哪些？

第二节　猪伪狂犬病

猪伪狂犬病（Porcine pseudorabies，PPR）是由伪狂犬病病毒引起的一种急性传染病。该病可导致妊娠母猪流产、死胎和木乃伊胎；初生仔猪具有明显的神经症状，并呈现急性致死性经过；成年猪多为隐性感染。本病也可发生于其他动物，主要表现为发热、奇痒及脑脊髓炎的致死性感染。

伪狂犬病（PR）在1813年首次发生于美国的牛群中，1902年匈牙利学者Aujeszky证明由病毒引起，故名Aujeszky's disease。目前该病在多个国家和地区均有发生。我国自1948年首次报道猫伪狂犬病以来，已陆续有猪、牛、羊、貂、狐等病例报道。近年来随着规模化和集约化饲养的发展，从国外引入种猪的增多，以及国内生猪调运频繁，PPR的感染和发生有扩大和蔓延趋势，成为危害养猪业最严重的猪传染病之一。

【病原】伪狂犬病病毒（PRV）属于疱疹病毒科甲型疱疹病毒亚科猪疱疹病毒Ⅰ型。病毒子呈圆形，核衣壳呈二十面体对称，有囊膜和纤突。基因组为双股线状DNA。PRV的毒力由几种基因协同控制，主要有*gE*、*gD*、*gI*和*TK*基因，其中*TK*基因为主要的毒力基因，该基因一旦失活，则PRV对猪的毒力及神经细胞的侵染力丧失或明显降低。因此，PR基因缺失苗株都是缺失*TK*或*gE*、*gD*、*gI*基因。

PRV 只有一个血清型，但不同毒株毒力有一定的差异。病毒能凝集小鼠红细胞，且其血凝特性能被伪狂犬病病毒的高免血清特异性抑制。

本病毒对外界环境抵抗力较强。在污染的猪舍能存活 1 个月以上，在肉中可存活 5 周以上。在低温潮湿的环境下，pH 值 6 ~ 8 时病毒最稳定，而在 4 ~ 37℃、pH 值 4.3 ~ 9.7 的环境中，1 ~ 7d 便可失活。在干燥的条件下，特别是在阳光直射时，病毒很快失活。对脂溶剂如乙醚、丙酮、氯仿、酒精等高度敏感，一般的消毒剂都可杀灭病毒。

【流行病学】猪最易感，其他动物如牛、羊、犬、猫、兔、鼠等也可自然感染。除猪以外，其他易感动物感染 PRV 都是致死性的。人类对本病有抵抗力。病猪、带毒猪和带毒鼠类为本病重要的传染源。猪是伪狂犬病病毒的原始宿主和贮存宿主，康复猪可通过鼻腔分泌物及唾液持续排毒。本病可经消化道、呼吸道、交配、精液、伤口及胎盘感染，被污染的工作人员和器具在传播中起着重要的作用。健康猪与病猪、带毒猪直接接触可感染本病。鼠类可在猪群之间传递病毒。

母猪感染 PRV 后 6 ~ 7d 中乳中有病毒，持续 3 ~ 5d，乳猪可通过吃奶而感染本病毒。妊娠母猪感染本病时，常可造成垂直传播，使病毒侵害胎儿。感染母猪和所产仔猪可长期带毒，成为本病流行、很难根除的重要原因。牛常因接触病猪而发病并死亡，病死率 100%。

本病一年四季都可发生，但以冬春寒冷季节和产仔旺季多发，这是因为低温有利于病毒的存活。

【临床症状】本病潜伏期一般为 3 ~ 6d，短者 36h，长者达 10d。猪感染后的临床症状常随年龄和感染毒株的毒力不同而有很大差别。

2 周龄内的哺乳仔猪，体温升高至 41 ~ 41.5℃、流涎、呕吐、下痢、食欲不振、精神沉郁。有的眼球上翻，视力下降。呼吸困难，呈腹式呼吸。肌肉震颤、步态不稳、四肢运动不协调，间歇性痉挛，后躯麻痹，有前进、后退或转圈等强迫运动，常伴有癫痫样发作及昏睡等现象。神经症状出现后 1 ~ 2d 内死亡，病死率可达 100%。

3 ~ 8 周龄仔猪常见便秘，一般症状和神经症状较幼猪轻，病死率也低，一般为 40% ~ 60%，病程约 4 ~ 8d。部分耐过猪有后遗症，如瞎眼、偏瘫、发育障碍等。

2 月龄以上猪，以呼吸道症状为主，临床表现轻微或隐性感染，一过性发热，咳嗽，便秘，有的病猪呕吐，多在 3 ~ 4d 恢复。无并发症时，病死率为 1% ~ 2%。

成年猪常呈隐性感染，较常见的症状为微热、精神沉郁、便秘、食欲不振，数日即恢复正常，很少见到神经症状。

怀孕母猪常表现咳嗽、发热、流产、死胎、木乃伊胎、延迟分娩及弱仔等现象。弱仔猪常在产后不久出现呕吐、腹泻和典型的神经症状而死亡。伪狂犬病还可引起猪不育症，主要表现为母猪屡配不孕，返情率升高，可达 90%；公猪睾丸肿胀、萎缩，丧失种用能力。

【病理变化】一般无特征性病理变化。但常见浆液性到纤维素性坏死性鼻炎，扁桃体坏死，口腔和上呼吸道淋巴结肿胀或出血。肝、脾表面有散在黄白色坏死点。肺水肿，有出血点或肺炎灶。脑膜瘀血、出血，肾脏布满针尖样出血点。流产胎儿的脑和臀部皮肤有出血点，肾和心肌出血，肝和脾有灰白色坏死灶。

【诊断】本病可根据流行病学、临床症状以及病理变化作出初步诊断，确诊则需要实验室诊断。

1. 动物接种试验 采取流产胎儿及脑炎病例的鼻咽分泌物脑、扁桃体、肺组织等病料接种于健康家兔后腿外侧皮下，2ml/只，家兔于24h后表现有精神沉郁，食欲不振，发热，呼吸加快，局部奇痒症状，用力撕咬接种点，引起局部脱毛、皮肤破损出血。严重者可出现角弓反张，4~6h后病兔衰竭而亡。

2. 荧光抗体检测 该法是一种检测组织中PRV的快速、可靠的方法。取自然病例的脑或扁桃体做压片或切片，经行直接免疫荧光抗体检查。其优点是在1h内可出结果。此法特别适用于具有PR典型症状的新生仔猪。

3. 血清学诊断 应用广泛的血清学诊断方法有微量病毒中和试验、乳胶凝集试验、酶联免疫吸附试验、免疫荧光法、间接血凝抑制试验、琼脂扩散试验、补体结合试验等。

此外，本病还可用核酸杂交、限制性核酸内切酶分析和PCR等分子生物学诊断。PCR法检测本病毒不但快速、可靠，而且安全、敏感性高。

本病应与猪细小病毒病、乙型脑炎与呼吸繁殖综合征等相区别（表3-4）。

【防制】加强检疫和管理，尤其是引进种猪时要严格检疫，防止将野毒带入健康动物群。消灭鼠类，控制犬、猫、鸟等进入猪场，禁止牛、猪混养，搞好消毒和血清学检测对该病的防控起着积极的作用。

免疫接种是预防本病的主要措施。目前应用于预防猪伪狂犬病的疫苗有猪伪狂犬病灭活疫苗、弱毒疫苗和基因缺失活疫苗，由于猪感染PRV后具有长期带毒和散毒的危险，而且可以终身潜伏感染，随时都有可能引起暴发流行，因此欧洲一些国家规定只能使用灭活苗，禁止使用弱毒疫苗。我国在猪伪狂犬病的控制过程中没有规定使用疫苗的种类，但从长远考虑最好不使用弱毒疫苗。基因缺失活疫苗安全可靠，而且可以区分免疫猪和感染猪。在无本病的猪场，一般禁用疫苗。

使用疫苗免疫时，种猪初次免疫后间隔4~6周加强免疫1次，以后每次配种前免疫1次，产前1个月左右加强免疫1次。留作种用的断奶仔猪在断奶时免疫1次，间隔4~6周后加强免疫1次，以后可按种猪免疫程序进行。育肥仔猪在断奶时接种1次可维持到出栏。

本病尚无有效药物治疗，发现病猪立即隔离，对病猪用高免血清或猪干扰素治疗可降低死亡率。利用白细胞介素和基因缺失活疫苗配合对发病猪群进行紧急免疫接种，可在短时间内控制疫情。

美国和欧洲一些国家已经实施猪伪狂犬病根除计划并取得了显著成效。其大体做法是用基因缺失活疫苗免疫猪，结合抗体监测，通过扑杀感染猪群并重新引进无PRV感染的猪，或通过剔除猪群中所有野毒感染阳性猪，经一定时间间隔的重复实施，直到猪群中无PRV野毒存在为止。

【思考题】

1. 猪伪狂犬病的临诊症状有哪些？
2. 临床上如何区分猪伪狂犬病、细小病毒病、乙型脑炎与呼吸繁殖综合征？
3. 如何制订根除猪伪狂犬病的计划？

第三节　猪繁殖与呼吸综合征

猪繁殖与呼吸综合征（Porcine reproductive and respiratory syndrome，PRRS）是由猪繁殖与呼吸综合征病毒（PRRSV）引起的以母猪繁殖障碍和仔猪、育成猪呼吸道症状及高死亡率为主要特征一种重要传染病。

该病最早于1987年在美国中西部发现，之后在世界范围内迅速传播，给养猪业造成了极大的经济损失。本病曾称为“猪神秘病”、“猪不孕与呼吸综合征”、“猪流行性流产和呼吸综合征”、“猪生殖与呼吸综合征”，因部分病猪耳朵发紫，又称“猪蓝耳病”等。我国于1996年郭宝清等首次在暴发流产的胎儿中分离到PRRSV，PRRSV已成为我国重要猪传染病病原之一。

【病原】PRRSV属动脉炎病毒科动脉炎病毒属。病毒粒子呈卵圆形，直径50～60nm，核衣壳呈二十面体对称，有囊膜，基因组为不分节段的单股正链RNA。本病毒不能凝集猪、羊、牛、鼠、马、兔、鸡和人O型红细胞。

血清学试验及结构基因序列分析表明，PRRSV可分为两种基因型，即欧洲型（简称A亚群）和美洲型（简称B亚群）。前者主要流行于欧洲地区，后者主要流行于美洲和亚太地区。两种基因型的病毒均具有典型的免疫抑制特性。

病毒对热敏感，37℃ 48h、56℃ 45min完全失去感染力。对低温有很强的抵抗力，－70℃或－20℃下可以保存病毒数月至数年。对乙醚、氯仿等敏感。

【流行病学】猪和野猪是PRRSV的唯一自然宿主。各种年龄和品种的猪对PRRSV均易感，但主要侵害繁殖母猪（特别是怀孕90日龄后）和仔猪，育肥猪发病温和。

病猪和带毒猪是主要的传染源。感染母猪可以通过鼻眼分泌物、粪便、尿等排毒。康复猪可长期带毒和不断排毒。通过人工方法已经证明禽类可以感染本病，且呈亚临床症状，并能向外界散毒24d，从一些飞禽的粪便中还分离到了PRRSV，因此可以推断飞禽是PRRS潜在的传染源。

该病毒主要通过呼吸道在猪群与猪群间或猪群内水平传播，感染本病的母猪还可通过胎盘将病毒垂直传递给仔猪，公猪感染后可通过含毒的精液感染母猪，引起母猪发病。污染的器械、用具和人员、携带病毒的昆虫和鸟类等这些因素在传播中的作用也不能完全被忽视。

本病的发生在新疫区常呈地方性流行，老疫区则多为散发。在猪群内，该病毒存在着持续性感染的现象。病毒在猪群间传播速度极快，在2～3个月内一个猪群的95%以上均变为血清学抗体阳性，并在其体内保持16个月以上。

近几年PRRS有一些新的流行特点，感染后的临床表现出现多样化，混合感染也日趋严重，PRRSV的毒力有增强的趋势。2006年夏秋季节，我国南方部分地区发生猪“高热病”疫情。通过对猪“高热病”病因进行调查分析，并对分离到的病毒采用全基因序列分析、回归本动物感染试验等技术手段，最终确定PRRSV变异毒株是猪“高热病”主要病原，并定名为高致病性猪蓝耳病。

【临床症状】本病的潜伏期差异较大，最短为3d，最长为28d，一般自然感染为14d。

1. 繁殖母猪　感染母猪主要表现为精神倦怠、厌食、发热。妊娠后期发生流产、早产、死胎、木乃伊胎和弱仔。这种现象往往持续数周，而后出现重新发情的现象，但常造成母猪不孕或产奶量下降。少数母猪耳部发紫，皮下出现一过性血斑。有的母猪出现肢体麻痹性神经症状。

2. 仔猪　以2～28日龄仔猪感染后症状最明显，死亡率可达80%以上。早产仔猪出生后当天或几天内死亡，大多数出生仔猪表现打喷嚏、呼吸困难、肌肉震颤、运动失调、后肢麻痹、嗜睡等症状，有的仔猪耳部发紫，躯体末端皮肤发绀。耐过仔猪生长缓慢，易继发感染其他疾病。

3. 育肥猪　表现出轻度的临诊症状，双眼肿胀，发生结膜炎和腹泻，并出现肺炎，发育迟缓。

4. 公猪　发病率较低，主要表现精神沉郁、食欲不振、咳嗽、打喷嚏、呼吸急促、运动障碍和性欲减弱、精液质量下降、射精量少。

【病理变化】主要病理变化为弥漫性间质性肺炎，并伴有细胞侵润和卡他性肺炎区，这对本病诊断具有一定的意义。感染病毒后48h、60h、72h剖检可见腹膜、肾周围脂肪、肠系膜淋巴结、皮下脂肪和肌肉等部位发生水肿、肺水肿。

【诊断】根据妊娠母猪后期发生流产、新生仔猪死亡率高以及其他临床症状和间质性肺炎等可作出初步诊断，但确诊有赖于实验室诊断。

1. 病料采集　采集流产胎儿、死亡胎儿或新生仔猪的肺、心、脑、肾、扁桃体、脾、支气管淋巴结、胸腺等匀浆用于病毒分离，也可采集发病母猪的血液、血浆、外周血白细胞用于病毒分离。木乃伊胎儿难以分离到病毒。

2. 病毒分离与鉴定　病料组织悬液接种原代猪肺巨噬细胞，盲传2～3代后，可见细胞病变，病料接种的细胞培养物可通过标记抗体染色、免疫过氧化物酶技术的方法进行检测。

3. 血清学检测　①间接荧光抗体试验。在感染后5～7d可检测到抗体，血清抗体效价>1：20判为阳性；≥1：64判为PRRS病毒活动性感染。②ELISA方法。已有试剂盒作为商品出售，可同时检出美国原型和欧洲原型，敏感性高，特异性强，使用方便，判断标准为：S/P≥0.4为阳性，带有PRRSV抗体。③免疫过氧化物法。该法敏感，也可区别欧洲毒株和美洲毒株，其抗体通常在感染后7～14d出现，抗体效价达1：100以上时判为阳性。

此外，分子生物学诊断已广泛应用于PRRSV的检测。RT-PCR具有高度特异性，能检测出在细胞培养物或精液中30个感染单位（TCID）的PRRSV。目前，我国已成功研制出能够鉴别高致病性猪蓝耳病病毒的RT-PCR诊断试剂。

本病应与猪细小病毒感染、猪伪狂犬病、猪日本乙型脑炎、猪瘟等相区别（表3－4）。

【防制】目前对本病尚无特效药物治疗。预防本病应严把种猪引进关，严禁从疫区引进种猪，引进的种猪要隔离观察2周以上，确保安全后方可入群。采取全进全出的饲养方式。定期对种母猪、种公猪进行本病的血清学监测，及时淘汰可疑病猪。

疫苗免疫是控制本病的有效途径。灭活疫苗为预防本病的首选疫苗，适合种猪和健康猪使用。对于正在流行或流行过本病的商品猪场可用弱毒疫苗紧急预防接种或免疫预防。后备母猪在配种前进行2次免疫，首免在配种前2个月，间隔1个月进行二免。小猪在母源抗体消失前首免，母源抗体消失后进行再次免疫。公猪和妊娠母猪不能接种弱毒疫苗。

应特别注意，国际上能够使用的普通蓝耳病疫苗，对高致病性猪蓝耳病预防没有作用。

我国研制出了高致病性猪蓝耳病灭活疫苗，并已投入使用。为做好高致病性猪蓝耳病防控工作，农业部采取了一系列措施，及时制定并下发了《高致病性猪蓝耳病防治技术规范》和《猪病免疫推荐方案》，指导切实落实各项防控措施。

一旦发现疫情，应及时处理，对于发病猪群，除紧急接种外，可对症治疗，使用抗生素减少继发感染；加强饲养管理，注意卫生消毒，提高日粮中维生素和矿物质的含量。

【思考题】

1. 猪繁殖与呼吸综合征的临诊症状有哪些？
2. 如何防制猪繁殖与呼吸综合征？

第四节　猪细小病毒感染

猪细小病毒感染（Porcine parvovirus infection）是由猪细小病毒引起的猪的一种繁殖障碍性疾病，其特征为感染母猪，特别是初产母猪产出死胎、畸形胎、木乃伊胎、流产及病弱仔猪，母猪本身无明显临诊症状。

本病于1967年在英国首次报道，目前各个国家几乎均有本病的发生。我国自20世纪80年代从上海、北京和江苏等地也相继分离到猪细小病毒。

【病原】猪细小病毒（Porcine parvovirus，PPV）属于细小病毒科细小病毒属。病毒粒子呈圆形或六角形，无囊膜，直径为20nm，呈二十面体立体对称，基因组为单股DNA。

PPV只有一个血清型，但其毒力有强弱之分，强毒株感染怀孕母猪后将导致病毒血症，并通过胎盘垂直感染使胎儿死亡；弱毒株不能经胎盘感染胎儿，常被用作弱毒疫苗株。

本病毒对外界环境的抵抗力极强，耐热，56℃48h、80℃5min才失去感染力和血凝活性。对乙醚、氯仿不敏感，耐酸碱性。存在于急性感染猪分泌物和排泄物中的病毒可在污染的猪舍中存活9个月之久。0.5%漂白粉、2%氢氧化钠溶液、0.3%次氯酸钠溶液5min可杀死本病毒。

【流行病学】猪是已知唯一的易感动物，不同年龄、性别的家猪和野猪均可感染。据报道，在牛、绵羊、猫、豚鼠、小鼠和大鼠的血清中也存在特异性抗体，来自发病猪场的鼠类，其抗体阳性率高于阴性猪场的鼠类。

病猪和带毒猪是主要的传染源。病毒可通过胎盘传给胎儿，感染本病毒的母猪所产死胎、活胎、仔猪及子宫分泌物中均含有高滴度的病毒，是本病的重要传染源。被感染公猪的精细胞、精索、附睾和副性腺都可分离出病毒，在其配种时易传给易感母猪。子宫内感染的仔猪至少可带毒9周，有些具有免疫耐受性的仔猪可能终生带毒和排毒。母猪、育肥猪和公猪主要通过被污染的饲料、饮水、用具、环境等经呼吸道和消化道感染。

本病常见于初产母猪，一般呈地方性流行或散发，多发生于产仔旺季。在本病发生后，猪场可能连续几年不断地出现母猪繁殖失败。母猪怀孕早期感染时，其胚胎、胎猪死亡率可高达80%~100%。

【临床症状】仔猪和后备母猪的急性感染通常都表现为亚临床病例，但在其体内很多组织器官（尤其是淋巴组织）中均可发现有病毒存在。

母猪（尤其是初产母猪）感染 PPV 后的唯一症状是繁殖障碍，不同孕期感染可分别造成死胎、木乃伊胎、流产等不同临床症状。怀孕早期（30d 前）感染可造成胚胎死亡，母猪可能再度发情，也可能既不发情也不产仔，也可能每胎的产仔减少或产的胎儿大部分已木乃伊化，这时病毒在子宫内的传播较不常见，因为胚胎死亡后可被母体迅速吸收而有效地清除了子宫内的传染源；在怀孕 30 ~ 50d 感染时，主要是产木乃伊胎；怀孕 50 ~ 60d 感染时多出现死胎；怀孕 70d 感染的母猪则常出现流产症状。在怀孕期 70d 后大多数胎儿能对病毒感染产生有意义的免疫应答而存活，但产出的仔猪常带有抗体和带毒，有的甚至终身带毒而成为重要的传染源。

此外，PPV 还可引起产仔瘦小、母猪发情不正常、久配不孕、妊娠期和产仔期间隔时间延长等现象。病毒感染对公猪的受精率或性欲没有明显影响。

【病理变化】眼观病变为母猪子宫内膜有轻微炎症，胎盘有部分钙化，胎儿在子宫有被溶解、吸收的现象。受感染的胎儿可见充血、水肿、出血、体腔积液、木乃伊化及坏死等病变。

【诊断】如果发生流产、死胎、胎儿发育异常等现象，而母猪本身和同一场内的公猪没有明显的临床症状，应考虑到本病的可能性。但确诊必须依靠实验室检验。

取妊娠 70d 前流产的木乃伊化胎儿或胎儿的肺送实验室进行检验。应注意妊娠 70d 后的木乃伊化胎儿、死产仔猪和初生仔猪则不宜送检，因其中可能含有干扰检验的抗体。检验方法可通过细胞培养的方法分离病毒，然后再通过血凝和血凝抑制试验鉴定病毒；或用荧光抗体染色检查新鲜病料中病毒抗原，这是一种可靠和敏感的诊断方法。

血清中和试验、血凝抑制试验、乳胶凝集试验、酶联免疫吸附试验、琼脂扩散试验和补体结合试验等可用于抗体检测，其中最常用的是血凝抑制试验和乳胶凝集试验。

本病应与猪伪狂犬病、猪繁殖与呼吸综合征、猪乙型脑炎和猪布鲁氏杆菌病鉴别诊断（表 3 - 4）。

【防制】本病尚无特效的治疗方法，应在免疫预防的基础上，采取综合性预防措施。

在引进猪时应加强检疫，当 HI 抗体滴度在 1∶256 以下或阴性时方可准许引进。引进猪应隔离饲养 2 周后，再进行 1 次抗体测定，证实 HI 抗体滴度 1∶256 以下或阴性者方可与本场猪混饲。

免疫接种对本病有良好的预防效果。疫苗有灭活疫苗和弱毒疫苗两种，我国普遍使用的是灭活疫苗，免疫期可达 4 个月以上。对初产母猪进行免疫接种，能有效预防母猪感染细小病毒。母猪配种前 1 ~ 2 个月免疫，2 周后二免，可预防本病的发生。仔猪的母源抗体可持续 14 ~ 24 周，在 HI 抗体效价大于 1∶80 时可抵抗猪细小病毒感染，因此，在断奶时将仔猪从污染猪群移到没有本病污染的地区饲养，可以培育出血清阴性猪群。

一旦发病，应隔离或淘汰发病母猪、仔猪和阳性猪。猪场环境、用具等应严密消毒，以防疫情进一步发展。

【思考题】

1. 猪细小病毒病的临诊症状有哪些？
2. 如何区别猪细小病毒感染、猪伪狂犬病、乙型脑炎和猪繁殖与呼吸综合征？

第五节　猪传染性胃肠炎

猪传染性胃肠炎（Transmissible gastroenteritis of pigs，TGE）是由猪传染性胃肠炎病毒引起的一种急性、高度接触性肠道传染病。临诊上以发热、呕吐、严重腹泻和脱水为特征。

该病于1945年首次在美国被发现，目前分布于许多养猪国家和地区，我国广东省1953年发现有TGE，1973年得以确认。

【病原】猪传染性胃肠炎病毒（TGEV）属于冠状病毒科冠状病毒属。病毒子呈圆形或椭圆形，有囊膜，表面有一层棒状纤突。基因组为单链正股RNA，是已知RNA病毒中基因组最大的一种病毒。本病毒的某些毒株能凝集鸡的红细胞。

TGEV只有一个血清型，但近年来许多国家都发现了该病毒的变异株，即猪呼吸道冠状病毒。

该病毒不耐热，56℃45min或65℃10min即全部死亡。对光敏感，在阳光下暴晒6h即可死亡。紫外线能使病毒迅速灭活。能耐0.5%胰蛋白酶1h。病毒在pH值4～9稳定，pH值2.5则被灭活。病毒对乙醚、次氯酸盐、氢氧化钠、甲醛、碘、碳酸及季铵化合物等敏感。

【流行病学】各种年龄的猪均易感，10日龄以内仔猪的发病率和死亡率很高，随着年龄的增长死亡率降低，断奶猪、育肥猪和成年猪的症状较轻。除猪外，其他动物无易感性，但犬、猫、狐狸等经口感染病毒后可从粪便中回收到有繁殖力的病毒，可传播本病。

病猪和带毒猪是主要的传染源。它们通过粪便、呕吐物、乳汁、鼻分泌物以及呼出的气体向外排毒，有50%的康复猪带毒排毒期可达2～8周，最长的可达104d。该病主要经消化道和呼吸道传播。

本病在新疫区呈流行性，传播迅速，能在2～3d内蔓延至全群，几乎所有年龄的猪均易感，10日龄以内的猪病死率高达100%，但断奶猪、育肥猪和成年猪发病后多能自然康复。老疫区多呈地方流行性，由于有病毒和病猪持续存在，使母猪有抗体，所以10日龄以内的猪发病率和病死率均很低。

本病的发生有明显的季节性，多发生于冬、春寒冷季节。

【临床症状】潜伏期一般为15～18h，有的2～3d。

仔猪突然发病，病初呕吐，而后发生急剧水样腹泻，粪便黄色、淡绿或白色，常混有未消化的凝乳块，恶臭。病猪极度口渴，严重脱水，体重迅速减轻。精神沉郁，被毛粗乱无光。日龄越小病程越短，病死率越高。小于1周龄的仔猪多在2～7d死亡，而超过3周龄的仔猪多数可存活，但生长发育迟缓，多成为僵猪。

断奶猪、育肥猪及成年猪临床表现轻微，主要表现为食欲减退或消失，个别猪出现水样腹泻、呕吐，有应激因素或继发感染时病死率可能增加。哺乳母猪则表现为泌乳减少或停止，体温升高、呕吐、食欲不振、腹泻，这可能是因其与感染仔猪频繁接触有关，一般经3～7d病情好转，恢复，极少死亡。但也有的母猪与病仔猪接触，而本身无可见症状。

【病理变化】尸体脱水明显，主要病理变化在胃和小肠。胃常胀满有未消化的凝乳块，胃底黏膜充血、出血、肿胀，有时日龄较大的猪胃黏膜有溃疡灶，且靠近幽门处有较大的坏死区。小肠肠壁变薄、透明，肠管扩张，肠内充满黄绿色或灰白色液体，含有气泡和凝乳块，肠系膜充血，肠系膜淋巴结充血肿大。将空肠纵向剪开，用生理盐水将肠内容物冲掉，在玻璃平皿内铺平，加入少量生理盐水，在低倍镜下观察，可见到空肠绒毛变短、萎缩。组织学检查，肠上皮细胞变性、脱落。

【诊断】根据流行病学、临床症状和病理变化可作出初步诊断，确诊须进行实验室诊断。

1. 病毒分离和鉴定　取病猪的肛拭、粪、肠内容物、空肠、回肠作为病料，病料处理后接种猪肾细胞，盲传2代以上，分离培养得到的病毒可以用中和试验、免疫荧光试验或免疫电镜技术等鉴定。

2. 荧光抗体检查病毒抗原　将空肠制成冰冻切片或刮取空肠绒毛上皮细胞制成抹片，以丙酮低温固定30min，而后加TGE荧光抗体，37℃染色30min，冲洗，封片，见上皮细胞及沿着绒毛的胞浆性膜上呈现荧光者为阳性。

3. 血清学诊断　常用的方法包括血清中和试验、ELISA、间接血凝抑制试验、间接免疫荧光试验等，其中血清中和试验是最确实的诊断方法。取急性和康复期双份血清，56℃灭能30min，测定血清的中和抗体滴度，康复血清滴度超过急性期4倍以上者即为阳性。中和抗体可在病毒感染后7～8d出现，并持续至少18个月。当一个猪群中要检验其是否流行TEG时，可取2～6月龄猪的血清样品检测其抗体，因为处于此日龄段的猪其母源抗体已经消失，血清检测阳性则提示有本病的流行。

TGEV和猪流行性腹泻病毒、猪轮状病毒是引起猪病毒性腹泻最主要的3种病毒，临诊上均以腹泻为主要症状，很难区分。这3种病毒无相同的抗原，可用分子生物学技术如cDNA探针、RT-PCR等进行鉴别诊断。

【防制】本病尚无有效的药物治疗，发病后一般采取对症治疗措施。用抗生素和磺胺类药物等仅可起到防止继发细菌感染和缩短病程的作用，对重症病猪可用硫酸阿托品注射控制腹泻，对失水过多的重症病猪可大量补充葡萄糖氯化钠溶液。有条件的可使用抗传染性胃肠炎免疫血清肌肉或皮下注射，剂量按每千克体重1ml，对同窝未发病的仔猪也可作紧急预防，用量减半。

平时应注意不从疫区引种，坚持自繁自养和全进全出的生产模式，定期消毒，搞好猪舍卫生，加强饲养管理，注意防寒保暖。免疫接种是防制该病的有效方法。TGE是典型的局部感染和黏膜免疫，对妊娠母猪于产前20～40d经口、鼻和乳腺接种，可使新生仔猪在出生后从初乳获得母源抗体而得到被动免疫保护。国内外有多种弱毒疫苗，接种的途径也不一样。中国农业科学院哈尔滨兽医研究所成功研制了猪传染性胃肠炎与猪流行性腹泻二联灭活苗和弱毒苗，适用于疫情稳定的猪场（特别是种猪场）。另外，亚单位疫苗、重组活载体疫苗及转基因植物疫苗尚处于研究阶段。

【思考题】

1. 对发生传染性胃肠炎严重脱水的仔猪如何救治？
2. 如何预防猪传染性胃肠炎？

第六节 猪流行性腹泻

猪流行性腹泻（Porcine epidemic diarrhea，PED）是由猪流行性腹泻病毒引起猪的一种急性接触性肠道传染病，以腹泻、呕吐和脱水为特征。

本病于1971~1978年间先后在英国、比利时发生，当时被称为猪流行性病毒性腹泻，1982年命名为“猪流行性腹泻”，20世纪80年代初在中国陆续发生，并分离到病毒。

【病原】猪流行性腹泻病毒（PEDV）属于冠状病毒科冠状病毒属。病毒粒子具有多种形态，趋向于球形，有囊膜，囊膜上有棒状纤突，从核衣壳向外呈放射状排列。病毒核酸为线性单股正链RNA，具有感染性。目前尚不能证明本病毒具有不同的血清型。

本病毒不能凝集人、家兔、猪、小鼠、豚鼠、马、羊和牛的红细胞。对外界环境抵抗力弱，对乙醚和氯仿敏感，一般消毒剂都可将其杀死。病毒在60℃ 30min可失去感染性，但在50℃条件下相对稳定。病毒在4℃、pH值5.0~9.0或37℃、pH值6.5~7.5时稳定。

【流行病学】本病仅发生于猪，各种年龄的猪均可感染，哺乳仔猪、架子猪和肥育猪发病率高可达100%，以哺乳仔猪最严重，母猪发病率在15%~90%。病猪和带毒猪是主要的传染源，病毒存在于肠绒毛上皮和肠系膜淋巴结，主要通过粪便排出。被病毒污染的运输工具、饲养员的鞋或其他带病毒的污染物均可作为传播媒介。传播途径是消化道。

本病多发生于寒冷季节，以12月份到翌年2月份多发。PED可单一发病，也可与TGEV或圆环病毒（PCV）混合感染。

【临床症状】初生仔猪的潜伏期为24~36h，育肥猪2d以上。主要表现为呕吐、腹泻、脱水，粪便稀薄如水，呈灰黄色或灰色。呕吐多发生在吃食或吮乳后，年龄越小症状越严重。同时伴有精神沉郁，食欲减弱或废绝。1周龄以内的仔猪发生腹泻后2~4d内严重脱水而死，病死率平均在50%。断奶猪、母猪和肥育猪精神沉郁，厌食，腹泻，一般经4~7d逐渐恢复正常，部分猪恢复后发育不良，极少数病猪死亡，死亡率1%~3%。成年猪可能只表现为精神沉郁、厌食和呕吐等症状，经4~5d即可自愈。

【病理变化】病变与猪传染性胃肠炎相似，小肠扩张，肠壁变薄，内充满黄色液体，肠系膜淋巴结水肿，小肠黏膜和肠系膜充血，个别猪小肠黏膜有轻度的点状出血，其他脏器均未见有肉眼可见的病变。组织学检查可见小肠绒毛上皮细胞有空泡形成，表皮脱落，肠绒毛短缩，重症者绒毛萎缩，甚至消失。

【诊断】本病的发病特点、临床症状和病理变化与猪传染性胃肠炎相似，只是仔猪的病死率略低于猪传染性胃肠炎，传播速度也较慢些。确诊需实验室诊断。

1. 免疫荧光染色 取病猪小肠作冰冻切片或小肠黏膜抹片，风干后丙酮固定，加荧光抗体染色，镜检。在出现腹泻后6h，空肠和回肠90%~100%阳性，十二指肠70%~80%阳性。

2. 酶联免疫吸附试验 此法可用于检测病猪粪便、小肠内容物中的病毒抗原。也可用于检测病猪血清中的特异性抗体，但通常需要采取发病初期和间隔2~3周病愈猪的双份血清进行检测。

【防制】目前本病无有效的治疗方法，可参考TGE的防制措施。免疫接种是预防本病有效而可靠的方法，疫苗有弱毒疫苗和灭活疫苗。由于活病毒诱导抗体产生快、抗体水平高，因此一般来说，在主动免疫时弱毒疫苗的免疫效果要比灭活疫苗好。弱毒疫苗的接种途径为鼻黏膜和肌肉注射，但猪群母源抗体水平较高时，免疫效果将受到影响。灭活疫苗安全性好，母源抗体对免疫效果的影响较小，因此在多数猪场经常应用。我国研制的猪流行性腹泻甲醛氢氧化铝灭活苗，保护率在85%以上，母猪产前40d和20d分别肌肉注射或后海穴注射，仔猪通过采食初乳而获得被动免疫，可用于本病的预防。另外PED-TGE二联灭活苗可用于PEDV和TGEV混合感染的地区。

【思考题】

1. 如何从病原学和流行病学特点区别猪传染性胃肠炎和猪流行性腹泻？
2. 如何预防猪流行性腹泻？

第七节　猪水疱病

猪水疱病（Swine vesicular disease，SVD）是由猪水疱病病毒引起的猪的一种急性、热性、接触性传染病。其特征是流行性强，发病率高，以蹄部、口部、鼻端、腹部、乳头周围皮肤和黏膜发生水疱为特征。其症状与口蹄疫极为相似，但牛、羊等家畜不发病。OIE将其列为A类动物疫病，我国将其列为一类动物疫病。

本病在1966年首先发现于意大利，1971年曾发生于香港地区，随后英国、奥地利、法国、波兰、比利时、德国、日本、瑞士、匈牙利和前苏联等国家先后报道发生本病。

【病原】猪水疱病病毒（Swine vesicular disease Virus，SVD）属于微RNA病毒科肠道病毒属。病毒粒子呈球形，无囊膜，二十面体对称。本病毒不能凝集家兔、豚鼠、牛、绵羊、鸡、鸽、人等动物红细胞。

将病毒人工接种1~2日龄乳小鼠和乳仓鼠，可引起痉挛、麻痹等神经症状，并于接种后3~10d内死亡。接种成年小鼠、仓鼠和兔均无反应，但能产生中和抗体。豚鼠足踵接种不表现症状，可制备诊断用的抗血清。

SVDV只有一个血清型。用细胞培养中和试验、乳鼠中和试验及琼脂扩散试验证明本病毒与人的肠道病毒柯萨奇B5有亲缘关系，与口蹄疫、猪水疱性口炎、猪水疱疹病毒无抗原关系。

病毒对环境和消毒药抵抗力较强。病毒对乙醚不敏感。对pH值3.0~5.0表现稳定。在50℃30min仍不失感染力，60℃30min和80℃1min即可灭活，在低温中可长期保存。病毒在污染的猪舍内存活8周以上，在泔水中可存活数月之久。病猪肉腌制后3个月仍可检出病毒。3% NaOH溶液在33℃24h能杀死水疱皮中的病毒，1%过氧乙酸60min可杀死病毒。

【流行病学】本病自然感染仅发生于猪。不同年龄、性别和品种的猪均可感染。病猪和带毒猪是主要的传染源，病毒通过粪便、尿液、水疱液、唾液、乳汁排出体外，污染圈舍、工具、饲料、饮水和运动场地等，健康猪与病猪直接接触或间接接触被污染的物品和场地而感染，受伤的蹄部、鼻端皮肤、消化道黏膜等主要的传播途径。饲喂未经加热处理的泔水，特别是洗猪头和蹄的污水常引起本病的发生。据报道，本病也可通过深部呼吸道传染。

本病无严格的季节性，一年四季均可发生，但冬季较为严重。在猪只高度密集或调运频繁的猪场和地区，容易造成本病的流行，在分散饲养的情况下很少引起流行。

【临床症状】自然感染潜伏期一般为2～5d，有的7～8d或更长。临床上可分为典型、温和型和亚临床型（隐性型）。

1. 典型水疱病　特征性的水疱常见于主趾和附趾的蹄冠上。早期症状为蹄冠上皮苍白肿胀，36～48h，水疱明显凸出，充满水疱液，数天后很快破裂形成溃疡，真皮暴露，颜色鲜红，常常环绕蹄冠皮肤与蹄壳之间裂开，严重时蹄壳脱落。部分猪因继发细菌感染而成化脓性溃疡。由于蹄部受到损害，蹄部有痛感出现跛行，有的猪呈犬坐式或躺卧于地下，严重者用膝部爬行。水疱也常见于鼻盘、舌、唇和母猪乳头上。仔猪感染后多数病例在鼻盘发生水疱。水疱病发生后，约有2%的猪出现中枢神经系统紊乱的症状，表现为向前冲、转圈运动，用鼻磨擦、咬啃猪舍用具，眼球转动，有时出现强直性痉挛。

病猪体温升高（40～42℃），水疱破裂后体温下降至正常。精神沉郁、食欲减退或停食，肥育猪显著掉膘。一般情况下，如无并发或继发感染不引起死亡，病猪很快康复，病愈后2周创面可完全痊愈，如蹄壳脱落，则相当长时间后才能恢复。初生仔猪可造成死亡。

2. 温和型（亚急性型）　只见少数猪只出现水疱，传播缓慢，症状轻微，不易察觉。

3. 亚临床型（隐性感染）　没有临床症状，但感染猪体内可产生高滴度的中和抗体，并能排出病毒，对易感猪有很大的危险性。

【病理变化】本病的特征性病变是在蹄部、唇、鼻盘、舌面及乳房出现水疱。水疱破裂、水疱皮脱落后，露出的创面有出血和溃疡。个别病例心内膜有条纹状出血斑。其他脏器无可见病变。

【诊断】临床症状和病理剖检不能区分猪水疱病、口蹄疫、猪水疱疹和猪水疱性口炎，特别是与口蹄疫的区分更为重要。因此，当发生类似症状时必须进行实验室诊断。

1. 生物学诊断　将病料分别接种1～2日龄和7～9日龄乳小鼠，如两组小鼠均死亡，该病料为感染口蹄疫病料；如1～2日龄乳小鼠死亡，7～9日龄乳小鼠不死亡，该病料为感染水疱病病料。

2. 反向间接血凝试验　用口蹄疫A、O、C、亚洲1型的豚鼠高免血清与猪水疱病血清免疫球蛋白致敏绵羊红细胞，制备成反向间接血凝试剂，使用该方法可在2～7h内快速诊断出猪水疱病和口蹄疫。

3. 荧光抗体试验　用直接或间接免疫荧光抗体试验，可检出病猪淋巴结冰冻切片和涂片中的感染细胞，也可检测出水疱皮和肌肉中的病毒。

此外，补体结合试验、放射免疫、对流免疫电泳、中和试验等都可作为猪水疱病的诊断方法，国内已研制出猪水疱病病毒单克隆抗体诊断药盒，使用方便、诊断快速。也可用PCR法作快速鉴别诊断。

【防制】加强检疫是防制猪水疱病的重要措施，一旦发现疫情立即向主管部门报告，按早、快、严、小的原则，实行隔离封锁，扑杀患病动物及其可能感染的动物，并对污染的物品进行销毁或无害化处理。环境和猪舍进行严格的消毒。对疫区和受威胁区的猪只，可采用被动免疫或疫苗接种，以后实行定期免疫接种。国内外应用豚鼠化弱毒疫苗和细胞培养弱毒疫苗对猪免疫，其保护率达80%以上，免疫期6个月以上。用水疱皮和仓鼠传代毒制成的灭活苗保护率为75%～100%。

猪水疱病病毒与人的柯萨奇 B5 病毒密切相关，实验人员和饲养员感染 SVDV 后与柯萨奇 B5 病毒感染症状相似，有不同程度的神经系统损害，因此均应小心处理 SVDV 和病猪，加强自身防护。

【思考题】

如何区别猪口蹄疫和猪水疱病？

第八节 猪圆环病毒感染

猪圆环病毒感染（Porcine circovirus infection）是由猪圆环病毒Ⅱ型引起猪的一种多系统功能障碍性疾病，临床表现多种多样，如断奶仔猪多系统衰竭综合征、猪皮炎和肾病综合征、传染性仔猪先天性震颤、繁殖障碍等，并出现严重的免疫抑制，从而容易导致继发或并发其他传染病，被世界各国的兽医公认为最重要的猪传染病之一。

1991 年加拿大首次暴发该病，随后世界上许多国家和地区都有该病的报道。经血清学调查和病毒分离鉴定，证实本病在中国也广泛存在。

【病原】猪圆环病毒（Porcine circovirus，PCV）属于圆环病毒科、圆环病毒属成员。病毒粒子呈二十面体对称，无囊膜，平均直径为 17nm，病毒基因组为单股环状 DNA，为已知的最小动物病毒之一。

PCV 存在两种血清型，即 PCVⅠ和 PCVⅡ。PCVⅠ无致病性，广泛存在于正常猪体各器官组织及猪源细胞；PCVⅡ对猪有致病性，是引起断奶仔猪多系统衰竭综合征的主要病原，与 PCVⅠ核苷酸序列同源性低于 80%。

PCV 对外界环境的抵抗力较强，在 pH 值为 3 的酸性环境中很长时间不被灭活。病毒对氯仿不敏感，在 56℃或 70℃处理一段时间，仍不失活。不能凝集牛、羊、猪、鸡等多种动物和人的红细胞。

【流行病学】猪对 PCVⅡ具有较强的易感性，各种年龄、品种的猪均可被感染，哺乳期的仔猪、育肥猪和母猪最易感。人、牛和鼠也可被感染。病猪和成年带毒猪（多数为隐性感染）为本病的主要传染源。病毒存在于病猪的呼吸道、肺脏、脾脏和淋巴结中，从鼻液、粪便和精液等排出病毒。主要经呼吸道、消化道和精液及胎盘传染，也可通过污染病毒的人员、工作服、用具和设备传播。在感染猪群中仔猪的发病率差异很大，发病后的严重程度也明显不同。发病率通常为 8% ~10%，也有报道可达 20% 左右。本病常与猪繁殖与呼吸综合征病毒、猪细小病毒、伪狂犬病病毒及副猪嗜血杆菌、猪肺炎支原体，猪胸膜肺炎放线杆菌、多杀性巴氏杆菌和链球菌等混合或继发感染。饲养管理不良、饲养条件差、饲料质量低、环境恶劣、通风不良、饲养密度过大，不同日龄的猪只混群饲养，以及各种应激因素的存在均可诱发本病，并加重病情的发展，增加死亡率。

【症状与病变】与 PCVⅡ感染有关的主要有以下几种疾病。

1. 传染性仔猪先天性震颤（CT） 主要发生于 2 ~7 日龄仔猪。出现不同程度的双侧性震颤，发病仔猪站立时震颤，由轻变重，卧下或睡觉时震颤可得到缓和至消失，受外界刺激时可以引发或加重震颤，严重时影响吃奶，以至死亡。如精心护理，多数仔猪 3 周内可恢复，有时仔猪的震颤症状始终不消失，直到生长期或育肥期还不时表现出来。剖检尚未见眼观病变，组织学变化主要是脊索神经的髓鞘形成不全。

2. 断奶仔猪多系统衰竭综合征（PMWS） 主要发生于5~13周龄的猪，病猪表现精神沉郁，厌食，发热，被毛粗乱，进行性消瘦，生长迟缓，呼吸困难，气喘，贫血，皮肤与可视黏膜苍白或黄染，体表淋巴结肿大，特别是颌下淋巴结和腹股沟淋巴结。有的出现腹泻、咳嗽和中枢系统紊乱。

剖检可见不同程度的肌肉萎缩和严重消瘦，皮肤中度苍白，部分病猪出现黄疸。淋巴结肿大3~4倍，切面呈均质白色，特别是腹股沟、纵隔、肺门和肠系膜与颌下淋巴结病变明显。肺脏肿胀，间质增宽，质度坚硬似橡皮样，其上散布有大小不等的褐色实变区。肝出现不同程度的萎缩或退化。肾脏水肿、灰白，可增大到正常体积的5倍，皮质部有白色病灶。脾脏轻度肿胀、坏死。胃、肠、回盲瓣黏膜有出血、坏死。

3. 猪皮炎和肾病综合征（PDNS） 主要发生于生长发育期，哺乳期也有发生。特征性症状是在会阴部、四肢、胸腹部及耳朵等处的皮肤上出现圆形或不规则形的斑点或斑块状丘疹，呈现红色或紫色、中央为黑色的病灶，有时这些斑块相互融合成条带状。一般体温和行为正常，可自行康复，严重者出现跛行、发热、厌食，甚至体重减轻。

病理变化主要是出血性坏死性皮炎和脉管炎，以及渗出性肾小球性肾炎和间质性肾炎，呈典型的Ⅲ型过敏反应。剖检可见肾肿大、苍白，表面覆盖有出血小点。脾脏轻度肿大，有出血点。肝脏呈橘黄色外观，心脏肥大，心包积液，胸腔和腹腔积液。淋巴结肿大，切面苍白。胃有溃疡。

4. 母猪繁殖障碍 发病母猪主要表现为体温升高，食欲减退，返情率升高，流产、死胎、弱仔、木乃伊胎。病后母猪受胎率低或不孕，断奶前仔猪死亡率增加。没有特征性病理变化。

此外，在临床上还能见到与PCVⅡ相关的中枢神经系统疾病、增生性坏死性肺炎、肠炎和关节炎等。这些情况多因PRRS阳性猪继发感染PCVⅡ所致。

【诊断】根据流行病学、临床症状和病理变化可以初步诊断，但确诊必须依靠实验室诊断。

1. 病原学检测 有间接免疫荧光法、ELISA法和PCR等方法。

2. 血清学检测 常用ELISA检测PCVⅡ特异性抗体，也可用于进行血清学调查。

【防制】目前，国内外尚无特效的治疗方法。预防本病应实行自繁自养和全进全出的生产模式，保持良好的卫生和通风状况，确保饲料的品质，减少应激反应。发现病猪要及时治疗或淘汰并进行无害化处理等一系列综合性措施。治疗方案如下：①采用抗菌药物，如氟苯尼考、丁胺卡那霉素、庆大霉素、小诺霉素、克林霉素、磺胺类药物等，减少并发细菌感染。同时应用促进肾脏排泄和缓解肾炎的药物进行肾脏的恢复治疗。②采用黄芪多糖注射液并配合维生素 B_1 + 维生素 B_{12} + 维生素C肌肉注射，也可以使用佳维素或氨基金维他饮水或拌料。③选用新型的抗病毒药物如干扰素、白细胞介导素、免疫球蛋白、转移因子等进行治疗，同时配合中草药抗病毒制剂，会取得明显治疗效果。

【思考题】

1. 与PCVⅡ感染有关的疾病主要有几种？
2. 断乳仔猪多系统衰竭综合征有哪些症状？

第九节　猪丹毒

猪丹毒（Swine erysipelas，SE）是由红斑丹毒丝菌引起的猪的一种急性、热性传染病。主要表现为急性败血型、亚急性疹块型、慢性关节炎型或心内膜炎型。

1882 年 Pasteur 首先从猪丹毒病猪体内分离到丹毒杆菌，随后本病在世界各地流行，中国许多地区也有发生。

【病原】红斑丹毒丝菌（*Erysipelothris rhusiopathiae*）俗称猪丹毒杆菌，属于丹毒杆菌属，革兰氏阳性菌，具有多形性，在急性病例的组织触片或培养物中，菌体为纤细的小杆菌，平直或稍弯曲，单个或成对、成丛存在。在人工培养物上经过传代的菌体和从慢性病猪的心内膜疣状物中分离的菌体呈长丝状。在老龄培养物内的菌体，常呈球状或棒状，着色能力较差。本菌无鞭毛，无芽孢，无荚膜。

本菌为微需氧菌。在普通培养基上就能生长，在血液或血清琼脂培养基上生长更佳。本菌在明胶穿刺培养，呈试管刷样生长，不液化明胶。

目前认为本菌有 25 个血清型，即 1a、1b、2a、2b、3～22 及 N 型，其中 1、2 型等同于迭氏分型中的 A 型和 B 型。A 型菌株毒力强，B 型菌株毒力弱。我国主要流行的为 1a 型和 2 型。

本菌对盐腌、熏制、干燥、腐败和日光等外界环境的抵抗力较强，在冻肉、腐尸、血粉及鱼粉中可长期存活，且耐酸。但对热敏感，70℃5～15min 可完全被杀死。对多数消毒药敏感。

【流行病学】　本病主要发生于猪，3～6 月龄（架子猪）最易感，马、牛、羊、犬、禽等多种其他动物也可感染。人也可感染，称为类丹毒。

病猪和带菌猪是主要的传染源，病原菌主要存在于病猪的扁桃体、胆囊、心、肾、脾和肝，以心、肾含菌量最高，部分健康猪的扁桃体和回肠口的腺体处存在本菌。多种哺乳动物、啮齿类动物、野鸟和鱼类也可分离到本菌。病原菌经粪便、尿、唾液、眼及鼻分泌物等排出体外，污染饲料、饮水、土壤、用具和场舍等。富含腐殖质、沙质和石灰质的土壤适宜本菌生存，本菌在碱性土壤中可生存 90d，最长可达 11 个月。因此，土壤污染在本病流行病学上有极重要的意义。

本病主要经消化道感染。也可经破损的皮肤和黏膜或借助吸血昆虫、鼠类和鸟类来传播。

本病常呈暴发性流行，一年四季均可发生，但以炎热、多雨的夏季（5～9 月份）多发，也有的地方冬、春季也可出现暴发流行。

【临床症状】潜伏期一般 3～5d，在临诊上分为 3 种类型。

1. 急性败血型　此型最为常见。以突然暴发、急性经过和高病死率为特征。在流行的初期有一头或数头猪不表现任何症状而突然死亡，其他猪相继发病。病猪体温升高达 42～43℃，稽留不退，虚弱，不愿走动，不食，有时呕吐。结膜充血，眼睛清亮有神。粪便干硬呈栗状，附有黏液，后期可能出现下痢。严重的呼吸困难，黏膜发绀。发病 1～2d 后，皮肤出现充血性红斑，以耳根、颈部、腹下及四肢内侧较为多见，初指压褪色，去压后复原，后期变为淤血，压之不褪色。如治愈后这些部位的皮肤坏死，脱落。病程 3～4d，病死率80%左右，不死的转为疹块型或慢性型。

2. 亚急性疹块型 以皮肤上出现疹块为特征，俗称“打火印”。病初体温41℃以上，少食，便秘。常于发病后2～3d，在肩、背、胸、腹、四肢等处的皮肤上出现疹块，呈方块形、菱形或不规则形，稍凸起于皮肤表面，初充血指压退色，后期瘀血，呈紫兰色，指压不退色。疹块出现1～2d后体温下降，病势减轻，1～2周后多能自行康复。病情严重的皮肤坏死或转为败血症而死。

3. 慢性型 主要表现为慢性关节炎、慢性心内膜炎和皮肤坏死。慢性关节炎发生在四肢关节，表现为关节肿胀、变形，运动障碍，轻的跛行，重的不能站立；慢性心内膜炎表现为，病猪消瘦，贫血，衰弱，呼吸急促，不愿走动，听诊心脏有杂音，心律不齐，此种病猪不能治愈，常由于心脏麻痹而突然死亡；皮肤坏死，常发生于肩、背、耳、蹄和尾等部，初皮肤肿胀隆起，后发展为干、硬、色黑的皮肤坏死，似皮革，坏死的皮肤与新生的皮肤分离时似甲虫。约2～3个月皮肤脱落，形成无毛而色淡的疤痕而痊愈。若有继发感染则病情加重，病程延长。

【病理变化】败血型猪丹毒以败血症的变化和体表皮肤出现红斑为特征。鼻、唇、耳及四肢内侧等处皮肤和可视黏膜呈不同程度的紫红色。全身淋巴结肿大、充血、出血、切面多汁。脾脏呈樱桃红色，质地松软，显著充血肿大，边缘增厚，切面外翻，可见“白髓周围红晕”现象。肾脏肿大，瘀血，呈暗红色，有“大红肾”之称，皮质部有出血点。肝脏显著充血，呈红棕色，暴露于空气中则变为鲜红色。整个消化道有明显的卡他性、出血性炎症，胃底及幽门尤其严重，黏膜发生弥漫性出血和小点出血，十二指肠及空肠前部发生出血性炎症。心包积液，心内膜、心外膜有小点出血。肺充血水肿，有时出血。

疹块型猪丹毒以皮肤疹块为特异变化，疹块与生前无明显的差异。

慢性关节炎表现为关节肿胀，关节腔内有多量的、浑浊的浆液性纤维素性渗出液，滑膜出现不同程度的充血和增生。

慢性心内膜炎常表现为溃疡灶或花椰菜样增生性心内膜炎，在二尖瓣和三尖瓣上被着疣状物。

【诊断】据流行病学、临诊症状及病理变化进行综合诊断，必要时进行细菌学检查。

1. 病原学诊断 采集病猪的耳静脉血或刺破疹块边缘部皮肤血，或病死猪的心血、脾、肝、肾、淋巴结等，做成抹片或触片，经革兰氏染色或瑞氏染色，发现纤细的小杆菌，平直或稍弯，或不分枝的长丝状，单在或成对，尤其是在白细胞内簇集成丛状，可初步诊断。将病料接种鲜血琼脂，培养48h后，长出针尖大的菌落，表面光滑，边缘整齐，有蓝绿色荧光。将病料或纯培养物制成1：5～1：10的乳剂，分别接种小鼠、鸽子和豚鼠，如病料中有猪丹毒杆菌，则小鼠、鸽子于2～5d死亡，尸体内可检出本菌，而豚鼠则无反应。

2. 血清学诊断 血清培养凝集试验，可用于血清抗体的测定及免疫接种效果的评价；荧光抗体试验，直接用于病料中的本菌的快速诊断；琼脂扩散试验可用于血清抗体定性和菌株血清型的鉴定。

3. 鉴别诊断 本病应与猪瘟、猪肺疫、仔猪副伤寒及猪链球菌病等相区别（表4－1）。

表4－1　猪瘟、猪肺疫、仔猪副伤寒、猪链球菌病及猪丹毒鉴别诊断要点

病　名	猪瘟	猪肺疫	仔猪副伤寒	猪链球菌病	猪丹毒
流行特点	不分年龄和季节均可发生，死亡率高，呈流行性	中小猪和气候骤变时多发，常为继发感染，多为散发	1～4月龄的仔猪发病，饲养条件差为诱因，急性死亡率高，呈地方流行性	仔猪、成年猪、怀孕母猪多发，发病急，死亡快，夏秋多发	3～6月龄多发，夏季多发，死亡率较猪瘟低，病程短，散发或地方性流行
临床症状	高热，化脓性眼结膜炎，先便秘后腹泻，皮肤有出血点，母猪繁殖障碍	高热，咽喉肿胀，呼吸困难，犬坐姿势，口鼻流沫，皮肤红斑	高热，持续下痢，皮肤紫斑	高热，皮肤紫斑，多发性关节炎，脑膜炎，淋巴结脓肿	高热，皮肤红斑，指压退色，眼无分泌物，突然死亡；亚急性皮肤疹块
病理变化	以小点出血为主：淋巴结外观紫黑，切面大理石样；肾色淡皮质出血明显；脾边缘出血梗死；喉头、膀胱黏膜出血；回盲瓣纽扣状溃疡	咽喉水肿；淋巴结肿大出血；纤维素性胸膜肺炎，肺切面大理石样；脾不肿大	大肠黏膜纤维素性坏死性炎症；肠系膜淋巴结肿大、出血；肝有灰色坏死灶	全身浆膜、黏膜出血；淋巴结肿大、出血；脾肿大、出血、暗红；肾肿大、出血；关节腔有脓液	淋巴结肿大，切面多汁；大红肾；脾呈樱桃红色；胃、十二指肠黏膜出血
病　原	猪瘟病毒	多杀性巴氏杆菌	沙门氏菌	链球菌	猪丹毒丝菌
细菌检查	无	G－短杆菌，两极着色	G－两端钝圆小杆菌	G＋球菌、链状排列	G＋纤细直杆菌
治　疗	无效	青霉素、链霉素和磺胺类药物有效	痢菌净有效	青霉素、磺胺类药物有效	青霉素有效

【防制】平时应加强饲养管理，搞好猪圈和环境卫生，地面及饲养管理用具经常消毒，粪便、垫料集中发酵处理，加强检疫，每年春秋或冬夏两季定期预防注射。目前常用的疫苗有猪丹毒弱毒活菌苗（GC_{42}和G_4T_{10}）、猪丹毒氢氧化铝甲醛菌苗和猪丹毒与猪瘟、猪肺疫联合制成的二联苗或三联苗，免疫期6个月。仔猪的免疫应于断奶后进行，以后每隔6个月免疫1次。

发病猪群应立即隔离病猪，发病初期可皮下注射或耳静脉注射抗猪丹毒血清，或尽早用敏感的抗生素治疗，首选药物为青霉素。对慢性病猪应及早淘汰，对病死猪的尸体、排泄物、污染的用具及污染环境等进行妥善处理和消毒。

【公共卫生】人感染猪丹毒，称为类丹毒。多经皮肤损伤感染，感染3～4d后，感染部位红肿，但不化脓，感染部位邻近的淋巴结肿大，也可引发败血症、关节炎、心内膜炎和手部感染肢端坏死，所以应引起人们的高度重视，特别是兽医、屠宰场的工人和肉食加工人员等应注意自我防护，发现感染后及早用抗生素进行治疗。

【思考题】

1. 猪丹毒临床上有几种类型？

2. 如何区别猪丹毒、猪瘟、仔猪副伤寒和猪链球菌病？

3. 猪丹毒对公共卫生的影响有哪些？

第十节 猪梭菌性肠炎

猪梭菌性肠炎（Clostridial enteritis of piglets）又称仔猪坏死性肠炎，俗称仔猪红痢，是由C型产气荚膜梭菌引起的1周龄仔猪高度致死性的肠毒血症。特征是排出带血的红色稀粪，病程短，病死率高，小肠后段出现弥漫性出血或坏死性变化。

【病原】 C型产气荚膜梭菌（*Clostridium perfringens* type C）也称C型魏氏梭菌，是一种革兰氏阳性、有荚膜、不能运动的厌氧大杆菌。有芽孢，芽孢呈卵圆形，位于菌体中央或近端，但在人工培养基中不易形成。细菌形成芽孢后，对外界环境的抵抗力强，80℃15～30min、100℃5min才被杀死。冻干保存至少10年内其毒力和抗原性不发生变化。

根据产生毒素的种类不同可将产气荚膜梭菌分为A、B、C、D和E5个血清型，C型主要产生α和β毒素，β毒素被认为是C型菌株起主要致病作用的毒素，它可引起仔猪肠毒血症、坏死性肠炎。Gibert等（1997）从导致猪出血性坏死性肠炎的C型菌株中分离到一种分子量为28ku的新毒素，称为β_2毒素，这种毒素在仔猪梭菌性肠炎的致病过程中发挥非常重要的作用。

【流行病学】 本病主要发生于1～3日龄的新生仔猪，1周龄以上的仔猪很少发病，但也有报道2～4周龄及断奶猪发生本病。绵羊、马、牛、兔、鸡等也可感染。本菌在自然界中的分布很广，主要存在于人、畜肠道、土壤、下水道和尘埃中，特别是发病猪群母猪肠道中更多，可随粪便排出，污染母猪的乳头及垫料，当初生仔猪吮吸母乳或吞入污染物后经消化道感染。细菌进入空肠繁殖，侵入肠绒毛上皮组织，产生毒素，致组织充血、出血、坏死。本病的发生，在同一猪群内各窝仔猪的发病率差异很大，病死率一般为20%～70%，最高可达100%。猪场一旦发生本病，不易清除。

【临床症状】 本病在同一猪场不同窝之间和同窝仔猪之间病程差异很大，按病程的经过可分为4种。

1. 最急性型 仔猪出生后，1d内发病，见初生仔猪突然排血痢，后躯沾满血样稀粪，病猪虚弱，不愿行走，很快变为濒死状态，少数病猪不见排血痢便衰竭死亡。

2. 急性型 病程常维持2d，整个病程中病猪排出含有灰色坏死组织碎片的红褐色液状粪便，日益消瘦和虚弱，在出现症状的第3天死亡。

3. 亚急性型 病猪呈现持续的非出血性腹泻，病初拉黄色软粪，以后变为液状，内含有坏死组织碎片，似米粥状。病猪食欲不振，极度衰弱和脱水，一般在5～7d死亡。

4. 慢性型 病程在1周以上，呈现间歇性或持续性腹泻，粪便呈黄灰色糊状，肛门周围附有粪痂，病猪逐渐消瘦，生长停滞，于数周后死亡或成僵猪。

【病理变化】 病变主要在空肠，有时扩展到整个回肠，十二指肠一般不受侵害。空肠呈暗红色，肠腔充满含血的液体，空肠病变部绒毛坏死，整个病变肠段黏膜和黏膜下层弥漫性出血。病程稍长的肠管的出血性病变不严重，而以坏死性肠炎为特征，肠壁变厚，黏膜呈黄色或灰色坏死性假膜，易剥离，肠腔内有坏死组织碎片。肠系膜淋巴结肿大、鲜红。脾脏边缘有小点状出血。肾呈灰白色，皮质部有小点状出血。心肌苍白，心外膜有出血点。膀胱黏膜也有小点状出血。体腔积液，多呈红色。

【诊断】根据发生于1周龄之内仔猪，病程短，病死率高，红色下痢，剖检肠内有含血的液体或出血性坏死性肠炎，可作出初步诊断，进一步确诊必须进行实验室检查。

1. 病原学检查 取心血、腹水、脾、肾、空场内容物或新鲜的粪便等涂片，染色镜检，可见革兰氏阳性、两端钝圆、有荚膜的大杆菌。

2. 毒素检查 取病猪肠内容物，加等量灭菌生理盐水，以3 000r/min 离心30～60min，上清液经细菌滤器过滤，取滤液0.2～0.5ml 静脉接种一组小鼠，另取滤液与C型产气荚膜梭菌抗毒素血清混合，37℃作用40min 后注射另一组小鼠。若第一组小鼠死亡，而另一组小鼠健活，即可确诊。

【防制】由于本病发病迅速，病程短，用药物治疗效果不佳。

在发病猪群，怀孕母猪注射C型魏氏梭菌氢氧化铝菌苗和仔猪红痢干粉菌苗，在产前1个月肌肉注射5ml，2周后再注射10ml，使仔猪出生通过初乳获得被动免疫保护，这是目前预防本病最有效的方法。对未免疫母猪产下的仔猪，出生后立即用高效价的抗红痢血清肌注，也可取得很好的预防效果，或对刚出生仔猪立即口服抗生素，每日2～3次，作为紧急药物预防。搞好猪舍和周围环境特别是产房的卫生消毒工作尤为重要，接生前清洗和消毒母猪的乳头，可以减少本病的发生和传播。

【思考题】

如何区别仔猪红痢、仔猪白痢和仔猪黄痢？

第十一节 猪传染性萎缩性鼻炎

猪传染性萎缩性鼻炎（Swine infectious atrophic rhinitis，AR）是由支气管败血波氏杆菌和产毒性多杀性巴氏杆菌引起的猪的一种慢性接触性呼吸道传染病。其特征是鼻炎、鼻甲骨萎缩、鼻梁和颜面部变形、生长迟缓。目前将这种疾病归类于两种表现形式：非进行性萎缩性鼻炎和进行性萎缩性鼻炎。

1830年首先在德国发现本病，现已广泛分布于世界各地和猪群密集养殖地区。中国于1964年从英国进口约克种猪时发现本病，20世纪我国一些省、市从欧、美等国家大批引进瘦肉种猪，使本病从多渠道传入我国，造成广泛流行。

【病原】本病的病原为支气管败血波氏杆菌（*Borodetella bronchiseptica*，Bb）和产毒素性多杀性巴氏杆菌（*Toxigenic Pasteurella multocida*，T^+Pm）。单独感染Bb引起较温和的非进行性鼻甲骨萎缩，虽然能引起鼻甲骨的损伤，但猪上市前鼻甲骨又能得到再生。据统计，在健康猪群中，几乎所有的猪都带有Bb，并伴有程度不同的鼻甲骨萎缩。感染Bb和T^+Pm或仅感染T^+Pm则常导致鼻甲骨产生不可逆转的损伤，将这种表现形式称为进行性萎缩性鼻炎。

Bb是革兰氏阴性小杆菌，两极着染，为严格需氧菌。本菌在鲜血琼脂中能产生β型溶血，可使马铃薯培养基变黑而菌落呈黄棕色或微带绿色。本菌有3个菌相，其中Ⅰ相菌毒力较强，能产生坏死毒素，Ⅱ相菌和Ⅲ相菌则毒力弱。Ⅰ相菌由于抗体的存在或在不适宜的条件下，可向Ⅲ相菌变异。Ⅰ相菌感染新生猪后，在鼻腔里增殖，存留的时间可长达1

年之久。本菌对外界环境抵抗力弱，常规消毒剂即可达到消毒目的。

【流行病学】本病主要感染猪，任何年龄的猪均可发生感染，尤其以仔猪易感性最高。易感性与品种有关，国内土种猪较少发病。病猪和带菌猪是主要传染源。其他动物如犬、猫、牛、马、鸡、兔、鼠以及人均可带菌，甚至能引起慢性鼻炎和支气管肺炎，因此也可成为本病的传染源。传播途径为呼吸道感染，主要通过飞沫或气溶胶经口、鼻感染猪，也可通过呼吸道分泌物、污染的媒介物接触传播。

本病传播缓慢，多为散发或地方性流行。存在明显的年龄相关性，即猪龄越小感染率越高，临床症状亦越严重。营养水平低、饲养密度大、卫生条件差、通风不良等多种应激因素可促使发病率增加。

【临床症状】本病的早期症状，多见于6~8周龄仔猪。病猪打喷嚏，鼻流清液或黏脓性分泌物，个别猪因强烈喷嚏而发生鼻衄。由于鼻黏膜受炎症刺激，病猪表现不安、搔抓或摩擦鼻部。吸气困难，吸气时鼻孔开张，发出鼾声，严重的张口呼吸。由于鼻泪管阻塞，流泪增加，因与尘土沾积在眼眶下形成半月形“泪斑”，呈褐色或黑色斑痕，故有“黑斑眼”之称。

继鼻炎症状后，鼻甲骨萎缩，致使鼻梁和面部变形。若两侧鼻甲骨损害程度一致时，则造成“鼻上撅”，即鼻腔变小缩短，此时由于皮肤和皮下组织正常发育，使鼻盘中部皮肤形成较深的皱褶；若一侧鼻甲骨病变严重，则可造成鼻子歪向一侧，表现为“歪鼻子”；鼻甲骨萎缩，额窦不能正常发育，使两眼部宽度变小和头部轮廓变形。

病猪体温一般正常，生长停滞，难以肥育，有的成为僵猪。鼻甲骨的萎缩，使其功能受到影响，促进了肺炎的发生，而肺炎又反过来加重鼻甲骨萎缩。

【病理变化】一般局限于鼻腔及其临近组织。特征病变为鼻甲骨不同程度的萎缩。通常鼻甲骨的下卷曲萎缩最严重，有的鼻甲骨的上下卷曲都萎缩，甚至鼻甲骨完全消失。有时可见鼻中隔部分或完全弯曲。鼻黏膜充血、水肿，鼻窦内常积聚多量黏性、脓性或干酪样渗出物。

【诊断】依据频繁喷嚏、吸气困难、鼻出血、泪斑、生长停滞和鼻面部变形等典型的症状作出初步诊断，有条件的可用X射线做早期诊断。

1. 病理解剖学诊断 沿两侧第一、第二对前臼齿的连线锯成横断面，观察鼻甲骨的形状和变化。正常的鼻甲骨明显分为上下两个卷曲，鼻中隔正直。当鼻甲骨萎缩时，卷曲变小而顿直，甚至消失。

2. 细菌分离鉴定 目前主要是对Bb和T^+Pm两种病原菌的检查，尤其对T^+Pm的检测是诊断AR的关键。病料可选择鼻腔拭子或采集鼻甲骨卷曲的黏液。

T^+Pm的分离培养可用血液、血清琼脂和胰蛋白大豆琼脂。出现可疑菌落，移植生长，根据菌落形态、荧光性、菌体形态、染色特性、生化反应进行鉴定，用豚鼠皮肤坏死试验和小鼠致死试验证明是否为产毒素菌株。

Pb分离培养可用葡萄糖血清麦康凯琼脂培养基或加有新霉素、杆菌肽的5%马血清琼脂培养基。对可疑菌落可根据其形态、染色、生化反应和凝集反应进行鉴定，再用抗K和抗O血清作凝集试验来确认Ⅰ相菌。

3. 血清学诊断 猪感染Bb和T^+Pm后2~4周，血清中即出现凝集抗体，至少维持4个月，但一般感染仔猪需在12周龄后才可以检出此种抗体。用凝集试验不仅可以检测是否感染，而且还可作为评价免疫猪群抗体水平的重要手段。此外，尚可用荧光抗体技术和PCR技术进行诊断。

4. 类症鉴别 本病应注意与传染性坏死性鼻炎和骨软病相区别。前者由坏死杆菌所引起，主要发生于外伤后感染，引起软组织及骨坏死、腐臭，并形成溃疡或瘘管；骨软病表现头部肿大变形，但无喷嚏和流泪临诊症状，有骨质疏松变化，鼻甲骨不萎缩。

【防制】

1. 加强饲养管理 不从疫区引进猪只，规模化养猪场在引进种猪时，应严格检疫，防止带菌猪引入猪场，引进后先隔离观察3周，确定健康后方可混群饲养。严格执行全进全出和隔离饲养的生产制度，避免不同年龄的猪接触，猪场应有良好的饲养管理条件和卫生防疫措施。

2. 免疫接种 目前预防本病的疫苗有Bb（Ⅰ相菌）油佐剂灭活菌苗、Bb和T^+Pm灭活油佐剂二联苗，两种疫苗均有较好的免疫效果。在母猪产前2个月和1个月各注苗1次，通过母源抗体，使仔猪获得被动保护；也可给仔猪在1～2周龄是免疫，2周后再免疫1次。

3. 药物预防 为了控制母仔链传染，应在母猪产前2周开始，并在整个哺乳期定期进行进行预防性投药，仔猪从2日龄开始，每周1～2次用敏感的抗生素注射或鼻内喷雾，直至断乳为止。常用的药物包括卡那霉素、庆大霉素、金霉素、环丙沙星和各种磺胺类药物。

4. 净化污染群 对有病猪场，实行严格检疫。在有本病严重流行的猪场，建议采用淘汰病猪、更新猪群的控制措施，并经严格消毒后，重新引入健康种猪。而在流行范围较小、发病率不高的猪场应及时将感染发病仔猪及其母猪淘汰，防止该病在猪群中扩散和蔓延。在检疫、处理病猪过程中要严格消毒。

【思考题】

1. 猪传染性萎缩性鼻炎有何症状？
2. 如何诊断猪传染性萎缩性鼻炎？
3. 规模化猪场应如何防制猪传染性萎缩性鼻炎？

第十二节　猪接触传染性胸膜肺炎

猪接触传染性胸膜肺炎（Porcine contagious pleuropneumonia）是由胸膜肺炎放线杆菌引起的猪的一种呼吸道传染病，以急性纤维素性胸膜肺炎或慢性局限性坏死性肺炎为特征。急性者病死率极高，慢性者多能耐过。

本病在1957年被首次发现，世界范围内流行，是集约化养猪场常见猪病之一。中国自1990年确诊有本病以来，已在20多个省、市发生和流行，造成巨大的经济损失。

【病原】胸膜肺炎放线杆菌（*Actinobacillus pleuropneumoniae*）是一种革兰氏阴性小杆菌，具有典型的球杆菌的形态，有荚膜，不形成芽孢，能产生毒素。根据对营养需要的不同可将该菌分为生物Ⅰ型和生物Ⅱ型，其中生物Ⅰ型菌株对营养要求较高，大多数菌株直接在血液琼脂上不能生长，需要补充烟酰胺腺嘌呤二核苷酸（NAD或辅酶1、V因子），兼性厌氧。从病猪气管、鼻分泌物、肺病灶等进行初次分离时，需接种5%小牛或绵羊血琼脂平板或巧克力培养基，用葡萄球菌与病料交叉划线，在5% CO_2 条件下，培养24h，在葡萄球菌周围有β溶血的微小菌落生长，这一现象被称为“卫星现象”。

本菌目前已报道的有15个血清型，在中国以血清型5和7型为主。

该菌对外界环境的抵抗力不强，对常用的消毒剂敏感，日光、干燥和常用的消毒剂在短时间内即可将其消灭。对结晶紫和杆菌肽有一定的抵抗力。

【流行病学】各种年龄的猪均易感，但3月龄的仔猪最易感。胸膜肺炎放线杆菌是对猪有高度宿主特异性的呼吸道寄生物，最急性和急性感染时不仅可在肺部病变和血液中见到，而且在鼻漏中也大量存在。病猪和带毒猪是本病的主要传染源，引进慢性感染猪或带菌猪是引起猪场发生本病的主要原因。传播途径主要是气源感染，通过健康猪与病猪的直接接触或通过短距离的飞沫传播。急性暴发时感染可以从一个猪栏“跳跃”到另一个猪栏，说明较远距离的气溶胶传播或通过分泌物污染的人员和用具造成的间接传播也可能起重要作用。

本病一年四季均可发生，拥挤、气温骤变、卫生条件差、长途运输、维生素E缺乏、阴冷潮湿和通风不良等应激因素可促进本病的发生和传播。另外，伪狂犬病病毒和蓝耳病病毒感染可导致本病的发病率和病死率明显升高。

【临床症状】潜伏期长短依菌株毒力和感染量而定，自然感染一般为1~2d。

1. 最急性型 多见于断奶仔猪，猪群中有1头或几头突然发病，体温升高至41.5℃以上，精神沉郁，食欲废绝，有短期的腹泻和呕吐，病猪心跳加快，躺卧，随着心脏和循环系统的衰竭，口、鼻、耳、四肢皮肤呈暗紫色，后期病猪呼吸困难，常呈犬坐姿势，张口呼吸，从口、鼻流出带血的泡沫性分泌物。常在出现症状后24~36h内死亡。有的看不到明显的症状而突然死亡。病死率可达80%~90%。

2. 急性型 有较多的猪发病，体温升高达40.5~41℃，精神沉郁，不愿站立，拒绝采食。咳嗽，呼吸极度困难，张口呼吸，心跳加快。鼻盘、耳尖及四肢皮肤发绀。病程长短不定，通常于发病后2~4d死亡。能耐过4d以上者，症状逐渐减轻，常能自行康复或转为慢性。

3. 亚急性型和慢性型 多数由急性转化而来。不发热，全身症状不显明，有程度不同的间歇性咳嗽，食欲不振，生长缓慢。若有混合感染，则症状加重。

【病理变化】眼观病变主要在呼吸道。肺脏出现局限性肺炎，病变部位最常见于膈叶，与正常组织界限明显，肺炎病变多为两侧性。最急性病例以纤维素性出血性胸膜肺炎为主要特征，有败血症变化，肺脏肿大、出血，暗红色，质地坚实，切面易碎似肝，间质充满血色胶冻样液体，胸腔有大量血色液体。死亡较快的病例，气管、支气管充满带血的泡沫样黏液。急性期病猪可见明显的纤维素性胸膜肺炎变化，胸腔内有带血的积液，肺暗红，质地变实，肺实质与胸膜粘连。慢性病例，肺有大小不等的坏死结节，周围有结缔组织形成的包囊，并与胸壁和心包粘连。

【诊断】根据本病的症状和剖检病变可作出初步诊断，确诊有赖于细菌学检查和血清学试验。

1. 细菌的分离培养 无菌采取病死猪肺脏病变组织、心血、胸水、鼻及气管渗出物接种于5%绵羊血琼脂平板，并用葡萄球菌垂直划线，在5%~10% CO_2 的烛缸中37℃培养24h，可见在葡萄球菌划线的周边形成针尖大小的菌落，菌落周围出现明显的β溶血环。

2. 细菌抗原或核酸的检测　将病料做成涂片或触片，经革兰氏染色，可见有大量革兰氏阴性球杆菌，可进一步用免疫荧光抗体或免疫酶染色对细菌抗原进行鉴定。也可用DNA探针或PCR技术检测细菌的核酸。

3. 血清学试验　主要有凝集试验、补体结合反应、ELISA、二巯基乙醇（2-ME）试管凝集试验、琼脂扩散试验或间接血凝试验等方法。

【鉴别诊断】对于本病的最急性型和急性型病例应注意与猪瘟、猪肺疫、猪丹毒和链球菌病相区别；由急性型转变为慢性型的要与猪气喘病相区别。

【防制】对无本病的猪场，应防止引进带菌猪，在引进种猪或购进猪时，应用血清学试验进行检疫，严格隔离饲养，确保健康后方可混群。对于已经发生过该病的猪场，在引进种猪时，应防止带入新的血清型或新的耐药菌株。

免疫接种是控制和预防本病的有效手段。本病由于不同血清型菌株之间交互免疫性不强，疫苗注射所获得的免疫性仅能抗疫苗抗原自身的血清型。因此，在疫苗注射前，首先弄清该地区所流行的血清型尤为重要。最好从当地分离菌株，制备多价灭活苗，对母猪和2~3月龄猪进行免疫接种，能有效控制本病的发生。

猪场一旦发生本病，通常很难清除。应及时隔离病猪和感染猪，污染场地进行严格的经常性消毒。对隔离饲养的病猪或感染猪，早期用抗菌药物治疗可降低死亡率。本病治疗一般采取非肠道给药途径，抗生素联合使用，效果较好。但需注意的是该病原菌易产生耐药性，应根据药敏试验结果选择最有效的药物。对急性期的病猪可耳静脉注射氨茶碱2ml，同时肌注地塞米松5ml。

【思考题】

1. 猪传染性胸膜肺炎有何症状？如何诊断？
2. 今年来，猪传染性胸膜肺炎在规模化猪场流行严重的主要原因是什么？

第十三节　副猪嗜血杆菌病

副猪嗜血杆菌病又称多发性纤维素性浆膜炎和关节炎。临床上以体温升高、关节肿胀、呼吸困难、多发性浆膜炎、关节炎和高死亡率为特征，严重危害仔猪和青年猪的健康。目前，副猪嗜血杆菌病已经在全球范围影响着养猪业的发展，给养猪业带来巨大的经济损失。

【病原】副猪嗜血杆菌。属革兰氏阴性短小杆菌，形态多变，有15个以上血清型，其中血清型5、4、13最为常见（占70%以上）。该菌生长时严格需要烟酰胺腺嘌呤二核苷酸（NAD或V因子），不需要X因子（血红素或其他卟啉类物质），在血液培养基和巧克力培养基上生长，菌落小而透明，在血液培养基上无溶血现象；在葡萄球菌菌落周围生长良好，形成“卫星现象”。一般条件下难以分离和培养，尤其是应用抗生素治疗过病猪的病料，因而给本病的诊断带来困难。

【流行病学】副猪嗜血杆菌只感染猪，可以影响从2周龄到4月龄的青年猪，主要在断奶前后和保育阶段发病，通常见于5~8周龄的猪，发病率一般在10%~15%，严重时死亡率可达50%。

该病通过呼吸系统传播。当猪群中存在繁殖与呼吸综合征、流感或支原体肺炎的情况下，该病更容易发生。饲养环境不良时本病多发。断奶、转群、混群或运输是常见的诱因。

副猪嗜血杆菌常作为继发的病原伴随其他主要病原混合感染，尤其是猪支原体肺炎。在肺炎中，副猪嗜血杆菌被假定为一种随机入侵的次要病原，是一种典型的“机会主义”病原，只在与其他病毒或细菌协同时才引发疾病。近年来，从患肺炎的猪中分离出副猪嗜血杆菌的比率越来越高，这与支原体肺炎的日趋流行有关，也与病毒性肺炎的日趋流行有关。这些病毒主要有猪繁殖与呼吸综合征、圆环病毒、猪流感和猪呼吸道冠状病毒。

【临床症状】临床症状取决于炎症的部位，包括发热、呼吸困难、关节肿胀、跛行、皮肤及黏膜发绀、站立困难甚至瘫痪、僵猪或死亡。母猪发病可流产，公猪有跛行。哺乳母猪的跛行可能导致母性的极端弱化。

急性病例往往首先发生于膘情良好的猪，病猪发热（40.5～42.0℃）、精神沉郁、食欲下降，呼吸困难，腹式呼吸，皮肤发红或苍白，耳梢发紫，眼睑皮下水肿，行走缓慢或不愿站立，腕关节、跗关节肿大，共济失调，临死前侧卧或四肢呈划水样，有时会无明显症状突然死亡；慢性病例多见于保育猪，主要是食欲下降，咳嗽，呼吸困难，被毛粗乱，四肢无力或跛行，生长不良，直至衰竭而死亡。

【病理变化】以浆液性、纤维素性渗出为炎症（严重的呈豆腐渣样）特征。死亡时体表发紫，肚子大，有大量黄色腹水，肠系膜上有大量纤维素渗出，尤其肝脏整个被包住。胸膜炎明显（包括心包炎和肺炎），关节炎次之，腹膜炎和脑膜炎相对少一些。肺可有间质水肿、粘连，心包积液、粗糙、增厚，腹腔积液，肝脾肿大、与腹腔粘连。关节变异相似。

【诊断】根据流行病学调查、临床症状和病理变化，结合治疗效果可对本病作出初步诊断，确诊有赖于实验室诊断。

据报道，副猪嗜血杆菌病的真实发病率可能为实际确诊的10倍之多，主要原因是不能确认采集的标本中是否存在猪嗜血杆菌。因此在诊断时不仅要对有严重临床症状和病理变化的病猪进行尸体剖检，还要对处于急性期的的病猪在应用抗生素治疗前采集病料进行细菌的分离鉴定。根据副猪嗜血杆菌16S rRNA序列设计引物对原代培养的细菌进行PCR，可以快速准确的诊断出本病。另外，还可通过琼脂扩散试验、补体结合试验和间接血凝试验等血清学诊断方法进行诊断。

鉴别诊断应注意与猪气喘病、猪肺疫、传染性胸膜肺炎、蓝耳病、猪流感等呼吸道症状的传染病相区别（表4－2）。

表4－2　副猪嗜血杆菌病、猪气喘病、猪肺疫、传染性胸膜肺炎、蓝耳病及猪流感鉴别诊断要点

病 名	副猪嗜血杆菌病	猪气喘病	猪肺疫	传染性胸膜肺炎	蓝耳病	猪流感
病原	副猪嗜血杆菌	支原体	巴氏杆菌	胸膜肺炎放线杆菌	蓝耳病病毒	猪流感病毒

（续表）

病名	副猪嗜血杆菌病	猪气喘病	猪肺疫	传染性胸膜肺炎	蓝耳病	猪流感
流行特点	2周至4月龄的猪易感，常见于5~8周龄的猪，饲养环境不良、断奶、转群、混群或运输是常见的诱因	大小猪均可发病，发病率高，死亡率低，病程长，与饲养管理、气候有关	架子猪多见，与季节、气候、饲养条件、卫生环境有关，发病急、病程短、死亡率高	猪场多见，与饲养管理、环境等有关，急性病例病程短，地方性流行	孕猪与仔猪易感，仔猪死亡率高，垂直传播	多种动物易感，发病率高、传播快、流行广、病程短、病死率低
临床症状	发热、厌食、呼吸困难、咳嗽、关节肿胀、跛行、皮肤及黏膜发绀、站立困难	体温不高，咳喘、呼吸困难，早晚、运动、食后及变天时加重	体温升高，剧咳，流鼻涕，呼吸困难，张口吐舌、犬坐、黏膜发绀，皮肤瘀血、出血	体温升高，呼吸困难，犬坐姿势，张口伸舌，口鼻带沫，皮肤发绀	仔猪发热、厌食、呼吸困难、咳嗽、共济失调、急性死亡，母猪皮肤发绀、流产、死胎、木乃伊胎	体温升高，咳喘、呼吸困难，流鼻涕、流泪，结膜潮红
病理变化	浆液性、纤维素性渗出为炎症，包括胸膜炎、心包炎、肺炎、关节炎、腹膜炎和脑膜炎	肺气肿、水肿，有肉变、胰变，呈紫红、灰白、灰黄色	咽、喉、颈皮下水肿，纤维素性胸膜肺炎，肺水肿、气肿、肝变、大理石样肺，胸腔、心包积液	出血性、坏死性、纤维素性胸膜炎，心包炎，胸水、腹水，肺胸粘连	弥漫性间质性肺炎	无明显病理变化
诊断	细菌学检查	X光检查，分离细菌	涂片镜检，分离细菌	涂片镜检，分离细菌	分离病毒，检测抗体	分离病毒
防制	药物预防，减少应激	抗生素有效	抗菌药有效	抗菌药有效	抗生素无效	抗生素无效

【**防制**】在平时的预防中应注意消除诱因，加强饲养管理与环境消毒，减少各种应激。在疾病流行期间有条件的猪场仔猪断奶时可暂不混群，对混群的一定要严格把关，把病猪集中隔离在同一猪舍，对断奶后保育猪“分级饲养”，这样也可减少 PRRS、PCV-2 在猪群中的传播。注意保温和温差的变化，在猪群断奶、转群、混群或运输前后可在饮水中加一些抗应激的药物如维生素 C 等。

用自家苗（最好是能分离到该菌，增殖、灭活后加入该苗中）、副猪嗜血杆菌多价灭活苗能取得较好效果。种猪用副猪嗜血杆菌多价灭活苗免疫能有效保护仔猪早期发病，降低复发的可能性。初免母猪于产前 4d 一免，产前 20d 二免。经免猪产前 30d 免疫一次即可。受本病严重威胁的猪场，仔猪也要进行免疫，根据猪场发病日龄推断免疫时间，仔猪免疫一般安排在 7 日龄到 30 日龄内进行，每次 1ml，最好一免后过 15d 再重复免疫 1 次，二免距发病时间要有 10d 以上的间隔。

抗生素饮水对严重的该病暴发可能无效。一旦出现临床症状，应立即采取抗生素拌料的方式对整个猪群治疗，发病猪大剂量肌肉注射抗生素。大多数血清型的猪副嗜血杆菌对头孢菌素、氟甲砜、庆大、壮观霉素、磺胺及喹诺酮类等药物敏感，对四环素、氨基苷类和林可霉素有一定抵抗力。为控制本病的发生发展和耐药菌株出现，应进行药敏试验，科学使用抗菌素。

在应用抗生素治疗的同时，口服纤维素溶解酶（副株利克），可快速清除纤维素性渗出物、缓解症状、控制猪群死亡率。

【思考题】

1. 如何从临床症状方面区别副猪嗜血杆菌病和猪传染性胸膜肺炎?
2. 如何防治副猪嗜血杆菌病?

第十四节　猪支原体肺炎

猪支原体肺炎（Mycoplasmal pnneumonia of swine，MPS），又称猪地方流行性肺炎，俗称猪气喘病，是由猪肺炎支原体引起的猪的一种慢性呼吸道传染病。主要临床诊断症状为咳嗽、气喘和呼吸困难，病理变化是融合性支气管肺炎，可见尖叶、心叶、中间叶和膈叶前缘呈“肉样”或“虾肉样”实变。

该病病原体早期被认为是病毒，直至 1965 年 Maxe 和 Goodwine 等才证实为肺炎支原体。目前，本病分布于世界各地，发病率高，是造成养猪业经济损失的最重要疫病之一。

【病原】猪肺炎支原体（*Mycoplasma hyopneumoniae*）是支原体科、支原体属成员。无细胞壁，呈多种形态，有球形、环形、点状、新月状、椭圆形或两极形。革兰氏染色阴性，本菌不易着色，可用姬姆萨染色或瑞氏染色。

本菌可在人工培养基上生长，但对生长条件比其他支原体要求严格，培养基中需加入猪血清、水解乳蛋白、酵母浸液，在 5% ~10% 的 CO_2 环境中才可生长。江苏Ⅱ号培养基可提高猪肺炎支原体的分离率。固体培养基难以获得满意的菌落，因此很少用于初次分离。本菌生长缓慢，在固体培养基上，培养 7 ~10d 才可长成针尖或露珠样菌落，在低倍显微镜下菌落呈煎荷包蛋状。

本菌抵抗力不强，病料悬液中的肺炎支原体在室温中 36h 即失去致病力。对青霉素、红霉素、链霉素及磺胺药不敏感。对放线菌素 D、丝裂菌素 C、壮观霉素、泰乐菌素、林可霉素、土霉素等敏感。常用消毒剂均能达到消毒目的。

【流行病学】本病自然感染仅见于猪，不同年龄、性别和品种的猪均能感染，但哺乳仔猪和断奶仔猪易感性最高，其次是怀孕后期和哺乳期的母猪，育肥猪发病较少。母猪和成年猪多呈慢性或隐性。土种猪较外来纯种猪和杂交猪易感，死亡率也高。

病猪和带菌猪是主要的传染源。从外地引进带菌猪常引起本病暴发。仔猪常从患病母猪受到感染。病猪在临诊症状消失后相当长时间内还可不断向外排菌，这是造成本病连续不断发生的主要原因。猪场一旦传入本病后，如不采取严密措施很难彻底清除。病原体存在于病猪的呼吸道，通过咳嗽、喷嚏排出体外，经呼吸道飞沫感染。

本病一年四季均可发生，但在寒冷、多雨、潮湿、气候骤变时多发。饲养管理不良、饲料质量差、猪舍拥挤、通风不良等可诱发本病。如继发感染 PRRSV、多杀性巴氏杆菌、肺炎球菌和嗜血杆菌等其他病原，可使病势加重，病死率升高，特别是与 PRRSV 共同感染时，两种病原可相互增强彼此的致病力，加重呼吸道症状，延长病程，使病死率提高。

【临床症状】本病潜伏期一般11~16d，短的3~5d，长的可达1个月以上。据发病经过可分为以下几种类型。

1. 急性型 常见于新发生本病的猪群，以哺乳母猪及小猪发病较多，主要症状是呼吸困难和气喘。病猪常无前驱症状突然发病。精神不振，头下垂，站立一隅或趴伏在地上，呼吸次数增加，每分钟可达60~120次以上。病猪呼吸困难，严重的张口呼吸，鼻流出浆液性液体，发出哮鸣声，似拉风箱。呼吸时腹部呈起伏运动，此时病猪前肢撑开，站立或犬坐式。食欲减少甚至废绝，饮水量减少。一般咳嗽次数少而低沉，有时发生痉挛性咳嗽。体温一般正常，如有继发感染，体温可升高到40℃以上。病程一般为1~2周，病死率较高。

2. 慢性型 多由急性型转变而来，也有的开始即取慢性经过。常见于老疫区的育肥猪、架子猪或后备母猪，主要症状是咳嗽，特别是清晨和傍晚气温较低时或运动时及进食后，咳嗽加剧。初期咳嗽次数少而轻，以后逐渐加重，咳嗽时站立不动，四肢叉开，背拱起，颈伸直，头下垂，用力咳嗽。随病情的发展呼吸次数增加，呈现腹式呼吸。食欲变化不大，病情时好时坏。病猪常流鼻涕，有眼屎。病程长的病猪消瘦，衰弱，被毛粗乱，生长发育停止。病死率低。

3. 隐性型 可由急性或慢性转变而来，或有的猪在感染后不表现症状，只有用X线照射或捕杀后才可发现肺炎病变。在老疫区的猪只中隐性型占有相当大的比例。如饲养管理加强，病变逐渐消散，若饲养管理恶劣，则病情恶化而出现急性或慢性型的症状，甚至死亡。

【病理变化】本病的主要病变在肺、肺门淋巴结和纵隔淋巴结。

急性死亡的病例，剖检时可见肺有不同程度的水肿和气肿，两侧肺体积高度膨大，被膜紧张，几乎充满整个胸腔，肺表面有肋压痕。在尖叶、心叶、中间叶及部分的膈叶出现融合性支气管肺炎变化。肺炎区两侧对称，以心叶最为显著，尖叶和中间叶次之，膈叶的病变主要集中在前下部。病变部的颜色初为淡红色或灰红色，半透明状，病变部界限明显，像鲜嫩的肌肉样，俗称“肉变”，切面湿润，常从小支气管流出灰白色带泡沫的液体。随着病程延长或病情加重，病变部颜色变深，呈浅红色、深紫色、灰白色或灰红色，坚韧度增加，俗称“胰变”或“虾样肉变”。恢复期，肺小叶间结缔组织增生，表面下陷。肺门淋巴结和纵隔淋巴结显著肿大，呈灰白色，有时边缘轻度充血。如有细菌继发感染，引起肺及胸膜的纤维素性炎症而粘连，肺化脓或坏死。

【诊断】诊断本病应以一个猪群为单位，只要发现一头病猪，就可以认为该猪群是病猪群。根据流行病学、临床症状和病理变化可作出初步诊断，必要时可作实验室检查。

X线检查对本病的诊断有重要的价值，特别是对隐性或可疑患猪通过X线透视可作出诊断。检查时，猪只以直立背胸位为主，侧位或斜位为辅。病猪在肺野的内侧区以及心膈角区呈现不规则的云雾状渗出性阴影。

血清学诊断可用微量补体结合试验、免疫荧光、ELISA和微量间接血凝等方法。中国已研制出了猪气喘病间接血凝诊断试剂盒。也可用PCR、核酸探针作出快速诊断。

本病应注意与猪肺疫、猪流行性感冒相区别（表4-2）。猪肺疫有明显的败血症症状，急性病例可1~2d死亡，剖检可见败血症病变和纤维素性肺炎，且能从病猪的肺和心分离出巴氏杆菌。猪流感是一种突然暴发并迅速蔓延的传染病，病猪呈急性经过，病程短，猪群经短期发病后，流行迅速停止，而本病病程较长、流行缓慢。

【防制】 搞好疫苗接种是规模化养猪场疫病控制的重要措施。目前有两类疫苗可用于预防，一类是弱毒疫苗，有兔化弱毒冻干苗和弱毒无细胞培养冻干苗；另一类是灭活苗。两类疫苗的免疫保护力均有限，又由于本病的诱因较多，且容易引起继发感染，所以预防或消灭猪支原体肺炎主要在于采取综合性防制措施。

未发病地区和猪场应坚持自繁自养，尽量不从外地引进猪只，必须引进时，要严格隔离和检疫。加强饲养管理，做好兽医卫生防疫，实行人工授精，避免母猪与种公猪直接接触，保护健康母猪群。科学饲养，采取全进全出和早期断奶技术，从系统观念上提高生物安全标准。

发病地区或猪场，当发病猪的数量不多、涉及的动物群较为局限时，为了防止其扩散和蔓延，应严格检疫、淘汰所有的感染和患病猪只，同时对病猪尸体和污染的环境、用具严格消毒，从而使猪群中该病的发病率逐渐降低，甚至被清除。如果该病在一个地区或猪场流行范围广、发病率高，严重影响猪群的生长，造成经济效益显著下降时，应采取一次性更新猪群或逐渐更新猪群、免疫预防和药物治疗等措施。以康复母猪培育无病后代，建立健康猪群。具体做法是自然分娩或人工剖腹取胎，以人工哺乳或健康母猪带乳培育健康仔猪，仔猪按窝隔离，育肥猪、架子猪和断奶仔猪分舍饲养，逐步扩大健康猪群。

目前用于治疗本病的药物有放线菌素 D、丝裂菌素 C、壮观霉素、泰乐菌素、泰妙菌素、林可霉素、土霉素、环丙沙星、卡那霉素等，这些抗生素的使用疗程一般为 5 ~ 7d，必要时可投药 2 ~ 3 个疗程。也可采用中药治疗。如实喘病猪可用：麻黄 30g，白果、杏仁各 25g，苏叶、甘草、黄芩各 20g，石膏 100g，煎汤 2 次，混合候温灌服。虚喘者可用：炙麻黄、柴胡、甘草各 10g，炒白芍、葶苈子、党参各 20g，山药、金银花、连翘各 30g，桂枝、花粉、五味子、杏仁各 12g，桔梗 15g，煎汤，候温灌服。

【思考题】

1. 猪支原体肺炎有何流行病学特点？
2. 如何区别猪支原体肺炎与其他呼吸道传染病？
3. 简述猪支原体肺炎的防制要点。

第十五节　猪痢疾

猪痢疾（Swine dysentery）曾称为血痢、黏液出血性下痢或弧菌性痢疾，现称为猪痢疾，是由猪痢疾蛇形螺旋体引起的猪的一种肠道传染病。其特征为大肠黏膜发生出血性炎症、有的发展为纤维素性坏死性肠炎，临床表现为黏液性下痢或黏液出血性下痢。

本病由 Whiting 于 1921 年首次报道，目前已遍及世界主要养猪国家。中国于 1978 年从美国进口种猪时发现本病，20 世纪 80 年代后，疫情迅速扩大，涉及全国 20 多个省市，由于采取了综合防制措施，20 世纪 90 年代后本病得到有效控制，目前有些地区仍有散在发生。

【病原】 猪痢疾蛇形螺旋体（*Serpulina hyodysenteriae*）存在于猪的病变肠段黏膜、肠内容物及粪便中。菌体长6～8.5μm，宽0.3～0.4μm，有4～6个弯曲，两端尖锐，形似双燕翅状。革兰氏染色阴性，维多利亚蓝、姬姆萨染色着色较好，组织切片以镀银法更好。新鲜病料在暗视野显微镜下可见活泼的螺旋体活动。

本菌为严格的厌氧菌，对营养要求相当苛刻，常用含10%胎牛（或犊牛或兔）血清或血液的胰蛋白胨大豆（TSB）或脑心浸液汤（BHIB）液体或固体培养基。于37～42℃、合适的气体环境中培养。

猪痢疾蛇形螺旋体对外界环境的抵抗力较强，在粪便中5℃存活61d，25℃存活7d，在土壤中4℃能存活102d，－80℃存活10年以上。对消毒剂抵抗力不强，普通浓度的过氧乙酸、来苏儿和氢氧化钠溶液均能迅速将其杀死。

【流行病学】猪痢疾仅发生于猪，各种年龄和不同品种的猪均可感染，但主要侵害的是2～3月龄的幼龄猪。发病率一般可达到75%左右，病死率5%～25%。病猪及带菌猪是主要传染源，康复猪带菌率很高，带菌时间可长达数月，病原菌经常从粪便中大量排出，污染周围环境、饮水、饲料，或经饲养员、用具、运输工具的携带，经消化道传播。由于带菌猪的存在，经常通过猪群的调动和买卖导致该病的广泛传播。此外，犬、猫、大鼠、小鼠、野鼠和鸟等经口感染后均可从粪便中排出菌体，苍蝇亦可带菌与排菌，因此这些动物也是不可忽视的传染源和传播媒介。

本病发生无明显的季节性，流行缓慢，持续时间较长，且可反复发病。各种应激因素如运输、拥挤、寒冷、过热、气候多变、缺乏维生素、饲料不足或环境卫生不良均可促进本病的发生与流行。

【临床症状】潜伏期2d至2个月以上，一般为10～14d。根据病猪的临床表现可分为急性型和慢性型两种。

1. 急性型　往往先有个别猪突然死亡，随后猪群陆续发病，病初精神沉郁，食欲下降，先是拉软粪，渐变成黄色稀粪或水样，内混黏液或血液及组织碎片。病情严重时排出的粪便呈红色、棕色或黑色。同时病猪厌食、喜饮水，弓背，脱水消瘦，腹部蜷缩，行走摇摆，被毛粗乱无光，迅速消瘦。后期排粪失禁，肛门周围及尾根被粪便污染，极度衰弱死亡或转为慢性型。病猪初期体温稍高，以后下降至正常，死前体温下降至常温以下，病程1～2周。

2. 慢性型　病情较轻，表现为下痢，粪中含有黏液和坏死组织碎片，血液较少，病程较长。进行性消瘦，生长停滞。多数能自然康复，但间隔一定时间，部分病猪可能复发甚至死亡，病程为1个月以上。

【病理变化】病死猪显著消瘦，被毛被粪便污染。主要病变局限于大肠（结肠、盲肠），回盲瓣为明显分界。急性病猪为大肠黏液性和出血性炎症，黏膜肿胀，充血、出血，肠内容物软至稀薄，并混有黏液、血液和组织碎片。大肠壁和肠系膜充血、水肿，淋巴滤泡增大。病程稍长的病例，肠壁水肿减轻，主要为坏死性肠炎，黏膜上有点状、片状或弥漫性坏死，坏死常限于黏膜表面，形成黏液性纤维素性假膜，剥去假膜露出浅表糜烂面。肠内混有多量黏液和坏死组织碎片。其他脏器无明显变化。

【诊断】本病多发生于2～3月龄的猪，哺乳仔猪及成年猪少见，传播慢、流行期长，发病率高，死亡率低；临床表现为病初的黄色稀粪，以后下痢并含有大量黏液和血液，体温正常；病变局限于大肠，出血性、纤维素性、坏死性肠炎。根据这些流行特点、临床症状和病理变化可作出初步诊断。确诊需要进行实验室检查。

1. 抹片镜检 取急性病例的猪新鲜粪便或大肠黏膜涂片，染色后高倍镜下观察，或暗视野显微镜检查，每个视野见 3 个以上具有 3～4 个弯曲的较大螺旋体，即可怀疑本病。

2. 血清学诊断 方法有凝集试验、间接荧光抗体、被动溶血试验、琼扩试验和 ELISA 等，比较实用的为 ELISA 和凝集试验。

本病应注意与猪增生性肠炎和结肠炎进行鉴别。猪增生性肠炎病理变化主要是小肠增生性肠炎，肠上皮细胞有劳氏胞内菌存在。猪结肠炎由结肠菌毛样短螺旋体引起，症状与温和型猪瘟相似，但病理变化局限于结肠。

另外，还应注意与猪副伤寒、猪传染性胃肠炎、猪流行性腹泻等腹泻性疾病相区分（表3－5）。

【**防制**】本病尚无疫苗可供预防。因此控制本病主要采取综合性防制措施。做好猪舍、环境的清洁卫生和消毒工作，防鼠灭鼠，处理好粪便。禁止从疫区购入带菌种猪，必须引进时，需隔离检疫 2 个月，健康者才可混群饲养。发病猪场最好全群淘汰，彻底清理和消毒，空舍 2～3 个月再引进健康猪。对易感猪群可选用多种药物进行预防，常用药物有痢立清、痢菌净、二甲硝基嘧啶、新霉素、林可霉素、泰乐菌素、泰妙菌素、杆菌肽等。

【思考题】

1. 如何区别猪痢疾与其他腹泻性传染病？
2. 简述猪痢疾的防制要点。

第五章

家禽的传染病

第一节 新城疫

新城疫（Newcastle disease，ND）也称亚洲鸡瘟、伪鸡瘟，俗称鸡瘟，是由新城疫病毒引起的鸡和火鸡的急性高度接触性传染病，常呈败血症经过。主要特征是呼吸困难、下痢、神经机能紊乱以及浆膜和黏膜显著出血。

本病1926年首次发现于印尼，同年发现于英国新城，根据发现地名而命名为新城疫。本病分布于世界各地，1928年中国已有本病的记载，1935年在中国有些地区流行，死亡率很高，造成很大经济损失，是严重危害养鸡业的重要疾病之一，世界各国对本病的发生和流行均高度重视。因此，OIE将本病定为A类烈性疫病。

【病原】新城疫病毒（Newcastle disease virus，NDV）为副黏病毒科副黏病毒亚科腮腺炎病毒属的禽副黏病毒Ⅰ型，完整病毒粒子近似圆形，有囊膜，在囊膜的外层有呈放射状排列的纤突，具有能刺激宿主产生抑制红细胞凝集素和病毒中和抗体的抗原成分。病毒核酸类型为单股负链不分节段的RNA。

NDV能吸附于鸡、火鸡、鸭、鹅及某些哺乳动物（人、小鼠、豚鼠等）的红细胞表面，引起红细胞凝集（HA），这种血凝现象能被抗NDV的抗体所抑制（HI），因此，可用HA和HI来鉴定病毒和进行流行病学调查。

NDV存在于病禽的所有组织器官、体液、分泌物和排泄中，以脑、脾、肺含毒量最高，以骨髓含毒时间最长。从不同地区和鸡群分离到的NDV，对鸡的致病性有明显差异。根据致病性试验将NDV毒株分为速发型（强毒型）、中发型（中毒型）和缓发型（低毒型或无毒型）。

NDV在室温条件下可存活1周左右，60℃30min失去活力，真空冻干病毒在30℃可保存30d，4℃可存活1年，在直射阳光下，病毒经30min死亡，病毒在冷冻的尸体中可存活6个月以上。常用的消毒药如2%氢氧化钠、5%漂白粉、70%酒精在20min即可将病毒杀死。

【流行病学】鸡、野鸡、火鸡、珍珠鸡对本病都有易感性，其中以鸡最易感。不同年龄的鸡易感性有差异，幼雏和中雏易感性最高，2年以上的老鸡易感性较低。鸭、鹅对本病有抵抗力，但可带毒，从鸭、鹅中可分离到NDV。近年来，在中国一些地区出现对鹅有致病力的NDV，值得注意。从燕八哥、麻雀、猫头鹰、孔雀、鹦鹉、乌鸦、燕雀等也分离到NDV。近年来有报道鹌鹑和鸽自然感染而暴发ND，并可造成大批死亡。哺乳动物对本病有很强的抵抗力，人类大量接触NDV可表现为结膜炎或类似流感症状。

病鸡以及在流行间歇期的带毒鸡是本病的主要传染源，但鸟类对本病的传播作用也不可忽视。受感染的鸡在出现症状前24h，其口、鼻分泌物和粪便中已能排出病毒。而痊愈鸡带毒排毒的情况则不一致，多数在症状消失后5～7d就停止排毒。流行停止后的带毒鸡，常呈慢性经过，这是造成本病继续流行的主要原因。

本病的传播途径主要是呼吸道和消化道，也可经眼结膜、创伤的皮肤和泄殖腔黏膜感染。

本病一年四季均可发生，但以春秋季发病较多。易感鸡群感染新城疫强毒后，可迅速传播呈毁灭性流行，发病率和死亡率可高达90%以上。

近年来，由于免疫程序不合理，或有免疫抑制性疾病存在，常引起免疫鸡群发生非典型新城疫，从而给诊断和防制带来较大的困难。

【临床症状】自然感染潜伏期一般为3～5d。由于毒株的毒力和禽的敏感性不同，其症状也有差异，根据临床发病特点将本病分为典型新城疫和非典型新城疫2种病型。

1. 典型新城疫 主要是因非免疫或免疫力较低的鸡群感染强毒株引起的，发病率和死亡率都很高。各种年龄的鸡都可发生，但以30～50日龄的鸡群多发。感染鸡群突然出现个别鸡只死亡，随后常见特征症状。病鸡体温升高达43～44℃，食欲减退或废绝，精神委顿，垂头缩颈，翅膀下垂，眼半开半闭，似昏睡状，鸡冠及肉髯呈暗红色或暗紫色。随着病程的发展，出现比较典型的症状，病鸡呼吸困难，咳嗽，有黏液性鼻漏，常表现为伸头，张口呼吸，并发出"咯咯"的喘鸣声或尖叫声。嗉囊积液，倒提时常有大量酸臭液体从口内流出。粪便稀薄，呈黄绿色或黄白色，有时混有少量血液。发病2～5d后可见死亡数量直线上升，死亡高峰明显。

流行后期部分病鸡出现明显的神经症状，患鸡头颈向后或向一侧扭转，翅膀麻痹，跛行或站立不稳，动作失调，常伏地旋转，反复发作，瘫痪或半瘫痪，一般经10～20d死亡。个别患鸡可以康复，部分不死病鸡遗留有特殊的神经症状，表现头颈歪斜或腿翅麻痹。有的鸡状似健康，但若受到惊扰或抢食时，突然后仰倒地，全身抽搐伏地旋转，数分钟后又恢复正常。

成年鸡发病，除上述症状外，常表现产蛋量急剧下降，有时可降到40%～60%，蛋壳褪色，软壳蛋增多。

2. 非典型新城疫 主要发生在免疫鸡群，以30～40日龄左右的雏鸡和产蛋高峰期的蛋鸡多发，发病率和死亡率均不高，症状不明显，病理变化不典型。这主要与饲养环境被强毒严重污染、忽视局部免疫、母源抗体过高、疫苗质量不佳或保存不当、免疫程序不合理和多种免疫抑制病的干扰有关。

雏鸡和中鸡发生非典型新城疫时，往往仅表现呼吸道症状，病程长的出现神经症状。成年鸡仅表现产蛋下降，软壳蛋增多，蛋壳褪色。

鸽感染鸽Ⅰ型副黏病毒（PMV-1）时，其临诊病状主要是腹泻和神经症状；幼龄鹌鹑感染NDV时，表现神经症状，死亡率较高，成年鹌鹑多为隐性感染。火鸡和珍珠鸡感染NDV后，一般与鸡相似，但成年火鸡症状不明显或无症状。

【病理变化】本病的主要病变是全身黏膜和浆膜出血，淋巴系统肿胀、出血和坏死，尤其以消化道和呼吸道为明显。

嗉囊内充满黄色酸臭液体及气体。腺胃黏膜水肿，其乳头或乳头间有出血点，腺胃和肌胃交界处出血明显，肌胃角质层下也常见有出血点。肠外观可见紫红色枣核样肿大的肠淋巴滤泡，小肠黏膜出血、有局灶性纤维素性坏死性病变，有的形成假膜，假膜脱落后即成溃疡。盲肠扁桃体肿大、出血、坏死，坏死灶呈岛屿状隆起于黏膜表面，直肠黏膜出血明显。呼吸道病变见于鼻腔及喙充满污浊黏液，鼻腔黏膜充血，气管出血、坏死，气管内积有多量黏液，肺有时见有瘀血或水肿。心外膜和心冠脂肪有针尖大的出血点。产蛋母鸡卵泡和输卵管显著充血，卵泡膜极易破裂以致卵黄流入腹腔引起卵黄性腹膜炎，腹膜充血或出血。肝、脾、肾无特殊的病变。脑膜充血或出血，而脑实质无眼观变化，仅在组织学检查时，见有明显的非化脓性脑炎病变。

非典型新城疫病变轻微，仅见黏膜卡他性炎症、喉头和气管黏膜充血，腺胃乳头出血少见，但多剖检数只，可见有的病鸡腺胃乳头有少数出血点，直肠黏膜和盲肠扁桃体多见出血。

【诊断】典型新城疫根据本病的流行病学、症状和病理变化进行综合分析，可作出初步诊断，非典型新城疫在现场难以作出诊断，确诊需进一步做实验室检查。

1. 病毒分离和鉴定 通常在感染3~5d内进行，取病鸡脑、肺、脾含毒量高的组织器官，经除菌处理后，通过尿囊腔接种9~11日龄SPF鸡胚，取24h后死亡的鸡胚的尿囊液做血凝（HA）和血凝抑制（HI）试验进行病毒鉴定。

2. 血清学诊断 常用的方法有HA和HI试验、病毒中和试验、ELISA、免疫组化、荧光抗体等。

临床上本病易与禽流感和禽霍乱相混淆，应注意区别（表3-3）。

禽流感呼吸困难和神经症状不如新城疫明显，嗉囊没有大量积液，常见皮下水肿和黄色胶样浸润，黏膜、浆膜和脂肪出血比新城疫广泛而明显，通过HA和HI试验可作出诊断。禽霍乱鸡、鸭、鹅均可发病，但无神经症状，肝脏有灰白色的坏死点，心血涂片或肝触片，染色镜检可见两极浓染的巴氏杆菌，抗生素或磺胺类药物治疗有效。

【防制】目前尚无有效的治疗方法，预防仍是本病防疫工作的重点。

1. 采取严格的生物安全措施 高度警惕病原侵入鸡群，防止一切带毒动物（特别是鸟类）和污染物品进入鸡群，进入鸡场的人员和车辆必须消毒；饲料来源要安全；不从疫区购进种蛋和鸡苗；新购进的鸡必须接种新城疫疫苗，并隔离观察2周以上，证明健康方可混群。

2. 做好预防接种工作 按照科学的免疫程序，定期预防接种是防制本病的关键。

（1）*正确地选择疫苗* ND疫苗分为活疫苗和灭活疫苗两大类。目前，国内使用的活疫苗有Ⅰ系苗（Mukteswar株）、Ⅱ系苗（HB_1株）、Ⅲ系苗（F株）、Ⅳ系苗（Lasota株）、克隆-30。Ⅰ系苗是一种中等毒力的活疫苗，产生免疫力快（3~4d），免疫期长（可达1年），但对雏鸡有一定的致病性，常用于经过弱毒力的疫苗免疫过的鸡群或2月龄以上的鸡群，多采用肌注或刺种的方法接种，在发病地区常用来作紧急接种。Ⅱ、Ⅲ和Ⅳ系苗属弱毒力苗，大小鸡均可使用，多采用滴鼻、点眼、饮水及气雾等方法接种，但气雾免疫最好在2月龄以后采用，以防止诱发慢性呼吸道疾病。克隆-30疫苗是Lasota毒株经克隆化而制成的，毒力比Lasota毒株低，接种后的反应小，免疫原性高，最适用于1日龄以上雏鸡的基础免疫。灭活疫苗对鸡安全，可产生坚强而持久的免疫力，另外不会通过疫苗扩散病原，但是注射后需10~20d才产生免疫力。灭活苗和活苗同时使用，活苗能促进灭活苗的免疫反应。

(2) *制定合理的免疫程序* 主要是根据雏鸡母源抗体水平确定最佳的首免日龄，以及根据疫苗接种后抗体滴度和鸡群生产特点，来确定加强免疫的时间。蛋鸡或种鸡参考免疫程序：7~10日龄用Ⅳ系苗或克隆-30滴鼻或点眼作第1次疫苗接种，或皮下注射油乳剂灭活苗0.3ml和Ⅳ系苗滴鼻同时接种，25~30日龄用Ⅳ系苗2倍量饮水，2月龄Ⅳ系苗气雾免疫，必要时可考虑用Ⅰ系苗注射补强，18周龄ND油乳剂苗肌肉或皮下注射，同时Ⅳ系苗点眼或喷雾，以后每隔4个月Ⅳ系苗气雾免疫1次，44周龄时再免1次灭活苗效果更佳。

3. 建立免疫监测制度 在有条件的鸡场，应建立免疫监测制度，定期检测鸡群血清HI抗体水平，全面了解鸡群的免疫状态，确保免疫程序的合理性以及疫苗接种的效果。

鸡群一旦发生本病，应立即封锁鸡场，禁止转场或出售，可疑病鸡及其污染的羽毛、垫草、粪便焚烧或深埋，污染的环境进行彻底消毒，并对鸡群进行Ⅰ系苗加倍剂量紧急接种。鸡场内如有雏鸡，则应严格隔离，避免Ⅰ系苗感染雏鸡。待最后一个病例处理2周后，不再有新病例发生，并通过彻底消毒，方可解除封锁。

【思考题】

1. 新城疫暴发时应如何处置?
2. 新城疫的典型症状和病理变化是什么?
3. 非典型新城疫有何特点?
4. 简述新城疫免疫应注意的问题。

第二节 传染性支气管炎

传染性支气管炎(Infectious bronchitis，IB)是由传染性支气管炎病毒引起的一种急性、高度接触传染性呼吸道疾病。其特征是病鸡咳嗽、喷嚏和气管发生啰音。在雏鸡还可出现流涕，产蛋鸡产蛋减少和质量变劣。肾型传支表现为肾炎综合征和尿酸盐沉积。

自从1930年在美国Dakafa州发现传染性支气管炎并于次年报道后，世界各地陆续有报道，本病在20世纪40年代主要表现为呼吸道症状，到60年代又出现肾病变型，中国1953年发现有呼吸型传染性支气管炎，1982年在广州发现肾病变型传染性支气管炎。近年来又见有腺胃型和肠型传染性支气管炎的报道。

该病具有高度传染性，因其病原血清型多，而使免疫接种复杂化。感染鸡生长受阻，耗料增加、产蛋和蛋质下降、死淘率增加，给养鸡业造成巨大经济损失。

【病原】鸡传染性支气管炎病毒(Avian infectious bronchitis virus，IBV)属于冠状病毒科冠状病毒属中的一个代表种。该病毒具有多形性，但多数呈球形，直径约80~120nm。基因组为单股正链RNA，长为27kb。病毒粒子带有囊膜和纤突。

IBV血清型较多，目前报道的至少有27个不同的血清型。我国主要是M_{41}，以呼吸道症状为主。引起肾病变的IBV有Australian T株，美国的Gray株和Holte株，意大利为11 731株。各血清型间没有或仅有部分交互免疫作用。

病毒主要存在于病鸡呼吸道渗出物中，肝、脾、肾和法氏囊中也能发现病毒，在肾和法氏囊内停留的时间可能比在肺和气管中还要长。

病毒能在9～11日龄鸡胚上生长、繁殖，并能引起蜷曲胚、僵化胚、侏儒胚等一系列典型变化，但大多数初代接种很难见到鸡胚的变化。随着传代次数增加，鸡胚死亡率也上升，至第10代时，可使80%鸡胚死亡。病毒经1%胰蛋白酶或磷酯酶C处理后，可凝集鸡、小鼠、兔等的红细胞。

大多数病毒株在56℃15min失去活力，但对低温的抵抗力则很强，在－20℃时可存活7年。一般消毒剂，如1%来苏儿、1%石炭酸、0.1%高锰酸钾、1%福尔马林、2% NaOH及70%酒精等均能在3～5min内将其杀灭。

【流行病学】本病仅发生于鸡，其他家禽均不感染。各种年龄的鸡都可发病，但雏鸡最为严重。病鸡和带毒鸡是主要传染源，主要传播方式是通过空气飞沫经呼吸道感染，也可通过污染的饲料、饮水及饲养用具等经消化道感染。病鸡康复后可带毒49d，在35d内具有传染性。本病以冬、春季多发。传播迅速，几乎在同一时间内有接触史的易感鸡都发病，且易与其他呼吸道病合并感染或继发感染。鸡群拥挤、过热、过冷、通风不良、维生素和矿物质缺乏、饲料供应不足以及疫苗接种刺激等均可促进本病的发生。

【临床症状】潜伏期为1～7d，平均为3d，人工感染为18～36h可发病。

1. 呼吸型传支　多发生于4周龄内雏鸡，常无前驱症状，突然出现呼吸症状，并迅速波及全群。幼雏表现为伸颈、张口呼吸，咳嗽，有“咕噜”音，尤以夜间最清楚。病鸡精神不振，食欲减少、羽毛松乱、翅下垂、昏睡、怕冷，常挤在一起。2周龄以内的病雏，还常见鼻窦肿胀、流黏性鼻液、流泪等症状，病鸡常甩头。6周龄以上的雏鸡出现啰音、气喘和咳嗽，并伴有减食、沉郁或下痢的症状。成年鸡仅出现轻微的呼吸道症状。

2. 生殖型传支　1～3周龄以内的雏鸡会造成输卵管不能正常发育、畸形，到成年鸡阶段表现为鸡冠发育良好，腹部膨胀，触摸有波动感，不产蛋，走路像企鹅一样。成年鸡开产前感染的，开产期推迟。产蛋量减少；开产后感染的会出现软壳蛋、薄皮蛋、畸形蛋或粗壳蛋，蛋清稀薄呈水样，与蛋黄分离以及黏着于壳膜表面。病鸡康复后产蛋量不易恢复。

3. 肾型传支　多发生于2～4周龄的肉鸡，病初有轻微的呼吸道症状，夜间才能听到。接着呼吸道症状消失，挤成一团，排出白色水样稀粪，雏鸡死亡率为10%～30%。

4. 腺胃型传支　主要是由于接种生物制品引起，水平传播不强，发病率为30%～50%，致死率30%左右，主要表现为发育停滞，腹泻，消瘦。

【病理变化】患呼吸型传支的病鸡主要病变是气管、支气管、鼻腔和窦内有浆液性、卡他性和干酪样渗出物。气囊混浊或含有黄色干酪样渗出物。在死亡鸡的气管下段或支气管中有黄白色干酪样或黏稠的栓子。

30日龄内幼雏被IBV感染会造成输卵管发育不良，或形成浆液性囊肿。到成年鸡阶段虽然成熟的卵泡很多，但由于输卵管畸形，短而闭塞，不能产蛋。有的在输卵管的膨大部形成大小不一的浆液性囊肿，似膀胱样，腹腔内有液化的卵黄物质。

肾型传支死亡的病鸡，肾肿大，浅粉色，多数呈斑驳状的“花斑肾”。输尿管增粗呈白色，内有多量尿酸盐，严重者形成痛风，在心脏、肝脏等内脏器官的表面有白色尿酸盐附着。

腺胃型传支死亡的病鸡，腺胃显著肿大、胃壁增厚、胃黏膜水肿、充血、出血、坏死，肠道内黏液分泌增多，法氏囊、脾脏等免疫器官萎缩。

【诊断】根据流行病学、临床症状和病理剖检变化可作出初步诊断，但确诊还必须进行IBV的分离和鉴定、血清学诊断等实验室检验。

1. 病毒分离与鉴定 无菌采取数只急性期的病鸡气管渗出物或肺组织，经尿囊腔接种于10～11日龄的鸡胚或气管组织培养物中。48～72h后分别收获尿囊液或培养液，盲传4代，根据鸡胚矮小化或纤毛运动停止而判定为阳性，并进一步通过病毒理化特性、病原性和抗原性检测进行鉴定。

2. 血清学诊断 由于IBV抗体多型性，不同血清学方法对群特异和型特异抗原反应不同。酶联免疫吸附试验、免疫荧光及免疫扩散，一般用于群特异血清检测；中和试验、血凝抑制试验一般可用于型特异抗体检测。

本病应注意与新城疫、传染性喉气管炎、传染性鼻炎等鉴别诊断（表5－1）。新城疫呼吸道症状比IB更为严重，并出现神经症状和大批死亡；传染性喉气管炎很少发生于幼雏，高度呼吸困难，气管分泌物中有带血的分泌物，气管黏膜出血和气管中有血凝块；传染性鼻炎眼部明显肿胀和流泪，用敏感的抗菌药物治疗有一定疗效。肾型传染性支气管炎常与痛风相混淆，痛风一般无呼吸道症状，无传染性，且多与饲料配合不当有关，通过对饲料中蛋白质的分析、钙磷分析即可确定。

表5－1 鸡败血支原体感染、传染性鼻炎、传染性喉气管炎、传染性支气管炎鉴别诊断

病名	鸡败血支原体感染	传染性鼻炎	传染性喉气管炎	传染性支气管炎
病原	鸡败血支原体	鸡副嗜血杆菌	疱疹病毒	冠状病毒
流行病学	鸡、火鸡能自然感染，主要侵害4～8周龄幼鸡，呈慢性经过，病程1个月以上，可经蛋垂直传染	只有鸡能自然感染，1周龄内雏鸡有一定抵抗力，4周龄以上的鸡均易感，以育成鸡和产蛋鸡最易感，呈急性经过，病程4～18d	主要侵害成年鸡，传播迅速，发病率高，病程5～7d	各种年龄的鸡均可发病，但雏鸡最严重，传播迅速，发病率高，病程1～2周
主要症状	流鼻液，喷嚏，咳嗽，呼吸困难，出现啰音；后期眼睑肿胀，眼部突出，眼球萎缩，甚至失明	鼻腔与鼻窦发炎，流鼻涕，喷嚏，脸部和肉髯水肿；眼结膜炎，眼睑肿胀，严重者引起失明	呼吸困难，呈现头颈上伸和张口呼吸的特殊姿势；咳嗽，咳出血性黏液	咳嗽、喷嚏和气管啰音，雏鸡流涕；产蛋鸡产蛋减少和质量变劣
病理变化	鼻、气管、支气管和气囊内有黏稠渗出物，气囊膜变厚和浑浊，内含干酪样物	鼻腔和鼻窦黏膜卡他性炎症，表面有大量黏液；鼻窦、眶下窦和眼结膜囊内有干酪样物	喉头和气管黏膜肿胀、出血、溃疡，覆有纤维素性干酪样假膜，气管内有血性渗出物	鼻腔、气管、支气管黏膜卡他性炎症，有浆液性或干酪样渗出物；产蛋鸡卵泡充血、出血、变形，腹腔有卵黄物；肾型传支表现为肾脏肿胀和尿酸盐沉积
诊断	分离培养支原体；或取病料接种7日龄鸡胚卵黄囊，5～7d死亡，检查死胚；活鸡检疫可用凝集试验	分离培养鸡副嗜血杆菌；或取病料接种健康幼鸡，可在1～2d后出现鼻炎症状	取病料接种9～12日龄鸡胚绒毛尿囊膜，3d后绒毛尿囊膜出现增生性病灶，细胞核内有包涵体	取病料接种9～11日龄鸡胚绒毛尿囊腔，可阻碍鸡胚发育，胚体缩小成小丸形，羊膜增厚，紧贴胚体，卵黄囊缩小，尿囊液增多
防制	泰乐菌素、壮观霉素、链霉素和红霉素等有效	磺胺嘧啶、强力霉素、链霉素、红霉素等有效	尚无有效药物治疗，疫苗预防为主	尚无有效药物治疗，疫苗预防为主

【防制】本病预防应考虑减少诱发因素，提高鸡只的免疫力。搞好雏鸡饲养管理，鸡舍注意通风换气，防止过于拥挤，注意保温，适当补充雏鸡日粮中的维生素和矿物质，制定合理的免疫程序。

由于本病毒变异频繁，血清型多样，各型间交叉保护力弱甚至完全不保护，用单一血清型疫苗株免疫效果不理想，免疫接种应选用合适的血清型株或含多种血清型的多价苗，在用市售疫苗很难控制疫情时，最好分离到当地毒株制备多价灭活苗免疫种鸡和雏鸡。一般认为 M_{41} 型对其他型病毒株有交叉免疫作用。因此，目前常用的疫苗为 M_{41} 型的弱毒苗和油乳剂灭活苗。H_{120}、H_{52} 对呼吸型传支有很好的预防作用，其中 H_{120} 毒力较弱，免疫原性较差，适用于雏鸡初次免疫；H_{52} 毒力较强，免疫原性较强，适用于3周龄以上的鸡免疫和加强免疫；油苗各种日龄均可使用，多用于蛋鸡和种鸡开产前免疫。一般免疫程序为5～7日龄首免用 H_{120}；25～30日龄二免用 H_{52}；种鸡于120～140日龄用油苗作三免。使用弱毒苗应与NDV弱毒苗同时或间隔10d再进行NDV弱毒苗免疫，以免发生干扰作用。弱毒苗可采用点眼（鼻）、饮水和气雾免疫，油苗可作皮下或肌肉注射。

对肾型IB，可用弱毒苗Ma-5，于3～5日龄及20～30日龄各免疫1次。除此之外还可用多价灭活油剂苗按雏鸡0.2～0.3ml/羽、成鸡0.5ml/羽皮下注射。

目前，本病没有特效治疗方法。发病鸡群应注意改善饲养管理条件，降低鸡群密度，加强鸡舍消毒，并辅以中西医结合的对症疗法。由于实际生产中鸡群常并发细菌性疾病，故采用一些抗菌药物有一定的疗效。对肾型传染性支气管炎的病鸡，采用口服补液盐、0.5%碳酸氢钠、维生素C等药物投喂能起到一定的效果。中药常采用平喘止咳的一些药物，如双花、连翘、板蓝根、甘草、杏仁、陈皮等中草药配伍应用有一定效果。

【思考题】

1. 简述传染性支气管炎的临床症状和病理变化。
2. 使用传染性支气管炎疫苗时应注意哪些问题？

第三节　传染性喉气管炎

传染性喉气管炎（Infectious laryngotracheitis，ILT）是由疱疹病毒引起的鸡的一种急性高度接触性呼吸道传染病，以呼吸困难、咳嗽、咳出含有血液的渗出物，喉头和气管黏膜肿胀、出血并形成糜烂为特征。

本病1924年首次报道于美国，现已遍布世界养禽的国家和地区，中国有些地区呈地方流行。本病传播快，死亡率较高，对养鸡业危害较大。

【病原】传染性喉气管炎病毒（Infectious laryngotracheitis virus，ILTV）属疱疹病毒科α型疱疹病毒亚科的禽疱疹病毒1型。病毒粒子呈球形，为二十面体立体对称，有囊膜，表面有纤突，成熟病毒粒子直径195～250nm，核酸为双股DNA。

该病毒只有一个血清型，但不同毒株在致病性和抗原性均有差异，故给本病的防制带来一定困难。病鸡的气管组织及其渗出物中含毒最多，将病料接种9～12日龄鸡胚绒尿膜，经4～5d后可引起鸡胚死亡，在绒毛尿囊膜上可形成痘斑。

ILTV抵抗力很弱，55℃只能存活10～15min，37℃存活22～24h，但在13～23℃中能

存活10d。对脂类溶剂、热和各种消毒剂均敏感，3%来苏儿或1%苛性钠溶液等常用的消毒剂1min即可杀死病毒。

【流行病学】自然条件下本病主要侵害鸡，各年龄的鸡均可感染，但成年鸡尤为严重，且多表现典型症状。野鸡、鹌鹑、孔雀和幼火鸡也可感染，而其他禽类和实验动物有抵抗力。

病鸡和康复后的带毒鸡是主要传染源。病毒存在于气管和上呼吸道分泌液中，通过咳出血液和黏液而经上呼吸道和眼内感染。约2%康复鸡可带毒，时间可长达2年。易感鸡与接种活苗的鸡长时间接触，也可感染本病，说明接种活苗的鸡可在较长时间排毒。污染的垫料、饲料和饮水，可成为传播媒介。目前还未有ILTV能垂直传播的证据。

本病一年四季均可发生，但秋、冬寒冷季节多发。鸡群拥挤、通风不良、饲养管理不善、维生素A缺乏、寄生虫感染等，均可促进本病的发生。此病在易感鸡群内传播速度快，群间传播速度较慢，常呈地方流行性。感染率可达90%～100%，病死率一般平均在10%～20%，在高产的成年鸡病死率较高。

【临床症状】自然感染的潜伏期6～12d。突然发病和迅速传播是本病发生的特点。由于病毒的毒力和侵害部位不同，传染性喉气管炎在临床上可分为喉气管炎型和结膜炎型。

1. 喉气管炎型 由高度致病性病毒株引起，急性型病鸡的特征症状表现为鼻孔有分泌物和呼吸时发出湿性啰音，咳嗽、呼吸困难，病鸡呼吸时有向上向前伸头、张口动作，并伴有喘鸣声，咳嗽甩头，甩出带血的渗出物。检查口腔时，可见喉部黏膜上有淡黄色凝固物附着，不易擦去。若喉头被血液或纤维蛋白凝块堵塞，病鸡会窒息死亡，死亡鸡的鸡冠、肉髯呈暗紫色。病程5～7d或更长。有的逐渐恢复成为带毒者。

2. 结膜炎型 往往由低致病性病毒株引起，病情较轻型。表现为生长迟缓，产蛋减少、流泪、结膜炎，严重病例见眶下窦肿胀，产蛋鸡产蛋率下降，畸型蛋增多。发病率仅为2%～5%，病程长短不一，呈间隙性发生死亡。

【病理变化】典型的病变为喉和气管黏膜充血和出血。喉部黏膜肿胀，有出血斑，并覆盖黏液性分泌物，有时这种渗出物呈干酪样假膜，可能会将气管完全堵塞。炎症也可扩散到支气管、肺和气囊或眶下窦。结膜炎型病例，仅见结膜和窦内上皮水肿及充血。

【诊断】本病的诊断要点是：发病急，传播快，成年鸡多发；病鸡张口呼吸，喘气，有啰音，咳嗽时可咳出带血的黏液，有头向前向上吸气姿势，呼吸困难的程度比鸡的任何呼吸道病明显而严重；剖检可见气管出血，并有黏液、血凝块或干酪样物。根据这些流行病学、特征性症状和典型的病变，即可作出初步诊断。但症状不典型时，需进行实验室诊断。

1. 鸡胚接种 以病鸡的喉头、气管黏膜和分泌物，经除菌处理后，取0.1～0.2ml接种9～12d龄鸡胚尿囊膜，接种后4～5d鸡胚死亡，可见绒毛尿囊膜增厚，并出现痘斑样坏死病灶或出血点。

2. 包涵体检查 取发病后2～3d的喉头黏膜上皮，或将病料接种鸡胚，取死胚的绒毛尿囊膜作包涵体检查，见细胞核内有包涵体。

3. 血清学诊断 用已知抗血清与病毒分离物作中和试验可作出确诊，此外荧光抗体技术和免疫琼脂扩散试验也可作为本病的诊断方法。

【防制】

1. 加强饲养管理 鸡舍、运动场地、饲喂用具经常保持清洁卫生，鸡舍保持通风，改善饲养管理条件，降低饲养密度；严格坚持隔离消毒制度，易感鸡不与病愈鸡接触；新购进的鸡必须用少量的易感鸡与其作接触感染试验，隔离观察2周，易感鸡不发病，证明不带毒，此时方可合群。

2. 合理使用传染性喉气管炎疫苗

（1）*弱毒苗*　系在细胞培养上继代或在羽毛囊中继代致弱，或在自然感染鸡中分离的弱毒株。可用于14日龄以上的鸡，最佳接种途径是点眼，但点眼后3～4d可发生轻度眼结膜眼，个别鸡只出现眼肿，甚至眼盲。此时可用每毫升含1 000～2 000IU的庆大霉素或其他抗菌素滴眼。为防止鸡发生眼结膜炎，稀释疫苗时每羽份加入青霉素、链霉素各500IU。也可将疫苗涂擦在羽毛囊上接种，此法较安全，已广泛使用。

（2）*强毒株疫苗*　可用自然发病鸡喉气管分泌物以50%甘油生理盐水作5～10倍稀释后，用棉签或牙刷蘸取少量疫苗涂于泄殖腔上壁的黏膜上，4～5d后，黏膜出现水肿和出血性炎症，表示接种有效。但排毒的危险性很大，一般只用于发病鸡场，而且要将未接种疫苗的鸡与接种疫苗的鸡严格隔离。

由于弱毒疫苗可能会造成病毒的终生潜伏，偶尔活化和散毒，因此，一般情况下，在从未发生过本病的鸡场或地区不主张接种疫苗。应用生物工程技术生产的亚单位疫苗、基因缺失疫苗、活载体疫苗、病毒重组体疫苗可以克服常规疫苗引起的潜伏感染，将具有广阔的应用前景。

3. 治疗　发生此病要尽快清除传染源，迅速淘汰病鸡，隔离易感鸡群。对急性型病鸡可用镊子除去喉部和气管上端的干酪样渗出物，采用抗体加中药治疗。中鸡每羽注射鸡喉气管炎卵黄抗体2ml，大鸡3ml。结合投服三叶喉瘟宁散。中药喉症丸或六神丸对治疗喉气管炎效果也较好。应用平喘药物盐酸麻黄素每只鸡每天10mg，氨茶碱每只鸡每天50mg，饮水或拌料投服可缓解症状。结膜炎的鸡可用氯霉素眼药水点眼。对发病鸡群，病初期可用弱毒疫苗点眼，接种后5～7d即可控制病情，同时用环丙沙星或强力霉素饮水或拌料，防止继发细菌感染。耐过的康复鸡在一定时间内可带毒和排毒，因此需严格控制康复鸡与易感鸡群的接触，最好将病愈鸡只淘汰。

【思考题】

1. 使用传染性喉气管炎疫苗应注意什么？
2. 简述传染性喉气管炎的流行病学特点、临床症状与病理变化。

第四节　传染性法氏囊病

传染性法氏囊病（1nfection bursal disease，IBD）又称传染性腔上囊炎，是由传染性法氏囊病毒引起的主要危害雏鸡的一种免疫抑制性疾病。该病发病率高、病程短，主要特征为寒战、腹泻和法氏囊水肿、出血。

本病最早于1957年发生于美国特拉华的甘布罗，故又称甘布罗病。目前本病在世界各国和地区广泛流行，20世纪70年代末、80年代初传入中国，很快遍布全国各地，是中国近几年来严重威胁养鸡业的重要传染病之一。该病不仅可以引起雏鸡死亡率、淘汰率增加，更重要的是导致严重的免疫抑制，并可诱发多种疾病或使多种疫苗免疫失败。近几年来，由于超强毒株或变异株的出现，使本病的发生和流行出现了新的特点，加重了对养鸡业的危害。

【病原】 传染性法氏囊病毒（Infectious bursal disease vires，IBDV）属双股双节 RNA 病毒科、双股双节 RNA 病毒属。无囊膜，病毒粒子直径为 55～65nm。

本病毒能在鸡胚上生长繁殖，3～5d 鸡胚死亡，胚胎全身水肿，头部和趾部充血和小点出血，肝有斑驳状坏死。由变异株引起的病变仅见肝坏死和脾肿大，不致死鸡胚。

目前已知 IBDV 有 2 个血清型，即血清Ⅰ型（鸡源性毒株）和血清Ⅱ型（火鸡源性毒株）。血清Ⅰ型毒株中可分为 6 个亚型（包括变异株），这些亚型毒株在抗原性上存在明显的差别，这种毒株之间抗原性差异可能是免疫失败的原因之一。毒力的变异，导致超强毒株的出现是免疫失败或效果不理想的又一原因。

本病毒在外界环境中极为稳定，在鸡舍内能够长期存在。病毒特别耐热、耐阳光及紫外线照射。56℃3h 病毒效价不受影响，60℃90min 病毒不被灭活，70℃30min 可灭活病毒。病毒耐酸不耐碱，pH 值 2 时不受影响，pH 值 12 时可被灭活。病毒对乙醚和氯仿不敏感。3% 的煤酚皂溶液、0.2% 的过氧乙酸、2% 次氯酸钠、5% 的漂白粉、3% 的石炭酸、3% 福尔马林、0.1% 的升汞溶液可在 30min 内灭活病毒。

【流行病学】 鸡对本病最易感，各种品种的鸡都能感染，主要发生于 2～15 周龄的鸡，以 3～6 周龄的鸡最易感，近年来，该病发病日龄范围已大为扩展，小至 10 日龄左右，大到 138 日龄的鸡群均有发病的报道。成年鸡多呈隐性经过。

病鸡和带毒鸡是主要的传染源，其粪便中含有大量的病毒。病毒在污染鸡舍可持续存在 122d。小粉甲虫蚴可作为本病传播媒介。本病可直接接触传播，也可经污染的饲料、饮水、垫料、用具等间接接触传播。感染途径包括消化道、呼吸道和眼结膜等。尚无垂直传播的证据。

本病往往突然发病，传播迅速，当鸡舍发现有被感染鸡时，在短时间内该鸡舍所有鸡都可被感染。通常在感染后第 3 天开始死亡，5～7d 达到高峰，以后很快平熄，表现为高峰死亡和迅速康复。饲养管理不当、卫生条件差、消毒不严格、疫苗接种程序和方法不合理、鸡群有其他疾病等均可促使和加重本病的流行。本病还可对雏鸡造成免疫抑制，致使对多种疾病的敏感性增强和疫苗免疫失败。

【临床症状】 本病潜伏期为 2～3d。典型病例早期症状是有些鸡自啄泄殖腔，随即病鸡出现腹泻，排出白色黏稠或水样稀便，身体轻微震颤，走路摇晃，步态不稳。随着病程的发展，食欲逐渐消失，翅膀下垂，羽毛逆立无光泽，头垂地、闭眼，呈昏睡状。后期因严重脱水，趾爪干燥，眼窝凹陷，极度衰弱。死亡率一般为 30%，严重者可达 70%。

近年来发现 IBDV 亚型毒株或Ⅰ型变异株所致的亚临诊型，死亡率低，但其造成的免疫抑制严重。

【病理变化】 死于 IBD 的鸡表现脱水，腿部和胸部肌肉出血。法氏囊的病变具有特征性：感染早期，法氏囊充血、水肿、变大。感染 2～3d 后，法氏囊水肿和出血明显，体积增大，是正常法氏囊的 2～3 倍，外形变圆，浆膜覆盖有淡黄色胶冻样渗出物，法氏囊由正常的白色变为奶油黄色，严重出血时，呈紫黑色，似紫葡萄状。切开囊腔后，黏膜皱褶多混浊不清，黏膜表面有出血点或出血斑，腔内有脓性分泌物。5d 后法氏囊开始萎缩，8d 后仅为原来的 1/3 左右，此时法氏囊呈纺锤状。有些慢性病例，外观法氏囊的体积增大，囊壁变薄，囊内积存干酪样物。肾肿大苍白，呈花斑状，肾小管和输尿管有白色尿酸盐沉积。腺胃和肌胃交界处见有条状出血。

【诊断】根据突然发病、传播迅速、发病率高、有明显的高峰死亡曲线和迅速康复、法氏囊水肿和出血等流行病学特点和病变的特征就可作出诊断。由 IBDV 变异株感染的鸡，只有通过病毒分离鉴定、血清学试验和易感鸡接种才能确诊。

1. 病毒分离鉴定 取发病鸡的法氏囊和脾，经磨碎后制成悬液，接种于 9～12 日龄 SPF 鸡胚绒毛尿囊膜上。死亡鸡胚可见到胚胎水肿、出血。再用中和试验来鉴定病毒。

2. 琼脂扩散试验 本方法常用于 IBD 诊断、流行病学调查和免疫监测，但不能区分血清型差异。

3. 易感鸡接种试验 取病死鸡的典型病变的法氏囊，经磨碎制成悬液，经滴鼻和口服感染 21～25 日龄易感鸡，在感染后 48～72h 出现症状，死后剖检见法氏囊有特征性的病变。

本病通常有急性肾炎的变化，应注意与肾型传染性支气管炎相区别。肾型传染性支气管炎的雏鸡常见肾肿大，输尿管扩张并沉积尿酸盐，有时见法氏囊充血和轻度出血，但法氏囊无黄色胶冻样水肿，耐过鸡的法氏囊不见萎缩，腺胃和肌胃交界处无出血。

传染性法氏囊病的肌肉出血与鸡传染性贫血、缺硒、磺胺类药物中毒和真菌毒素引起的出血相似，但这些病都缺乏法氏囊肿大和出血的病变。

腺胃出血要与新城疫相区别，关键区别点是新城疫不具有法氏囊的肿大出血病变，并且多有呼吸困难和扭颈的神经症状。

【防制】

1. 实行科学的饲养管理和严格的卫生措施 平时应加强饲养管理，搞好环境卫生，严格消毒，切断各种传播途径，不同年龄的鸡分开饲养，采取全进全出的饲养方式。

2. 免疫接种 免疫接种仍是预防本病的最重要措施，特别是做好种鸡的免疫，以保障有足够高的母源抗体。

常用的疫苗有活疫苗或灭活疫苗。其中活疫苗有三种，一是弱毒力苗，对法氏囊无任何损伤，但免疫后保护力低，现不常使用；二是中等毒力苗，接种后对法氏囊有轻微的损伤，保护率高，在污染场使用这种疫苗效果好；三是中等偏强毒力型，对法氏囊损伤严重，并有免疫干扰。灭活疫苗有油乳剂灭活苗和囊组织灭活苗，一般用于活疫苗免疫后的加强免疫，其中囊组织灭活苗效果最好，但来源有限，价格较高，因此有时仅用于种鸡群。

种鸡群经灭活疫苗免疫后，可产生高的抗体水平，可将其传播给子代。如果种鸡在 18～20 周龄和 40～42 周龄经 2 次接种 IBD 油佐剂灭活苗后，雏鸡可获得较整齐和较高的母源抗体，在 2～3 周龄内得到较好的保护，能防止雏鸡早期感染和免疫抑制。

根据雏鸡的母源抗体水平确定雏鸡的首免时间，雏鸡出壳后每间隔 3d 用琼脂扩散法测定雏鸡的母源抗体，当鸡群的琼脂扩散法阳性率达到 30%～50% 进行首免，首免后 7～10d 进行二免。如果没有检测条件，可采用 10～14 日龄进行首免，20～24 日龄进行二免。所用的疫苗为中等毒力疫苗。

由于 IBDV 变异株的出现，使得近年来 IBD 的免疫失败增多，接种血清 I 型的 IBD 疫苗对变异株的感染得不到很好的保护作用。国外报道用变异株制成灭活苗或弱毒疫苗，不仅可以预防 IBD，而且对血清 I 型 IBDV 也能产生保护性免疫应答，可显著减少 IBD 的发病率和死亡率。

发病后应对鸡舍环境严格消毒、改善饲养管理、消除应激因素，发现病鸡及时隔离，死鸡要焚烧或深埋，选用有效的抗生素控制继发感染。病雏早期用高免血清或卵黄抗体治疗，并在饮水中加入复方口服补液盐以及维生素C、维生素K、复合维生素B或1%～2%奶粉，以保持鸡体水、电解质、营养平衡，促进康复。也可使用中草药进行治疗，该法是对农村散养或免疫失败者进行辅助治疗的重要措施。药物组成：板蓝根、蒲公英、大青叶各50g，双花、黄芩、黄柏、甘草各25g，霍香、生石膏各10g。用法：加水适量煎汤2～3次，过滤取汁，药汁凉后供100羽鸡一次性饮用，饮用前鸡群应停水3～4h，严重的病鸡灌服。

【思考题】

1. 简述鸡传染性法氏囊病的流行特点和病理变化。
2. 如何正确使用传染性法氏囊疫苗。
3. 为什么应高度重视传染性法氏囊病？

第五节　鸡马立克氏病

马立克氏病（Marek's disease，MD）是由疱疹病毒引起的最常见的一种鸡淋巴组织增生性疾病，以外周神经、性腺、虹膜、各种内脏器管、肌肉和皮肤的单核性细胞浸润和形成肿瘤为特征。该病常引起急性死亡、消瘦或肢体麻痹，传染力极强，在经济上造成巨大损失。

本病最早由匈牙利的兽医病理学家马立克氏（Joseph Marek）于1907年发现，直到20世纪60年代，才分离到了病毒，目前全世界所有养鸡的国家都有发生。自20世纪70年代广泛使用火鸡疱疹病毒苗以来，本病的损失已大大下降，但疫苗免疫失败屡有发生。近年来世界各地相继发现毒力极强的马立克氏病病毒，给本病的防制带来了新的问题。

【病原】马立克氏病毒（Marek's disease virus，MDV）为一种疱疹病毒。根据免疫荧光和免疫扩散试验的结果，可将MDV分3个血清型：1型为致瘤的MDV，如CVI988株；2型为不致瘤的MDV，如SB-1株；3型为火鸡疱疹病毒（HVT），如FC126株，不致瘤，常用于制造疫苗。

该病毒在鸡体组织内有两种存在形式：第一种是没有发育成熟的无囊膜的细胞结合毒，称不完全病毒子，存在于病鸡血液中的白细胞内及肿瘤病变组织细胞中，与细胞共存亡；第二种是有囊膜的完全病毒子，存在于病鸡的羽毛囊上皮细胞，随角化细胞脱落，成为传染性很强的细胞病毒，常伴随皮屑及尘埃传播。完全病毒子对外界环境有很强的抵抗力，污染的垫料和羽屑在室温下其传染性可保持4～8个月，在本病的传播中起主要作用。

MDV对热、酸、有机溶剂等理化因素的抵抗力不强，5%福尔马林、3%来苏儿、2%火碱、甲醛蒸气熏蒸等均可杀死病毒。

MDV感染可抑制鸡体的细胞免疫和体液免疫，因此在生产上应对MDV感染引起的免疫失败引起重视。

【流行病学】鸡是最重要的自然宿主，不同品种或品系的鸡均能感染，但对发生MD肿瘤的抵抗力差异很大。感染时鸡的年龄对发病的影响很大，特别是出雏和育雏室的早期感染可导致很高的发病率和死亡率。年龄大的鸡发生感染，病毒可在体内复制，并随脱落的羽囊皮屑排出体外，但大多不发病。本病最易发生在2~5月龄的鸡。

病鸡和带毒鸡是主要传染源。MD主要通过直接或间接接触传染，其传播途径主要是经带毒的尘埃通过呼吸道感染，并可长距离传播。目前尚无垂直传播的报道。

【临床症状】本病是一种肿瘤性疾病，潜伏期较长，若1日龄人工感染，感染鸡于3~4周龄出现症状和肉眼变化。自然感染潜伏期受病毒的毒力、感染剂量、感染途径以及鸡的遗传品系、年龄、性别的影响，存在很大差异。多数以8~9周龄发病严重，种鸡和产蛋鸡常在16~20周龄出现临诊症状，少数情况下，直至24~30周龄才发病。

根据症状和病变的部位分为4种类型：神经型、内脏型、眼型和皮肤型。

1. 神经型　由于病变部位不同，症状有很大区别。当坐骨神经受到侵害时，最早看到的症状为步态不稳，后完全麻痹，不能行走，蹲伏地上，或一腿伸向前方，另一腿伸向后方呈“大劈叉”的特征性姿势。翅神经受害时，病侧翅下垂。控制颈肌的神经受害可导致头下垂或头颈歪斜。迷走神经受害可引起嗉囊扩张或喘息。

2. 内脏型　多呈急性暴发，该型的特征是一种或多种内脏器官及性腺发生肿瘤。病鸡起初无明显症状，呈进行性消瘦，冠髯萎缩、颜色变淡、无光泽，羽毛脏乱，后期精神委顿，极度消瘦，最后衰竭死亡。

3. 眼型　出现于单眼或双眼，视力减退或消失。表现为虹膜褪色，呈同心环状或斑点状以至弥漫的灰白色，俗称“灰眼”。瞳孔边缘不整齐，呈锯齿状，而且瞳孔逐渐缩小，到严重阶段瞳孔只剩下一个针尖大小的孔，不能随外界光线强弱而调节大小，病眼视力丧失。

4. 皮肤型　肿瘤大多发生于翅膀、颈部、背部、尾部上方及大腿皮肤，表现为羽毛囊肿大，并以羽毛囊为中心，在皮肤上形成淡白色小结节或瘤状物。

【病理变化】神经型以外周神经病变为主，坐骨神经丛、腹腔神经丛、前肠系膜神经丛、臂神经丛和内脏大神经最常见。受害神经横纹消失，变为灰白色或黄白色，有时呈水肿样外观，局部或弥漫性增粗可达正常的2~3倍以上。病变常为单侧性，将两侧神经对比有助于诊断。

内脏器官最常被侵害的是卵巢，其次为肾、脾、肝、心、肺、胰、肠系膜、腺胃和肠道。肌肉和皮肤也可受害。在上述器官和组织中可见大小不等的肿瘤块，灰白色，质地坚硬而致密，有时肿瘤呈弥漫性，使整个器官变得很大。内脏的眼观变化很难与禽白血病等其他肿瘤病的相区别。

法氏囊的病变通常为萎缩，有时因滤泡间肿瘤细胞分布而呈弥漫性增厚，但不会形成结节状肿瘤，这是本病与鸡淋巴白血病的重要区别。

【诊断】MDV是高度接触传染性的，在商业鸡群中普遍存在，但在感染鸡中仅有一小部分表现出症状。此外，接种疫苗的鸡虽能得到保护不发生MD，但仍能感染MDV强毒。因此，是否感染MDV不能作为诊断MD的标准，必须根据疾病特异的流行病学、临诊症状、病理学和肿瘤标记作出诊断，而血清学和病毒学方法主要用于鸡群感染情况的检测。

本病应与禽淋巴白血病相区别（表5-2）。

表 5-2 马立克氏病与禽淋巴白血病的鉴别诊断

鉴别要点	马立克氏病	禽淋巴白血病
病原	α-疱疹病毒	禽白血病/肉瘤病毒群
发病年龄	8~16 周龄	16 周龄以上
蛋传播	--	+
传染性	+++	+
瘫痪或轻瘫	通常有	无
虹膜变化	褪色，呈灰白色	无
外周神经肿大	通常有	无
皮肤和肌肉肿瘤	有	无
法氏囊病变	常见萎缩	结节状肿瘤
肿瘤细胞的种类	小到大淋巴细胞、成淋巴细胞、浆细胞和 MD 细胞	大小一致的成淋巴细胞
T 淋巴细胞	60%~90%	少见
B 淋巴细胞	少见	91%~99%

【防制】

1. 免疫接种 雏鸡出壳 24h 内，需及时接种马立克氏病疫苗，免疫途径为颈部皮下注射。有条件的鸡场可在鸡胚 18 日龄用专用机械进行鸡胚接种。

用于制造疫苗的病毒有 3 种：人工致弱的 1 型 MDV（如 CVI988）、自然不致瘤的 2 型 MDV（如 SB1，Z4）和 3 型 HVT（如 FC126）。HVT 疫苗使用最广泛，因为制苗经济，而且可制成冻干制剂，保存和使用较方便。1 型毒和 2 型毒只能制成细胞结合疫苗，需在液氮条件下保存，又称液氮疫苗。多价疫苗主要由 2 型和 3 型或 1 型和 3 型病毒组成。近年来在有些用 HVT 疫苗免疫的鸡群仍发生 MD 超量死亡，这种免疫失败可由多种原因引起，其中包括母源抗体干扰、出雏和育雏期早期感染、存在超强毒 MDV 感染、应激或免疫抑制病如 IBDV、REV、呼肠孤病毒、强毒 NDV、A 型流感病毒和鸡传染性贫血病毒等。

2. 抗病育种 对不同品种或品系的鸡，疫苗产生的免疫力也不一样，有人发现用 HVT 疫苗免疫有遗传抗病力的鸡，效果比双价苗（HVT+SB1）免疫易感鸡的还要好。因此选育生产性能好的抗病品系商品鸡，是防制马立克氏病的一个重要方面。

3. 执行严格的生物安全性措施，严防早期感染 执行全进全出的饲养制度，避免不同日龄鸡混养；实行网上饲养和笼养，减少鸡只与羽毛、粪便接触；种蛋、出雏器和孵化室的消毒要严格，杜绝雏鸡早感染野毒。

本病的发病率和死亡率几乎相等，若确诊为 MD 时应将患病鸡及时淘汰，无治疗价值。

【思考题】

1. 马立克氏病在临床上常见哪些类型？该病与禽淋巴白血病的诊断要点是什么？
2. 如何防制马立克氏病？免疫失败的原因是什么？

第六节　禽白血病

禽白血病（Avian leukosis）是由禽白血病/肉瘤病毒群中的病毒引起的禽类多种肿瘤性疾病的统称。在自然条件下以淋巴白血病最为常见，其他如成红细胞白血病、成髓细胞白血病、髓细胞瘤、纤维瘤和纤维肉瘤、肾母细胞瘤、血管瘤、骨石症等出现频率很低。

本病是一种呈世界性分布的疾病。自1868年首次报道淋巴白血病以来，一直被认为是严重危害养禽业的最重要禽病之一。我国普遍存在该病，甚至某些地区还十分严重。尽管该病呈渐进性发生和持续的低死亡率，但由于垂直传播，使该病难以控制，尤其是患鸡免疫力下降，容易感染多种疾病，给鸡群的饲养管理带来极大困难。

【病原】禽白血病/肉瘤病毒群中的病毒属反转录病毒科禽C型肿瘤病毒属。

本群病毒分为A、B、C、D、E和J等亚群。A和B亚群的病毒是现场常见的外源性病毒；C和D亚群病毒在现场很少发现；而E亚群病毒则包括无所不在的内源性白血病病毒，致病力低；J亚群病毒是近年来从肉用型鸡中分离到的。

本群病毒对脂溶剂和去污剂敏感，对热的抵抗力弱。病毒材料需保存在-60℃以下，在-20℃很快失活。

【流行病学】鸡是本群所有病毒的自然宿主。人工接种可使多种禽类如野鸡、珠鸡、鸭、鸽、鹌鹑、火鸡和鹧鸪等发生肿瘤。鸡的年龄、性别及品种不同，发病率有很大差异。本病有86.6%发生在6~8月龄，6月龄以下（特别是4月龄以下）的鸡很少发生。母鸡的易感性比公鸡高。该病临诊病例的发生率相当低，一般仅为个别散发。饲料中维生素缺乏、内分泌失调等因素可促进本病的发生。

垂直传播是本病的主要传播方式，同群鸡也能通过直接或间接接触水平传播。病鸡和带毒鸡是传染源，大多数鸡通过与先天感染鸡的密切接触获得感染。感染的种蛋孵出的雏鸡将终身带毒，有免疫耐受性，并通过鸡蛋代代相传。

【症状和病变】本病的潜伏期和病程比较长，病鸡无特异的临床症状，主要表现为进行性消瘦，鸡冠萎缩，产蛋停止。不同病型的症状和病理变化有一定差别。

1. 淋巴细胞性白血病　是最常见的一种病型。在16周龄以下的鸡极为少见，至16周龄以后开始发病，在性成熟期发病率最高。病鸡精神委顿，全身衰弱，进行性消瘦和贫血，鸡冠、肉髯苍白，皱缩，偶见发绀。病鸡食欲减少或废绝，腹泻，产蛋停止。腹部常明显膨大，用手按压可摸到肿大的肝脏，最后病鸡衰竭死亡。

剖检可见发生于肝、脾、肾、法氏囊、心肌、性腺、骨髓、肠系膜和肺的肿瘤。肿瘤呈结节状或弥漫性，灰白色到淡黄白色，大小不一，切面均匀一致，很少有坏死灶。

2. 成红细胞性白血病　主要发生在成鸡，呈散发，发生率比较低。临床上分为增生型和贫血型两种病型，增生型主要特征是血液中存在大量幼稚型的成红细胞，肝、脾、肾肿大、骨髓樱桃红或暗红色；贫血型在血液中仅有少量未成熟细胞，以发生严重的贫血为特点，脾等内脏器官萎缩，骨髓色淡，呈胶样。两种病型的早期症状均为全身衰弱，嗜睡，鸡冠苍白或发绀，病鸡消瘦、下痢，病程长短不一，从几天到几个月。

3. 成髓细胞性白血病　较罕见，主要见于成鸡，症状与成红细胞性白血病相似，肝、脾弥漫性肿大，尤其是肝呈颗粒状，灰白色，骨髓增生呈苍白色。组织学检查，见大量成髓细胞于血管内外积聚，外周血液常出现大量的成髓细胞，其总数可占全部血液细胞的75%。

4. 骨髓细胞瘤病 病鸡的骨髓常见由骨髓细胞增生所形成的肿瘤，病鸡头部出现异常突起，胸和肋骨有时也有这种突起。剖检可见骨髓的表面靠近软骨处发生肿瘤，骨髓细胞瘤呈淡黄色、柔软、质脆或似干酪样，呈弥漫性或结节状，常为散发型，且两侧对称，该病病程较长，在自然条件下很少发生。

【诊断】 实际诊断中常根据血液学检查和病理学特征结合病原和抗体的检查来确诊。成红细胞性白血病在外周血液、肝及骨髓涂片，可见大量的成红细胞，肝和骨髓呈樱桃红色。成髓细胞性白血病在血管内外均有成髓细胞积聚，肝呈灰白色，骨髓呈苍白色。淋巴细胞性白血病应注意与马立克氏病鉴别（表5-1）。

【防制】 由于本病以垂直传播为主，水平传播仅占次要地位，先天感染的免疫耐受鸡是最重要的传染源，所以疫苗免疫对防制的意义不大，目前也没有可用的疫苗。降低种鸡群的感染率和建立无白血病的种鸡群是防制本病最有效的措施。目前主要通过ELISA检测和淘汰带毒母鸡以建立无白血病鸡群，加强孵化器、出雏器、育雏室的消毒，减少感染的机会，预防本病的发生和流行。

【思考题】

1. 常见的禽白血病有哪几种？简述其症状和流行病学特点。
2. 防制禽白血病的有效措施是什么？

第七节　禽传染性脑脊髓炎

禽脑脊髓炎（Avian encephalomyelitis，AE）又称流行性震颤，是一种主要侵害雏鸡中枢神经系统的病毒性传染病，以共济失调和头颈震颤为特征。

【病原】 禽脑脊髓炎病毒（Avian encephalomyelitis virus，AEV）属小RNA病毒科肠道病毒属。

AEV的不同毒株均为同一血清型，但野毒株和鸡胚适应毒株之间有明显生物学区别。大部分野毒株为嗜肠道性，易经口感染雏鸡。也有一些野毒株嗜神经性较强，雏鸡感染后出现严重的神经症状。通常野毒株对鸡胚无致死性，通过快速继代后才能适应鸡胚，适应鸡胚毒株具有高度嗜神经性，注射接种可引起所有年龄的鸡发病，对非免疫鸡胚有致病性。

病毒对氯仿、酸、胰酶、胃蛋白酶和DNA酶有抵抗力。病鸡脑组织在50%甘油中可保存90d左右，在-20℃低温保存428d；鸡胚和脑组织中病毒在4~6℃冰箱中保存数周滴度不下降。病毒耐热，50℃加热1h、常温下保存1个月或在pH值2.8的溶液中处理3h，病毒仍有感染力。粪便中的病毒至少能存活4周。福尔马林可迅速灭活病毒。

【流行病学】 鸡、雉鸡、火鸡、鹌鹑等均可自然感染，但鸡对本病最易感。各种年龄的鸡都可感染，但出现明显症状的多见于3周龄以下的雏鸡。禽传染性脑脊髓炎病毒具有很强的传染性，病禽通过粪便排出病毒，污染饲料、饮水、用具和人员可发生水平传播。另一重要的传播方式是垂直传播，感染后的产蛋母鸡，大多数在3周内所产的蛋含有病毒，用这些带毒种蛋孵化时，一部分鸡胚在孵化中死亡，另一些部分可孵出，出壳雏鸡可在

1～20 日龄之间发病，并出现典型临诊症状。产蛋母鸡在感染 4 周后，体内带毒和排毒随之减少或停止，同时逐渐产生循环抗体，所产的蛋孵出小鸡有母源抗体。

本病一年四季均可发生，发病率和死亡率随鸡群的易感性、病原毒力高低有所不同。雏鸡发病率一般为 40%～60%，死亡率 10%～25%，甚至更高。

【临床症状】 经胚胎感染雏鸡的潜伏期为 1～7d，经接触或经口感染的雏鸡潜伏期最短 11d。

自然发病通常在 1～2 周龄。病初精神不振，目光呆滞，随后发生进行性共济失调，常坐于脚踝，被驱赶而走动则显得不能控制速度和步态，最终倒卧一侧。随病情的发展，一般在 5d 后出现头颈部震颤，尤其是受到刺激或骚扰，震颤变得更明显而持久。部分存活鸡可见一侧或两侧眼球的晶状体混浊或浅蓝色褪色，眼球增大及失明。1 个月以上的鸡受到感染后，除血清学检查阳性外，没有明显的临诊症状。成年鸡感染可出现短时间产蛋量下降，下降幅度在 5%～15% 之间，蛋体变小。

【病理变化】 一般内脏器官无特征性的肉眼病变，个别病例能见到脑膜血管充血、出血。病雏唯一可见的肉眼变化是肌胃有带白色的区域，它由浸润的淋巴细胞团块所致，必须细心观察才能发现。成年鸡发病无上述病变。

主要的显微变化在中枢神经系统（CNS）和某些内脏器官。外周神经不受侵害，这有鉴别诊断意义。

【诊断】 根据本病仅发生于 3 周龄以下的雏鸡、以瘫痪和头颈震颤为主要症状、无明显肉眼病变、药物防治无效、种鸡曾出现一过性产蛋下降等，即可作出初步诊断。确诊需进行实验室诊断。

1. 病毒分离和鉴定　以刚出现症状的病鸡脑组织悬液，脑内接种 1 日龄易感雏鸡，接种后 1～4 周出现典型症状。也可将脑组织悬液经卵黄囊接种 5～7 日龄 SPF 鸡胚，待孵化至 18 胚龄收获病毒，连续传代至鸡胚出现明显病变。对分离到的病毒可进一步做理化特性和生物学特性鉴定。

2. 血清学诊断　常用的方法有琼脂扩散试验、ELISA 等。前者可用已知的抗原检查血清中的抗体，方法简单、特异性强；后者可用于大批量血清抗体的检查。此外，也可用荧光抗体技术进行组织病料的抗原检测。

鸡脑脊髓炎在症状上与新城疫、维生素 B_1 缺乏症、维生素 B_2 缺乏症以及维生素 E 和微量元素硒缺乏症有某些相似之处，临床上应注意区别。

【防制】 本病尚无有效治疗方法，主要是做好预防工作，不从发病鸡场引进种蛋或种鸡，平时做好消毒及环境卫生工作。

种鸡群在生长期接种疫苗，既可保证其在性成熟后不被感染，防止病毒通过蛋源传播，又能通过母源抗体的作用，使雏鸡在关键的 3 周龄之内不受 AEV 接触感染。此外，疫苗接种还可防止蛋鸡群感染 AEV 所引起的暂时性产蛋下降。方法是在 10～12 周龄用弱毒苗饮水、滴鼻或点眼，在开产前 1 个月用灭活油乳剂苗肌肉注射。根据成年带毒母鸡可经种蛋传播病毒的特点，弱毒苗至少在开产前 4 周接种，种鸡感染后 1 个月内产的蛋，不宜用作种蛋，以免造成更大的危害。

发病鸡群应扑杀并作无害化处理。如有特殊需要，可将鸡群隔离，给予舒适的环境，提供充足的饮水和饲料，添加维生素 E、维生素 B_1，避免病鸡被践踏等，可减少发病与死亡。

【思考题】

如何通过流行病学、临床症状和病理变化与新城疫、维生素缺乏相区别？

第八节　禽腺病毒感染

腺病毒科（Adenovifidae）中对动物致病的包括两个属，即哺乳动物腺病毒属和禽腺病毒属。在禽腺病毒感染中对鸡危害严重的有鸡包涵体肝炎、产蛋下降综合征，这两种病在世界上分布很广，对养禽业可引起严重的经济损失。

一、鸡包涵体肝炎

鸡包涵体肝炎（Avian inclusion body hepatitis，IBH）又称为贫血综合征（Anemia syndrome）是由禽腺病毒Ⅰ群引起的鸡的一种急性传染病。其特征是病鸡死亡突然增多，严重贫血、黄疸，肝肿大、脂肪变性、出血和坏死，肝细胞内出现核内包涵体。

本病1951年首次报道于美国，随后意大利、加拿大、英国、墨西哥、葡萄牙、德国、日本均有本病发生的报道，中国也有此病发生。

【病原】包涵体肝炎病毒属于禽腺病毒Ⅰ群。病毒粒子无囊膜，病毒核酸为双股DNA。本病毒对热较稳定，对酸、乙醚、氯仿敏感性差，但对福尔马林、次氯酸钠、碘制剂较为敏感。在室温下，可保持致病力达6个月之久，对外界环境的抵抗力较强。

病毒可在鸡胚肾细胞、鸡胚肝细胞、鸡胚成纤维细胞中繁殖，在鸡胚肾细胞上可形成蚀斑。该病毒有12个血清型（$F_1 \sim F_{12}$），F_1型病毒能凝集大鼠红细胞，多数毒株不凝集绵羊红细胞。血凝最适pH值6～9，温度在20～45℃。

【流行病学】本病主要感染肉仔鸡，多发生于3～9周龄，5周龄鸡最易感，产蛋鸡很少发病。垂直传播是本病主要的传播方式，病毒通过污染种蛋而传递，所以一旦传入很难根除。此外，该病也可通过与病鸡接触或被病鸡污染的禽舍、饲料、饮水经消化道而水平传播。本病多发于春、秋两季。

【临床症状】自然感染潜伏期为1～2d。本病在幼鸡群中常为突然发病，发病率很高，病程一般为10～14d。病死率10%左右，如有其他疾病混合感染时，病情加剧，病死率上升。病鸡表现精神沉郁，嗜睡，羽毛粗乱，排黄白色水样稀粪，贫血和黄疸。成年蛋鸡感染时，由于毒株差异，可使产蛋轻微下降或影响蛋壳质量。

【病理变化】典型病变为肝脏肿胀，质地脆弱易破裂，呈点状或斑驳状出血，并见有隆起坏死灶，脂肪变性，显微镜下可见肝细胞核内产生一种嗜酸性包涵体，着染红色，这是本病的一个特征性的变化，所以称做包涵体肝炎；肾脏肿胀呈灰白色并有出血点；脾有白色斑点状和环状坏死；骨髓呈灰白色或黄色；胸部及腿部肌肉有出血斑点。

【诊断】根据流行病学、典型症状和病变可以作出初步诊断，确诊需进行病原分离和血清学试验。取病鸡或病死鸡的肝脏，制备悬液，离心取上清液，除菌处理后接种于5日龄腺病毒阴性的鸡胚卵黄囊内，5～10d鸡胚死亡，见胚胎出血，肝坏死，胚肝印片中可以看到核内包涵体。中和试验必须取双份血清，即发病期和恢复期鸡的血清，才有现实诊断意义。另外还可进行免疫扩散试验、荧光抗体试验、ELISA 等血清学检验。

本病常发生于患过传染性法氏囊病的鸡群，肌肉出血及法氏囊萎缩不易区分，但本病的肝脏变化及包涵体较特异。

【防制】目前对鸡包涵体肝炎尚无有效疗法。雏鸡饲料中适当添加抗生素药物，可以减少并发细菌感染，降低病鸡死亡率。此外，结合补充维生素和微量元素（铁、铜和钴合剂），以促进贫血的恢复。

包涵体肝炎病毒血清型很多，所以还没有可靠的疫苗。一般应加强鸡群的饲养管理和消毒卫生，尽量消除一些能够降低鸡体抵抗力的应激因素，防止诱发本病。

二、产蛋下降综合征

产蛋下降综合征（Eggs drop syndrome，EDS_{76}）是由禽腺病毒Ⅲ群引起的一种以产蛋下降为特征的病毒性传染病，其主要表现为鸡群产蛋急剧下降，软壳蛋、畸形蛋增加，褐色蛋壳颜色变浅。

本病 1976 年首次报道发生于荷兰，1977 年分离到病毒，随后英国、法国、德国、匈牙利、意大利、美国、澳大利亚、日本、南朝鲜等 20 多个国家报道有本病发生，中国在 1991 年分离到病毒证实有本病存在。

【病原】产蛋下降综合征病毒属于禽腺病毒Ⅲ群，为无囊膜的双股 DNA 病毒。基因组 DNA 分子量比Ⅰ群病毒小。

EDS_{76}病毒含红细胞凝集素，能凝集鸡、鸭、鹅的红细胞，故可用于血凝试验及血凝抑制试验，血凝抑制试验具有较高的特异性，可用于检测鸡的特异性抗体。而其他禽腺病毒，主要是凝集哺乳动物红细胞，这与 EDS_{76}病毒不同。

在国内外分离到 EDS_{76}病毒株有十余个，国际标准毒株为 EDS_{76} - 127。已知各地分离到的毒株同属一个血清型。

病毒对乙醚、氯仿不敏感，对 pH 值适应谱广，0.3% 福尔马林 48h 可使病毒完全灭活。

【流行病学】本病主要感染鸡，自然宿主为鸭、鹅和野鸭，但均不表现临床症状。鸡的品种不同对病毒 EDS_{76}易感性有差异，产褐色蛋母鸡最易感。本病主要侵害 26 ~ 32 周龄鸡，35 周龄以上较少发病。

本病传播方式主要是垂直传播。但水平传播也不可忽视，因为从鸡的输卵管、泄殖腔、粪便、肠内容物都能分离到病毒，它可向外排毒经水平途径感染易感鸡。当病毒侵入鸡体后，在性成熟前对鸡不表现致病性，血清中也查不出抗体，在产蛋初期由于应激反应，致使病毒活化而使产蛋鸡发病，血清抗体才转为阳性。

【临床症状】感染鸡主要表现为突然性群体产蛋骤然下降，比正常下降 20% ~ 30%，甚至达 50%。病初蛋壳的色泽变淡，随后产畸形蛋，蛋壳粗糙像砂粒样，蛋壳变薄易破损，软壳蛋增多占 15% 以上。对受精率和孵化率没有影响，病程一般可持续 4 ~ 10 周。

【病理变化】发病鸡群很少死亡，无特异的病理变化。其特征性病变是输卵管各段黏膜发炎、水肿、萎缩，卵巢萎缩变小，或有出血，子宫黏膜发炎，肠道出现卡他性炎症。组织学检查，子宫、输卵管腺体水肿，单核细胞浸润，黏膜上皮细胞变性、坏死，病变细胞可见核内包涵体。

【诊断】多种因素可造成密集饲养的鸡群发生产蛋下降，因此，在诊断时应注意综合分析和判断。根据发病特点和症状可作出初步诊断，进一步确诊需进行实验室诊断。

1. 病原分离和鉴定 以病鸡的输卵管、泄殖腔、肠内容物和粪便作病料，经除菌处理后，以尿囊腔接种10～12日龄无腺病毒抗体的鸭胚。病料也可以接种于鸭胚和鸡胚成纤维细胞。分离的病毒发现有血凝现象，再用已知抗EDS_{76}病毒血清，进行HI试验或中和试验进行鉴定。

2. 血清学试验 HI试验是最常用的诊断方法之一，如果鸡群HI效价在1∶8以上，证明此鸡群已感染。此外还可应用中和试验、ELISA、荧光抗体和双向免疫扩散试验等方法诊断本病。

【防制】严格执行兽医卫生措施，加强鸡场和孵化厅消毒工作，在日粮配合中，注意氨基酸、维生素的平衡。杜绝EDS_{76}病毒传入，应从非疫区鸡群中引种，引进种鸡要严格隔离饲养，产蛋后经HI试验监测，只有HI抗体阴性者，才能留作种鸡用。

用油佐剂灭活苗对鸡免疫接种可起到良好的保护作用。鸡在110～130日龄进行免疫接种，免疫后HI抗体效价可达8～$9\log_2$，免疫后7～10d可检测到抗体，免疫期10～12个月。用ND + EDS_{76}二联油苗，或ND + EDS_{76} + IB三联油苗，均有良好的保护力。

近年来采用中药疗法可获满意效果。牡蛎60g，黄芪100g，蒺藜、山药、枸杞各30g，女贞子、菟丝子各20g，龙骨、五味子各15g。将以上药共研细末。按日粮的3%～5%比例添加，每日2次，连用3～5d为1疗程，喂后给予充足饮水，一般2个疗程可治愈。

【思考题】

1. 简述禽腺病毒所致的疾病有哪些？鸡包涵体肝炎的诊断要点是什么？
2. 哪些病可以引起产蛋下降？
3. 产蛋下降综合征与其他引起产蛋下降的疾病有何区别？

第九节　鸡传染性贫血

鸡传染性贫血（Chicken Infectious Anemia，CIA）是由鸡传染性贫血病毒引起的以再生障碍性贫血、全身淋巴器官萎缩和免疫抑制为主要特征的病毒性传染病。该病曾被称为蓝翅病、出血性综合征和贫血性皮炎综合征。

本病于1979年首次发现于日本，并分离到病毒。20世纪80年代世界上大多数养鸡发达的国家都先后有发生本病的报道，中国于1992年从东北某地分离到该病病毒。国内外的病原分离和血清调查结果表明，鸡传染性贫血病可能呈世界性分布。

【病原】鸡传染性贫血病毒（Chicken Infectious Anemia virus，CIAV）是圆环病毒科螺线病毒属唯一的成员，是一种近似细小病毒的环状单股DNA病毒，呈球形，无囊膜，无血凝性。血清交叉中和试验表明不同国家的CIAV分离毒株均属于同一个血清型，但不同病毒株毒力有一定差异。

病毒对乙醚和氯仿有抵抗力。在60℃耐1h以上，100℃15min可使之灭活。对酸稳定，在pH值3环境下作用3h仍然具有活性。福尔马林和含氯制剂可用于消毒。

【流行病学】本病只感染鸡，所有年龄的鸡都可感染，但对本病毒的易感性随日龄的增长而下降。肉鸡比蛋鸡易感，公鸡比母鸡易感。自然发病多见于2～4周龄鸡，有母源抗体的雏鸡可被感染，但不出现临诊症状。

自然情况下，本病的发病率为20%～60%，病死率一般为5%～10%，严重时可高达60%以上。传染性法氏囊病病毒、马立克氏病病毒、网状内皮组织增殖症病毒及免疫抑制药物能增强本病毒的传染性和降低母源抗体的保护力，从而增加鸡的发病率和病死率。

当本病毒与马立克氏病毒同时感染时，可促进马立克氏病毒在羽毛囊中扩散和肿瘤形成。当本病毒与传染性法氏囊病毒同时感染时，则加重了骨髓和胸腺细胞的破坏及病理变化的严重性。

本病毒能诱导雏鸡免疫抑制，不仅增加了并发和继发感染的易感性，而且降低了疫苗的免疫力，特别是对马立克氏病疫苗的免疫。

垂直传播是主要的传播方式，母鸡感染后3～14d内所产种蛋带毒，带毒的鸡胚出壳后很快发病和死亡。本病也可通过消化道和呼吸道水平传播，但只产生抗体反应，而不引起临床症状。

【临床症状】潜伏期约为4～12d。本病的特征性症状是严重的免疫抑制和贫血。病鸡精神委顿、虚弱、行动迟缓、羽毛松乱、生长不良、体重下降，喙、肉髯、面部皮肤和可视黏膜苍白。有的可见有腹泻，皮下出血，可能继发坏疽性皮炎。5～6d出现死亡高峰，其后逐渐下降。血液学检查，血液稀薄，凝结缓慢，红细胞和血红素明显降低，红细胞压积值降至20%以下，白细胞、血小板减少。如有继发感染，病情加重，死亡增多。感染后28d存活的病鸡可逐渐恢复正常，但大多生长迟缓。成年鸡一般不出现临床症状，产蛋量、受精率、孵化率均不受影响，但可通过卵传播病毒引起后代发病和死亡。

【病理变化】特征性的病变是骨髓萎缩，呈脂肪色、淡黄色或淡红色，常见有胸腺萎缩，甚至完全退化，呈深红褐色。法氏囊萎缩，体积缩小，外观呈半透明状。肝、脾、肾肿大，褪色。心脏变圆，心肌、真皮和皮下出血。腺胃固有层黏膜出血，严重的出现肌胃黏膜糜烂和溃疡。有的鸡有肺实质性变化。

【诊断】根据临诊症状和病理变化一般可作出初步诊断。但本病所出现的精神沉郁、发育不量和贫血等症状并不是其特有的，有多种原因可以引起类似症状。因此，确诊还需进行实验室诊断。

肝脏含有高滴度的病毒是分离CIAV的最佳材料，常用肝脏悬液加等量氯仿处理后接种于1日龄SPF雏鸡卵黄囊进行病毒分离培养。接种雏鸡后经14～16d后进行检查，如发现雏鸡红细胞压积值下降（低于27%），股骨骨髓变黄白色及胸腺萎缩等典型病变，即可确诊。血清学诊断可用中和试验、间接荧光抗体和ELISA等方法检测鸡血清和卵黄中的抗体。

【防制】本病无特异性治疗方法，通常采用抗生素控制细菌继发感染，但治疗效果不明显。本病尤其对肉鸡的威胁很大，可降低饲料转化率和体重，所造成的损失相当大。如与其他免疫抑制性疾病相互作用所造成的损失更大，所以对该病的防制具有双重意义。在引种前，必须对CIA抗体进行监测，严格控制CIA感染鸡进入鸡场。同时要加强卫生防疫措施，防止CIA的水平感染。

合理免疫接种，该病的商品疫苗已经在国外市场上销售使用。对种鸡在13～15周龄时，用鸡传染性贫血活毒疫苗饮水免疫，可有效地防止子代发病。值得注意的是，该疫苗免疫不能在产蛋前3~4周内进行，以防止通过种蛋传播疫苗病毒。

如果SPF鸡群存在本病，用这种SPF蛋孵化的鸡胚及其细胞培养所制的疫苗就有被CIAV污染的危险，不仅会影响到疫苗的免疫效果，还会造成CIAV的大范围传播，因此在育成SPF鸡群的过程中，应重视对CIAV的检查，并首先考虑从SPF鸡场清除该传染源。

【思考题】

1. 鸡传染性贫血的主要症状及其危害是什么？
2. 如何防制鸡传染性贫血？

第十节　禽病毒性关节炎

病毒性关节炎（Viral Arthritis）又称病毒性腱鞘炎，是由禽呼肠孤病毒引起的鸡和火鸡的一种病毒性传染病，以关节炎、腱鞘炎及腓肠肌腱断裂为主要特征。本病在多数情况下呈亚临床感染，但因运动障碍、生长停滞、淘汰率高（有时废弃率高达25%~40%）、屠宰率下降、饲料转化率降低、蛋鸡产蛋率下降等造成的经济损失非常严重。

本病首先发生于美国、英国和加拿大（1944~1963），目前世界上许多国家的鸡群中均有发生。中国自20世纪80年代初发现该病，肉鸡饲养密集的地区都有发生此病的报道。

【病原】本病病原为禽呼肠孤病毒（Avian Reovirus），属于呼肠孤病毒科、正呼肠孤病毒属的成员。无囊膜，呈20面体对称，直径约为75nm，基因组为由10个节段组成的双股RNA。

禽呼肠孤病毒毒株间有一个共同的抗原族，可以用免疫荧光和琼脂扩散试验来检查。毒株间抗原性不完全交叉，与哺乳动物的呼肠孤病毒没有相关性。以血清中和试验为基础，在日本已分离出4个血清型，在美国有5个血清型。有人通过对很多地区的毒株作比较试验，认为至少有11个血清型。该病毒不能凝集鸡、鸭、鹅、火鸡、牛、绵羊、兔、豚鼠、大鼠、小鼠和人O型血的红细胞。

该病毒对热有一定的抵抗能力，能耐受60℃8~10h。对乙醚不敏感。对H_2O_2、pH值3、2%来苏儿、3%福尔马林等均有抵抗力。70%乙醇和0.5%有机碘可以灭活病毒。

【流行病学】本病只感染鸡和火鸡，肉鸡比蛋鸡易感，5~7周龄的肉用仔鸡最常见。本病的发生与鸡的日龄有着密切的关系，日龄越小，易感性愈高，1日龄雏鸡最易感。随着日龄的增加，易感性降低。如感染年龄较大的鸡，则一般临诊症状较轻且潜伏期也较长。最近有人报道，鸭、鹅、鹦鹉也有一定的易感性。

病鸡和带毒鸡是主要的传染源，病毒可在鸡体内存留115~289d。本病既可水平传播又可垂直传播。排毒主要是通过粪便，粪便污染是接触感染的主要来源。

自然感染后，病毒首先在呼吸道和消化道复制，然后进入血液，24~48h后出现病毒血症，随后即向各组织器官扩散，但以关节腔、腱鞘及消化道的含毒量较高。在病毒血症期间，昆虫也可能起传播作用。

本病的传播速度与饲养方式和毒株有关，在平面饲养的肉鸡群则水平传播迅速，在笼养的蛋鸡群则传播缓慢，有些毒株的水平传播能力很大，有些毒株则小。

呼肠孤病毒可以垂直传播，但这种通过单的传播率很低，约为1.7%。

本病大多数鸡呈隐性感染，只有血清学和组织学的变化而无明显临床症状。

【临床症状】 潜伏期的长短因毒株的毒力、感染途径及鸡的品种不同而不等。足掌接种第2d即见症状，肌肉接种需要5～9d，鼻窦内或气管内接种需要9～11d，接触感染的潜伏期13～50d。

本病感染率高达95%～100%，死亡率不超过6%。多数感染鸡呈隐性经过，发病率仅5%～10%。急性发病鸡群，病初有较轻微的呼吸道症状，食欲减退，不愿走动，蹲伏，贫血，消瘦，胫关节、趾关节及连接的肌腱发炎肿胀，随后出现跛行。病程延长且严重时，可见一侧或两侧跗关节肿胀，跖骨歪扭，趾后屈。在日龄较大的肉鸡中可见腓肠腱断裂，导致顽固性跛行。病鸡因得不到足够的饮水和饲料而日渐消瘦、贫血、发育迟滞，少数逐渐衰竭而死。种鸡群或蛋鸡群感染后，关节变化不显著，仅表现产蛋量下降。

【病理变化】 病理变化主要见于跗关节、趾关节、趾屈肌腱及趾伸肌腱。急性病例，关节囊及腱鞘水肿、充血或点状出血，关节腔内含有少量淡黄色或带血色的渗出物，少数病例有脓性分泌物存在，有时含纤维素絮片。慢性病例，关节腔渗出物较少，关节硬固变形，表面皮肤呈褐色，甚至溃疡。切开关节囊可见关节软骨糜烂及滑膜出血，腱鞘显著水肿，严重病例可见肌腱断裂、出血和坏死等。有时还可见心外膜炎，肝、脾和心肌上有细小的坏死灶。

【诊断】 根据流行病学、临床症状及病理变化可作出初步诊断。确诊需要进行病毒分离鉴定及血清学试验。

1. 病毒分离与鉴定

（1）*病料的采集*　肿胀的腱鞘、跗关节或股关节液、气管及肠内容物、脾脏等均含有较多的病毒，可作为病料的采集部位。

（2）*鸡胚接种*　用5～7日龄无呼肠孤病毒的鸡胚，卵黄囊接种0.1～0.2ml可疑病料，3～5d后鸡胚死亡，可见胚体明显出血或紫红，内脏器官充血、出血，存活的鸡胚矮小，肝脾和心脏增大，有坏死点。或绒毛尿囊膜接种10日龄鸡胚，3～5d可见死亡鸡胚绒毛尿囊膜痘斑样病变和胞浆包涵体。

（3）*病毒鉴定*　通过病毒理化特性测定，结合琼脂扩散和病毒中和试验进行病毒鉴定。用鸡胚液经脚垫接种1日龄SPF雏鸡，应出现病毒性关节炎的典型病变。

2. 血清学试验　本病的血清学诊断多用琼脂扩散试验。该法主要用于流行病学调查。

本病易与传染性滑膜炎及葡萄球菌感染等相混淆，应注意鉴别。

传染性滑膜炎由滑膜支原体引起，病鸡关节腔内的渗出物比较黏稠，呈乳酪样，肉眼鉴别有困难时，可进行血清学试验或病原的分离鉴定。葡萄球菌病引起的关节炎多发生于2～4周龄的鸡，滑液混浊呈化脓性，细菌分离有大量的金黄色葡萄球菌，早期注射青霉素有效。

【防制】 目前尚无有效的治疗方法，对本病的预防和控制应采取综合性防疫措施。

1. 一般性措施　加强饲养管理和鸡舍的定期消毒是防制本病的关键。对商品鸡采取全进全出的饲养方式，每批鸡出售后要对鸡舍彻底清洗或用3% NaOH溶液消毒，并空置一段时间。不从有本病的鸡场引入鸡苗，防止发生经蛋传播。对患病种鸡要坚决淘汰，种蛋要慎重选择。

2. 免疫接种　用弱毒疫苗和灭活疫苗免疫种鸡是预防本病的最有效方法。因为1日龄雏鸡对呼肠孤病毒最易感，而至2周龄时已开始建立年龄相关抵抗力，所以疫苗接种的目的是提供早起保护，不仅可通过母源抗体保护1日龄雏鸡，而且对垂直传播有限制作用。若1日龄雏鸡接种疫苗，应注意有些疫苗毒株（S1133）对同时接种的马立克氏病疫苗有干扰作用。美国分离的天然无致病性呼肠孤病毒做成的疫苗可能比S1133毒株苗更适用于1日龄雏鸡和马立克氏病疫苗同时使用。种鸡群的免疫可以用活疫苗、灭活苗或二者并用。在先使用活疫苗的情况下，灭活苗的效力更强。如果使用活疫苗，则应在开产前进行免疫，以防经卵垂直传播疫苗毒。种鸡群的免疫还应注意只对同一血清型的病毒提供保护，所以在选用疫苗之前应了解当地流行毒株的血清型。

【思考题】

1. 病毒性关节炎诊断要点是什么？
2. 禽病毒性关节炎疫苗预防应注意哪些问题？

第十一节　网状内皮组织增殖症

禽类的网状内皮组织增殖症（Reticulo Endotheliosis，RE）是一种由网状内皮组织增殖症病毒引起的以淋巴网状细胞增生为特征的肿瘤性疾病。包括急性致死性网状细胞瘤、矮小综合征以及淋巴组织和其他组织慢性肿瘤。家禽感染网状内皮组织增殖症，在某些时候可能与使用污染了该病病毒的疫苗有关。该病可引起免疫抑制，从而加重并发症的严重程度。

本病是除马立克氏病和淋巴细胞性白血病以外病因清楚的第三种禽类肿瘤性疾病。

【病原】网状内皮组织增殖症病毒（REV），属于反转录病毒科、哺乳动物C型反转录病毒属、禽网状内皮组织增生病病毒群的成员。病毒粒子呈球形，有壳粒和囊膜，其大小与禽白血病病毒相似，直径约100nm，但其类核体具有链状或假螺旋状结构，这一点与禽白血病病毒不同。目前分离到的毒株虽然致病力不同，但都具有相似的抗原性，均属于同一血清型。

REV可以在鸡胚绒毛尿囊膜上产生痘斑样病变，并常导致鸡胚死亡。可在鸡胚、鸭胚、火鸡胚和鹌鹑胚等成纤维细胞培养物增殖，但一般不产生细胞病变。

REV分为复制缺陷型和非缺陷型两种。1958年首次在美国从患有内脏肿瘤的火鸡体内分离出来REV原型病毒，称为T株，为复制缺陷型病毒，具有严重的致瘤性。其他毒株均为非缺陷型病毒，它们与矮小综合征和慢性肿瘤有关。矮小综合征和慢性肿瘤均可自然发生，但T株引起的急性网状细胞瘤尚未发现自然病例。

【流行病学】本病主要发生于火鸡、鸭、鹅、鸡、鹌鹑、野鸡和珍珠鸡，其中以火鸡最易感。本病在商品及鸡群中呈散在发生，在火鸡和野生水禽中可呈中等程度流行。病禽出现病毒血症期间，其粪便及眼和口腔分泌物中常带毒。病毒可通过感染的鸡和火鸡经接触而发生水平传播，也有报道本病毒可通过鸡胚垂直传播。

用污染REV的疫苗接种鸡在本病的传播上具有重要意义。已有报道用污染REV的马立克氏病疫苗或禽痘疫苗对鸡进行接种可引起污染REV的人工感染，这种情况往往导致鸡群免疫失败或大批发生矮小综合征。

【症状及病变】本病在临床上常表现为急性致死性网状细胞瘤、矮小综合征以及淋巴组织和其他组织慢性肿瘤。

1. 急性网状细胞瘤　急性网状细胞瘤是由复制缺陷型 REV T 株引起的。人工感染后潜伏期最短 3d，多在潜伏期过后的 6～21d 内死亡。无明显的临床症状，病死率可达 100%。

剖检可见肝、脾肿大，质地稍硬，表面和切面可见呈弥漫性或结节样分布的灰白色瘤样病灶。类似的病灶还可见于胰腺、肾脏和性腺。病理组织学变化可见肿瘤是由幼稚型的网状细胞所构成，瘤细胞异型性明显，大小不一致，核多呈空泡状。

2. 矮小综合征　矮小综合征是指由几种与非缺陷型 REV 毒株感染有关的非肿瘤病变。临床表现生长发育缓慢或停滞，消瘦，贫血，羽毛松乱或稀少等症状。

剖检除见尸体消瘦外，常有血液稀薄、出血、腺胃糜烂或溃疡，以及胸腺与腔上囊萎缩等变化。有的见肾脏稍肿大，两侧坐骨神经肿大，横纹消失。

3. 慢性肿瘤　是由非缺陷型 REV 毒株引起，它包括鸡、火鸡经长期潜伏期后发生的淋巴病和经过较短潜伏期引起的肿瘤，分布于各内脏器官和外周神经中。对这些淋巴瘤的特征尚待深入研究。

【诊断】根据典型的肉眼病变和组织学变化可以作出本病的初步诊断，但确诊还需做病原学和血清学检查，进一步证明 REV 或 REV 抗体的存在。

1. 病毒分离与鉴定　病料可采集口腔和泄殖腔拭子、脾脏或肿瘤组织、血浆、全血和外周血液淋巴细胞，其中以外周血液淋巴细胞最好。将病料处理后分别接种在鸡胚成纤维细胞单层上，至少盲传 2 代，每代 7d，可通过观察细胞病变、免疫荧光试验、免疫过氧化物酶试验测定培养物或血液中的 REV。也可以将分离出来的病毒腹腔接种于 1 日龄雏鸡，以复制典型病例和进一步做中和试验加以鉴定。

2. 血清学检查　我国规定用琼脂扩散（AGP）和荧光抗体试验（FA），另外也推荐使用 ELISA 的检测方法。

3. 鉴别诊断　本病应与马立克氏病和淋巴细胞白血病相区别（表 5－3）。此外，还应注意与因饲料不良等原因引起的生长发育迟缓进行区别。

表 5－3　网状内皮组织增殖症、马立克氏病、禽淋巴白血病鉴别诊断

病 名	网状内皮组织增殖症	马立克氏病	禽淋巴白血病
病 原	网状内皮组织增殖症病毒	疱疹病毒	禽白血病/肉瘤病毒群
流行特点	鸡和火鸡最易感，尤其是鸡胚和新孵出的雏鸡，可引起严重的免疫抑制或免疫耐受，垂直传播	2 周龄以内的雏鸡易感，2～4 月龄出现症状	肉鸡最易感，4 月龄以上出现症状，垂直传播是主要的传播方式
主要症状	几乎见不到临床症状即已死亡，病死率 100%	劈叉姿势，跛行或瘫痪，垂翅、斜颈。病程长的则表现消瘦贫血，体重减轻，羽毛蓬松、干燥、无光泽	无特异的临床症状，部分患有肿瘤的病鸡表现消瘦、头部苍白，肝部肿大而导致其腹部增大，产蛋量降低
病理变化	肝、脾肿大，伴有局灶性或弥漫性浸润病变	一侧外周神经肿胀，横纹消失；内脏器官、皮肤可见肿瘤	肝脏、脾脏肿大，可见肿瘤结节；法氏囊肿大，卵巢灰白色，外观呈菜花状

（续表）

病 名	网状内皮组织增殖症	马立克氏病	禽淋巴白血病
诊 断	病毒分离与鉴定、琼脂扩散试验	琼脂扩散试验	分子生物学诊断
防制	尚无特异性防制方法	尚无有效药物治疗，淘汰。疫苗免疫效果较好	尚无有效药物治疗，淘汰

【防制】目前无有效的防治方法。防制可参照禽白血病的综合性防疫措施。禁止用病鸡的种蛋孵化雏鸡，对种鸡场进行检测、淘汰阳性鸡。发现被感染的鸡群应采取隔离措施，并捕杀、烧毁或深埋病鸡。对污染的鸡舍彻底清洗、消毒。使用马立克氏病疫苗时，应特别注意疫苗无 REV 污染。

【思考题】

1. 网状内皮组织增殖症具有经济意义的疾病有哪些？
2. 如何防止疫苗被 REV 污染？

第十二节 鸭 瘟

鸭瘟（Duck Plague）又名鸭病毒性肠炎（Duck Virus Entertis），俗称“大头瘟”，是由鸭瘟病毒引起的鸭和鹅的一种急性、热性、败血性、接触性传染病。其病理特征为广泛性血管损伤、组织出血、消化道黏膜丘疹样变化、淋巴器官损伤和实质器官变性。

本病最早在 1923 年发生于荷兰，以后相继在法国、比利时和印度发生，1967 年在美国东海岸流行，中国 1957 年首次报道本病。本病传播迅速，发病率和病死率都很高，是严重地威胁养鸭业的重要传染病之一。

【病原】鸭瘟病毒（Duck plague virus，DPV）属疱疹病毒科疱疹病毒属。病毒粒子呈球形，有囊膜，基因组为双股 DNA。

鸭瘟病毒能在 9 ~ 12 日龄鸭胚中生长繁殖和继代，随着继代次数增加，鸭胚在 4 ~ 6d 死亡，死亡的鸭胚全身水肿、出血，绒毛尿囊膜有灰白色坏死点，肝脏有坏死灶。此病毒也能适应于鹅胚，但不能直接适应于鸡胚。

病毒存在于病鸭各组织器官、血液，分泌物和排泄物中。肝、脑、食道、泄殖腔含毒量最高。病毒毒株间的毒力有差异，但各毒株之间抗原性相似。本病毒对禽类和哺乳动物的红细胞没有凝集现象。

病毒对外界的抵抗力不强，加热 80℃经 5min 即可死亡。病毒在 4 ~ 20℃污染禽舍内存活 5d，但对低温抵抗力较强，－10 ~ －20℃经 1 年对鸭仍有致病力。病毒对乙醚和氯仿等常用消毒剂敏感。

【流行病学】本病主要发生于鸭，各种年龄和品种的鸭均可感染。但以番鸭、麻鸭、绵鸭最易感，北京鸭敏感性较差。在鸭瘟流行时，成年鸭发病与死亡较为严重，1 月龄以下的小鸭发病较少，但人工感染时，小鸭较成年鸭易感，死亡率亦高。鹅也能感染发病，但很少构成流行。在其他禽类中，雏鸡、野生水禽、大雁等通过人工接种均易感。

病鸭和带毒鸭是本病主要传染源，其分泌物和排泄物及羽毛等均带有病毒。另外带毒的水禽、飞鸟之类也可能成为病毒的传递者。健康鸭通过接触带毒的粪便及其污染的饲料、饮水、饲养工具等，可经消化道感染发病。也可以通过眼结膜、呼吸道、泄殖腔、交配和损伤的皮肤感染。

本病一年四季均可发生，但以春秋鸭群的运销旺季最易发病流行。发病高峰时病死率可达90%以上，经济损失惨重。

【临床症状】自然感染的潜伏期一般为2～4d。病初体温升高达43℃以上，呈稽留热。病鸭精神委顿，食欲减少或停食，渴欲增加，羽毛松乱无光泽，双翅下垂。两腿麻痹无力，喜卧不愿走动。病鸭不愿下水，若强迫下水，也无力游动，并挣扎回岸。

病鸭的特征性症状是流泪、眼睑水肿。眼周有脓性分泌物，上下眼睑粘结。鼻腔有分泌物，呼吸困难，间有咳嗽，常伴有湿性啰音。病鸭头和颈部肿胀，故有“大头瘟”或“肿头瘟”之称。病鸭常发生下痢，排出绿色或灰白色稀粪。病后期体温下降，精神委靡，一般病程为2～5d，慢性病例一般在1周以上，病鸭消瘦、发育迟缓。鸭群的产蛋量明显下降，且畸形蛋增加。随着死亡率的上升，可减产70%以上，甚至完全停产。

【病理变化】主要病变是出现急性败血症变化。全身小血管受损，导致组织出血和体腔溢血，尤其消化道黏膜出血和形成假膜或溃疡，淋巴组织和实质器官出血、坏死。部分头颈肿胀的病例，皮下组织发生不同程度的炎性水肿，有黄色胶样浸润。

食道与泄殖腔的病变具有特征性。食道黏膜和泄殖腔黏膜有黄色假膜覆盖或小点出血，假膜易剥离并留下溃疡斑痕。食道膨大部分与腺胃交界处有一条灰黄色坏死带或出血带，肌胃角质膜下层充血和出血。肠黏膜充血、出血、以直肠和十二指肠最为严重。肝表面和切面有大小不等的灰黄色或灰白色的坏死点，少数坏死点中间有小出血点，这种病变具有诊断意义。脾脏体积缩小，呈黑紫色。

鹅病变与鸭相似，可见食道黏膜有散在的坏死灶和溃疡，肝有坏死点和出血点。

【诊断】根据流行病学、症状和病变可作出初步诊断。本病传播迅速，发病率和病死率高，特征性症状为体温升高，流泪、眼睑水肿，两腿麻痹和头颈肿胀；有诊断意义的病变为食道和泄殖腔黏膜溃疡并有假膜覆盖，肝脏有坏死灶及出血点。确诊需作实验室检查。

1. 病毒分离和鉴定　采集病死鸭的肝、脾等组织，制成匀浆，除菌处理后通过尿囊腔或绒毛尿囊膜途径接种9～14日龄非免疫鸭胚，观察4～6d死亡鸭胚绒毛尿囊膜和肝脏的病理变化。也可将病料接种鸭胚成纤维细胞培养，观察细胞病变或空斑的产生。对培养物可用已知的鸭瘟血清做中和试验，即可鉴定病毒。

2. 血清学诊断　可以检查血清中特异性抗体。常用的方法有琼脂扩散试验、中和试验、ELISA和Dot-ELISA等。

本病应注意与鸭巴氏杆菌病相区别。鸭巴氏杆菌病一般发病急，病程短，能使鸡、鸭、鹅等多种家禽发病，而鸭瘟自然感染仅见于鸭，鹅和鸡不感染。鸭巴氏杆菌病头颈不肿胀，食道和泄殖腔黏膜也不形成假膜，肝脏的坏死点仅针尖大，且大小一致，取病死鸭的心血或肝作抹片，镜检可见两极着色的小杆菌，应用磺胺类药物或抗生素治疗疗效较好。

【防制】坚持自繁自养，需要引进种蛋、种雏或种鸭时，一定要从无病鸭场购入，并经严格检疫，确实证明无疫病后，方可入场。禁止到鸭瘟流行区域和野生水禽出没的水域放养。病愈和人工免疫的鸭均获得坚强免疫力。目前使用的疫苗有鸭瘟鸭胚化弱毒苗和鸡胚化弱毒苗。雏鸭20日龄首免，4~5个月后加强免疫1次即可。

一旦发生鸭瘟时，立即采取隔离和消毒措施，对鸭群用疫苗进行紧急接种。禁止病鸭外调和出售，停止放养，防止扩散病毒。在受威胁区内，所有鸭和鹅应注射鸭瘟弱毒疫苗，母鸭的接种最好安排在停产时，或产蛋前1个月。

对经济价值较高的鸭，可在病初肌肉注射鸭高免血清0.5ml/只，也可用聚肌胞肌肉注射1mg/只，三日一次，连用2~3次，可收到良好疗效。

据报道，中药治疗本病可以取得较好的效果。龙胆草、木香各15g，黄连、黄柏、栀子、茵陈、大黄各10g，枳壳6g，甘草5g，木香磨汁或浸泡1d，其他药煮沸10min去渣，收取药液浸泡大米可喂50只病鸭。

【思考题】

1. 简述鸭瘟的临床症状和病理变化。
2. 鸭瘟和鸭巴氏杆菌病的鉴别要点是什么？

第十三节 鸭病毒性肝炎

鸭病毒性肝炎（Duck Virus Hepatitis，DVH）是由鸭肝炎病毒引起的雏鸭的一种急性、高度致死性传染病。本病发病急、传播快、病死率高，临床表现角弓反张，病理变化为肝脏肿大和出血。

本病于1949年首次发生于美国纽约，并于1950年首次用鸡胚分离到病毒。此后在英国、加拿大、德国、意大利、印度、法国、前苏联、匈牙利、日本等国家陆续报道了该病的流行。中国部分省市和地区亦有本病的发生。

【病原】鸭肝炎病毒（Duck hepatitis virus，DHV）属于微RNA病毒科肠道病毒属，基因组为RNA，病毒大小约20~40nm。该病毒不能凝集禽和哺乳动物红细胞。

DHV有3个血清型，即血清Ⅰ、Ⅱ、Ⅲ型。中国及世界多数国家流行的鸭肝炎病毒为血清Ⅰ型，Ⅱ型只见于英国的报道，Ⅲ型目前仅局限于美国，中国近几年也有分离到血清Ⅲ型的报道。三个血清型之间无抗原相关性，不产生交叉保护和交叉中和作用，与人肝炎病毒和犬传染性肝炎病毒无抗原相关性。

病毒对氯仿、乙醚、胰蛋白酶和pH值3.0有抵抗力。在56℃加热60min仍可存活，但加热至62℃ 30min即被灭活。在1%福尔马林或2%氢氧化钠溶液中2h（15~20℃）、在2%漂白粉溶液中3h、在0.25%β-丙内酯37℃30min均可使病毒灭活。在自然条件中，病毒可在污染的鸭舍中存活10周，在阴湿处粪便中存活37d以上，在4℃存活2年以上，在-20℃则可长达9年。

【流行病学】本病主要感染鸭，3周龄以下的雏鸭发病率和死亡率均很高，1周龄内的雏鸭病死率可达95%，1~3周龄的雏鸭病死率为50%，4~5周龄的小鸭发病率与死亡率较低，成年鸭呈隐性感染。鸡、火鸡和鹅在自然条件下不感染。

本病传染性极强，在野外和舍饲条件下可迅速传播给鸭群中的全部易感小鸭。病鸭和带毒鸭是主要的传染源，感染多由从发病场购入带病毒的雏鸭引起。由参观人员、饲养人员的串舍以及被污染的用具、垫料和车辆引起的传播也经常发生。本病主要通过接触传播，经呼吸道传播也可感染。野生水禽也可带毒，鸭舍中的鼠类在病毒传播方面起着重要作用，病愈鸭仍可通过粪便排毒1～2个月。尚未证实病毒可经卵传播。

雏鸭的发病率和病死率均很高，1周龄内的雏鸭病死率可达95%，随着日龄的增长，发病率和死亡率显著降低，1～3周龄的雏鸭病死率为50%或更低，1月龄以上的小鸭几乎不死亡。

本病一年四季均可发生，但在孵化季节多发。饲养管理不当，鸭舍内湿度过高，密度过大，卫生条件差，缺乏维生素和矿物质等均可促使本病发生。

【临床症状】本病的潜伏期很短，仅1～2d。雏鸭患病后首先表现精神委靡，缩颈，翅下垂，不能随群走动，常蹲下，眼半闭，打瞌睡，厌食，共济失调。发病半日到1日即发生全身性抽搐，病鸭多侧卧，头向后背，呈角弓反张姿态，故俗称“背脖病”。两脚痉挛性地反复踢蹬，有时在地上旋转。出现痉挛后约十几分钟即死亡。喙端和爪尖瘀血呈暗紫色，少数病鸭死前尖叫，排黄白色和绿色稀粪。1周龄内的雏鸭严重暴发时，死亡极快。

【病理变化】典型的病变主要发生在肝脏。肝脏肿大，质脆，色暗或发黄，表面有大小不等的出血斑点，胆囊肿大，充满褐色、淡茶色或淡绿色的胆汁；脾、肾有时也肿大。其他器官没有明显变化。

【诊断】本病发病急，传播迅速，病程短，3周龄内死亡率高，成年鸭不发病，病鸭有明显的神经症状，病变主要表现为肝脏肿大和出血。根据这些特点可作出初步诊断。

确诊可做病毒中和试验，取病鸭血液或肝组织悬浮液，接种于1～7日龄无母源抗体的雏鸭，通常于接种24h后出现该病的典型症状和病变，而接种同一日龄的具有鸭病毒性肝炎母源抗体的雏鸭，则有80%～100%的保护率，即可确诊。

鉴别诊断应注意与鸭瘟、鸭巴氏杆菌病、球虫病和黄曲霉中毒等相区别。鸭瘟成年鸭发病与死亡较为严重，1月龄以下的小鸭发病较少，肝脏有出血病变和坏死灶，但伴有肠道、食道和泄殖腔出血和形成伪膜或溃疡。鸭巴氏杆菌病具有特征性的肝肿大，散布针尖大小的坏死点和心外膜出血，十二指肠出血等变化，肝和心血涂片镜检，可见两极染色的巴氏杆菌。球虫病可使小鸭急性死亡，症状也见有角弓反张，但病变出现肠道肿胀，出血与黏膜坏死，肝脏无出血变化，肠内容物涂片镜检，可见有大量裂殖体和裂殖子存在。黄曲霉中毒也可出现共济失调、抽搐和角弓反张，但不引起肝脏出血。

【防制】制定严格的防疫和消毒制度，实行自繁自养和全进全出的饲养管理模式，防止本病的传入和扩散。

在常发地区可用鸡胚化鸭肝炎弱毒疫苗给临产种母鸭免疫接种，这些母鸭的抗体至少可维持4个月，其后代雏鸭母源抗体可保持2周左右，如此即可渡过最易感的危险期。但在一些卫生条件差、常发肝炎的鸭场，则雏鸭在10～14日龄时仍需进行一次主动免疫。未经免疫的种鸭群，其后代1日龄时经皮下或腿肌注射0.5～1.0ml弱毒疫苗，即可受到保护。

目前本病尚无有效物治疗方法。发病鸭群或受威胁的雏鸭群，可经皮下注射康复鸭血清或高免血清或免疫母鸭蛋黄匀浆0.5～1.0 ml，可降低发病率和死亡率，控制该病的流行。对发病初期的病鸭及时注射鸭病毒性肝炎高免卵黄抗体或血清每只1～1.5ml，治愈率80%～90%。板蓝根、黄芩、蒲公英、地丁各100g，茵陈、地骨皮、夏枯叶各120g，连翘80g，柴胡、升麻各70g，苍术、白术各40g，共同粉碎后按每只鸭每日3g的量加入饲料中饲喂，连用5～7d，对该病有一定的防治作用。

【思考题】

简述鸭病毒性肝炎的流行病学、临床症状和病理变化。

第十四节 小鹅瘟

小鹅瘟（Gosling plague，GP）又称鹅细小病毒感染、雏鹅病毒性肠炎，是由小鹅瘟病毒引起雏鹅和雏番鸭的一种急性或亚急性败血症，临床以急剧下痢、神经症状及高病死率为特征。

1956年方定一首先在我国的江苏省扬州地区发现本病并分离出病原，并建议将本病定名为小鹅瘟。1971年Schettlei确定此病原为细小病毒。国内大多数养鹅省区均有发生。1965年后欧洲和亚洲的许多国家均报道了本病的存在。

【病原】小鹅瘟病毒（Gosling plague vires，GPV）属细小病毒科细小病毒属。病毒粒子呈圆形或六角形，无囊膜，直径为20～40nm，是一种单链DNA病毒。与哺乳动物细小病毒不同，本病毒无血凝活性，与其他细小病毒亦无抗原关系。国内外分离到的小鹅瘟毒株抗原性基本相同，仅有一种血清型。

病毒存在于患病雏鹅的肠道、肠内容物、心血、肝脾、肾和脑中，首次分离宜用12～15胚龄的鹅胚或番鸭胚，一般经5～7d死亡，鹅胚和番鸭胚适应毒可稳定在3～5d致死，鹅胚适应毒株经鹅胚和鸭胚交替传代数次后，可适应鸭胚并引起部分鸭胚死亡，随着鸭胚传代次数的增加，对鸭胚的致病力增强，且对雏鹅的致病力减弱。

本病毒能抵抗56℃3h，在pH值3.0溶液中37℃条件下耐受1h以上。对氯仿、乙醚和多种消毒剂不敏感，能抵抗胰酶的作用。

【流行病学】本病自然病例仅发生于鹅和番鸭的幼雏，鹅的易感性岁年龄的增长而减弱。1周龄以内的雏鹅死亡率可达100%，10日龄以上的雏鹅死亡率一般不超过60%，20日龄以上死亡率低，1月龄以上极少发病。成年鹅带毒但不发病。其他禽类均无易感性。

发病雏鹅和带毒成年鹅是主要的传染源。病雏从粪便中排出大量病毒，导致直接接触或采食被粪便污染的饲料、饮水等间接接触而迅速传播。成年鹅呈亚临床感染或潜伏感染，作为带毒者并通过蛋将病毒传给雏鹅，可使孵出的雏鹅在3～5d内大批死亡。

【临床症状】本病的潜伏期因感染鹅的年龄不同而有较大的差异，1日龄时感染潜伏期为3～5d，2～3周龄感染则潜伏期为5～10d。

1. 最急性型 常在3～5日龄发病，往往无前驱症状，一经发现即极度衰弱，或倒地乱划，很快死亡，死亡喙及爪尖发绀。

2. 急性型 常在5～15日龄发病。症状为全身委顿，食欲减少，常离群，打瞌睡，随后腹泻，排出灰白或淡黄绿色稀粪，临死前出现两腿麻痹或抽搐，头多触地。病程1～2d。

3. 亚急性 常发于15日龄以上雏鹅，以精神委顿、拉稀和消瘦为主要症状，稀粪中杂有多量气泡和未消化的饲料及纤维碎片。少食或拒食，鼻孔周围沾污多量分泌物和饲料碎片。病程一般5～7d或更长，少数患鹅可以自愈。

【病理变化】最急性型病例除肠道有急性卡他性炎症外，其他器官一般无明显病变。

急性病例表现为全身性败血症变化。心脏变圆，心房扩张，心肌松弛，颜色苍白、晦暗无光。肝脏肿大，呈深紫色或黄红色，胆囊肿大，充满暗绿色胆汁。特征性病变为小肠发生急性卡他性、纤维素性坏性炎症。小肠中下段整片肠黏膜坏死脱落，与凝固的纤维素性渗出物形成栓子或包裹在肠内容物表面的假膜，堵塞肠腔，外观极度膨大，质地坚实，状如香肠，剖开可见肠腔中充塞淡灰色或淡黄色纤维素性栓子，中心是深褐色的干燥的肠内容物。有的病例小肠内会形成扁平带状的纤维素性凝固物。

亚急性型上述小肠的特征性变化更明显。

【诊断】本病根据流行病学特点，结合症状和特征性的病变，即可作出初步诊断。确诊需经实验室诊断。

1. 病毒分离　取病雏的脾脏、胰腺或肝脏，制备匀浆，取上清液，接种12~15日龄鹅胚，可在5~7d内使鹅胚致死，可见胚体皮肤充血、出血及水肿，心肌变性呈瓷白色，肝脏变性或有坏死灶。

2. 血清学诊断　血清学试验可以检查血清中特异抗体，也可用于检测病死鹅脏器中的抗原。常用的方法有病毒中和试验、琼脂扩散试验、精子凝集及凝集抑制试验、ELISA、免疫荧光技术等。

【防制】在治疗上目前尚无特效药物，应坚持预防为主的原则，把好引种关，防止带回疫病。已引进的要隔离观察。

使用小鹅瘟弱毒苗对种鹅和雏鹅免疫接种是预防本病最常用的方法。种鹅开前15~45d，皮下或肌肉注射弱毒疫苗2~4头份，可使孵出的雏鹅得到母源抗体的有效保护，如种鹅未免疫，应对初生雏进行免疫接种，通常每只1头份，进行皮下或肌肉注射；也可对雏鹅在1~3日龄注射抗小鹅瘟高免血清或卵黄抗体，必要时于10~13日龄重复一次。

对于发病初期的病鹅注射抗小鹅瘟高免血清或卵黄抗体，可显著降低死亡率。对同群尚未感染和假定健康的雏鹅应用小鹅瘟抗血清紧急接种。用板蓝根30g，大青叶20~30g，绿豆70g，甘草30g煎水，可供100羽小鹅饮用，每日1剂，连服3d，对本病也有较好预防效果。

【思考题】

1. 简述小鹅瘟的流行病学、临床症状和病理变化。
2. 简述小鹅瘟的防治要点。

第十五节　番鸭细小病毒病

番鸭细小病毒病（Muscovy duck parvovrius，MDP），俗称“三周病”，是由番鸭细小病毒引起的主要发生于3周龄内雏番鸭的一种急性传染病，其特征为喘气、腹泻、脚软及胰脏坏死和出血。

本病最早于20世纪80年代中后期出现于中国福建和法国西部Brittany地区，20世纪90年代初才认识到它是不同于小鹅瘟的独立疾病。本病具有高度传染性，发病率和死亡率高，是目前番鸭饲养业中危害最严重的传染病之一。

【病原】番鸭细小病毒（Muscovy duck parvovrius，MDPV）为细小病毒科、细小病毒属成员。基因组为单股 DNA，病毒粒子呈圆形或六边形，无囊膜，在电镜下呈晶格排列。

MDPV 的生物学特性与小鹅瘟病毒（GPV）相似。通过交叉中和试验可以把 MDPV 和 GPV 区分开来，有高效价抗 GPV 抗体的雏番鸭对 MDPV 仍然易感。MDPV 目前只有一个血清型。病毒能在番鸭胚和鹅胚中繁殖，并引起胚胎死亡。在番鸭胚成纤维细胞上繁殖并引起细胞病变。病毒对鸡、番鸭、麻鸭、鸽、猪等动物红细胞均无凝集作用。

该病毒对乙醚、胰蛋白酶、酸和热有很强的抵抗力，但对紫外线照射很敏感。

【流行病学】本病自然感染发病只见于雏番鸭，发病率和死亡率的高低与感染日龄有密切关系，日龄愈小发病率和死亡率愈高，3 周龄以内的雏番鸭发病率为 20% ~60%，病死率为 20% ~40% 不等。据报道，40 日龄的番鸭也可发病，但发病率和死亡率低。

本病主要经消化道感染，病鸭和带毒鸭是主要传染源。病鸭通过粪便排出大量病毒，导致病毒的水平传播。成年番鸭感染后不表现任何症状，但能随分泌物、排泄物排出大量病毒，成为重要传染来源。带毒的粪便污染种蛋外壳，引起孵场污染，造成刚出壳的雏番鸭感染发病，并大批死亡。

本病的发生一般无明显季节性，特别是我国南部地区，常年平均温度较高，湿度较大，易于发生本病。散养的雏番鸭全年均可发病，但集约化养殖场本病主要发生于冬春季节（9 月份至次年 3 月份）。

饲养管理因素对本病的影响较大。管理条件差、育雏室污染严重且通风不良者，雏番鸭的发病率和死亡率可达 80% 左右。

【临床症状】本病的潜伏期 4 ~9d。由于发病日龄不同，病程的长短也不一样，据病程长短可分为急性和亚急性两种类型。

1. 急性型　多见于 7 ~14 日龄的雏番鸭，约占整个病雏数的 90% 以上。主要表现为精神委顿，羽毛蓬松，双翅下垂，尾端向下弯曲，脚软无力，不愿走动，厌食，离群；有不同程度腹泻，排出灰白或淡绿色稀粪；呼吸困难，喙端发绀，后期常蹲伏、张口呼吸。病程一般为 2 ~4d，濒死前两肢麻痹，倒地，高度衰竭。

2. 亚急性型　多见于发病日龄较大的雏番鸭，主要表现为精神委顿，喜蹲伏，两脚无力，行走缓慢，排黄绿色或灰白色稀粪，并黏附于肛门周围。病程 5 ~7d，病死率低，大部分病愈鸭颈部、尾部脱毛、嘴变短、生长发育受阻。

【病理变化】大部分病死番鸭全身脱水较明显，肛门周围黏附有大量稀粪，泄殖腔扩张、外翻。心脏变圆，心房扩张，心肌松弛，尤以左心室病变明显，有半数病例心肌呈瓷白色。肝稍肿，呈紫褐色或土色，胆囊显著肿大，胆汁充盈，呈暗绿色。肾、脾稍肿大。胰腺肿大且表面散布针尖大小灰白色坏死病灶。特征性病变在肠道，十二指肠有多量胆汁渗出，空肠前段及十二指肠后段呈急性卡他性炎症，黏膜点状出血。空肠中后段和回肠前段黏膜脱落，回肠中后段外观显著膨大，剖开见有大量炎性渗出物，并混有脱落的肠黏膜，少数病例见有假性栓子，即在膨大处内有一小段质地松软的黏稠性聚合物，长约 3 ~5cm，呈黄绿色，也有的病例在肠黏膜表面附着有散在的纤维素性凝块，呈黄绿色或暗绿色。两侧盲肠均有不同程度的炎性渗出和出血，直肠黏液较多，黏膜有出血点，肠管肿大。其他器官无明显病变。

【诊断】根据流行病学、临诊症状和病理变化可以作出初步诊断。确诊必须依靠病原学和血清学方法。

病毒分离与 GPV 相同。但由于番鸭对 GPV 和 MDPV 都易感，并且 GPV 和 MDPV 又存在共同抗原，所以，必须通过血清学、分子生物学方法或交叉中和试验把 MDPV 和 GPV 区分开来。对 MDPV 特异的单抗在对分离物的鉴定和对临诊样品的快速诊断上起着重要的作用。基于 MDPV 特异单抗的乳胶凝集试验和免疫荧光试验可用于临诊样品 MDPV 病毒的检测，而乳胶凝集抑制试验则可用于血清流行病学调查和免疫番鸭群的抗体监测。

临诊上本病常与小鹅瘟、鸭病毒性肝炎和鸭传染性浆膜炎混合感染，故容易造成误诊和漏诊，应予以注意。

【防制】加强环境控制，减少病原污染，增强雏番鸭的抵抗能力对本病的预防具有重要意义。孵房的一切用具、物品、器械等在使用前后应该清洗消毒，购入的种蛋要熏蒸消毒后再孵化，并避免与刚出壳的雏鸭接触，如孵场已被污染，则应立即停止孵化，待全部器械用具彻底消毒后再继续孵化。育雏室要定期消毒。

目前，国内已研制出供雏番鸭和种鸭免疫预防用的 MDPV 弱毒活疫苗和灭活疫苗。鸭场发病时可用雏番鸭细小病毒病高免血清进行防治，可大大减少发病率。

有资料报道，板蓝根 120g、连翘 120g、蒲公英 120g、茵陈 120g、荆芥 120g、陈皮 100g、桂枝 100g、银花 100g、蛇床子 100g、甘草 100g。加适量水，煎沸 10min，过滤去渣。再用清水冲服，对本病有一定治疗作用。

【思考题】

简述鹅细小病毒病和小鹅瘟的异同点。

第十六节 传染性鼻炎

传染性鼻炎（Infectios coryza，IC）是由副鸡嗜血杆菌引起鸡的一种急性呼吸道传染病。主要症状为鼻腔和鼻窦发炎，表现流鼻涕、打喷嚏、面部肿胀和结膜炎。

本病在世界范围内普遍存在，发病率很高，可以引起产蛋鸡产蛋量下降、生长鸡发育停滞及淘汰鸡数量增加，造成很大的经济损失。

【病原】鸡副嗜血杆菌（*Haemophilus paragallinarum*，HPG）呈多形性，幼龄培养物中为革兰氏阴性小球杆菌，两极染色，不形成芽孢，无荚膜，无鞭毛。

本菌为兼性厌氧菌，在有 5% ~10% CO_2 的环境中易于生长。该菌对营养的需求较高，生长中需要 V 因子（即烟酰胺腺嘌呤二核苷酸，NAD，又称辅酶 I）。常用的培养基为鲜血琼脂或巧克力琼脂，经 37℃培养 24 ~48h 后，可形成露滴样小菌落，不溶血。由于葡萄球菌能分泌 NAD，因此，当葡萄球菌与本菌混合培养于上述琼脂培养基时，极易在葡萄球菌菌落周围长出副鸡嗜血杆菌菌落，呈现“卫星现象”。

根据抗原结构，Page 首先利用玻片凝集反应，将副鸡嗜血杆菌分为 A、B、C 三个血清型。我国流行的血清型以 A 型为主。各型之间无交叉保护作用。

本菌的抵抗力很弱，对热、阳光、干燥及常用的消毒药均十分敏感。培养基上的细菌在 4℃时能存活 2 周，在自然环境中数小时即死亡。在 45℃存活不过 6min。但该菌对寒冷抵抗力强，在冻干条件下可以保存 10 年。

【流行病学】本病自然感染只发生于鸡，各种年龄的鸡均易感，以育成鸡和产蛋鸡最易感，尤以产蛋鸡多发。1 周龄内的雏鸡则有一定程度的抵抗力。

病鸡及带菌鸡是主要的传染源，慢性病鸡和康复带菌鸡是本病在鸡群中长期流行的重要原因。本病主要通过污染的饲料和饮水经消化道感染，也可通过空气飞沫经呼吸道感染。麻雀也能成为本病传播媒介。

本病来势凶猛、传播迅速，密集的鸡群一旦发病，3～5d 将迅速波及全群，很快传播至全场。发病率一般可达 70%，有时甚至 100%。死亡率则往往根据环境因素、有无并发或继发感染以及是否及时采取治疗措施等情况而有很大差异，多数情况下在流行的早、中期鸡群很少有死亡出现。

本病的发生及严重程度与环境应激、混合感染等因素密切相关。如鸡群密度过大、鸡舍通风不良、氨气浓度过高、寒冷潮湿、不同年龄的鸡混群饲养、营养缺乏等都都能促进鸡群严重发病。鸡群接种禽痘疫苗引起的全身反应，也常常是本病的诱因。当有其他疾病（如支原体病、巴氏杆菌病、传染性支气管炎、传染性喉气管炎、鸡痘、寄生虫病等）混合感染或继发感染时，将会明显加重病情，并导致较高的死亡率。

本病一年四季均可发生，但以秋、冬和早春季节多见。

【临床症状】本病潜伏期很短，鼻腔内或鼻窦内接种病鸡分泌物或培养物后 24～48h 发病。自然感染，潜伏期为 1～3d。

病鸡主要表现为流涕、面部肿胀和结膜炎。首先是流出浆液性鼻液，以后转为黏液性或脓性，鼻孔周围结痂、粘料。病鸡甩头，打喷嚏，欲将呼吸道内黏液排出，这一现象在采食和遇到冷空气时尤其突出。随后一侧或两侧面部和眶下窦肿胀，眼睑水肿，眼结膜发红，流泪，甚至眼部明显肿胀和向外突出。如炎症蔓延至下呼吸道，则因咽喉被分泌物阻塞，常出现张口呼吸，并有啰音，部分鸡只因窒息而死亡。病鸡羽毛松乱，蜷伏不动，下痢，体重减轻，幼龄鸡生长发育不良，成年母鸡产蛋明显下降（20%～30%）甚至停止，公鸡肉髯肿大，病程约 4～18d。发病率高、死亡率低，多数情况下可以恢复而成为带菌鸡。

【病理变化】主要病变为鼻腔和窦黏膜急性卡他性炎，黏膜充血肿胀，表面覆有大量黏液，窦内有渗出物凝块。眼结膜充血、肿胀。面部及肉髯皮下水肿。病程较长的可见鼻窦、眶下窦和眼结膜囊内蓄积干酪样物质。严重时可见气管黏膜炎症，气管和支气管可见渗出物，偶有肺炎、气囊炎，卵泡变性、坏死和萎缩。当有支原体继发或混合感染时，上述病变更明显。

【诊断】根据流行病学、临床症状和病理变化可以作出初步诊断，确诊则有赖于实验室诊断。

1. 分离培养 可用消毒棉拭子自 2～3 只急性病鸡的窦内、气管或气囊无菌采取病料，直接在血琼脂平板上划竖线，然后再用葡萄球菌在平板上划横线，置蜡烛罐或厌氧培养箱中，37℃培养 24～28h 后，在葡萄球菌菌落边缘可长出一种细小的卫星菌落，而其他部位不见或很少见有细菌生长。

2. 血清学诊断 可用加有 5% 鸡血清的鸡肉浸出液培养鸡副嗜血杆菌制备抗原，用血清平板凝集试验检查鸡血清中是否有相应的抗体，通常鸡感染副鸡嗜血杆菌后 7～14d 即可出现阳性反应，可维持 1 年或更长的时间。此外，还可用直接补体结合试验、琼脂扩散试验、血凝抑制试验、荧光抗体技术、ELISA 等方法进行诊断。

3. 动物接种试验　取急性病鸡眶下窦内的渗出物或分离的纯培养物，经鼻腔或眶下窦接种2~3只健康鸡，若24~48h后出现传染性鼻炎的典型症状，则可确诊。有些保存时间长的接种材料因含菌量少，其潜伏期可能延长至7d。

本病应注意与败血支原体感染、鸡传染性支气管炎等呼吸道疾病相区别（表5-1）。由于鸡传染性鼻炎常与败血支原体、大肠杆菌等混合感染，所以对死亡率高和病程延长的病例更应注意区别。

【防制】

1. 管理措施　加强饲养管理，改善鸡舍通风，降低饲养密度，避免过度拥挤，做好鸡舍内外的卫生消毒工作，并在饲料中适当补充富含维生素A的饲料；采取全进全出的生产模式，禁止不同日龄的鸡混养；严禁从疫区购入种蛋、种苗及其他家禽产品。

2. 免疫接种　免疫接种可用多价灭活油剂菌苗，于3~5周龄和开产前分两次接种。发病鸡群紧急接种，并配合药物治疗和带鸡消毒，可以较快地控制本病。

3. 药物治疗　本菌对多种抗生素及磺胺类药物有一定敏感性。可选用高敏药物，常用磺胺嘧啶、强力霉素、链霉素、红霉素、土霉素、壮观霉素、林肯霉素、环丙沙星、氟哌酸、恩诺沙星等。双氢链霉素和磺胺类药物协同用药，对治疗IC的效果较好。

但需要指出的是药物不能完全根除病原，只能减少机体内病原数量，减少其他细菌并发感染，减轻症状。由于康复鸡群仍可带菌并成为传染源，对其他新鸡群会构成威胁，因此，鸡场应及时淘汰康复鸡，严禁在其中挑选尚能下蛋的鸡混入健康鸡群中继续饲养。

【思考题】

1. 简述鸡传染性鼻炎的流行特点和临床症状。
2. 简述鸡传染性鼻炎的防制方法。

第十七节　鸡败血支原体感染

鸡败血支原体感染（Mycoplasma gallisepticum infection，MG）又称鸡毒支原体感染，或鸡慢性呼吸道病（Chronic respiratory disease，CRD），是由鸡败血支原体引起鸡和火鸡的一种慢性呼吸道传染病。该病主要表现为气管炎和气囊炎，其特征为咳嗽、流鼻液、呼吸啰音和张口呼吸。疾病流行缓慢，病程长，成年鸡多呈隐性感染，可在鸡群长期存在和蔓延。

本病分布于世界各国，随着养鸡业集约化程度的提高、饲养方式的改变，该病的发生越来越普遍，目前已成为集约化养鸡场的重要疫病之一。

【病原】鸡败血支原体（*Mycoplasma gallisepticum*，MG），为支原体科支原体属的成员。其形态不一，多呈细小球杆状。用姬姆萨氏染色着色良好，革兰氏染色呈阴性，着色较淡。本菌为需氧或兼性厌氧，对培养要求比较苛刻，在培养基中需加入10%~15%的鸡、猪或马灭活血清。在液体培养基中培养5~7d，可分解葡萄糖产酸，使培养液变黄。在固体培养基上，生长缓慢，培养3~5d可形成细小、光滑、圆形、透明的菌落，菌落呈乳头状，具有致密突起的中心。MG能凝集鸡和火鸡的红细胞，并能被相应的抗血清所抑制。

该支原体对外界环境的抵抗力不强，离开鸡体后很快失去活力。在18~20℃的室温下可存活6d。在20℃的鸡粪中存活1～3d，在卵黄中37℃时存活18周。低温条件下存活时间更长，在4℃冰箱中可以存活10～14年之久。一般消毒药物均能将它迅速杀死。

【流行病学】鸡和火鸡对本病都有易感性，不同年龄的鸡均可感染，以4～8周龄鸡最易感。成年鸡多呈隐性经过。鹌鹑、珍珠鸡、孔雀、鹧鸪和鸽子也能感染。

病鸡和隐性感染鸡是本病的传染源。本病的传播有垂直传播和水平传播2种方式。病原体可通过空气中的尘埃或飞沫经呼吸道感染，也可经被污染的饲料及饮水由消化道传染。但最重要的是经卵垂直传播，因而可造成代代相传，感染早期和疾病严重的鸡群经卵传播率很高，使本病在鸡群中连续不断地发生。

本病在鸡群中传播较为缓慢，但在新发病的鸡群中传播较快，根据环境因素不同，病的严重程度差异也很大，鸡舍拥挤、卫生条件差、气候变化、通风不良、饲料中维生素缺乏和不同日龄的鸡混合饲养等，均可加重病的严重程度病促使死亡率增高。单纯感染败血支原体时一般死亡率很低，有多种病原混合感染或继发感染时常使病情加重，死亡率增加。

带有败血支原体的雏鸡群，在用气雾和滴鼻法进行新城疫、传染性支气管炎等弱毒疫苗免疫时，能诱发本病。用带有鸡败血支原体的鸡胚制作弱毒苗，易造成疫苗污染而散播本病。

本病一年四季都可发生，以寒冷季节流行严重。幼龄鸡群成批发病，发病率10%～50%不等，成年鸡则多为散发。

【临床症状】人工感染潜伏期为4～21d，自然感染可能更长。幼龄鸡发病，症状比较典型，表现为浆液或黏液性鼻液，鼻孔堵塞、频频摇头、喷嚏。当炎症蔓延下部呼吸道时，则喘气和咳嗽更为显著，有呼吸道啰音。病鸡食欲不振，生长停滞。后期可因鼻腔和眶下窦中蓄积渗出物而引起眼睑肿胀，症状消失后，发育受到不同程度的抑制。如无并发症，病死率较低。病程在1个月以上，甚至3～4个月。

产蛋鸡感染后，只表现产蛋量下降和孵化率低，孵出的雏鸡活力降低。

【病理变化】单纯感染MG时，可见鼻道、气管、支气管和气囊内含有混浊的黏稠渗出物。气囊壁变厚和混浊，严重者有干酪样渗出物。自然感染的病例多为混合感染，可见呼吸道黏膜水肿，充血、肥厚。窦腔内充满黏液和干酪样渗出物，有时波及肺、鼻窦和腹腔气囊。如有大肠杆菌混合感染时，可见纤维素性肝被膜炎和心包炎。

【诊断】根据流行病学、临床症状和病理变化，可作出初步诊断。

分离培养可取气管或气囊的渗出物制成悬液，直接接种支原体肉汤或琼脂培养基，但由于鸡败血支原体对培养条件要求较高，分离培养难度较大，故很少进行；血清学诊断以血清平板凝集试验最常用，此外还可有HI和ELISA等方法。

鉴别诊断应注意与传染性支气管炎、传染性喉气管炎和传染性鼻炎相区别（表5－1）。

【防制】加强饲养管理，严格执行全进全出的饲养管理制度，消除引起鸡抵抗力下降的一切因素是预防本病的前提。

1. 免疫接种　免疫接种是预防支原体感染的一种有效方法。控制本病感染的疫苗有灭活疫苗和活疫苗两大类。灭活疫苗以油乳剂灭活苗效果较好，多用于蛋鸡和种鸡；活疫苗主要是F株和温度敏感突变株S6株，既可用于尚未感染的健康鸡群，也可用于已感染的鸡群，据报道其免疫保护效果确实，免疫保护率在80%以上。免疫后可有效的预防本病的发生，防止种蛋的垂直传播，并减少诱发其他疾病的机会。

2. 消除种蛋内支原体 鸡败血支原体病属于蛋传递疾病，选用有效的药物浸泡种蛋，或种蛋加热处理，可以减少蛋内的支原体感染，但影响孵化率3%～5%，一般很难被接受。

（1）变温浸蛋法 种蛋经一般性清洗后，保存时间最好不超过5d。在浸蛋前3～6h使蛋温升至37～38℃，然后浸入温度为5℃左右的泰乐菌素或红霉素溶液中（每升水加入抗生素400～1 000mg），保持15min，利用蛋与药液之间的温差造成负压，使药液被吸入蛋内。

（2）加热法 用恒温45℃的温箱处理种蛋14h，凉蛋1h，当温度降至37.8℃时转入正常孵化。这种方法可杀死蛋内90%以上支原体。

3. 建立无支原体病的种鸡群 主要方法如下：①选用对支原体有抑制作用的药物，减低种鸡群的带菌率和带菌的强度，减低种蛋的污染率。②种蛋45℃处理14h，或在5℃泰乐菌素药液中浸泡15min。③雏鸡小群饲养，定期进行血清学监测，一旦出现阳性鸡，立即将小群淘汰。④做好孵化箱、孵化室、用具、鸡舍等环境的消毒，加强兽医生物安全措施，防止外来感染。⑤产蛋前进行一次血清学检查，均为阴性时方可用作种鸡。当完全阴性反应亲代鸡群所产种蛋不经过处理孵出的子代雏鸡群，经过多次检测未出现阳性时，方可认为是无支原体病的种鸡群。

发生本病时，应采取严格的控制和扑灭措施，防止疫情扩散。病鸡隔离、治疗或扑杀，病死鸡深埋或焚烧。种蛋必须严格消毒和处理，减少种蛋的带菌率。目前认为支原净、泰乐菌素、壮观霉素、链霉素、红霉素和氧氟杀星、环丙杀星等对本病有相当疗效。但该病症状消失后极易复发，且鸡败血支原易产生耐药性，所以治疗时最好采取几种药物交替使用。

【思考题】

1. 简述鸡败血支原体感染的流行病学特点。鸡败血支原体感染的经济意义表现在哪些方面？

2. 简述鸡败血支原体感染与传染性支气管炎、传染性喉气管炎和传染性鼻炎的鉴别要点。

3. 如何建立无败血支原体感染的种鸡群？

第十八节 鸭传染性浆膜炎

鸭传染性浆膜炎（Infectious serositis of duck）又称鸭疫里氏杆菌病，原名鸭疫巴氏杆菌病，是家鸭、火鸡和多种禽类的一种急性或慢性败血性传染病。其临诊特点是精神倦怠、不食、眼和鼻孔有分泌物、绿色下痢、共济失调和抽搐，慢性病例为斜颈。病理特征为纤维素性心包炎、肝周炎、气囊炎、脑膜炎和关节炎，以及干酪性输卵管炎。

本病最早在1932年发现于美国纽约州长岛的北京鸭群中，当时称作“新鸭病”，后又改称鸭传染性浆膜炎。以后在英国、加拿大、前苏联、澳大利亚等国家亦有发生。我国于1982年首次报道本病的发现，目前各养鸭省区均有发生。该病可引起小鸭的大批死亡和发育迟缓，造成很大的经济损失，是当前危害养鸭业的主要传染病之一。

【病原】 鸭疫里氏杆菌（*Riemerella anatipestifer*），本菌在形态上与多杀性巴氏杆菌相似，均为革兰氏阴性小杆菌，有荚膜，无芽孢，不能运动，涂片经瑞氏染色呈两极浓染，印度墨汁染色可见细菌的荚膜。初次分离可将病料接种于胰蛋白胨大豆琼脂（TSA）或巧克力琼脂平板，放置于含有5%～10% CO_2 培养箱或烛缸中培养，形成表面光滑、稍突起、圆形、直径1～2mm的菌落，斜射光观察有淡绿色的荧光；在血液琼脂平板上形成凸起、边缘整齐、透明、有光泽、奶油样的菌落，菌落不溶血；在普通琼脂和麦康凯培养基上不能生长。

应用凝集试验和琼脂扩散试验可将本菌分为不同的血清型，目前已报道有21个血清型（即1～21），各型之间无交叉反应。中国调查目前至少存在13个血清型，即1、2、3、4、5、6、7、8、10、11、13、14和15型，其中以1型最为常见。

绝大多数鸭疫巴氏杆菌在37℃或室温下于固体培养基上存活不超过3～4d，4℃条件下，肉汤培养物可保存2～3周。55℃下培养12～16h即失去活力。在水中和垫料中分别可存活13d和27d。

【流行病学】本病主要发生于圈养鸭群。1～8周龄的鸭均易感，但以2～4周龄的小鸭最易感。1周龄以下或8周龄以上的鸭极少发病。成年鸭罕见发病，但可带菌，成为重要的传染源。除鸭外，也有感染鹅、火鸡、雉、鸡和某些野禽的报道。

本病主要经呼吸道或皮肤伤口（特别是足部的刺伤）感染，被污染的饲料、饮水、空气等都是重要的传染媒介，育雏舍密度过大、换气不畅、潮湿、粗放饲养、饲料中维生素和微量元素缺乏以及蛋白质含量不足或营养不均衡等均可成为本病的诱因。

本病一年四季都可发生，但以低温阴雨、潮湿寒冷季节严重。同一地区可呈现地方性流行。在感染鸭群中发病率一般为20%～40%，有的可高达70%以上，甚至达到90%，发病鸭死亡率5%～80%。

【临床症状】潜伏期1～3d，有的为7～8d。按病程长短可分为以下几种。

1. 最急性型 常无任何明显症状而突然死亡。

2. 急性型 多见于2～4周龄小鸭，临诊表现为倦怠，缩颈，不食或少食，眼鼻有分泌物，排淡绿色稀粪，不愿走动。濒死前出现神经症状，表现为共济失调、头颈震颤、角弓反张、尾部轻轻摇摆，不久抽搐而死。病程一般为1～3d，幸存者生长缓慢。

3. 亚急性和慢性型 多发于4～7周龄较大的鸭，病程达1周或1周以上。病鸭表现除上述症状外，时有出现头颈歪斜，鸣叫，转圈或倒退运动，少数病鸭表现跛行和伏地不起等关节炎症状。因饲养管理条件的不同，死亡率有很大差异，一般为10%～30%，高的可达50%以上。

【病理变化】纤维素性渗出是本病的特征性病变，全身浆膜表面均覆盖有渗出物，尤以纤维素性心包炎、肝周炎、气囊炎和脑膜炎最明显。主要表现为心包积液，心包膜有纤维素性渗出物；肝肿明显肿大，呈土黄色或灰褐色，质地较脆，表现覆盖一层灰白色或灰黄色纤维素膜，容易剥脱；腹部气囊明显增厚，并有大量黄白色的干酪样渗出物；中枢神经系统感染可出现纤维素性脑膜炎；少数病例见有输卵管膨大，内有干酪样物蓄积。慢性局灶性感染，屠宰去毛后常见皮肤局部肿胀、表面粗糙、颜色发暗，切开可见皮下组织出血、有多量渗出液；偶尔发生关节炎。

【诊断】根据流行病学、临床症状、病理变化进行综合分析，可作出初步诊断，确诊必须进行微生物学检查。

1. 涂片镜检 取血液、肝、脾或脑作涂片，瑞氏染色镜检常可见两端浓染的小杆菌，但往往菌体很少，不易与多杀性巴氏杆菌区别。

2. 分离培养 可无菌采集心血、肝或脑等病变材料，分别接种巧克力琼脂平板、血液琼脂平板和麦康凯琼脂平板上。置烛缸内37℃培养48h，符合鸭疫巴氏杆菌特征者即可确诊。

3. 血清学试验 用免疫荧光法能直接自病鸭组织或渗出液内检出鸭疫巴氏杆菌，酶联免疫吸附试验可检测血清抗体，用特异血清抗体进行快速平板凝集试验可鉴定血清型。

本病应注意和鸭大肠杆菌败血症、鸭巴氏杆菌病、鸭衣原体病和鸭瘟等相区别。鸭巴氏杆菌病一般发病急、病程短，大小鸭均可发病，其他家禽也能发病，没有神经症状，剖检肺严重充血、出血、心外膜、浆膜和黏膜出血明显，肝表面散发针头大的坏死点；根据在普通琼脂和麦康凯培养基上能否生长可将本病与鸭大肠杆菌病区别开；衣原体在人工培养基上不生长。鸭瘟主要感染30日龄以上的鸭，往往分离不到细菌，抗生素治疗无效。此外，还要注意本病与病毒性肝炎、鸭副伤寒等引起的急性败血性疾病相区别。

【防制】加强饲养管理，改善鸭舍的卫生条件，给鸭群供应优质、全价、充足的饲料，育雏室要注意通风、干燥、防寒，勤换垫草，饲养密度不宜过大，减少应激，转群时应尽可能做到全进全出，以便彻底消毒。

免疫接种可以有效预防本病的发生。我国已研制出油佐剂和氢氧化铝灭活疫苗。分别在7~10日龄和20~25日龄各注射1次，保护率可达90%以上。

发病鸭场，应采取综合防制措施，消除和切断传染源，达到预防和控制本病的目的。烧毁死鸭，隔离发病鸭群，鸭舍经彻底清洁消毒后，空闲2~4周方能使用。药物治疗常以氟苯尼考作为首选药物，也可使用喹诺酮类、氨苄青霉素、丁胺卡那霉素等。但由于近年来抗菌药物的滥用，细菌耐药性日益增强，因此，在用药时最好先做药敏试验，有针对性用药，并及时更换药物，提高疗效。

【思考题】

1. 鸭传染性浆膜炎的流行特点是什么？
2. 简述鸭传染性浆膜炎的临床症状和病理变化。

第十九节 禽曲霉菌病

禽曲霉菌病（Avian Aspergillosis）是由曲霉菌引起多种禽类的一种真菌性传染病。常见于幼禽，并可呈急性暴发，成年禽则为散发。本病的特点是在组织器官中形成霉菌结节，尤其是肺及气囊，故又称曲霉菌性肺炎。该病是家禽中一种常见的霉菌病。

目前本病流行的地区相当广泛，在南美洲、北美洲及英国、新西兰、法国、印度、日本和俄罗斯等国均有发生本病的报道。中国各地都有发生和报道，尤其是在南方潮湿地区，常在鸡、鸭、鹅群中发生，北方地区以鸡群发生较多。本病多因饲料和垫料发霉所致。

【病原】主要病原体为烟曲霉（*Aspergillus fumigatus*），其次为黄曲霉（Aspergillus flavus），此外多种曲霉菌，如黑曲霉、构巢曲霉、土曲霉等均有不同程度的致病性。

本菌为需氧菌，在室温和37～45℃均能生长。在一般霉菌培养基，如马铃薯培养基和其他糖类培养基上均可生长。烟曲霉在固体培养基中，初期形成白色绒毛状菌落，经24～30h后开始形成孢子，菌落呈面粉状、浅灰色、深绿色、黑蓝色，而菌落周边仍呈白色。曲霉菌类，尤其是黄曲霉菌能产生毒素，可使动物痉挛、麻痹、致死和组织坏死等。

曲霉菌的孢子抵抗力很强，干热120℃或煮沸5min才能杀死。一般消毒液要经1～3h才能杀死孢子，常用消毒剂有5%甲醛、石炭酸、过氧乙酸和含氯消毒剂。本菌对一般抗生素和化学药物不敏感，制霉菌素、两性霉素B、灰黄霉素、克霉唑、硫酸铜、碘化钾对其有抑制作用。

【流行病学】多种禽类均有易感性，以4～12日龄的幼禽易感性最高，常为急性和群发性，发病率很高，死亡率一般在10%～50%。成年禽为慢性和散发，死亡率不高。哺乳动物如马、牛、绵羊、山羊、猪和人也可感染，但为数甚少。

本病的发生几乎都与生长霉菌的环境有关系，一旦感染，则会有大批病禽发生。禽类常因接触发霉饲料和垫料经呼吸道或消化道而感染。

孵化期间的鸡胚对烟曲霉感染非常敏感，曲霉菌孢子易穿过蛋壳，而引起死胚或出壳后不久出现症状。孵化室受曲霉菌污染时，新生雏可受到感染。阴暗潮湿鸡舍和不洁的育雏器及其他用具、梅雨季节、空气污浊等均能使曲霉菌增殖，引起本病发生。

【临床症状】本病自然感染的潜伏期一般为2～7d。病禽精神沉郁，多卧伏，拒食，对外界反应迟钝。病程稍长的，可见呼吸困难，张口伸颈，可听到细微的气管啰音。冠髯发紫，采食量减少或不食，饮水增加，常有下痢。有的表现摇头、头颈不随意屈曲、共济失调、脊柱变形和两腿麻痹等神经症状。当眼部受到侵害时，结膜充血、肿胀、眼睑封闭，下眼睑有干酪样物，严重者失明。急性病程2～7d死亡，慢性可延至数周。

【病理变化】病变常以肺部受侵害为主，典型病例可在肺部发现粟粒大至黄豆大的黄白色或灰白色结节，结节的硬度似橡皮样或软骨样，切开后可见有层次结构，中心为干酪样坏死组织，内含大量菌丝体，外层为类似肉芽组织的炎性反应层。除肺外，气管和气囊也能见到类似结节，并可能有肉眼可见的菌丝体，成绒球状。其他器官如胸腔、腹腔、肝、肠浆膜等处有时亦可见到。有的病例呈局灶性或弥漫性肺炎变化。

【诊断】有诊断意义的是由呼吸困难所引起的各种症状，但应注意和其他呼吸道疾病相区别。在鸡场中诊断本病还要依靠流行病学调查，如不良的环境条件，特别是发霉的垫料、饲料以及剖检肺和气囊膜特征性的结节性病灶。本病的确诊，则需进行微生物学检查。

取病禽肺或气囊上的结节病灶少许，置载玻片上，加生理盐水1～2滴，用针拉碎病料，加盖玻片后镜检，可见菌丝体和孢子；接种于马铃薯培养基或其他霉菌培养基，生长后进行检查鉴定。

【防制】加强饲养管理，避免使用发霉的饲料、垫草是预防曲霉菌病的主要措施，垫料要经常翻晒，妥善保存，尤其是阴雨季节，防止霉菌生长繁殖。种蛋、孵化器及孵化厅均按卫生要求进行严格消毒。育雏室应注意通风换气和卫生消毒，保持室内干燥、清洁。

本病目前尚无特效的治疗方法。据报道用制霉菌素防治本病有一定效果，剂量为每

100只雏鸡一次用50万IU，每日2次，连用2~4d。也可用1∶3 000的硫酸铜或0.5%~1%碘化钾饮水，连用3~5d。

【思考题】

如何防治禽曲霉菌病?

第六章

反刍动物的传染病

第一节　牛流行热

牛流行热（Bovine epizootic fever，BEF）又称牛暂时热、三日热、僵硬病，是由牛流行热病毒引起的一种急性、热性传染病。其特征是突然高热，流泪，流涎，呼吸促迫，后肢僵硬或跛行。该病多为良性经过，发病率高，病死率低。

本病于1867年在非洲首次报道，至今仍广泛流行于非洲、亚洲和大洋洲许多国家和地区。中国自20世纪40年代在江浙一带就有本病流行的记载。至1976年分离鉴定牛流行热病毒之前，一直把本病称为牛流行性感冒。

【病原】牛流行热病毒（Bovine epizootic fever virus，BEFV），又名牛暂时热病毒，属于弹状病毒科、暂时热病毒属。病毒粒子呈弹头形或圆锥形，长130～200nm，宽60～70nm，基因组为单股RNA，有囊膜，对乙醚、氯仿等敏感。牛流行热病毒具有血凝性抗原，能凝集鹅、鸽、马、仓鼠、小鼠和豚鼠的红细胞，而且能被相应的抗血清抑制。该病毒目前只有1个血清型。

该病毒对外界的抵抗力不强，对热敏感，56℃ 10min、37℃ 18h灭活，pH值2.5以下或pH值9以上于数十分钟内使之灭活，对一般消毒药敏感。

【流行病学】本病主要侵害牛，其中以奶牛和黄牛最易感，水牛易感性较低，羚羊和绵羊也可感染。以3～5岁的牛多发，1～2岁牛和6～8岁牛次之，1岁以下的犊牛及9岁以上牛很少发生。膘情较好的牛发病时病情较严重，母牛尤以怀孕牛的发病率高于公牛，产奶量高的奶牛发病率明显高于低产奶牛。

病牛是该病的主要传染源，病毒主要存在于病牛的血液中。吸血昆虫（蚊、蠓、蝇）是重要的传播媒介，通过吸血昆虫叮咬而传播。

本病的发生和流行具有明显的周期性和季节性，3～6年大流行1次，在大流行的间歇期常发生较小的流行。主要发生于蚊蝇孳生的夏季，北方地区于7～10月份，南方可提前至7月份以前发生。

【临床症状】潜伏期一般为3～7d。按临诊表现可分为3种病型。

1. 呼吸型　分为最急性和急性2种。

（1）*最急性型*　病初高热，体温高达41℃以上，病牛眼结膜潮红、流泪。然后突然持续2～3d，然后不食，呆立，呼吸急促。不久大量流涎，口角有多量泡沫状黏液，头颈伸直、张口伸舌，呼吸极度困难，喘气声如拉风箱。病牛常于发病后2～5d死亡。

（2）*急性型*　病牛食欲减少或废绝，体温升至40～41℃，皮温不整，目光呆滞，流泪、畏光，结膜充血，眼睑水肿，呼吸急促，发出“吭吭”声。多数病牛鼻腔流出浆液性或黏液性鼻涕，口腔发炎、流涎，口角有泡沫。病程3～4d，多数为良性经过。

2. 胃肠型 病牛体温40℃左右，眼结膜潮红、流泪，流涎，鼻流浆液性鼻液，呈腹式呼吸，肌肉颤抖，不食，粪便干硬，呈黄褐色，有时混有黏液，胃肠蠕动减弱，瘤胃停滞，反刍停止。少数病牛表现腹泻、腹痛。病程3～4d，预后良好。

3. 瘫痪型 病牛多数体温不高，四肢关节肿胀、疼痛，卧地不起，肌肉颤抖，皮温不整，四肢僵硬，常因跛行或瘫痪而淘汰。

【病理变化】剖检可见胸部、颈部和臀部肌肉间有出血斑点。胃肠道黏膜淤血呈暗红色，各实质器官浑浊肿胀，心内膜及心冠脂肪有出血点。胸腔积液，液体呈暗紫红色，肺充血、水肿，肺间质气肿，气肿肺高度膨隆，压迫有捻发音，切面流出大量的暗紫红色液体，间质增宽，内有气泡和胶冻样浸润。气管内积有多量的泡沫状黏液，黏膜呈弥漫性红色，支气管内有絮状血凝块。全身淋巴结，尤其是与四肢相关的淋巴结肿大、出血，切面多汁，呈急性淋巴结炎变化。

【诊断】本病群发突然、传播迅速、有明显的季节性、发病率高、病死率低，临床表现为高热、流泪、流涎、呼吸促迫、后肢僵硬或跛行等，根据这些流行特点和临床症状不难作出诊断。但确诊还需采集高热期的血液或病死牛的脾、肝、肺等组织，进行实验室检验。

1. 病毒分离 将病料悬液接种乳仓鼠肾细胞或肺细胞，或者猴肾细胞，观察细胞病变。

2. 动物接种试验 将病料悬液脑内接种于乳鼠或乳仓鼠，一般5～6d发病，不久死亡。取死鼠脑做成乳剂传代，传3代后可导致仓鼠100%死亡，然后进行中和试验。

3. 血清学诊断 常用的血清学试验方法有中和试验、补体结合试验、琼脂凝胶扩散、酶联免疫吸附试验、免疫荧光抗体技术等。

【防制】一旦发生该病应立即隔离病牛，污染场地彻底消毒，杀灭场内及其周围环境中的蚊蝇等吸血昆虫，防止该病的蔓延传播。定期对牛群进行疫苗免疫是控制该病的重要措施之一，目前中国农业科学院哈尔滨兽医研究所已研制出该病的疫苗。

本病尚无特效的治疗药物，临床上只能采取对症治疗的方法，对病牛可根据情况给予解热剂和强心剂，停食时间较长时可适当补充生理盐水及葡萄糖溶液；四肢强拘的病牛可用葡萄糖酸钙和水杨酸钠制剂，以缓解症状；呼吸困难时应及时输氧。治疗过程中可适当用抗生素类药物防止并发症和继发感染。中药治疗本病应以祛风解表、宽中进食为原则，药用柴葛解肌散加减（柴胡、葛根、黄芩、荆芥、防风、秦艽、羌活各30g，知母、枳壳各20g，紫苏60g，甘草15g）水煎灌服，每日1剂，连服2d。治疗时，切忌强行灌药，因病牛咽肌麻痹，药物易流入气管和肺里，引起异物性肺炎。

【思考题】

1. 简述牛流行热的流行病学特点和临床症状。
2. 如何防制牛流行热？

第二节　牛病毒性腹泻－黏膜病

牛病毒性腹泻-黏膜病（Bovine viral diarrhea-Mucosal disease，BVD-MD）简称牛病毒性腹泻或牛黏膜病，是由牛病毒性腹泻病毒引起的一种急性、热性传染病。牛羊发生本病时临床特征为黏膜发炎、糜烂、坏死和腹泻。

本病广泛存在于欧美等许多养牛发达国家。1980年以来，中国从西德、丹麦、美国、加拿大、新西兰等十多个国家引进奶牛和种牛，将本病带入中国，并分离鉴定出了病毒。

【病原】牛病毒性腹泻病毒（Bovine viral diarrhea virus，BVDV）属黄病毒科瘟病毒属，呈球形，直径为50～80nm，有囊膜，基因组为单股RNA。本病毒与猪瘟病毒、边界病毒为同属病毒，有密切的抗原关系。

本病毒对乙醚、氯仿、胰酶等敏感，pH值3以下易被破坏；病毒对热敏感，56℃很快被灭活；但血液和组织中的病毒在低温状态下稳定，冻干（－70℃）可存活多年；病毒对一般的消毒药敏感。

【流行病学】本病可感染多种动物，特别是牛、羊、鹿等偶蹄兽动物最易感，近年来欧美一些国家猪的感染率很高，但一般不表现临床症状，多呈亚临床感染。患病动物和带毒动物是本病的主要传染源，患病动物的分泌物和排泄物中含有大量病毒。绵羊多为隐性感染，但妊娠绵羊常发生流产或产出先天性畸形羔羊，这种羔羊也可成为传染源。康复牛可带毒6个月，成为本病很重要的传染源。本病主要通过消化道和呼吸道而感染，病毒也可通过胎盘感染胎儿，使胎牛死亡或产出具有免疫耐受的犊牛，这种犊牛终生带毒并通过分泌物向外排毒。此外，交配和人工授精也能感染。

本病不论放牧牛或舍饲牛，各种年龄均可感染，新疫区急性病例多，发病率通常不超过5%，但病死率极高，为90%～100%。老疫区隐性感染率高，常在50%以上，但发病率和病死率均很低。本病也常见于肉用牛群中，关闭饲养的牛群发病时往往呈暴发式。本病常年发生，无明显的季节性，但以冬春多见。

【临床症状】自然感染潜伏期7～14d，就其临床表现可分为急性和慢性两种类型。

1. 急性型　病牛突然发病，体温升高至40～42℃，持续4～7d，随体温升高，白细胞减少，持续1～6d，继而又有白细胞微量增多，有的可发生第二次体温升高和白细胞减少。病牛精神沉郁，鼻镜及口腔黏膜表面糜烂，舌面上皮坏死，流涎增多，呼出恶臭的气体。通常在口内损害之后常发生严重腹泻，开始为水泻，以后粪便带有黏液和血液。有些病牛常有蹄叶炎及趾间皮肤糜烂坏死，从而导致跛行。急性病例通常在发病后1～2周内死亡。

2. 慢性型　病牛很少有发热和腹泻的症状，主要见眼有浆液分泌物，鼻镜糜烂，可连成一片。口腔内很少有糜烂，但门齿齿龈通常发红。由于蹄叶炎及趾间皮肤糜烂坏死而致的跛行是最明显的症状。多数于2～6个月内死亡，也有些可拖延到1年以上。

母牛在妊娠期感染本病常发生流产或产下先天性免疫缺陷的犊牛，患病犊牛小脑发育不全，表现轻度的共济失调、不协调或不能站立。

【病理变化】主要病变在消化道和淋巴结。鼻镜、鼻腔黏膜，齿龈、上腭、舌面两侧及颊部黏膜有糜烂和溃疡。特征性病变是食道黏膜发生糜烂，糜烂斑大小和形状不一，呈直线形排列。瘤胃黏膜偶见出血和糜烂，真胃黏膜炎性水肿和糜烂，小肠黏膜弥漫性发红，盲肠、结肠和直肠黏膜水肿、充血和糜烂，肠淋巴结肿大。患犊常见小脑发育不全及两侧脑室积水，亦常见大脑充血，脊髓出血。

【诊断】根据其发病史，临床出现发热，早期白细胞减少及口腔糜烂和腹泻，消化道糜烂溃疡等可初步诊断。确诊本病必须通过血清中和试验或免疫琼脂扩散试验进行血清学检查，也可用 RT-PCR 方法检测病毒。

【防制】本病目前尚无有效治疗法，可应用弱毒疫苗或灭活疫苗来预防和控制本病。一旦发病，对病牛要隔离治疗或急宰，对病牛应用收敛剂和补液疗法可缩短恢复期，同时用抗生素和磺胺类药物，防止继发性细菌感染，减少损失。

近年来，猪对本病的感染率日趋上升，不但增加了猪作为本病传染来源的重要性，而且由于本病病毒与猪瘟病毒在分类上同属于瘟病毒属，有共同的抗原关系，使猪瘟的防制工作变得复杂化，因此在本病的防制计划中对猪的检疫也不容忽视。

【思考题】

1. 牛病毒性腹泻 - 黏膜病有何症状？
2. 如何防制牛病毒性腹泻 - 黏膜病？

第三节 恶性卡他热

恶性卡他热（Malignant catarrhal fever virus，MCF）又名恶性头卡他或坏疽性鼻卡他，是由恶性卡他热病毒引起的多种反刍动物（如牛、水牛和鹿等）的一种急性、高度致死性传染病。临床上以持续性高热、口鼻眼黏液性坏死性炎症、双侧性角膜混浊、脑炎为特征。该病通常为散发性，对养牛业可造成一定的损失。

18 世纪末欧洲就有本病存在，到 19 世纪中叶南非发生的鼻水病就是本病，20 世纪初该病在北美被发现，亚洲则是在近半个世纪因引进非洲角马才被发现。目前，本病散发于世界各地，中国也有该病的报道。

【病原】牛恶性卡他热病毒（Malignant catarrhal fever，MCFV）属于疱疹病毒科疱疹病毒丙亚科，为狷羚疱疹病毒 1 型，又名角马疱疹病毒 1 型。病毒粒子呈球形，二十面体对称，有囊膜，直径约为 175nm。病毒主要存在于病牛的血液、脑和脾等组织中。血液中的病毒牢固附着于白细胞上，不易通过细菌滤器。

病毒对外界环境的抵抗力不强，不耐低温和干燥，血液中的病毒在室温下 24h 内即失去毒力。常用消毒药能迅速杀死病毒。

【流行病学】本病主要发生于 1 ~ 4 岁的黄牛和水牛，老牛发病者少见。绵羊及非洲角马可以感染，但其症状不易察觉或无症状，成为病毒携带者。本病在流行病学上的一个明显特点是不能由病牛直接传递给健康牛。角马和绵羊是本病的传染源，同时又是病毒的贮存宿主，一般认为绵羊无症状带毒是牛群暴发本病的主要原因。

本病一年四季均可发生，但多见于冬季和早春，呈散发或地方流行性。多数地区发病率较低，而病死率可高达 60% ~ 90%。

【临床症状】自然感染的潜伏期，长短变动很大，一般 4 ~ 20 周或更长。据临床表现可分为最急性型、头眼型、消化道型、良性型及慢性型等。头眼型是非洲最常见的一型，在欧洲则以良性型及消化道型最常见，这些病型可能互相混合。

1. 最急性型 主要表现为口腔和鼻腔黏膜的剧烈炎症和出血性胃肠炎。突然发病，高热稽留（41～42℃）肌肉震颤，寒战，食欲锐减，瘤胃弛缓，泌乳停止，呼吸、心跳加快，鼻镜干热。病程短，于1～2d死亡。

2. 头眼型 为本病的典型症状，初期发热，体温常高达40～42℃，持续至死前。发病后1～2d，发生鼻眼黏膜和中枢神经系统的症状。鼻腔分泌物增多，逐渐变为黏性乃至脓性，末期鼻孔部形成痂皮，阻塞鼻孔而导致呼吸困难，出现张口呼吸和流涎；鼻甲部黏膜出血和坏死。眼睛流泪，眼炎，眼睑肿胀，双侧性角膜混浊，闭眼避光。个别病牛发生神经症状，磨牙，冲撞，肌肉震颤。该型病程1～2周，几乎所有的感染牛均以死亡告终。

3. 消化道型 病牛主要表现为发热，严重腹泻，粪便稀薄如水样，恶臭，混有黏液块、纤维素性伪膜和血液，后期大便失禁，最终死亡。

4. 慢性型 病程长，一般为数周。病牛高热，黏膜糜烂和溃疡，并引起流涎和厌食；双侧眼色素层炎；皮肤丘疹或角化，趾部黏膜损伤。有些病例恢复后间隔几周又复发，并导致衰竭。该型极少完全恢复和存活。

5. 良性型 多表现为亚临床感染。

【病理变化】最急性死亡的病牛通常可以见到心肌变性，肝脏和肾脏浊肿，脾脏和淋巴结肿大，消化道黏膜特别是真胃黏膜有不同程度发炎；头眼型以类白喉性坏死性变化为主，鼻甲骨黏膜出血坏死，喉头、气管和支气管黏膜充血，有小点出血，也常覆有假膜，肺充血及水肿，也见有支气管肺炎；消化道型以消化道黏膜变化为主，真胃黏膜和肠黏膜出血性炎症，有部分形成溃疡。

【诊断】根据流行特点、临诊症状和病理变化可作出初步诊断，确诊需进行实验室检查，包括病毒分离培养鉴定、动物试验和血清学诊断等。

【防制】鉴于目前本病尚无特效治疗方法，应采取有效的措施控制本病。避免绵羊与牛接触，注意畜舍和用具的消毒。有人曾研制灭活疫苗，但效果不佳，弱毒疫苗现已研制成功，但尚未推广使用。

【思考题】

1. 牛恶性卡他热在临床上可分为哪几种类型？
2. 简述头眼型的主要症状。

第四节　牛传染性鼻气管炎

牛传染性鼻气管炎（Bovine infectious rhinotracheitis，BIR）又称坏死性鼻炎或红鼻病，是由牛传染性鼻气管炎病毒引起牛的一种急性、热性、高度接触性的呼吸道传染病。其特征是呼吸道黏膜发炎、呼吸困难、流鼻液等，还可引起生殖道感染、结膜炎、脑膜脑炎、流产、乳房炎等多种病型。

本病自1955年美国首次报道以来，世界许多国家和地区都相继发生和流行。中国于1980年从新西兰进口奶牛中发现本病，目前在中国一些地区的牛群中发现有血清阳性牛存在。本病的危害性在于，病毒侵入牛体后，可潜伏于一定部位，导致持续性感染，长期乃至终生带毒，给本病控制和消灭带来极大困难。

【病原】牛传染性鼻气管炎病毒（Bovine infectious rhinotracheitis virus，BIRV）又称牛甲型疱疹病毒1型，属疱疹病毒科、疱疹病毒甲亚科的成员。本病毒为双股RNA，有囊膜，病毒粒子为正二十面立体对称，直径约130～180 nm。该病毒能凝集小鼠、大鼠、豚鼠、仓鼠和人的红细胞，具有明显的血凝活性。

病毒对乙醚和酸敏感，于pH值7.0的溶液中很稳定，4℃下经30d保存，其感染滴度几乎无变化。病毒对外界环境的抵抗力较强，但对热敏感，56℃经21min能被灭活，常用消毒药能迅速将其杀死。许多消毒药都可使其灭活。

【流行病学】本病主要感染牛，尤以肉用牛较为多见，其次是奶牛。以20～60日龄的犊牛最易感，死亡率较高。病牛和带毒牛是主要的传染源，病毒存在于病牛的鼻腔、气管、眼睛、血液、精液以及流产胎儿和胎盘等组织内。病毒一般需经密切接触（交配、舔舐等）或通过空气经呼吸道感染，也可经胎盘感染，并通过持续性感染代代相传。本病无明显的季节性，但于秋、冬寒冷季节多发，舍饲牛过度拥挤、密切接触时更易迅速传播。通风不良、寒冷、饲养环境变化等可诱发本病。

【临床症状】自然感染潜伏期一般为4～6d，有时可达20d以上，根据侵害的部位不同，本病可表现多种类型。

1. 呼吸道型 该型最为常见，多发生于寒冷的季节。病牛体温高达39.5～42℃，精神极度沉郁，拒食。鼻黏膜高度充血呈火红色，故有“红鼻病”之称，鼻腔黏膜有浅表溃疡，鼻孔流出多量黏脓性分泌物，鼻窦及鼻镜内组织高度发炎呈红色，因鼻黏膜坏死，呼气时常有臭味。病牛呼吸加快，常有深部支气管性咳嗽。有时可见腹泻，粪便带血。乳牛病初产乳量大减，后完全停止，5～7d则可恢复产奶量。病程多数10d以上，严重病例数小时即死亡。

2. 生殖道感染型 在美国又称牛传染性脓疱性外阴－阴道炎、牛媾疫。多由配种传染，母牛及公牛均可感染发病。母牛表现为发热，精神沉郁，食欲减退，排尿次数增加并有痛感。阴门流出大量黏液性分泌物，呈线条状。阴道黏膜充血，有大量灰白色坏死性脓疱或斑块。公牛精神沉郁、食欲废绝，有时出现一过性发热，数天后可痊愈。严重病例出现波浪热型以及包皮、阴茎上形成脓疱，随即包皮肿胀，几天后脓疱破溃，留下边缘不规则的溃疡。有时公牛可呈隐性感染，其精液带毒。

3. 脑膜脑炎型 主要发生于犊牛。病犊体温高达40℃以上，共济失调，兴奋，惊厥，口吐白沫，倒地，角弓反张，磨牙，四肢划动。病程短促，死亡率可达50%以上。

4. 眼炎型 一般无全身症状，有时也与呼吸道型一同出现。主要症状是结膜角膜炎。表现结膜充血、水肿，并可形成粒状灰色的坏死膜；角膜轻度混浊，但不出现溃疡；眼、鼻流浆液脓性分泌物。很少引起死亡。

5. 流产型 一般多见于初产母牛，流产可在怀孕的任何时期发生，但多发生于妊娠的第5～8个月。流产前常无前驱症状，也无胎衣滞留现象。

6. 肠炎型 见于2～3周龄的犊牛，在发生呼吸道症状的同时，出现腹泻，病死率20%～80%。

【病理变化】呼吸道型，呼吸道黏膜高度发炎，有浅表溃疡，其上被覆腐臭黏液脓性渗出物，有的有化脓性肺炎，脾脓肿，肝表面和肾被膜下有坏死灶，真胃黏膜发炎，并有溃疡，肠黏膜卡他性炎症；生殖道感染型可见阴道黏膜表面形成小的脓疱；流产型，胎儿的肝、脾局部坏死，皮下水肿。

【诊断】 根据病史及临床症状及病理变化可做出初步诊断。确诊本病必须进行病毒分离鉴定和血清学试验。分离病毒的材料，可在发热期采取患病动物鼻腔分泌物，流产胎儿可取其胸腔液，或用胎盘子叶。先用牛肾细胞培养分离病毒，再用中和试验及荧光抗体进行病毒鉴定。间接血凝试验或酶联免疫吸附试验等均可用于本病的血清学诊断或流行病学调查。

【防制】 目前本病尚无特效疗法。应在加强饲养管理的基础上，加强冷冻精液检疫和管理，不从有病地区或国家引进牛只或其精液，必须引进时需经过隔离观察和严格的病原学或血清学检查，证明未被感染或精液未被污染方准使用。在生产过程中，应定期对牛群进行血清学监测，发现阳性感染牛应及时淘汰。

本病的治疗主要是采取强心补液、抗菌消炎等对症治疗。目前所用疫苗有弱毒疫苗、灭活疫苗和亚单位苗3类，但疫苗免疫不能阻止野毒感染和潜伏病毒的持续性感染，因此采用敏感的检测方法发现阳性感染牛应及时扑杀，仍是目前根除本病唯一有效的途径。

【思考题】

1. 牛传染性鼻气管炎临床上可表现哪些类型？
2. 牛传染性鼻气管炎有何症状？

第五节 牛白血病

牛白血病（Leukaemia bovum）又称牛地方流行性白血病、牛淋巴肉瘤、牛白细胞增生病等，是由牛白血病病毒引起牛的一种慢性肿瘤性疾病。其特征是淋巴样细胞恶性增生、进行性恶病质和高死亡率。

本病于19世纪末即被发现，直到1969年Miller等才分离到了牛白血病病毒，中国于1974年首次发现本病，以后在许多省区相继发生，对养牛业的发展构成威胁。

【病原】 牛白血病病毒（Bovine leukaemia virus，BLV）属于反转录病毒科丁型反转录病毒属。病毒粒子呈球形，直径80～120nm，有囊膜，能凝集绵羊和鼠的红细胞。

病毒对外界环境的抵抗力很弱，紫外线照射和反复冻融对病毒有较强的灭活作用，对温度较敏感，60℃以上迅速失去感染力，常用消毒药能迅速杀死。

【流行病学】 本病主要发生于成年牛，尤以4～8岁的牛最常见。绵羊、瘤牛、水牛和水豚也能感染。病牛和带毒牛是主要的传染源。健康牛群发病，往往是由于引进感染的带毒牛引起的，但一般要经过较长的时间（平均4年）才出现肿瘤的病例，感染牛群多为隐性，而并不立即表现出临床症状，成为重要的传染源。本病可通过感染牛以水平传播方式传染给健康牛，其中医源性传播具有很重要的作用。肿瘤期的妊娠母牛可以经胎盘将病毒或肿瘤细胞转移给胎儿，造成胎儿感染或肿瘤形成，感染的母牛也可在分娩时感染胎儿，或在分娩后经初乳传给新生犊牛。吸血昆虫在本病的传播上具有重要作用。

【临床症状】 本病潜伏期很长，为4～5年。临床上表现为亚临床型和临床型。

1. 亚临床型 无肿瘤形成，其特点是淋巴细胞增生，可持续多年或终身，对健康状况没有任何影响。

2. 临诊型　生长缓慢，体重减轻，体温正常。从体表或经直肠能摸到的淋巴结呈一侧性或对称性肿大，触诊无热无痛，能移动。

【病理变化】尸体消瘦、贫血。主要病变为全身或部分淋巴结肿大和内脏器官形成肿瘤。常见有颌下淋巴结、肩前淋巴结、股前淋巴结、乳房上淋巴结、腰下淋巴结及肾淋巴结、纵隔淋巴结和肠系膜淋巴结等肿大3~5倍，被膜紧张，切面外翻。最常受侵害的器官有皱胃、右心房、脾脏、肠道、肝脏、肾脏、膀胱、肺、瓣胃和子宫等。脾脏结节状肿大，心肌出现白色斑状病灶，肾脏表面大小不等的白色结节，膀胱黏膜出现肿瘤、出血和溃疡，瓣胃浆膜出现肿瘤，空肠肠系膜脂肪部出现肿瘤。

【诊断】通过观察病牛消瘦、贫血，触诊体表淋巴结肿大，直肠检查骨盆腔及腹腔内脏器有肿瘤块存在可初步作出诊断。血液学检查可见白细胞总数增加，淋巴细胞数量增加75%以上，并出现成淋巴细胞（瘤细胞）；活组织检查可见成淋巴细胞和幼稚淋巴细胞；尸体剖检可见腹股沟淋巴结和髂淋巴结肿大以及内脏器官的特征性肿瘤病变等。

亚临诊型病例或症状不典型病例需进行病原学检查或血清学试验才能确诊。目前应用聚合酶链式反应（PCR）检测外周血液单核细胞中的病毒核酸。血清学诊断可用琼脂扩散试验、补体结合试验、中和试验、间接荧光抗体技术及酶联免疫吸附试验等方法检测血清中的抗体。

【防制】本病尚无特效疗法。防制本病应采取以严格检疫、淘汰阳性牛为主，包括定期消毒、驱除吸血昆虫、杜绝因手术或注射可能引起的交互传染等在内的综合性措施。无病地区应严格防止引入病牛和带毒牛。定期通过血液学和血清学方法对牛群进行普查，发现阳性牛及时淘汰。发病牛应及时淘汰扑杀，防止该病在牛群中蔓延。

【思考题】

简述牛白血病的诊断要点。

第六节　蓝舌病

蓝舌病（Blue tongue）是由蓝舌病病毒引起的以昆虫为传染媒介的反刍动物的一种病毒性传染病。其特征是发热、消瘦，口、鼻和胃黏膜发生溃疡性炎症。由于舌、齿龈黏膜肿胀、淤血呈青紫色而得名蓝舌病。本病一旦流行，传播迅速，发病率高，病死率高，可造成重大的经济损失。因此，世界动物卫生组织（OIE）将其列为A类传染病，我国将其列为一类动物疫病。

本病分布很广，主要见于非洲、欧洲、美洲、大洋洲和东南亚等50多个国家和地区。中国1979年在云南省首次发现并确定绵羊蓝舌病，1990年甘肃省又从黄牛分离出蓝舌病病毒。

【病原】蓝舌病病毒（Blue tongue virus，BTV）属于呼肠孤病毒科环状病毒属。病毒呈球形，二十面体对称，基因组为双股RNA，核衣壳外面有细绒毛状外层。用中和试验可将该病毒分为25个血清型，各型之间无交叉免疫力。我国以定型有7个血清型，以1型和6型为主。

病毒对外界环境的抵抗力很强，可耐干燥和腐败；对乙醚、氯仿、0.1%去氧胆盐有耐受力，但病毒对3%甲醛溶液、3%氢氧化钠溶液和2%的过氧化氢溶液很敏感；病毒对热和酸敏感，60℃30min能被杀死，在pH值3.0或以下迅速灭活。

【流行病学】反刍动物均易感，以绵羊最易感，尤其是1岁左右的绵羊更易感，病死率可高达95%，哺乳的羔羊有一定的抵抗力。牛和山羊易感性较低，多为隐性感染，野生动物中鹿的易感性较高。患病动物和带毒动物是本病的主要传染源，病毒存在于患病动物血液和器官中，在康复动物体内能存在4～5个月之久。本病是一种虫媒传染病，库蠓是主要的传播媒介，所以本病多发生于库蠓分布较多的夏、秋季节，特别是池塘、河流较多的低洼地区，表现出明显的季节性和地区性。

【临床症状】潜伏期3～8d。病羊体温升高达40.5～41.5℃，白细胞减少，稽留5～6d后体温降至正常，白细胞也随之回升。病初表现精神沉郁，厌食，唾液增多，口鼻和唇黏膜潮红、水肿，舌肿胀、呈青紫色，唇、齿龈、颊和舌黏膜糜烂并形成溃疡，因溃疡面有血液渗出，使唾液呈暗红色、恶臭；鼻腔流出黏脓性鼻液；蹄冠、蹄叶发炎、疼痛，而出现跛行或卧地不起。病羊消瘦、衰弱，有的便秘或腹泻，有时下痢带血。病程一般为6～14d，发病率30%～40%，病死率2%～3%。妊娠母羊可发生流产、死胎或胎儿先天性异常。

【病理变化】口腔出现糜烂和深红色溃疡区，舌、齿龈、硬腭、颊黏膜和唇水肿；瘤胃黏膜有暗红色溃疡区，表面有空泡变性和坏死；皮肤充血、出血和水肿；肌肉出血，肌纤维变性，有时肌间有浆液和胶冻样浸润；呼吸道、消化道和泌尿道黏膜及心肌、心内外膜均有小点出血。

【诊断】根据典型症状和病变可以作初步诊断，如发热，白细胞减少，口和唇的肿胀和糜烂，跛行，蹄的炎症及流行季节等。确诊本病必须进行病毒分离和血清学试验。琼脂扩散试验、补体结合反应、免疫荧光抗体技术具有群特异性，可用于本病的定性试验；中和试验具有型特异性，可用来区别蓝舌病病毒的血清型。

据近年来报道，DNA探针技术已用来鉴定病毒的血清型和血清型基因差异，聚合酶链反应（PCR）已可用于绵羊血中蓝舌病病毒核酸的检测。

【防制】鉴于本病的流行特点，应在流行地区每年发病季节前1个月接种疫苗；在新发病地区可用疫苗进行紧急接种。目前所用疫苗有弱毒疫苗、灭活疫苗和亚单位疫苗，以弱毒疫苗比较常用。引入的种羊应进行严格的检疫。发现病羊及时扑杀，防止本病的扩散。羊群定期进行药浴、驱虫，控制和消灭本病的媒介昆虫（库蠓），做好牧场的排水工作。

【思考题】

1. 简述蓝舌病的临诊症状。
2. 如何防制蓝舌病？

第七节　梅迪－维斯纳病

梅迪－维斯纳病（Maedi-Visna）是由梅迪－维斯纳病病毒引起绵羊的一种慢性增生性、接触性传染病。该病潜伏期长，病程缓慢，并伴有间质性肺炎或脑膜炎，病羊衰弱、消瘦，最后死亡。

梅迪－维斯纳病是用来描述在冰岛发现的绵羊的两种临诊表现不同的慢性增生性传染病，梅迪是一种增生性间质性肺炎，维斯纳是一种脑膜炎。

本病1915最早发现于南非的绵羊中，以后在荷兰、美国、冰岛、法国、加拿大等国均有本病报道。1966年、1967年，中国从澳大利亚、英国、新西兰进口的边区莱斯特成年羊中发现了该病，但直到1985年才分离出病毒。

【病原】梅迪－维斯纳病毒（Maedi-Visna virus）是两种在多方面具有相同特征的病毒，属于反转录病毒科、慢病毒属的成员。基因组为单股RNA，呈球形或六角形，有囊膜和纤突。

病毒对乙醚、氯仿、乙醇、甲基高碘酸盐和胰蛋白酶敏感。可被0.1%福尔马林、4%酚和酒精灭活。病毒对外界环境的抵抗力较弱，紫外线照射、50℃经15min、pH值4.2 10min病毒很快便失去活性。

【流行病学】梅迪－维斯纳主要是绵羊的一种疾病，山羊也可感染，无品种和性别的差异。本病多见于2岁以上的成年绵羊。病羊和带毒羊是主要的传染源，病毒可长期存在于病羊和潜伏带毒羊的脑、脑脊髓液、肺、唾液腺、乳腺和白细胞中，通过呼吸、唾液、乳汁等不断向外排毒。健康羊与病羊和带毒羊直接接触或经呼吸道、消化道等途径引起感染，也可经胎盘和初乳进行垂直传播，吸血昆虫也可能成为传播媒介。本病一年四季均可发生，多呈散发，发病率的高低因地域而异。

【临床症状】本病潜伏期较长，一般为1~3年或更长。该病在临床上有两种病型。

1. 梅迪（呼吸型） 病羊呈现缓慢的肺部损伤，出现逐渐加重的咳嗽、呼吸困难和腹式呼吸。在气候突变、劳累或驱赶时症状加剧。听诊在肺的背侧可听到啰音，叩诊在肺的腹侧有实音。体温一般正常。血液检查发现白细胞持续性增多。

2. 维斯纳（神经型） 病初可见病羊后肢跛行、发软，嘴唇和眼睑震颤；后期行走困难，后肢麻痹或瘫痪，卧地时头歪向一侧。

本病发展缓慢，病程经过数月或数年，病死率可高达100%。

【病理变化】梅迪的病变主要见于肺和肺淋巴结。病肺体积膨大2~4倍，打开胸腔时肺不塌陷，各叶之间以及肺和胸壁粘连。肺重量增加（正常重量为300~500g，患肺平均为1 200g），呈淡灰色或暗红色，触摸有橡皮样感觉。肺小叶间质明显增宽，切面干燥，常可透过浆膜见到大量针尖大小的灰色小点。纵隔淋巴结和支气管淋巴结肿大和水肿。

维斯纳病病羊一般无眼观变化，病程长的后肢肌肉经常萎缩。部分病羊可见脑膜轻度充血，或脑、脊髓切面有小的黄色斑点。腕、附关节为纤维素性关节炎。

【诊断】对于呼吸型病例，可根据流行特点、临诊症状和病理变化作出初步诊断，神经型病例可根据病羊的神经症状和步态异常等怀疑为本病，确诊必须进行实验室检查，如组织学检查、病毒分离鉴定、琼脂扩散试验、酶联免疫吸附试验等。

【防制】目前尚无疫苗和有效的治疗方法。本病的预防应重点加强对引进种羊的血清学检疫，凡从临床和血清学检查发现阳性羊时，应将感染群绵羊全部扑杀。病尸和污染物应销毁或用石灰掩埋。圈舍、饲养管理用具应用2%氢氧化钠或4%碳酸钠彻底消毒。

【思考题】

简述梅迪-维斯纳病的临床特点和病理变化。

第八节　山羊病毒性关节炎－脑炎

山羊病毒性关节炎－脑炎（Caprine arthritis encephalitis，CAE）是由山羊病毒性关节炎－脑炎病毒引起山羊的一种慢性传染病。特征是山羊羔出现脑脊髓炎，成年山羊发生慢性多发性关节炎、间质性肺炎和乳房炎。该病不仅病死率高，而且发展缓慢、病程长，可导致山羊生长受阻、生产性能下降，对山羊养殖业影响很大。

本病分布于世界各国，1985 年以来中国先后在甘肃、贵州、四川、新疆维吾尔自治区、河南、辽宁、黑龙江、陕西、云南、海南和山东等 11 个省、自治区发现本病。

【病原】山羊病毒性关节炎－脑炎病毒（Caprine arthritis encephalitis virus，CAEV）属于反录病毒科慢病毒属。病毒的形态结构和生物学特性与梅迪－维斯纳病毒相似，含有单股 RNA，病毒粒子呈球形，直径 80～100nm，有囊膜。对外界环境的抵抗力不强，56℃经 10min 可被灭活，但在 4℃条件下可存活 4 个月左右。病毒对多种消毒药剂如甲醛、苯酚和乙醇溶液等敏感。

【流行病学】自然条件下，只有山羊可互相传染发病，绵羊不感染，无年龄、性别和品种的差异，但成年山羊感染的较多。病山羊和隐性感染的山羊是主要的传染源，感染途径以消化道为主。被病羊分泌物和排泄物污染的饲草、饲料和饮水是主要的传播媒介，患病的母山羊也可将病毒经乳汁感染羔羊。在良好的饲养管理条件下，本病常不出现症状或症状不明显，只有通过血清学检查，才能发现。

【临床症状】根据临床表现可将本病分为脑脊髓炎型、关节炎型、肺炎型和乳房炎型 4 种类型。

1. 脑脊髓炎型　潜伏期长，为 50～150d，主要发生于 2～4 月龄羔羊，有明显的季节性，80%以上的病例多发生于 3～8 月份。初期病羊精神沉郁，跛行，进而四肢强直、共济失调，一肢或数肢麻痹、卧地不起、四肢划动，有的病羊眼球震颤，角弓反张。有时出现面神经麻痹，吞咽困难或双目失明。病程半个月至 1 年，多数病羊最终死亡。

2. 关节炎型　多发生于 1 岁以上成年山羊，典型症状是腕关节肿大和跛行，也可能发生在膝关节和附关节。病初关节周围软组织水肿、温热、疼痛，有轻重不一的跛行，进而关节肿大如拳，活动不便，常见前膝跪地爬行。病情逐渐加重，体重减轻，最后衰竭而死亡，病程 1～3 年。

3. 肺炎型　较少见。无年龄限制，病程 3～6 个月。患羊进行性消瘦，咳嗽，呼吸困难，胸部叩诊有浊音，听诊有湿啰音。

4. 乳房炎型　见于哺乳母山羊，表现为间质性乳房炎，患部乳房坚硬、肿胀、无乳，大部分病羊的产乳量终生低于正常水平。

【病理变化】主要病变见于中枢神经系统、四肢关节、肺脏和乳腺。中枢神经的病变主要见于小脑和脊髓，在前庭核部位将小脑与延脑横断，可见一侧脑白质有一棕色区，脑膜充血；关节炎型病例关节囊增厚，滑膜与关节软骨粘连；肺炎型病例可见肺脏呈间质性肺炎的变化，肺脏轻度肿大、质地变硬，呈灰白色，表面有针尖大到小米粒大的灰白色结节，支气管淋巴结和纵隔淋巴结肿大，支气管空虚或充满浆液及黏液；乳房炎型乳房有增生性结节，切面呈灰白色。

【诊断】根据病史、临床症状和病理变化可作出初步诊断，确诊需进行病原分离鉴定和血清学试验。目前广泛使用的血清学试验是琼脂扩散试验、酶联免疫吸附试验和免疫印迹试验。

【防制】本病目前尚无有效的治疗方法和疫苗，应加强饲养管理和定期对羊群进行严格检疫，发现病羊及时淘汰。无本病的地区和羊场应提倡自繁自养，防止本病的传入；有本病的地区和羊场，淘汰病羊，建立无本病羊群，逐步达到净化的目的。

【思考题】

简述山羊病毒性关节炎-脑炎的临床诊断要点和防制措施。

第九节 气肿疽

气肿疽（Gangraena eemphysematosa）又称黑腿病或鸣疽，是由气肿疽梭菌引起的反刍动物的急性败血性传染病，以牛最易感。其特征是在肌肉丰满部位发生炎性、气性肿胀，压之有捻发音。

气肿疽梭菌在世界各地广泛分布，所有养牛国家都有本病发生。中国在新中国成立初期河南、河北等中原地区曾有过较大规模的流行，现在已基本上得到了控制，仅在个别地区偶尔散生。

【病原】气肿疽梭菌（*Cl. chauvoei*）属于梭菌属成员之一，为专性厌氧大杆菌，菌体两端钝圆，具周身鞭毛，能运动，在体内外均可形成中央或近端芽孢，芽孢体呈纺锤状。单在或呈3~5个菌体形成的短链。病料及幼龄培养物革兰氏染色呈阳性，老龄培养物中可变成阴性。

本菌的繁殖体对理化因素的抵抗力不强，一般的消毒药在10~20min均能杀死，而芽孢体的抵抗力则十分强大，土壤内气肿疽梭菌的芽孢可以生存5年以上，干燥病料内芽孢在室温中可以生存10年以上，在液体中的芽孢煮沸20min才能杀死，盐腌肌肉中可存活2年以上，在腐败的肌肉中可存活6个月。0.2%的升汞、3%福尔马林溶液15min可杀死该菌芽孢。

【流行病学】黄牛最易感，特别是6个月至3岁期间营养良好的黄牛。水牛、乳牛、牦牛的易感性较低，马属动物、狗、猫不感染，人有抵抗力。病牛是主要的传染源，土壤是主要的传递因素，主要经消化道感染。病牛的分泌物、排泄物和处理不当的尸体污染土壤，病原菌以芽孢形式长期生存于土壤中，牛采食了这种土壤上被芽孢污染的饲草或饮水，经口腔和咽喉创伤感染，也可由松弛或微伤的胃肠黏膜侵入血流。本病也可通过创伤和吸血昆虫的叮咬经皮肤而感染。绵羊气肿疽则多为创伤感染，即芽孢随着泥土通过产羔、断尾、剪毛、去势等创伤进入组织而感染。草场或牧场被气肿疽梭菌芽孢污染，此病将年复一年在易感动物中有规律地重新出现。

本病多发生在潮湿的山谷牧场及低湿的沼泽地区。较多病例见于夏季，常呈散发或地方流行。舍饲牲畜则因饲喂了疫区的饲料而发病。

【临床症状】潜伏期 3~5d，最短 1~2d，最长 7~9d。突然发病，病牛体温升高到 41~42℃，精神沉郁，食欲、反刍停止，跛行。随后出现本病特征性症状，即在肌肉丰满部位出现肿胀。初期热而痛，后中央变冷、无痛，皮肤干硬呈暗黑色，触压有捻发音，叩诊有明显鼓音。切开患部，流出污红色带泡沫酸臭液体。此等肿胀多发生在腿上部、臀部、腰部、荐部、颈部及胸部。此外，局部淋巴结肿大，触之坚硬。病牛呼吸困难，脉搏快而弱，最后体温下降或再稍回升，随即死亡。一般病程 1~3d，也有延长至 10d 者。若病灶发生在口腔，则见腮部肿胀明显，若发生在舌部则舌肿大伸出口外。

本病一般预后不良。新疫区耕牛的发病率往往高达 40%~50%，死亡率为 100%。但也有极少病例呈一过性食欲减退和轻度发热，肌肉肿胀，而后恢复健康。

绵羊多创伤感染，感染部位肿胀。非创伤感染病例多与病牛症状相似。

【病理变化】尸体迅速腐败，全身气肿，天然孔有血样泡沫流出。皮下组织呈红色或黄色胶样浸润，有的部位有出血点或小气泡。丰满部肌肉呈海绵状，并有刺激性酪酸样气体，压之有捻发音，切面呈一致污棕色，或有灰红色、淡黄色和黑色条纹，肌纤维束为小气泡胀裂。如病程较长，患部肌肉组织坏死明显。胸腹腔有暗红色液体，心包液暗红而增多，心内外膜有出血斑，心肌变性，色淡而脆。肺小叶间水肿，淋巴结急性肿胀和出血性浆性浸润。脾常无变化或被小气泡所胀大。肝切面有大小不等棕色干燥病灶，这种病灶，死后仍继续扩大，由于产气结果，形成多孔的海绵状态。肾脏也有类似变化，胃肠有时有轻微出血性炎症。

【诊断】根据流行病学、临床症状及病理学变化等可以初步诊断，确诊则需进行病原分离培养和动物试验。

1. 细菌学检查　在无菌条件下采取刚刚死亡病牛的有病变的肌肉、坏死组织、血液或渗出物涂片，染色镜检，见两端钝圆的革兰氏阳性大杆菌。

2. 病原分离培养　将病料接种于葡萄糖鲜血平皿或鲜血平皿，厌氧培养，进一步在厌气肉肝汤进行纯培养。

3. 动物试验　可用厌气肉肝汤中生长的纯培养物肌肉接种豚鼠，在 6~60h 内死亡。

气肿疽易于与恶性水肿、炭疽、巴氏杆菌病有相似之处，应注意鉴别。

【防制】鉴于本病的发生有明显的地区性，应采取土地耕种或植树造林等措施，净化被气肿疽梭菌污染的草场。疫苗预防接种是控制本病的有效措施。我国于 1950 年以后相继研制出几种气肿疽疫苗，效果良好。近年来又研制成功气肿疽－巴氏杆菌病二联疫苗，对两种病的免疫期各为 1 年。

病牛早期可用抗气肿疽血清，静脉或腹腔注射，同时应用青霉素和四环素，效果较好。局部治疗，可用加有 80 万~100 万 IU 青霉素的 0.25%~0.5% 普鲁卡因溶液 10~20ml 于肿胀部周围分点注射。

【思考题】

1. 气肿疽的特征性症状是什么？
2. 如何预防气肿疽病？

第十节　羊梭菌性疾病

羊梭菌性疾病（Clostridiosis of sheep）是由梭状芽孢杆菌属中的细菌引起羊的一组传染病，包括羊快疫、羊猝狙、羊肠毒血症、羊黑疫和羔羊痢疾。其特点是发病快、病程短、死亡率高。这类临诊症状有相似之处，极易混淆，对养羊业危害很大，须特别注意。

一、羊快疫

羊快疫（Braxy）是由腐败梭菌引起羊的一种急性传染病。该病病程极短，几乎看不到症状，迅速死亡；剖检以真胃黏膜显著出血性炎症为特征。

羊快疫在百余年前就出现于北欧一些国家，在苏格兰称为“Braxy”，在冰岛称为“Bradsot”，都是“急死”之意。本病现已遍及世界各地。

【病原】腐败梭菌（*Cl. septicum*）为两端钝圆的专性厌氧大杆菌，不形成荚膜，在动物体内能形成卵圆形的芽孢，位于菌体中央或近端。用病料涂片镜检时，能发现单个或两三个相连的粗大杆菌，部分已形成芽孢，有的呈无关节长丝状。该菌革兰氏染色为阳性，但陈旧的培养物中可能为阴性。

本菌可产生四种毒素，即α、β、γ、δ。常用的消毒药能迅速杀死腐败梭菌的繁殖体。但芽孢抵抗力较强，在95℃下需2.5h方可杀死，3%福尔马林溶液能在10min内将其杀死。消毒常用20%漂白粉、3%~5%氢氧化钠溶液。

【流行病学】本病主要发生于绵羊，山羊和鹿也可感染，但很少发病。发病羊年龄多在6~18月龄，营养水平多在中等以上。传播途径主要是消化道。腐败梭菌主要存在于低洼潮湿草地、熟耕地、污水及人、畜的粪便中，羊只采食污染的饲料和饮水后，芽孢进入羊的消化道而感染发病。许多羊的消化道平时就有这种细菌存在，但不发病，当外界不良因素，特别是秋、冬和早春季节，气候骤变、阴雨连绵之际，羊只受寒感冒或采食了冰冻带霜的饲草起，机体抵抗力减弱时，腐败梭菌大量繁殖，产生毒素，可引起发病。

【临床症状】突然发病，病羊往往未见临诊症状突然死亡，常见于放牧时死于牧场或早晨死于羊圈内。病程长者表现为虚弱，运动失调；腹痛，臌气；排黑色稀粪，有的便秘；有的体温高达41.5℃。病羊最后极度衰竭、昏迷，口流带血泡沫，通常经数分钟到几小时死亡。

【病理变化】尸体迅速膨胀，皮下出血性胶样浸润。真胃和十二指肠黏膜有明显的充血、出血，黏膜下组织水肿甚至形成溃疡，肠腔内充满气体。胸腔、腹腔和心包大量积液，暴露于空气中易凝固。心内膜、心外膜有点状出血。胆囊肿大，充满胆汁。

【诊断】本病生前诊断比较困难，确诊本病需进行微生物学和毒素检查。肝脏被膜触片染色镜检，若发现无关节的长丝状细菌，则具有诊断参考价值；豚鼠肌肉注射部位呈鲜红色，由死亡豚鼠做肝脏被膜触片检查，也可发现无关节长丝状的菌体。必要时还可进行细菌的分离培养和实验动物感染。据报道，荧光抗体技术可用于本病的快速诊断。

【防制】由于本病发病快，病程短，往往来不及治疗而死亡。因此，必须加强饲养管理和防疫措施。发生本病时应及时隔离病羊，转移牧场，对病程长者用青霉素和磺胺类药物进行治疗。在本病常发地区每年定期接种羊快疫—猝狙—肠毒血症三联菌苗或羊快疫—猝狙—肠毒血症—黑疫—羔羊痢疾五联菌苗，皮下或肌肉注射5ml，免疫期三联苗为1年，五联苗为半年。近年来，我国又研制成功了厌气菌七联冻干粉苗（羊快疫—猝狙—肠毒血症—黑疫—羔羊痢疾—肉毒中毒—破伤风），可以随需配合。

二、羊猝狙

羊猝狙（Struck）是由C型魏氏梭菌引起的主要发生于成年绵羊的一种毒血症，以急性死亡、腹膜炎和溃疡性肠炎为特征。

1953年春夏期间，我国内蒙古东部地区发生羊快疫和羊猝狙的混合感染，造成流行。在中国其他地区，也曾发生过类似疫情，但相比之下以羊快疫单发者居多。

【病原】本病病原为C型产气荚膜梭菌（*Clostridium perfringens* type C）又叫C型魏氏梭菌，主要产生β毒素，可以引起坏死性肠炎。

【流行病学】本病发生于成年绵羊，以1~2岁的绵羊发病较多。常发生于低洼、沼泽地区。多发生于冬春季节，主要经消化道感染，呈地方流行性。C型产气荚膜梭菌随污染的饲料和饮水进入羊只消化道后，在小肠大量繁殖，产生β毒素，毒素通过肠黏膜吸收进入血液，引起毒血症。

【临床症状】病程短促，常看不到临诊症状而突然死亡。有时发现病羊离群、卧地，表现出不安、衰弱、腹泻和痉挛，在数小时内死亡。

【病理变化】主要见于消化道和循环系统。十二指肠和空肠黏膜严重充血、糜烂，有的肠段可见大小不等的溃疡，浆膜上有小出血点。胸腔、腹腔和心包积液，暴露于空气中易凝固。病羊死后8h内，由于细菌在骨骼繁殖，使肌间积聚血样液体，骨骼肌出血，并有气性裂孔。

【诊断】根据成年绵羊突然死亡，剖检见小肠黏膜糜烂和溃疡、腹膜炎、体腔积液可作出初步诊断。确诊需从体腔渗出液、脾脏等取病料做细菌的分离和鉴定，检查小肠内容物有无β毒素。

【防制】可参照羊快疫的防治措施。

三、羊肠毒血症

羊肠毒血症（Enterotoxaemia）又称类快疫，是由D产气荚膜梭菌在羊肠内大量繁殖产生毒素所引起的一种急性传染病。临床特征为腹泻，惊厥，麻痹和突然死亡，死后肾脏软化如泥。故本病又有“软肾病”之称。

【病原】D产气荚膜梭菌（*Clostridium perfringens* type D）又叫D型魏氏梭菌，主要产生ε毒素。

【流行病学】本病多呈散发，绵羊发生较多，山羊较少，通常以2~12月龄、膘情好的羊多发。本菌为土壤常在菌，也存在于污水中，羊只采食被病原菌芽孢污染的饲料与饮水，芽孢便随之进入羊的消化道，其中大部分被真胃里的酸杀死，一小部分活存下来进入肠道，正常情况下不引起发病。当春末夏秋季节从干草改吃了大量谷类或青嫩多汁和富有蛋白质的草料之后，本菌在肠道内大量繁殖，产大量ε原毒素，经胰蛋白酶的作用下转变成ε毒素，引起肠毒血症。因此，病羊作为传染源的意义有限。

本病具有明显的季节性和条节性，农区多发生于蔬菜和谷物收获季节，牧区多发生于牧草返青和牧草结籽后，羊吃了大量菜根、菜叶、青草和谷物，容易发病。

【临床症状】突然发病，很快死亡，很少能见到病状。临床上可分为两种类型：一类以抽搐为其特征，表现为四肢强烈的划动，肌肉震颤，眼球转动，磨牙，口水过多，随后头颈显著抽搐，往往2～4h内死亡；另一类型以昏迷和静静死亡为其特征，表现为步态不稳，感觉过敏，流涎，上下颌“咯咯”作响，继而昏迷，角膜反射消失，有的发生腹泻，多数在3～4h内静静地死亡。

【病理变化】病变常限于消化道、呼吸道和心血管系统。真胃含有未消化的饲料；回肠的某些区段呈急性出血性炎性变化，重者肠壁呈血红色，有时出现溃疡；胸腔、腹腔和心包积液，易凝固；心内外膜有出血点；肾脏的变化较特征，多在死后6h左右肾皮质变软，托在手掌中塌陷，不成形，用水轻冲，肾组织流失，只留下绒毛样基质；胆囊肿大1～3倍。

【诊断】根据本病发生的情况和病理变化等特征可作出初步诊断，但确诊本病需进行实验室检查。可根据在肠道内、肾脏和其他实质脏器内发现大量D型魏氏梭菌、小肠内检查出ε毒素、尿内发现葡萄糖等确诊。

【防制】加强饲养管理是预防本病的重要措施。农区、牧区春秋避免抢青、抢茬，秋天避免吃过量结籽饲草，同时注意饲料的合理搭配。在常发地区，应定期注射羊快疫—猝狙—肠毒血症三联苗或羊快疫—猝狙—肠毒血症—羔羊痢疾—黑疫五联苗，饲料中加入金霉素可预防发病。发病时应立即将羊群转移到高燥地区放牧，同时对未发病的羊进行紧急预防接种，病羊隔离，病程长者可用抗生素、磺胺及10%石灰水治疗。

四、羊黑疫

羊黑疫（Black disease）又名传染性坏死性肝炎，是由B型诺维氏梭菌引起绵羊和山羊羊的一种急性、高度致死性毒血症。本病的特征是肝脏凝固性坏死。因病、死羊的皮下严重淤血致皮色发黑而得名“羊黑疫”。

【病原】病原为B型诺维氏梭菌（*Cl. novyi* type B），为革兰氏阳性大杆菌，单个或呈短链状排列。严格厌氧，能产生芽孢，有周身鞭毛，能运动，不形成荚膜。本菌可产生8种外毒素，按其毒素的差异，本菌分为A、B、C 3种类型。A型菌能产生α、γ、ε、δ 4种外毒素；B型菌产生ε、β、η、ζ、θ 5种外毒素；C型菌不产生外毒素。

【流行病学】绵羊比山羊易感，多发生于2～4岁膘情好的羊。诺维氏梭菌广泛存在于土壤中，羊采食被污染的饲料和饮水，经消化道感染。本病主要在春夏发生于肝片吸虫流行的低洼潮湿地区。

【临床症状】本病临诊症状与羊快疫、羊肠毒血症等极其相似。病程急促，绝大多数病例未见临床症状而突然死亡。少数病例病程稍长，可拖延1～2d，但不超过3d。病羊表现为离群、不食、不反刍，站立不动，行动不稳，呼吸困难，眼结膜充血，口流白沫，腹痛，体温41.5℃，呈昏睡俯卧状态而死亡，病程一般2～3h。

【病理变化】病羊尸体皮下静脉显著淤血，皮肤呈暗黑色外观，故名“黑疫”。胸部皮下组织常见水肿，胸腔、腹腔和心包积液，暴露于空气中易凝固。肝脏充血肿大，表面有一个到多个灰黄色、不规则形的凝固坏死灶，其周围常为一鲜红色的充血带围绕，坏死灶直径可达2～3cm，肝脏的变化具有诊断意义。这种病变和未成熟肝片吸虫通过肝脏所造成的病变不同，后者为黄绿色，弯曲似虫样的带状病痕。脾脏肿大，紫黑色。

【诊断】在肝片吸虫流行的地区发现急死或昏睡状态下死亡的病羊，剖检见肝脏的特殊坏死变化，可作出初步诊断。于肝表面作触片，革兰氏染色，镜检见革兰氏阳性、粗大、两端钝圆的杆菌；再从肝坏死灶处取病料分离培养细菌，接种动物以确诊。必要时可做细菌学检查和毒素检查。

羊快疫、羊猝狙、羊肠毒血症、羊黑疫等梭性疾病由于病程短促，症状相似，而且在临床上与羊炭疽也有相似之处。因此，应注意类症鉴别（表6－1）。

表6－1　羊快疫、羊肠毒血症、羊猝狙、羊黑疫、羊炭疽的鉴别要点

病名	羊快疫	羊肠毒血症	羊猝狙	羊黑疫	羊炭疽
发病年龄	6～18月龄多发	2～12月龄多发	1～2岁多发	2～4岁多发	成年羊多发
营养状况	膘情好的多发	膘情好的多发	膘情好的多发	膘情好的多发	膘情差的多发
发病季节	秋冬和早春	夏秋季节	冬春季节	冬夏季节	夏秋季节
发病诱因	低洼潮湿，气候骤变，阴雨连绵，风雪交加，吃冰冻草料	吃过量谷类或青嫩草料	多见低洼沼泽地区	肝片虫感染	气温高，雨水多，吸血昆虫活跃
剖检变化	真胃显著出血	死后肾软化	小肠溃疡，死后8h骨骼肌出血	皮肤呈暗黑色，肝凝固性坏死	皮下、肌间、浆膜下结缔组织水肿，脾肿大
涂片镜检	肝被膜触片有无关节长丝状的腐败梭菌	血液，脏器组织可见D型产气荚膜梭菌	体腔渗出液和脾脏可见C型产气荚膜梭菌	肝坏死灶抹片见B型诺维氏梭菌	有荚膜的炭疽杆菌

【防制】预防本病应控制肝片吸虫的感染。在常发地区可用羊快疫—猝狙—肠毒血症—羔羊痢疾—黑疫五联苗进行免疫接种。发病时应将羊群转移到高燥地区进行放牧，病羊用抗诺维氏梭菌血清治疗，羊群紧急用黑疫和快疫二联苗或五联苗皮下或肌肉注射3ml能很快控制疫情。

五、羔羊痢疾

羔羊痢疾（Lamb dysentery）又叫羔羊梭菌性肠炎，是由B型产气荚膜梭菌引起初生羔羊的一种急性毒血症，其特征为剧烈腹泻和小肠溃疡。本病常引起羔羊大批死亡，给养羊业造成重大的经济损失。

【病原】本病病原为B型产气荚膜梭菌（*Clostridium perfringens* type B）又名B型魏氏梭菌，主要产生β毒素。

【流行病学】本病多呈地方流行，主要发生于7日龄以内的羔羊，以2～3日龄的羔羊发病最多发，7日龄以上的羔羊很少发病。羔羊在生后数日内，B型产气荚膜梭菌可以通过羔羊吮乳、饲养员的手和羊的粪便而进入羔羊消化道，在外界不良诱因如母羊怀孕期营养不良，羔羊体质瘦弱；气候寒冷，羔羊受冻；哺乳不当，羔羊饥饱不匀，羔羊抵抗力减弱时，细菌大量繁殖，产生毒素，引起本病的发生。本病也可能通过脐带或创伤感染。

【临床症状】自然发病的潜伏期为1～2d。病初精神沉郁，低头拱背，不吃奶。不久腹泻，粪便恶臭，呈黄绿色、黄白色或灰白色糊状或水样。后期便中带有血液、黏液和气泡，病羔逐渐衰弱，卧地不起。如不及时治疗，常在1～2d内死亡，只有少数可能自愈。

有的羔羊腹胀而不下痢，或只排少量稀粪，但主要表现神经症状，四肢瘫痪，卧地不起，呼吸急促，口流白沫，最后昏迷，头向后仰，体温下降至常温以下。重者如不及时治疗，一般在数小时到十几小时内死亡。

【病理变化】脱水现象严重，主要病变在消化道，真胃内有未消化的凝乳块，小肠（尤其是回肠）黏膜充血发红，常可见直径为1～2mm的溃疡面，其周围有一出血带环绕，肠内容物呈血色。肠系膜淋巴结肿大、充血或出血。心包积液，心内膜有出血点，肺有充血区或淤血斑。

【诊断】根据主要发生于7日龄以内的羔羊、剧烈腹泻、很快死亡、迅速蔓延全群、剖检小肠发生溃疡即可作出初步诊断。确诊需进行原菌鉴定和毒素检查。但应注意与沙门氏菌、大肠杆菌等引起初生羔羊下痢的区别。

【防制】本病发病因素复杂，应综合实施抓膘保暖、合理哺乳、消毒隔离、预防接种和药物防治等措施才能有效地防制该病。每年秋季注射羔羊痢疾菌苗或羊快疫—猝狙—肠毒血症—羔羊痢疾—黑疫五联苗，母羊于产前14～21d，再接种1次。羔羊出生后12h内可灌服土霉素0.2～0.5g，每日1次，连用3d，有一定的预防效果。

治疗可用土霉素、磺胺类药等药物，同时注意对症治疗。

【思考题】

1. 羊梭菌性疾病包括哪几种？如何预防？
2. 羔羊痢疾的主要症状是什么？如何预防？

第七章

其他动物的传染病

第一节 犬瘟热

犬瘟热（Canine distemper，CD）是由犬瘟热病毒感染犬和肉食目中许多动物的一种高度接触性传染病。病犬早期表现双相热、急性鼻卡他，随后以支气管炎、卡他性肺炎、严重胃肠炎和神经症状为特征，少数病例出现鼻部和足垫的过度角化。

犬瘟热是犬的一种最古老的传染病之一。1905 年 Carre 证实是由病毒引起的，所以本病也叫 Carre 氏病。目前该病几乎遍布全世界。

【病原】犬瘟热病毒（Canine distemper virus，CDV）属于副黏病毒科麻疹病毒属。病毒粒子呈圆形或不整形，有时呈长丝状，核酸为负链 RNA。

本病毒与麻疹病毒和牛瘟病毒不仅在形态和超微结构上完全一致，而且在抗原性上密切相关，但各自具有完全不同的宿主特异性。病毒对不同易感动物的致病性有所差异，这种差异与病毒本身的适应性有关。研究证实来源于不同地区、不同动物和不同临床病型的毒株均属同一个血清型。

CDV 对紫外线、热和干燥敏感，50～60℃ 30min 即可灭活，在 2～4℃ 可存活数周。冻干是保存病毒的最好方法，CDV 在 -60℃ 可存活 7 年以上。3% 福尔马林、5% 石炭酸溶液以及 3% 氢氧化钠溶液等对本病毒的消毒效果良好。

【流行病学】本病主要感染犬科动物（犬、狼、豺、狐等），鼬科动物（貂、雪貂、白鼬、臭鼬、伶鼬、南美鼬鼠、黄鼠狼、獾、水獭等）和浣熊科动物（浣熊、密熊、白鼻熊和小熊猫等）也可感染。其中以犬最易感，不同年龄、性别和品种的犬均可感染，3～12 月龄的幼犬易感性最强。纯种犬和警犬比土种犬的更易感，且病情严重，死亡率高。

病犬是本病最重要的传染源，病毒大量存在于病犬的鼻汁、眼分泌物和唾液中，并能通过尿液长期排毒。健康犬与病犬直接接触，或通过被病毒污染的空气、饲料和饮水经呼吸道和经消化道感染。有人提出 CDV 在母犬体内可通过胎盘垂直传播，造成流产和死胎。

本病一年四季均可发生，以冬、春寒冷季节多发，有一定的周期性，每 2～3 年有一次大的流行。

【临床症状】犬瘟热的潜伏期随传染来源的不同其长短差异较大。来源于同种动物者潜伏期 3～6d；来源于异种动物时因需要经过一段时间的适应，潜伏期可长达 30～90d。

该病症状表现多种多样，主要与病毒的毒力、环境条件、宿主的年龄及免疫状态有关。病初表现倦怠，缺乏食欲，眼鼻流出浆液性分泌物，随后变为脓性。体温升高至 40～41℃，持续 2d，然后降至常温，精神、食欲恢复正常。2～3d 后再次发热，并持续数周

(呈双相热型)。此时病情恶化，干咳，继而转为湿咳(发生肺炎)，呼吸困难，呕吐，腹泻，粪呈水样，恶臭，混有黏液和血液，最终因严重脱水和衰弱而死亡。部分病犬的腹下、四肢内侧出现湿疹性皮炎，足垫和鼻端高度角质化(曾被称为硬脚掌病)。

神经症状通常在感染后3~4周或全身症状好转后7~21d出现，由于CDV侵害中枢神经系统的部位不同，临床症状有所差异。大脑受损表现为癫痫、好动、转圈和精神异常；中脑、小脑、前庭和延髓受损表现为步态及站立姿势异常；脊髓受损表现为共济失调和反射异常；脑膜受损表现为感觉过敏和颈部强直。咀嚼肌群反复出现阵发性颤抖是犬瘟热的常见症状。病犬出现惊厥症状后，一般多取死亡转归。

幼犬经胎盘感染可在28~42d出现神经症状。母犬症状轻微或不明显，妊娠期间感染CDV可出现流产、死胎和仔犬成活率下降等症状。新生幼犬在永久齿长出之前感染CDV可造成牙釉质的严重损伤，牙齿生长不规则。

【病理变化】CDV为泛嗜性病毒，对上皮细胞有特殊的亲和力，因此病变分布非常广泛。新生幼犬感染CDV通常表现胸腺萎缩，呈胨样，有时可见出血性肠炎。成年犬多表现结膜炎、鼻炎、气管支气管炎和卡他性肠炎。中枢神经系统的病变包括脑膜充血、脑室扩张和因脑水肿所致的脑脊液增加。有些病犬可见鼻和足垫表皮角质层增生。

【诊断】本病病型复杂，且常易与多杀性巴氏杆菌、支气管败血波氏杆菌、沙门氏菌以及犬传染性肝炎病毒、犬细小病毒等混合感染或继发感染，所以诊断较为困难。根据临床症状、病理剖检和流行病学资料仅可作出初步诊断，确诊需要进行实验室检查。

1. 病毒分离与鉴定 取病死犬的胸腺、脾、淋巴结和有神经症状的脑等病料，制成10%乳剂，离心取上清液，接种犬肾细胞或鸡胚成纤维细胞培养，犬肾细胞被感染发生细胞颗粒变性和空泡，形成合胞体。接种后2~3d，用荧光抗体检测培养物的病毒抗原。另外，取肝、脾等病料，用电子显微镜可直接观察到病毒粒子，或采用免疫荧光技术从血液白细胞、结膜、瞬膜以及肝、脾涂片中检查出CDV抗原。

2. 包涵体检查 采取膀胱、胆管、胆囊等黏膜上皮，加生理盐水研磨均匀，涂片，干燥，甲醇固定，染色后镜检，可见胞浆内呈红色的包涵体。

3. 血清学诊断 包括免疫荧光试验、中和试验、琼脂扩散试验、补体结合试验、酶联免疫吸附试验等方法。

鉴别诊断应注意与犬传染性肝炎和犬细小病毒感染等区分。

犬传染性肝炎缺乏呼吸道症状，且有剧烈腹痛特别是剑突压痛，血液不易凝结，如有出血，往往出血不止，剖检时有特征性的肝和胆囊病变及体腔的血液渗出液。组织学检查犬传染性肝炎为核内包涵体，而犬瘟热则是胞浆内和核内包涵体，且以胞浆内包涵体为主。

犬细小病毒病肠炎型典型症状为出血性腹泻，病犬发病急，病死率高，眼、鼻缺乏卡他性炎症。

【防制】平时严格执行兽医卫生防疫措施，应注意将犬隔离饲养，特别是要避免与患病犬接触。新购买的犬至少应隔离饲养1周，然后才能混群饲养。

免疫接种是预防本病的有效措施之一。CDV弱毒疫苗的免疫保护效果比较理想。对于能够从初乳中获得母源抗体的幼犬(即母犬定期接种疫苗)，应在6周龄进行首次免疫，8周龄二免，10周龄再免疫一次。而对无母源抗体的幼犬，可以在4周龄时进行首次免疫，2~4周后进行二免。小于3~4周龄的幼犬，建议不要使用犬瘟热疫苗进行免疫；大于16

周龄的犬可以间隔2~4周免疫2次。犬瘟热疫苗的免疫效果比较确实，持续时间也比较长，但并不能产生终生免疫，因此每年需要进行1次加强免疫。

目前国内广泛使用的疫苗是犬瘟热—犬细小病毒—犬肝炎—犬腺病毒2型—犬副流感五联苗、犬瘟热—犬细小病毒—犬肝炎—犬腺病毒2型—犬副流感—犬钩端螺旋体六联苗和犬瘟热—犬细小病毒—犬肝炎—犬副流感—狂犬病五联苗。

一旦发生犬瘟热，为防止疫情蔓延必须迅速将病犬严格隔离，深埋或焚毁尸体，彻底消毒；对尚未发病的假定健康犬和受威胁犬，可考虑用犬瘟热高免血清或小儿麻疹疫苗做紧急预防注射，待疫情稳定后再注射犬瘟热疫苗。

病犬可注射大剂量高免血清或犬瘟热病毒单克隆抗体，这种情况仅限于发病初期的青年犬，当出现神经症状时使用高免血清治疗效果不佳。

犬感染CDV后常继发细菌感染，因此发病后配合使用抗生素或磺胺类药物，可以减少死亡，缓解病情。根据病犬的病型和病症表现采取支持和对症疗法，加强饲养管理和注意饮食，结合采用强心、补液、解毒、退热、收敛、止痛、镇痛等措施具有一定的治疗作用。

【思考题】

1. 犬瘟热的主要传播途径是什么？
2. 犬瘟热的主要症状是什么？如何防制犬瘟热？

第二节　犬细小病毒感染

犬细小病毒感染（Canine parvovirus infection）是由犬细小病毒引起犬的一种急性传染病。临床表现以急性出血性肠炎和非化脓性心肌炎为特征。

1978年同时在美国和澳大利亚分离获得病毒。中国于1982年证实此病。目前已广泛流行于世界各地，是危害养犬业最为严重的传染病之一。

【病原】犬细小病毒（Canine parvovirus virus，CPV）属于细小病毒科细小病毒属。病毒粒子呈圆形，直径21~24nm，呈二十面体立体对称，无囊膜，基因组为单股DNA。

CPV与猫泛白细胞减少症病毒（FPV）在抗原性上密切相关。因此，猫泛白细胞减少症的疫苗具有抗本病毒感染的作用。CPV在4℃条件下可凝集猪和恒河猴的红细胞，而对犬、猫、羊等其他动物的红细胞不发生凝集作用。CPV对多种理化因素和常用消毒剂具有较强的抵抗力。在4~10℃存活180d，37℃存活14d，56℃存活24h，80℃存活15min。在室温下保存90d感染性仅轻度下降，在粪便中可存活数月至数年。pH值3.0处理1h并不影响其活力。甲醛、次氯酸钠、羟胺、氧化剂和紫外线均可将其灭活。

【流行病学】犬是本病主要的自然宿主，不同年龄、性别、品种的犬均可感染，但以刚断乳至90日龄的犬较多发，病情也较严重。纯种犬比杂种犬和土种犬易感性强。其他犬科动物，如郊狼、丛林狼、食蟹狐和鬣狗等也可感染。豚鼠、仓鼠、小鼠等实验动物不感染。

病犬和康复犬是主要的传染源。病犬感染后7~14h便可通过从粪便、尿液、唾液和呕吐物中向外排毒，康复犬可能从粪尿中长期排毒。健康犬与病犬直接接触或经污染的饲料、饮水、垫草等通过消化道感染。有证据表明，人、苍蝇和蟑螂等可成为CPV的机械携带者。

本病一年四季均可发生，无明显的季节性。城市犬感染发病率高。天气寒冷、气温骤变、饲养密度过高、拥挤、并发感染等可加重病情和提高死亡率。

【临床症状】CPV 感染在临床上可分为肠炎和心肌炎两种病型。

1. 肠炎型　自然感染潜伏期 1～2 周，多见于 8 周龄以上青年犬，主要表现出血性肠炎。先突然发生呕吐，呕吐物清亮、胆汁样或带血。随后出现腹泻，粪便初呈灰色或黄色，接着排带血液呈番茄酱色的稀粪，恶臭。24～48h 后病犬抑郁、厌食，体温达 40～41℃，迅速脱水，体重减轻。成年犬一般不发热。呕吐和腹泻后数日，由于胃酸倒流入鼻腔，常导致黏液性鼻漏。白细胞数减少具有特征性，尤其在病初的 4～5d 内，可减至 500～2 000个/mm^3。

2. 心肌炎型　多见于 8 周龄以下（尤其是 4～6 周龄）的幼犬，常整窝发病。多无先兆性症候，或仅表现轻度腹泻，继而突然衰弱，呼吸困难，脉搏快而弱，心脏听诊出现杂音，心电图发生病理性改变，短时间内死亡。

【病理变化】肠炎型自然死亡犬极度脱水、消瘦，腹部卷缩，眼球下陷，可视黏膜苍白。病变主要见于空肠和回肠。浆膜暗红色，浆膜下充血、出血，黏膜坏死、脱落、绒毛萎缩。肠腔扩张，内容物水样，混有血液和黏液。肠系膜淋巴结充血、出血、肿胀。胸腺有点状出血，周围脂肪组织胶样萎缩。

心肌炎型病犬病变主要在肺和心脏。肺水肿，局部充血、出血，呈斑驳状。心脏扩张，左侧房室松弛，心肌纤维变性、坏死。

【诊断】根据流行特点、症状和病理变化可作出初步诊断，确诊需要进行实验室检查。

1. 病毒学检查　将病犬粪便材料处理后接种猫胎肾、犬胎肾原代或传代细胞。采用免疫荧光试验或血凝试验鉴定新分离的病毒。也可用电镜和免疫电镜观察粪便中的 CPV 粒子。

2. 血清学诊断　CPV 的血清学诊断方法包括血凝（HA）和血凝抑制试验（HI）、乳胶凝集试验、ELISA、免疫荧光试验、对流免疫电泳、中和试验等。

【防制】本病发病迅猛，应及时采取综合性防疫措施，及时隔离病犬，对犬舍及用具等用2%～4%氢氧化钠溶液或10%～20%漂白粉溶液反复消毒。

疫苗免疫接种是预防本病的有效措施。为了减少接种手续，目前多倾向于使用联苗，如五联苗或六联苗。

近年来，国内已研制成功治疗 CPV 感染的 CPV 单克隆抗体，在发病早期胃肠道症状较轻时治疗效果显著，结合对症治疗（呕吐时注射阿托品等；腹泻时口服次硝酸铋、鞣酸蛋白和注射维生素 K、安络血等止血剂；脱水严重时应补液；结膜发绀时加入碳酸氢钠防止酸中毒等）和防止继发感染等措施可大大提高治愈率。

【思考题】

1. 犬细小病毒病的主要诊断依据是什么？
2. 如何控制犬细小病毒病？

第三节　犬传染性肝炎

犬传染性肝炎（Infectious canine hepatitis，ICH）是由犬腺病毒 1 型病毒引起的一种急性、败血性传染病。病犬主要表现为肝炎和眼睛疾患，也称犬蓝眼病。

本病最早于1947年由丹麦的Rubarth发现，广泛分布于全世界，是犬的常见病之一。

【病原】犬腺病毒1型（Canine adenovirus virus Type 1，CAV-1）属腺病毒科、哺乳动物腺病毒属的成员。CAV-1形态特征与其他哺乳动物腺病毒相似，呈二十面体立体对称，直径70～90nm，无囊膜，核酸为双股DNA。

本病毒在4℃，pH值7.5～8.0时能凝集鸡红细胞，在pH值6.5～7.5时能凝集大鼠和人O型红细胞，这种血凝作用能为特异性抗血清所抑制。利用这种特性可进行血凝抑制试验。

本病毒的抵抗力相当强，在污染物上能存活10～14d，在冰箱中保存9个月仍有传染性。冻干可长期保存。37℃可存活2～9d，60℃3～5min灭活。对乙醚和氯仿有耐受性，在室温下能抵抗95%酒精达24h，污染的注射器和针头仅用酒精棉球消毒仍可传播本病。苯酚、碘酊及烧碱是常用的有效消毒剂。

【流行病学】本病主要发生于犬和狐狸，山狗、狼、浣熊、黑熊等也有感染的报道。犬不分年龄、性别、品种均可发病，但1岁以内的幼犬多发，幼犬死亡率高达25%～40%，成年犬很少出现临床症状。

病犬和带毒犬是主要传染源。处于恢复期的带毒犬尿中排毒可长达180～270d，是造成其他犬感染的重要传染源。本病可通过与病犬直接接触和间接接触污染的饲料、饮水或用具经消化道传播，也可经胎盘感染胎儿，造成新生幼犬死亡。

【临床症状】自然感染潜伏期6～9d。病程短，病死率为12%～25%。

病犬精神抑郁，食欲缺乏，渴欲增加，常见呕吐、腹泻，有时粪中带血，眼鼻流浆液性黏性分泌物。常有剑状软骨部位腹痛和呻吟。体温升高至40～41℃，持续1d，然后降至接近常温持续1d，接着又第二次体温升高，呈所谓马鞍型体温曲线。病犬血液不易凝结，如有出血，往往流血不止。在急性症状消失后7～10d，部分康复犬的一眼或双眼角膜浑浊，即“蓝眼病”，病犬表现眼睑痉挛、羞明和浆液性眼分泌物。部分病犬因咽炎和喉炎可致扁桃体肿大，颈淋巴结发炎可致头颈部水肿。血液检查，白细胞数明显减少，血凝时间延长。

发病狐狸除有兴奋、抽搐等典型脑炎症状外，还常发生后肢麻痹。

【病理变化】剖检变化主要为全身性败血症。实质器官、浆膜、黏膜上可见大小、数量不等的出血斑点。颈部皮下组织水肿，腹腔内充满清亮淡红色液体。肝肿大，呈斑驳状，表面有纤维素附着。胆囊壁水肿、增厚，被覆纤维素性渗出物。胆囊的变化具有诊断意义。脾肿大、充血。体表淋巴结、颈淋巴结和肠系膜淋巴结肿大、出血。中脑和脑干后部可见出血，常呈两侧对称性。

病理组织学检查可见肝实质呈不同程度的变性、坏死，肝细胞及窦状隙内皮细胞内有核内包涵体，脾、淋巴结、肾、脑血管等处的内皮细胞内也见有核内包涵体。

【诊断】该病早期症状与犬瘟热等疾病及其相似，有时还与这些疾病混合发生，因此根据流行病学、临床症状和病理变化仅可作出初步诊断，确诊需要进行实验室检查。

1. 病毒分离与鉴定　采取病犬血液、扁桃体或肝、脾等材料，常规处理后接种犬肾原代或传代细胞，随后可用血凝抑制试验或免疫荧光试验检测细胞培养物中的病毒抗原。

2. 血清学诊断　荧光抗体检查扁桃体涂片可供早期诊断；血凝和血凝抑制试验可与检

测急性病例病料中的病毒抗原和血清中的特异性抗体，可用于免疫监测和流行病学调查。其他还包括免疫琼脂扩散试验、补体结合试验、中和试验和ELISA等诊断方法。

【防制】预防本病首先应加强饲养管理和环境卫生消毒，自繁自养，防止病毒传入。

定期免疫接种是防制本病的有效方法，国内多使用六联苗或五联苗进行预防接种。

发现病犬立即隔离，并特别注意康复期病犬不能与健康犬混养。病初发热期用高免血清进行治疗可以抑制病毒扩散，采取静脉补液等支持疗法或对症疗法有助于病犬康复，用抗生素或磺胺类药物防止细菌继发感染，同时可配合使用大青叶、板蓝根、维生素 B_{12} 和维生素C等制剂提高疗效。发生眼炎时可用疱疹净点眼。

【思考题】

1. 犬传染性肝炎的主要诊断依据是什么?
2. 如何控制犬传染性肝炎?

第四节 犬副流感病毒感染

犬副流感病毒感染（Canine parainfluenza virus infection）是由犬副流感病毒引起犬的一种呼吸道传染病。临床表现发热、流涕和咳嗽。病理变化以卡他性鼻炎和支气管炎为特征。

本病于1967年Binn首次报告，并一直认为仅局限于呼吸道感染。1980年Evermann等发现，患犬也可因急性脑脊髓炎和脑内积水表现后躯麻痹和运动失调。目前世界上所有养犬国家均有本病流行。

【病原】犬副流感病毒（Canine parainfluenza virus，CPIV）属于副黏病毒科副黏病毒属。病毒粒子多呈圆形，直径80~300nm，有囊膜，基因组为单股RNA。CPIV粒子表面含有血凝素和神经氨酸酶，在4℃和24℃条件下可凝集人O型血、鸡、豚鼠、大鼠、兔、犬、猫和羊的红细胞。

CPIV只有一个血清型，但不同毒株的毒力有所差异。

该病毒对外界环境的抵抗力较差，对热、酸、碱不稳定。

【流行病学】CPIV可感染各种年龄犬，幼龄犬病情较重。CPIV在军犬和实验犬中具有很高的传染性。急性期病犬是主要的传染源。主要经呼吸道感染。本病传播迅速，常突然暴发。

【临床症状】潜伏期较短。病犬突然发热，干咳，结膜炎、鼻腔有大量浆液性或黏液性鼻液、流涕，疲软无力。当与支气管败血波氏杆菌混合感染时，症状加重。幼龄犬死亡率较高。有时表现后躯麻痹和运动失调等神经症状。

【病理变化】剖检可见鼻孔周围有浆液性或黏液脓性分泌物，结膜炎、支气管炎和肺炎。神经型可见急性脑脊髓炎和脑内积水。

【诊断】犬各种呼吸道疾病的临床表现非常相似，不易区别，确诊可采取鼻腔、气管分泌物，常规处理后接种犬肾细胞，每隔4~5d进行一次豚鼠红细胞吸附试验，盲传2~3代，出现CPE。再用特异性豚鼠免疫血清通过HI试验进行病毒鉴定。用血清中和试验和HI试验检查双份血清抗体效价是否上升，有回顾性诊断意义。

【防制】预防本病主要是免疫接种和对新购入犬的隔离、检疫。近年来，国内外生产的联苗中包括 CPIV 弱毒苗。

犬群一旦发病，立即隔离、消毒，重病犬及时淘汰。犬感染 CPTV 时，常常继发感染支气管败血波氏杆菌等，因此应用抗生素或磺胺类药物可防止继发感染。用镇咳药可减轻病情，促使病犬早日恢复。

【思考题】

1. 犬副流感病毒感染的主要诊断依据是什么？
2. 如何控制犬副流感病毒？

第五节　猫泛白细胞减少症

猫泛白细胞减少症（Feline panleucopenia，FP）又称猫瘟热（Feline distemper）或猫传染性肠炎（Feline infections enteritis），是由猫泛白细胞减少症病毒引起猫科动物的一种急性、高度接触性传染病。临床表现为双相热、呕吐、腹泻、脱水、白细胞数明显减少和出血性肠炎。

本病于 1930 年首先由 Hammon 和 Ender 报道，现已呈世界性分布，是猫最重要的一种传染病。

【病原】猫泛白细胞减少症病毒（Feline panLeucopenia virus，FPV）属于细小病毒科细小病毒属。无囊膜，直径约 20nm，病毒基因组为单股 DNA。

本病毒与水貂肠炎病毒（MEV）和犬细小病毒（CPV）具有抗原相关性，仅有 1 个血清型，血凝性较弱，仅能在 4℃条件下凝集猴和猪的红细胞。

本病毒对乙醚、氯仿、胰蛋白酶、0.5%石炭酸溶液及 pH 值 3.0 的酸性环境具有一定抵抗力，耐热（50℃ 1h、66℃ 30min），在低温或甘油缓冲溶液中能长期保持感染性，0.5%甲醛溶液和次氯酸对其有杀灭作用。

【流行病学】本病常见于猫和其他猫科动物（如虎、豹、猞猁等），也可感染鼬科（貂、雪貂）和浣熊科（长吻浣熊、浣熊）动物。各种年龄的猫均可感染，1 岁以下的幼猫较易感。初乳中母源抗体可使初生小猫得到保护。

病猫和康复带毒猫是主要的传染源。处于病毒血症期的感染猫，可从粪、尿、呕吐物及各种分泌物排出大量病毒，污染饮食、器具及周围环境。康复猫和水貂可长期排毒达 1 年之久。自然条件下，本病可通过直接接触或经消化道间接接触传播。除水平传播外，妊娠母猫还可通过胎盘垂直传播给胎儿。虱、跳蚤和螨等吸血昆虫可成为该病的传播媒介。

本病在冬末和春季多发。饲养条件突然改变、长途运输或来源不同的猫混杂饲养等不良因素，可能导致暴发性流行。

【临床症状】本病潜伏期 2～6d。

1. 最急性型　病猫突然死亡，往往被误认为中毒。

2. 急性型　仅见一些前驱症状，常于 24h 内死亡。

3. 亚急性型　病初精神委顿，被毛粗乱，厌食，体温升高至 40℃左右，24h 左右降至常温，2～3d 后体温再次升高至 40℃以上，呈双相热型。第二次发热时症状加剧，发生呕吐和腹泻，呕吐物常含有胆汁，粪便为水样，有时混有黏液或带血，迅速脱水，白细胞数减少到2 000/mm^3。病程3～6d，7d以后多能康复，病死率为60%～70%，最高达90%。妊娠母猫可发生胚胎吸收、死胎、流产、早产和产出小脑发育不全的胎儿。

【病理变化】以出血性肠炎为特征。胃肠道空虚，整个胃肠道黏膜均有程度不同的充血、出血、水肿及被纤维素性渗出物覆盖，其中空肠和回肠的病变最明显，肠壁严重充血、出血、水肿，致肠壁增厚似乳胶管样，肠腔内有灰红或黄绿色的纤维素性坏死性假膜或纤维素条索。肠系膜淋巴结肿大，切面湿润，呈红、灰、白相间的大理石样花纹，或呈一致的鲜红或暗红色。肝肿大呈红褐色，胆囊充盈，胆汁黏稠。脾脏出血。肺充血、出血、水肿。长骨骨髓变成液状，完全失去正常硬度。

【诊断】根据流行病学、临床症状和病理变化以及血液中白细胞减少的特点可以作出初步诊断，确诊需要进行实验室诊断。

1. 病毒的分离与鉴定　采取患病猫的粪便或病死猫的肠黏膜及肠内容物、血液、脾、淋巴结等，经冻融、离心、除菌后，接种于猫肾原代或传代细胞。病毒鉴定可采用免疫荧光试验对患病猫组织脏器的冰冻切片或接毒的细胞培养物进行检查，也可用已知标准毒株的免疫血清进行病毒中和试验。如有可能，还可应用免疫电镜技术对病猫粪便进行免疫电镜检查，以检出病毒抗原而确诊。

2. 血清学诊断　常用已知的标准血清，在猫次代细胞培养物上进行血清中和试验。

【防制】平时预防应搞好猫舍卫生，定期免疫接种，对于新引进的猫，必须经免疫接种并观察60d后，方可混群饲养。

目前有灭活苗和弱毒苗可供选择。免疫程序是对出生49～70d的幼猫进行首次免疫，间隔2～4周免疫1次，直至12～14周龄。弱毒疫苗至少要免疫2次，而灭活疫苗至少需要3次。以后每年加强免疫1次。对于未吃初乳的幼猫，28日龄以下不宜应用活苗接种，可先接种高免血清，间隔一定时间后再按上述免疫程序接种。由于本病可通过胎盘垂直传播，弱毒活疫苗可能会对胎儿造成危害，故建议妊娠猫使用灭活疫苗。

一旦发病，立即隔离病猫。早期可用抗血清，同时配合对症治疗及采取支持性疗法，如补液、非肠道途径给予抗生素和止吐药，精心护理并限制饲喂。

【思考题】

1. 猫泛白细胞减少症的主要症状是什么？
2. 如何防制猫泛白细胞减少症？

第六节　猫杯状病毒感染

猫杯状病毒感染（Feline calicivirus infection）又称猫传染性鼻一结膜炎，是由猫杯状病毒引起的一种多发性口腔和呼吸道传染病，以临床表现发热、鼻炎和结膜炎为特征。

1957年由Fastier首先分离到病毒，1980年Pcolmer报道40%～50%的猫上呼吸道感染是由此病毒引起的，所以本病对猫有一定的威胁。目前本病呈世界性分布，我国猫群也存在本病。

【病原】猫杯状病毒（Feline calicivirus，FCV）属于杯状病毒科杯状病毒属。病毒粒子呈圆形，二十面体对称，直径35～39nm，无囊膜。病毒基因组为不分节段的线状单股正链 RNA。

目前认为本病毒只有一个血清型，但其抗原很容易变异，可用琼脂扩散试验加以区别。

病毒对乙醚、氯仿及温和的洗涤剂不敏感，在 pH 值 3.0 时不稳定，pH 值 4 ~ 5 时稳定，50℃30min 可被灭活。2% 氢氧化钠溶液可有效灭活病毒。

【流行病学】自然条件下，本病只感染猫，1 岁以下猫最易感。

病猫和带毒猫是主要传染源。病猫通过唾液、鼻分泌物、粪便和尿大量排毒。康复猫和持续感染猫排毒期数月或数年。本病主要通过接触污染物或气溶胶飞沫经消化道和呼吸道传播。持续感染的母猫也可将病毒经胎盘垂直传播给下一代。

【症状与病变】潜伏期 2 ~ 3d。临诊症状由于感染毒株毒力和猫的年龄不同而有差异。轻者表现精神沉郁，体温 39.5 ~ 40.5℃，鼻腔有浆液性或黏液性分泌物，并伴有结膜炎，有时出现口腔溃疡。严重者则表现呼吸困难，抑郁，肺部啰音。4 ~ 8 周龄幼猫易发生肺炎而死亡，病死率可达 30%；1 岁以上猫常呈温和型或隐性经过。有些病例仅表现发热和肌肉疼痛或慢性胃炎。病程 5 ~ 7d。

剖检主要表现结膜炎、鼻炎、舌炎和气管炎，舌和腭黏膜有溃疡，胃有溃疡。肺腹缘出现暗红色实变区。

【诊断】根据临床症状和病理变化可以作出初步诊断，确诊可采取患猫眼结膜或扁桃体活组织作荧光抗体染色，检测是否存在病毒抗原。也可采取患猫鼻腔分泌物、扁桃体和肺组织，适当处理后接种于猫肾细胞进行病毒分离和鉴定。

【防制】平时应搞好猫舍清洁卫生，对新引进猫应隔离观察至少 2 周，无呼吸道症状方可混合饲养。

疫苗接种是防制本病的有效方法。国外有活疫苗和灭活疫苗，也有与猫病毒性鼻气管炎和猫泛白细胞减少症的二联苗和三联苗。我国也已研制出活疫苗。3 周龄以上的猫每年接种 1 次，免疫期 6 个月以上。

一旦发病，立即隔离病猫，对症治疗和防止继发感染，以减轻病情和降低幼猫的死亡率。

【思考题】

1. 猫杯状病毒感染有何症状？
2. 如何预防猫杯状病毒感染？

第七节 兔病毒性出血症

兔病毒性出血症（Rabbit viral hemorrhagic disease，RHD）又称兔瘟，是由兔病毒性出血症病毒引起的兔的一种急性致死性、高度接触性传染病，以呼吸系统出血、肝脏坏死、实质脏器水肿、淤血、出血为特征，故本病又称兔坏死性肝炎、兔出血性肺炎。

本病于 1984 年春季首次发现于我国江苏省，随后迅速蔓延至全国。亚洲、美洲及欧洲的许多国家均有发生。本病常呈暴发性流行，发病率和死亡率极高，给世界养兔业带来了巨大危害。

【病原】兔病毒性出血症病毒（Rabbit viral hemorrhagic disease virus，RHDV）属于杯状

病毒科兔杯状病毒属。病毒颗粒无囊膜，直径25～40nm，表面有短的纤突。

病毒仅凝集人的O型血的红细胞，这种凝集特性比较稳定，在一定范围内不受温度、pH值、有机溶剂及某些无机离子的影响，但可以被RHDV抗血清特异性抑制。该病毒各毒株均为同一血清型。

病毒对乙醚、氯仿等有机溶剂不敏感，对紫外线及干燥等不良环境抵抗力较强。对常用的消毒剂有较强的耐受性，1%氢氧化钠4h、1%～2%甲醛或1%漂白粉3h、2%农乐2h才能灭活病毒。

【流行病学】本病仅发生于家兔和野兔。不同品种和性别的兔均可感染发病，长毛兔易感性高于皮、肉用兔，2个月以上的青年兔和成年兔易感性高于2月龄以内的仔兔，而哺乳仔兔则极少发病死亡。

病兔、康复带毒兔、隐性感染兔及带毒的野兔为主要的传染源。病毒在病兔所有的组织器官、体液、分泌物和排泄物中存在，以肝、脾、肾、肺及血液中含量最高，主要通过粪、尿排毒，并在康复后3～4周内仍向外界排出病毒。

健康兔通过与病兔直接接触而传播，同时也可通过污染的饲料、饮水、灰尘、用具、兔毛等经消化道和呼吸道间接接触传播。病毒可在冷冻的兔肉或脏器组织内长期活存，故可以通过国际贸易而长距离传播。

本病传播迅速，无明显的季节性，但在北方以冬、春寒冷季节多发。在新疫区多呈暴发流行，成年兔发病率与病死率可达90%～100%。

【临床症状】本病的潜伏期自然感染为1～3d，新疫区的成年兔多呈最急性或急性经过，2月龄内幼兔发病症状轻微且多可恢复，哺乳兔多为隐性感染。

1. 最急性型 多发生于流行初期。突然发病，一般在感染后10～12h突然抽搐死亡。几乎无明显的症状。

2. 急性型 多见于流行中期。感染后1～2d体温高达41℃以上，精神委顿，食欲废绝，呼吸加快，迅速衰弱。死前病兔腹部胀大，出现兴奋、痉挛、运动失调、后躯麻痹、挣扎、狂奔、咬笼架等神经症状，继而倒地，四肢划动，惨叫几声而死。死后多有角弓反张，肛门松弛，口、鼻、肛门、阴道有血液流出。

3. 慢性型 多见于流行后期或老疫区。病兔体温高达41℃左右，精神沉郁，食欲不振，被毛杂乱无光，最后消瘦、衰弱而死，病程较长。有些可以耐过，但生长迟缓，发育不良。

【病理变化】多以各器官的出血、淤血、水肿和坏死为特征。鼻腔、喉头、气管和支气管黏膜淤血、出血，气管和支气管内有泡沫状血液。胸腺常水肿，并有散在的出血点。肺脏充血，有数量不等的粟粒大到绿豆大小的出血斑点，外观呈花斑状，切开肺脏流出大量红色泡沫状液体。肝脏淤血、肿大、质脆，肝脏表面有黄色或灰白色的坏死条纹，切面粗糙，流出多量暗红色血液，胆囊肿大，充满稀薄胆汁。脾脏肿大呈黑红色。肾脏皮质有散在的针尖大小的出血点，膀胱积尿。胃肠充盈，胃黏膜脱落，小肠黏膜充血、出血，肠系膜淋巴结水肿。脑和脑膜淤血。孕兔子宫充血、淤血和出血。

【诊断】根据流行病学特点、临床症状、病理变化能作出初步诊断，确诊需要进行实验室检查。

1. 病毒检查 取肝脏等病料处理，提纯病毒，负染后电镜检查病毒形态结构。

2. 血凝和血凝抑制试验 取病死兔的肝脏研磨，加生理盐水制成1∶10的乳剂，高速离心后取上清液作为被检材料，用人O型血的红细胞进行血凝试验，凝集价大于1∶60判为阳性。再用阳性血清做血凝抑制试验，血凝抑制价大于1∶80为阳性。血凝抑制试验还可用于流行病学调查和疫苗免疫效果监测。

3. 酶标抗体及免疫荧光抗体技术 双抗夹心ELISA可用于本病的诊断。另外，采用酶标抗体或荧光素标记抗体染色可以直接检查病死兔肝、脾触片或冰冻切片中的病毒抗原。

4. 反转录—聚合酶链反应 根据病毒特异性核酸序列设计的反转录—聚合酶链反应技术（RT-PCR）可检出病料组织中的病毒核酸，具有很高的特异性和敏感性。

【防制】平时应坚持自繁自养，定期消毒，不从发生本病的地区引进家兔及未经处理过的皮毛、肉品和精液，特别是康复兔，因为存在长时间排毒的可能。

定期接种脏器组织灭活疫苗是目前预防本病的有效措施。仔兔20日龄首免，1ml/只，2月龄时二免，2ml/只，成年兔每年免疫2次。也可使用二联苗（兔瘟—兔巴氏杆菌）和三联苗（兔瘟—兔巴氏杆菌—A型产气荚膜梭菌）进行免疫。

一旦发生本病，应立即隔离和扑杀病兔，尸体焚毁处理，同时对污染的环境及用具等进行彻底消毒。对假定健康兔紧急接种疫苗。对早期感染兔注射高免血清疗效较好。

【思考题】

1. 兔病毒性出血症的主要症状是什么？如何进行实验室诊断？
2. 如何预防兔病毒性出血症？

第八节 兔魏氏梭菌性肠炎

兔魏氏梭菌性肠炎（Rabbit Clostridial diarrhea）是由A型产气荚膜梭菌（A型魏氏梭菌）及其毒素引起的兔的一种以消化道症状为主的全身性疾病。临床上以急剧腹泻、排出多量水样或血样粪便、脱水死亡为主要特征。

中国于1979年首先在江苏省发现本病，迄今很多省、市都有发生。

【病原】A型产气荚膜梭菌（*Clostridium perfringens* type A）属于梭状芽胞杆菌属。

该菌在动物机体或培养基中产生外毒素（主要是α毒素），具有坏死、溶血和致死作用，对小鼠、兔和其他动物具有毒性。

本菌对理化因素和消毒剂抵抗力较强，在95℃下经2.5h方能被杀死，环境消毒时须用强力消毒剂如20%的漂白粉、4%的氢氧化钠等。

【流行病学】不同品种和性别的家兔对本病均有易感性，长毛兔及獭兔最易感，除哺乳仔兔外，各种年龄兔均可感染发病，1~3月龄幼兔发病率最高，老龄兔罕见。

本菌广泛分布于自然界，主要经消化道和伤口感染。一年四季均可发生，但冬春季节青饲料缺乏时更易发病，这与青饲料显著减少，饲喂过多的精饲料有关。在饲养管理不当、突然更换饲料、气候骤变、长途运输等应激因素下极易导致本病的暴发。

【临床症状】潜伏期一般为2~3d，长者10d。

最急性病例常突然发病，几乎看不到明显症状而突然死亡。急性病例以剧烈腹泻为特征，病初排出灰褐色软便，并带有胶胨样的黏稠物，体温、精神和食欲无明显变化；随后突然出现水泻，粪便呈黄绿色、棕色或黑褐色，恶臭，并污染臀部及后腿，此时病兔体温一般偏低，精神沉郁，拒食，眼球下陷，被毛蓬松无光泽，两耳下垂，腹部膨胀，有轻度胸式呼吸。大多数病兔于出现水泻的当天或次日死亡，少数可拖延1周，极个别的可拖延1个月，最终死亡。发病率为90%，病死率几乎达100%。

【病理变化】主要是胃黏膜出血、溃疡和盲肠浆膜出血斑。剖开腹腔可嗅到特殊腥臭味。胃内多充满饲料，胃底黏膜脱落，并常见有出血或黑色溃疡。肠壁弥漫性充血或出血，小肠充满气体，内容物稀薄，肠壁菲薄而透明。肠系膜淋巴结充血、水肿。盲肠浆膜明显出血，盲肠与结肠内充满气体和黑绿色水样内容物，有腥臭气味。心外膜血管怒张呈树枝状。肝、脾、肾淤血、变性、质脆。膀胱多积有茶色尿液。

【诊断】根据流行病学、临床症状和剖检病变可作出初步诊断，确诊需要进行实验室检查。

1. 细菌分离鉴定　取空肠或回肠内容物或黏膜刮取物涂片或肝、脾、肾触片，革兰染色镜检，可见大量革兰氏阳性、两端钝圆的大杆菌，单个或成双存在，有荚膜。取肠内容物加热至80℃10min，2 000r/min离心10min，取上清液接种厌氧肉肝汤中37℃培养5～6h，可见培养液混浊并产生大量气体。另外，取肝、脾、心血或肉肝汤培养物接种于血平板，厌氧培养24h后可见菌落呈圆形，边缘整齐，表面光滑隆起，直径约2mm，菌落周围出现双重溶血环。然后作进一步的生化试验和血清学定型。

2. 肠毒素检测　取大肠内容物用生理盐水1∶3稀释，3 000r/min离心10min，上清液经除菌滤器过滤后注入体重18～22g的小白鼠腹腔，0.1～0.5ml/只，如在24h内死亡则证明有毒素存在。也可用A型魏氏梭菌抗毒素作中和试验以进一步确证。

鉴别诊断应与能引起下痢的兔球虫病、沙门氏菌病、大肠杆菌病等相区别。

【防制】加强饲养管理，消除诱发因素，饲喂精料不宜过多，严格执行各项兽医卫生防疫措施，可以减少发病。

有本病史的兔场可用A型魏氏梭菌灭活苗预防接种。对断乳兔首免，皮下注射1ml/只，2～3周后二免2 ml/只，免疫期6～8个月。

发生疫情时应立即隔离或淘汰病兔，兔舍、兔笼及用具严格消毒，病死兔及分泌物、排泄物一律深埋或烧毁。病兔应及早用抗血清配合抗菌药物（如庆大霉素、哇乙醇、卡那霉素、金霉素等）治疗，并同时进行对症治疗才能收到良好效果。

【思考题】

1. 如何进行兔魏氏梭菌病的实验室诊断？
2. 简述兔魏氏梭菌病的防制措施？

第九节　兔波氏杆菌病

兔波氏杆菌病（Bordetellosis of rabbit）是由支气管败血波氏杆菌引起的家兔的一种以慢性鼻炎、支气管炎及咽炎为特征的呼吸道疾病。本病在兔场广泛传播，成年兔发病较少，幼兔发病率和死亡率较高。

【病原】支气管败血波氏杆菌（*Bordetella bronchiseptica*）简称波氏杆菌，为革兰氏阴性球杆菌，多呈两极染色，有鞭毛，无芽孢。在普通培养基上生长良好，形成圆形隆起光滑的小菌落。在麦康凯培养基上菌落大而圆，在鲜血琼脂上一般不溶血。该菌对理化因素抵抗力不强，常用的消毒剂均可在短时间内将其杀死。

【流行病学】该病易感动物较多，其中家兔的感染非常普遍，新疫区常呈地方性流行，老疫区多为散发，一般以慢性经过为主，急性败血性死亡较少。病原菌常存在于家兔上呼吸道黏膜，在气候骤变的秋冬之交极易诱发此病。这主要是由于家兔受到体内、外各种不良因素的刺激，导致抵抗力下降，波氏杆菌得以侵入机体内引起发病。本病主要通过呼吸道传播。带菌兔或病兔的鼻腔分泌物中大量带菌，常可污染饲料、饮水、笼舍和空气或随着咳嗽、喷嚏飞沫传染给健康兔。

【临床症状】根据临床表现可分为鼻炎型、支气管肺炎型和败血型。

1. 鼻炎型 较为常见，常呈地方性流行，多与多杀性巴氏杆菌病并发。多数病例鼻腔流出浆液性或黏液脓性分泌物，症状时轻时重。

2. 支气管肺炎型 多呈散发，由于细菌侵害支气管或肺部，引起支气管肺炎。有时鼻腔流出白色黏液脓性分泌物，后期呼吸困难，常呈犬坐式姿势，食欲不振、日渐消瘦而死。

3. 败血型 即为细菌侵入血液引起败血症，不加治疗，很快死亡。

【病理变化】鼻炎型兔可见鼻腔黏膜充血，有多量浆液性或黏液性分泌物，鼻甲骨变形；支气管肺炎型病变主要在肺部，肺表面有大小不等的突出表面的脓疱，脓疱外有一层致密的包膜，包膜内积满脓汁，黏稠奶油状。有的病兔肝脏上也有大量粟粒大至豌豆大的脓疱。严重的病例还可引起心包炎、胸腔积液、心肌坏死和脓肿。

【诊断】流行情况、临床症状和剖检变化，可作出初步诊断。确诊需采集病料做实验室检查。

1. 涂片镜检 无菌操作取病兔肝脏、肺脏脓疱液，抹片，经革兰氏染色后镜检，见有大量大小不等的革兰氏阴性杆菌，美蓝染色可见两极浓染。

2. 分离培养 无菌采取胸腔积液，分别接种于普通琼脂平板、血液琼脂平板、麦康凯琼脂平板，37℃恒温培养48h，均形成圆形、隆起、表面光滑、奶油状的小菌落。勾取菌落涂片、染色、镜检，见到大小稍有差异、菌体两端浓染的革兰氏阴性小杆菌。

【防制】平常应注意加强饲养管理，定期消毒，减少饲养密度，注意舍内通风，轻度鼻炎应及时隔离治疗，重度鼻炎兔坚决淘汰。

治疗可选用氟哌酸、恩诺沙星、卡那霉素或庆大霉素等，肌肉注射，2次/d，连续3～5d。

【思考题】

1. 兔波氏杆菌病有哪几种病型？各有何表现？
2. 如何进行兔波氏杆菌病的实验室诊断？

实践技能训练

实训一　动物养殖场的消毒

【目的】结合生产实践掌握养殖场常用消毒剂的配制和消毒方法。

【设备材料】

1. 常用的消毒药品　新鲜生石灰、粗制氢氧化钠、来苏儿、福尔马林、高锰酸钾等。

2. 消毒器械和用具　量筒、天平或台秤、盆、桶、缸、搅拌棒、橡皮手套、电炉、喷雾器、喷枪、清扫工具、工作服等。

【内容及方法】

（一）消毒器械

1. 喷雾器　用于喷洒消毒液的器具称为喷雾器，是最常用的消毒器械。喷雾器有2种，一种是手动喷雾器，另一种是机动喷雾器。前者有背携式（图实－1—Ⅰ、Ⅱ）和手压式2种（图实－1—Ⅲ），常用于小面积消毒；后者有背携式（图实－1—Ⅳ）和担架式（图实－1—Ⅴ）2种，常用于大面积消毒。

消毒液在装入喷雾器之前，应先充分溶解过滤，以免可能存在的残渣堵塞喷雾器的喷嘴。

2. 火焰喷灯　是利用汽油或煤油作为燃料的一种工业用喷灯，喷出的火焰具有很高的温度。常用以消毒被病原体污染的各种耐高温的金属制品，如鼠笼、兔笼、鸡笼等。但使用时不要喷烧过久，以免烧坏，且应按一定次序以免发生遗漏。

（二）常用消毒剂的配制

消毒剂是防疫工作中的重要武器之一，可以消灭外界环境中的病原微生物，切断传播途径，预防传染病的发生和蔓延。近年来，我国集约化养殖业发展很快，因而消毒剂日益受到重视。化学消毒剂品种较多，现介绍几种常用消毒剂的配制方法。

1. 20%的石灰乳　按1kg生石灰加5kg水，先用与生石灰等量的水缓慢加入生石灰内，待生石灰变为粉末（熟石灰）后再加入其余的水，搅匀即可。熟石灰存放过久，吸收了空气中的二氧化碳变成碳酸钙，则失去消毒作用，因此在配制石灰乳时，应现配现用。

2. 20%的漂白粉　漂白粉又称氯化石灰，主要成分是次氯酸钙，其有效氯含量为25%～30%。但有效氯易散失，故应将漂白粉密闭保存于干燥容器中。按1 000ml水加漂白粉200g（含有效氯25%）配制，先在漂白粉中加少量水，充分搅匀成糊状，然后加入全部水，搅匀即可。

3. 4%的氢氧化钠溶液　称40g氢氧化钠，加60～70℃的水1 000ml，搅匀即可。

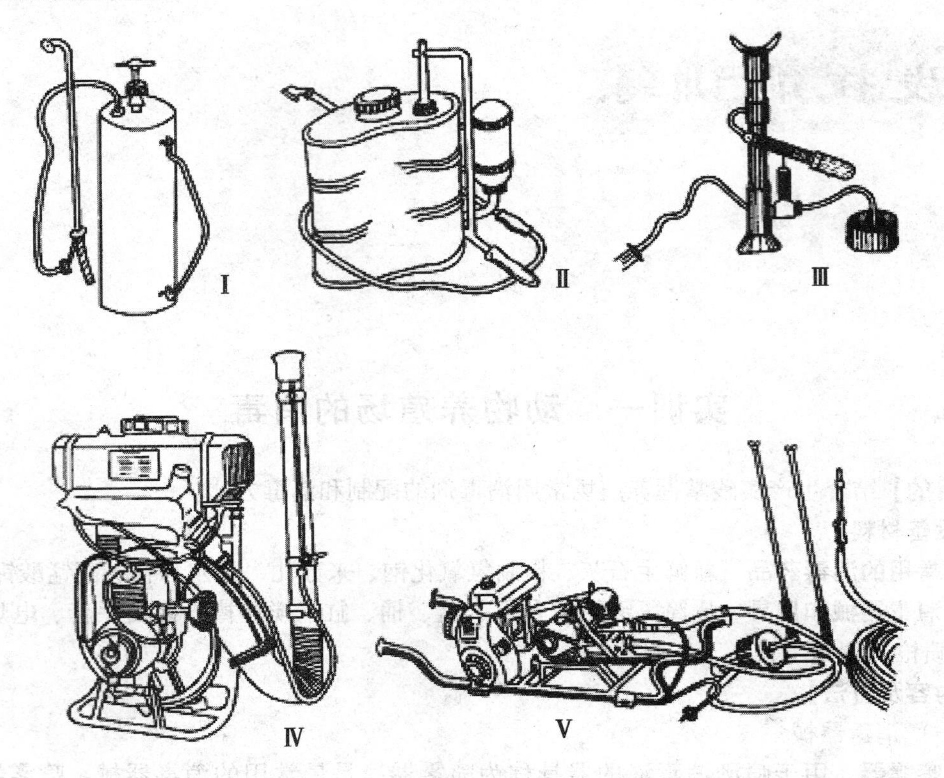

图实-1 各种喷雾器

Ⅰ. 背携式喷雾器之一 Ⅱ. 背携式喷雾器之二 Ⅲ. 手压式喷雾器

Ⅳ. 背携式机动喷雾器 Ⅴ. 担架式机动喷雾器

4. 5%来苏儿溶液 取来苏儿5份，加入清水95份，混匀即可。

5. 10%福尔马林溶液 福尔马林为含40%甲醛的水溶液（市售商品）。按10ml福尔马林加90ml水的比例配制。如需其他浓度，同样按比例加入福尔马林和水。

（三）畜禽舍、用具的消毒

畜禽舍和用具的消毒分两个步骤进行，第一步先进行机械清扫，第二步是化学消毒液消毒。

1. 机械清除法 机械清扫是搞好畜、禽舍环境卫生最基本的一种方法。

（1）清扫舍内卫生，清除污物和粪便 清扫时先扫顶棚、墙壁，再清除水槽、网床、栅栏、笼架等。为避免尘土飞扬可撒适量清水，片刻后再清扫干净。清扫出的废弃物在指定地方消毒处理。

（2）洗刷舍内设施 冲洗门窗、墙壁、地面、粪沟和清粪工具。

2. 化学消毒法

（1）喷洒消毒 用化学消毒液喷洒消毒时，消毒液的用量一般是以1 000～1 200 ml/m^2药液。消毒时，按“先里后外，先上后下”的顺序喷洒为宜，即先从畜舍的最里头、最上面（顶棚或天花板）开始，后下至墙壁、设备和地面，边喷边退至门口，最后消毒畜舍外面，然后再开门窗通风，用清水刷洗饲槽，将消毒药味除去。在进行畜、禽舍消毒时也应将附近场院以及患病动物、禽污染的地方和物品同时进行消毒。

预防消毒时常用的消毒剂可选择10% ~20%的石灰乳和5% ~10%的漂白粉溶液。临时消毒及终末消毒时，所用消毒剂随疫病的种类不同而异，一般肠道菌、病毒性疾病可选用5% ~10%漂白粉乳剂，2% ~4%氢氧化钠热溶液。但如发生细菌芽孢引起的传染病（如炭疽、气肿疽等）时，则需使用10% ~20%漂白粉乳剂、10% ~20%氢氧化钠热溶液或其他强力消毒剂。因氢氧化钠对对皮肤和黏膜有刺激性，对金属物品有腐蚀性，消毒畜舍时，应驱出家畜，隔半天用清水冲洗饲槽和地面后，方可让家畜进圈。带畜（禽）消毒时应选择无残留、无异味、刺激性小和杀菌力强的消毒剂，如过氧乙酸、次氯酸钠、百毒杀、抗毒威等，喷雾雾滴大小一般为80 ~100μm。

（2）*熏蒸消毒*　方法是按畜、禽舍体积计算所需用的药品量。一般每立方米空间，用福尔马林25ml，水12.5ml，高锰酸钾25g（或以生石灰代替）。计算好用量以后将水与福尔马林混合。畜禽舍的室温不应低于正常的室温（15 ~18℃）。将舍内的管理用具、工作服等适当地打开，箱子与柜橱的门开放。再在舍内放置几个金屑容器，然后把福尔马林与水的混合液倒入容器内，将畜禽迁出，门窗紧闭，其后将高锰酸钾倒入，用木棒搅拌，经几秒钟即见有浅蓝色刺激眼鼻的气体蒸发出来，此时应迅速离开畜舍，将门关闭。经过12 ~24h后方可将门窗打开通风。倘若急需使用，则需用氨蒸气来中和甲醛气体。按畜禽舍每100m^{3}取500g氯化铵，1kg生石灰及750ml的水（加热到75℃）。将此混合液装于小桶内放入舍内。或者用氨水来代替，即按每100m^{3}空间用25%氨水1 250ml，中和20 ~30min后，打开门窗通风20 ~30min，此后即可饲养畜禽。

（四）地面、土壤的消毒

被患病动物（禽）的排泄物和分泌物污染的地面土壤，常含有病原微生物，因此应进行严格消毒，以防止传染病继续发生和蔓延。土壤表面的消毒可用5% ~10%漂白粉溶液或10%氢氧化钠溶液消毒。停放过芽孢菌所致传染病（如炭疽、气肿疽等）患病动物尸体的场所，或者是此种患病动物倒毙的地方，更应严格加以消毒，首先用10% ~20%漂白粉乳剂喷洒地面，然后将表层土壤掘起30cm左右，撒上干漂白粉并与土混合，将此表土运出掩埋。在运输时应用不漏土的车以免沿途漏撒，如无条件将表土运出，则应加大干漂白粉的用量（1m^{2}面积加漂白粉5kg），将漂白粉与土混合，加水湿润后原地压平。

（五）粪便的消毒

传染病患病动物粪便的消毒有多种方法，如焚烧法、化学药品消毒法、掩埋法和生物热消毒法等。实践中最常用的是生物热消毒法，用粪便自身发酵产热杀灭非芽孢菌、病毒及寄生虫虫卵等，此法既使病原微生物污染的粪便变为无害，且不丧失肥料的应用价值。

粪便的生物热消毒法通常有2种，一种为发酵池法，另一种为堆粪法。

1. 发酵池法　此法适用于饲养大量家畜的农牧场，多用于稀薄粪便（如牛、猪粪）的发酵。在距农牧场200 ~250m以外无居民、河流、水井的地方挖筑2个或2个以上的发酵池（池的数量与大小取决于每天运出的粪便数量）。池的边缘与池底用砖砌后再抹以水泥，使之不透水。待倒入池内的粪便快满时，在粪便表面铺一层干草，上面盖一层泥土封严，经1 ~3个月即可掏出作肥料用。几个发酵池可依次轮换使用。当前，农村推广的沼气池，既能用作能源又起到了粪便发酵消毒的作用。

2. 堆粪法　此法适用于干固粪便（如马、羊、鸡粪等）的处理。在距农牧场100 ~200m以外的地方设一堆粪场。堆粪的方法如下：在地面挖一浅沟，深约20cm，宽约1.5 ~

2m，长度不限，随粪便多少而定。先将非传染性的粪便或蒿秆等堆至25cm厚，其上堆放欲消毒的粪便、垫草等，高达1～1.5m，然后在粪堆外面再铺上10cm厚的非传染性的粪便或谷草，并覆盖10cm厚的沙子或泥土。如此堆放3个星期到3个月，即可用以肥田。

当粪便较稀时，应加些杂草，太干时倒入稀粪或加水，以促其迅速发酵。处理牛粪时，因牛粪较稀不易发酵，可以掺马粪或干草，其比例为4份牛粪加1份马粪或干草。

（六）污水的消毒

被病原体污染的污水，可用沉淀法、过滤法、化学药品处理法等进行消毒。比较实用的是化学药品处理法。方法是先将污水处理池的出水管关闭，将污水引入水池后，加入化学药品（如漂白粉或生石灰）进行消毒。消毒药的用量视污水量而定（一般1 000ml污水用2～5g漂白粉）。消毒后，将闸门打开，使污水流入渗井或下水道。

（七）消毒对象的细菌学检查

从消毒过的地面（在畜舍家畜后脚停留过的地方）、墙壁及饲槽上取样，在上述地方划10cm×10cm大小正方形数块，用灭菌湿棉签擦拭1～2min，将棉签置于中和剂（30ml）中并沾上中和剂然后压出，如此数次后，再放入中和剂内5～10min，最后用手将棉签拧干，移入装有灭菌水的罐内，送到实验室。送到实验室后的样品在当天仔细拧干棉签并搅拌液体。将洗涤液样品接种在远藤氏培养基上，用灭菌吸管吸取0.3ml倾注琼脂平皿表面，并用灭菌“刮”，将材料涂布平皿表面，然后仍用此“刮”涂布第二个平皿。将接种的平皿置于37℃温箱中24h后检查初步结果，48h后检查最后结果。当发现可疑菌落时，即用常规方法鉴别。如没有肠道菌存在，证明进行的消毒效果良好。常用消毒剂的中和剂见表实－1。

表实－1　常用消毒剂的中和剂

消毒剂及其浓度	中和剂及其浓度
含氯（碘）消毒剂［有效氯（碘）0.1%～0.5%］	硫代硫酸钠（0.1%～1.0%）
过氧乙酸（0.1%～0.5%）	硫代硫酸钠（0.1%～0.5%）
过氧化氢（0.1%～3.0%）	硫代硫酸钠（0.5%～1.0%）
福尔马林（甲醛1%）	（1）亚硫酸钠（0.1%～0.5%） （2）氢氧化铵（25%）
戊二醛（2%）	甘氨酸（1%）或同甲醛（1）
季铵盐类消毒剂（0.1%～0.5%）	吐温80（0.5%～3.0%）
洗必泰（0.1%～0.5%）	卵磷脂（1.0%～2.0%）
酚类消毒剂（3.0%～5.0%）	吐温80（3.0%～5.0%）
汞类消毒剂（0.002%～0.5%）	巯基醋酸钠（0.2%～2%）
碱类消毒剂	等当量酸
酸类消毒剂	等当量碱

【注意事项】

①生石灰遇水产生高温，应在搪瓷桶、盆或铁锅中配制为宜。

②对具有腐蚀性的消毒药品，如氢氧化钠在配制时，应戴好橡皮手套操作，严禁用手直接接触，以免灼伤。存放时也应选择塑料或搪瓷桶等，以免损坏容器。

③大多数消毒液不易久存，应现用现配，防止失效。

④对人畜共患病的病原微生物消毒时，做好个人防护，严防工作人员感染。

⑤消毒完毕后，做好消毒器械及用品的维护与保养。

【思考题】

1. 动物养殖场常用的消毒剂有哪些？如何配制？
2. 动物养殖场常用的消毒方法有哪些？

实训二　兽医生物制品的使用和动物免疫接种技术

【目的】结合生产实践掌握免疫接种的方法和步骤；熟悉常用兽医生物制品的保存、运送和用前检查方法。

【设备材料】

1. 待免动物　鸡、猪、牛、羊和其他动物。

2. 免疫用疫苗　鸡、猪、牛、羊和其他动物常用弱毒疫苗及灭活疫苗。

3. 器材　金属注射器、玻璃注射器、连续注射器、兽用皮下注射针头、肌肉注射针头、滴瓶（或乳头滴管）、刺种针（或蘸水笔）、气雾免疫发生器、带盖搪瓷盘、体温计、消毒锅、镊子、稀释和盛装疫苗的容器等。

4. 消毒药品　70%酒精棉球、5%碘酊棉球、来苏儿或新洁尔灭。

【内容及方法】

（一）免疫接种前的检查

1. 畜禽健康检查　免疫接种前应对畜禽进行健康检查（包括体温检查），根据检查结果，作如下处理：完全健康的畜禽可进行主动免疫接种；衰弱、妊娠后期的家畜不能进行主动免疫接种，而应注射免疫血清；疑似患病动物和发热患病动物应注射治疗量的免疫血清或给予其他治疗。

2. 疫苗用前检查　疫苗在使用前，均需详细检查，如有下列情况之一者，不得使用。①没有瓶签或瓶签模糊不清，没有经过合格检查的。②过期失效的。③制品的质量与说明书不符，如色泽、沉淀有变化，制品内有异物、发霉和有臭味的。④瓶塞不紧或玻璃破裂的。⑤没有按规定方法保存的。不能使用的疫（菌）苗应立即废弃，致弱的活苗应煮沸消毒或予以深埋。

（二）疫苗的稀释

各种疫苗使用的稀释液、稀释倍数和稀释方法需严格按生产厂家的使用说明书进行。稀释疫苗的器械和容器必须是无菌的，以免污染疫苗，影响免疫效果。

1. 注射用疫苗的稀释　用70%的酒精棉球擦拭消毒稀释液和疫苗瓶塞，然后用带有针头的灭菌注射器吸取少量稀释液注入疫苗瓶内，充分振荡，使疫苗溶解，再加入全量的稀释液，摇匀即可。如无专用稀释液可用生理盐水代替。

2. 饮水（或气雾免疫）用疫苗的稀释　稀释液最好用蒸馏水或无离子水，也可用洁净的深井水或山泉水，不能用含消毒剂的自来水。稀释前先用70%的酒精棉球擦拭疫苗瓶塞，然后用带有针头的灭菌注射器吸取少量稀释液注入疫苗瓶内，充分振荡，再抽取溶解的疫苗注入干净的容器中，用稀释液把疫苗瓶冲洗2～3次，冲洗疫苗瓶的液体也一并放入容器中，最后按一定剂量加入稀释液。

（三）免疫接种的方法

1. 注射免疫法 根据注射的部位可分为皮下注射、皮内注射、肌肉注射和静脉注射4种方法。

（1）*皮下注射法* 大部分常用的疫苗和免疫血清，一般均采用皮下注射。该方法操作简单，吸收较皮内注射为快。但使用剂量多，而且同一疫苗，应用皮下接种时，其反应较皮内注射为大。

注射部位：对马、牛等大家畜皮下接种时，一律采用颈侧部位，猪在耳根后方，家禽在颈部或大腿内侧，羊在股内侧。

注射方法：左手拇指与食指捏取皮肤成皱褶，右手持注射针管在皱褶底部稍倾斜快速刺入皮肤与肌肉间，缓缓推药。注射完毕，将针拔出，立即以药棉揉擦，使药液散开。

（2）*皮内注射法* 现在兽医生物制品用作皮内接种的，除羊痘弱毒菌苗等少数制品外，其他均属于诊断液。该方法使用药液少，同样的疫苗皮内注射较之于皮下注射反应小，同量药液皮内注射时所产生的免疫力较皮下注射为高。一般使用带长螺旋针头的皮内注射或用蓝心注射器（容量lml）和相应的注射针头。

注射部位：羊痘弱毒菌苗多在尾根或尾内侧面。

注射方法：常规消毒后，用左手捏起皮肤成皱褶，右手从皱褶顶部与之成20°～30°角向下刺入皮肤，缓慢注入疫苗，也可用左手的拇指与食指捏起皮肤呈皱褶进针。

（3）*肌肉注射法* 该法接种药液吸收快，注射方法也较简便。但一个部位不能大量注射。同时臀部接种如部位不当，易引起跛行。

注射部位：马、牛、猪、羊一律采用臀部和颈部肌肉接种；鸡可在胸肌和大腿肌接种。

注射方法：左手固定注射部位，右手持注射器，针头垂直刺入肌肉内，然后左手固定注射器，右手将针芯回抽一下，如无回血，将疫苗缓慢注入。若发现回血，应变更位置。注射时将针头留有1/4在皮肤外面，以防折针后不易拔出。

家禽胸肌注射时，以8～9号针头与胸肌成45°角斜向刺入，避免垂直刺入，且进针不宜过深，雏鸡的刺入深度为0.5～1cm，日龄较大的为1～2cm，以防误伤内脏。腿部注射时将针头朝身体的方向刺入外侧腿肌，避免刺伤腿部的神经和血管。

（4）*静脉注射法* 现在兽医生物制品中，免疫血清除了皮下或肌肉接种外，多采用静脉接种，特别在治疗传染病患畜时。疫苗、菌苗、诊断液一般不作静脉注射。静脉注射的优点是可使用大剂量，奏效快，可以及时抢救患病动物。缺点是手续比较麻烦，如设备与技术不完备时，难以进行。此外，如所应用的血清为异种动物者，可能引起过敏反应（血清病）。

注射部位：马、牛、羊的静脉接种，一律在颈静脉，猪在耳静脉，鸡则在翼下静脉。

注射方法：用手按压颈静脉的向心端，使其怒张，用针头刺破皮肤，刺入静脉，有静脉血流出后，接上注射器，缓慢推入药液。

2. 经口免疫法 分饮水免疫和喂食免疫2种。前者是将可供口服的疫苗混于水中，畜禽通过饮水而获得免疫；后者是将可供口服的疫苗用冷的清水稀释后拌入饲料，畜禽通过吃食而获得免疫。疫苗经口免疫时，应按畜禽头数和每头畜禽平均饮水量或吃食量，准确计算需用的疫（菌）苗剂量。免疫前，应停水或停料半天，夏季停水或停料时间可以缩短，以保证饮喂疫（菌）苗时，每头畜禽都能饮入一定量的水或吃入一定量的料。饮水免疫时，一定要增加饮水器，让每头畜禽同时都能饮到足够量的水。稀释疫（菌）苗应当用清洁的水，禁用含漂白粉的自来水。混有疫（菌）苗的饮水和饲料一般不应超过室温。已稀释的疫（菌）苗，应迅速饮喂。

本法具有省时、省力的优点，适用规模化养畜、禽场的免疫。缺点是由于畜禽的饮水量或吃食量有多有少，因此进入每头畜禽体内的疫（菌）苗量不同，出现免疫后畜禽的抗体水平不均匀，较离散，不能像其他免疫法那样整齐一致。

3. 气雾免疫法 此法是用气泵产生的压缩空气通过气雾发生器（即喷头），将稀释疫苗喷出去，使疫（菌）苗形成直径1～10μm的雾化粒子，均匀地浮游在空气之中，畜禽通过呼吸道吸入肺内，以达到免疫的目的。但鸡感染支原体病时应禁用气雾免疫，因为免疫后往往激发支原体病发生，雏鸡首免时使用气雾免疫应慎重，以免发生呼吸道疾病而造成损失。

（1）室内气雾免疫法 此法需有一定的房舍设备。免疫时，疫（菌）苗用量主要根据房舍大小而定，可按下式计算：

疫（菌）苗用量＝（D×A）/（T×V）

式中：D——计划免疫剂量；A——免疫室容积（L）；T——免疫时间（分钟）；V——呼吸常数，即动物每分钟吸入的空气量（L），如对绵羊免疫，即为3～6。

方法：将动物赶入室内，关闭门窗和通风设备，减少空气流动。操作者将喷头由门窗缝伸入室内，使喷头保持与动物头部同高，向室内四面均匀喷射。喷射完毕后，让动物在室内停留20～30min，因为一般较小的喷雾雾粒大约要20min才会降至地面。

操作人员要注意自身防护，戴上大而厚的口罩，如出现症状，应及时就医。

（2）野外气雾免疫法 疫（菌）苗用量主要以动物数量而定。以羊为例，如为1 000只，每羊免疫剂量为50亿活菌，则需50 000亿，如果每瓶疫苗含活菌4 000亿，则需12.5瓶，用500ml灭菌生理盐水稀释。实际应用时，往往要比实际用量略高一些。一般在傍晚或清晨进行，此时气压高，雾粒可在空气中悬浮较长时间，并能降低应激和避开阳光直射。免疫时，将动物群体赶入四周有矮墙的圈内。操作人员手持喷头，站在动物群体中，喷头与动物头部同高，朝动物头部方向喷射。操作人员要随时走动，使每一动物都有吸入机会。如遇微风，操作者应站在上风向，以免雾化粒子被风吹走。喷射完毕，让动物在圈内停留数分钟即可放出。野外气雾免疫时，操作者更应注意自身防护。

本法具有省时、省力的优点，适于大群动物的免疫，缺点是需要的疫（菌）苗数量较多。

4. 滴鼻、点眼法 用滴瓶或乳头滴管吸取稀释的疫苗垂直滴于一侧鼻孔（用手按住另一侧鼻孔）或眼内1～2滴，稍停片刻将鸡轻轻放回。

用滴鼻法免疫时，应防止鸡头甩动，确保疫苗被吸入，若没有滴中应补滴。

5. 刺种法 用刺种针或蘸笔尖蘸取稀释的疫苗在鸡翅膀内侧无血管处刺入皮下，为可靠起见，最好重复一次。

（四）生物制品的保存、运送

1. 保存 兽医生物制品应保存在低温、阴暗、干燥的场所，灭活菌苗（死苗）、致弱的菌苗、类毒素、免疫血清等应保存在2～15℃，防止冻结；致弱的病毒性疫苗，如猪瘟弱毒疫苗、鸡新城疫弱毒疫苗等，应置放在0℃以下，冷冻保存。

2. 运送 要求包装完善，尽快运送，运送途中避免日光直射和高温。致弱的病毒性疫苗应放在装有冰块的广口瓶或冷藏箱内运送。

（五）免疫接种后的护理与观察

经受主动免疫的家畜，应有较好的护理和管理条件，要特别注意控制家畜的使役，以避免过度劳累和因接种疫（菌）苗后出现的暂时性抵抗力降低而产生不良后果。有时，家畜接种疫（菌）苗后可能会发生接种反应，故在接种后应详细观察7～10d。如有反应，可给予适当治疗，反应极为严重的，可予以屠宰。

【注意事项】 免疫接种时，应注意以下几点。

①工作人员需穿着工作服及胶鞋，必要时戴口罩，工作前后均应洗手消毒，工作中不准吸烟和吃食，注意安全。

②严格执行消毒和无菌操作。注射器、针头、镊子等临用时煮沸消毒至少15min。注射时每头家畜须调换一个针头，如针头不足，也应每吸液一次调换一个针头，但每次注射一头动物后，应用酒精棉球将针头擦拭消毒后再用。

③吸取疫苗时，先除去封口上的火漆或石蜡，用酒精棉球消毒瓶塞。瓶塞上固定一个消毒的针头专供吸取药液，吸取后不拔出，用酒精棉包好，以便下次吸取。

④针筒排气溢出的药液，应吸集于酒精棉花上，并将其收集于专用瓶内，用过的酒精棉花或碘酒棉花和吸入注射器内未用完的药液也应收集于或注入专用瓶内，集中后烧毁。

⑤疫苗使用前必须充分振荡，已经打开瓶塞或稀释的疫苗必须当天用完，未用完的处理后弃去。

【思考题】

1. 疫苗使用前应做哪些检查？
2. 如何正确稀释疫苗？
3. 试述免疫接种的方法及注意事项。

实训三　传染病病料的取材、保存和送检

【目的】 结合病例诊断工作，学会被检病料的采取、保存和送检的方法。

【设备和材料】 煮沸消毒器、外科刀、外科剪、镊子、试管、平皿、广口瓶、包装容器注射器、采血针头、载玻片、酒精灯、保存液、来苏儿、新鲜动物尸体等。

【内容及方法】

（一）病料的采取

1. 剖检前检查 凡发现患畜（包括马、牛、羊及猪等）急性死亡，如怀疑是炭疽，则不可随意剖检，必须先采集末梢血液，用显微镜检查其抹片中是否有炭疽杆菌存在。只有在排除炭疽的可能性之后方可进行剖检。

2. 取材时间 内脏病料的采取，须于死亡后立即进行，最好不超过6h，否则时间过长，由肠内侵入其他细菌，易使尸体腐败，影响病原微生物的检出。

3. 器械的消毒 采集病料的器械和盛装病料的器皿必须严格消毒，以免污染病料。刀、剪、镊子、注射器、针头等煮沸消毒30min。器皿（玻璃制品、陶制品、珐琅制品等）可用高压灭菌或干烤灭菌。软木塞、橡皮塞置于0.5%石炭酸水溶液中煮沸10min。

4. 病料采取 病料采集应严格无菌操作。根据不同的传染病，相应地采取病原微生物含量高的脏器或内容物。如无法估计是哪种传染病，可进行全面采取。采取一种病料，使用一套器械和容器，不可混用。为了避免杂菌污染，病变检查应待病料采取完毕后再进行。各种组织及液体的病料采取方法如下。

（1）脓汁及渗出液 用灭菌注射器或吸管抽取或吸出，置于灭菌试管中。若为开口病灶或鼻腔时，则用无菌棉签浸蘸后，放在灭菌试管中。

（2）淋巴结及内脏 将淋巴结、肺、肝、脾及肾等有病变的部位各采取1～2cm^3的小方块，分别置于灭菌试管或平皿中。若为供病理组织切片的材料，应将典型病变部分及相连的健康组织一并切取，组织块的大小每边约2cm左右，同时要避免使用金属容器，尤其是当病料供色素检查时（如马传贫、马脑炎及焦虫病等），更应注意。

（3）血液 通常在右心房处采取，先用烧红的铁片或刀片烙烫心肌表面，然后用灭菌的尖刃外科刀自烙烫处刺一小孔，再用灭菌吸管或注射器吸出血液，盛于灭菌试管中。

血清：无菌操作吸取血液10ml，置灭菌试管中，待血液凝固析出血清后，吸出血清置于另一灭菌试管内，如供血清学反应时，可于每毫升中加入5%石炭酸水溶液1～2滴。

全血：先在注射器中吸入5%柠檬酸钠1ml，再以无菌操作采取全血10ml，注入灭菌后的试管或小瓶中。

（4）乳汁 乳房先用新洁尔灭清洗干净（取乳的手亦应事先消毒），并把乳房附近的被毛刷湿，将最初所挤的3～4股乳汁弃去，然后再采集10ml左右乳汁于灭菌试管中。若仅供显微镜直接染色检查，则可于其中加入0.5%的福尔马林液。

（5）胆汁 先用烧红的刀片或铁片烙烫胆囊表面，再用灭菌吸管或注射器刺入胆囊内吸取胆汁，盛于灭菌试管中。

（6）肠 用烧红刀片或铁片将欲采取的肠表面烙烫后穿一小孔，持灭菌棉签插入肠内，采取肠管黏膜或其内容物；亦可用线扎紧一段肠道（约6cm）两端，然后将两端切断，置于灭菌器皿内。

（7）皮肤 取大小约10cm×10cm的皮肤一块，保存于30%甘油缓冲溶液中，或10%饱和盐水溶液中，或10%福尔马林液中。

（8）胎儿、小动物和家禽 将流产后的整个胎儿或整个小家畜和家禽的尸体，用不透水塑料薄膜、油布或数层不透水的油纸包紧，装入箱内送检。

（9）骨骼 需要完整的骨骼标本时，应将附着的肌肉和韧带等全部除去，表面撒上食盐，然后包于浸过5%石炭酸水或0.1%升汞液的纱布或麻布中，装于木箱内送检。

（10）脑、脊髓 如采取脑、脊髓作病毒检查，可将脑、脊髓浸入50%甘油盐水液中或将整个头部割下，包入浸过0.1%升汞液的纱布或油布中，装入木箱或铁桶中送检。

（11）供显微镜检查材料 在剖检采取病料的同时制备。液体材料如脓汁、血液及黏液等可用载玻片作成涂片，脏器、组织等材料最好制成触片，结节及黏稠的脓汁可制成压片。制片自然干燥后，使涂面彼此相对，在两块玻片之间靠近两端边沿处各垫一根火柴棍或牙签以免涂片或触片上的涂面互相接触。如玻片有多张，可按上法依次垫火柴棍或牙签重叠起来，最上面的一张玻片上的涂面朝下，最后用细线缠住，用纸包好（图实－2）。每份病料制片不少于2～4张。玻片上应注明号码，并另附说明。

图实－2　涂片及触片的包扎方法

1. 火柴棍；2. 载玻片；3. 细线；4. 涂面

（二）病料的保存

病料采取后，如不能立即检验，或需送往有关单位检验，应当加入适量的保存剂，使病料尽量保持新鲜状态，以免在送检过程中，失去原来的状态，影响检验结果的正确性。

1. 细菌学检验材料　一般保存于饱和的氯化钠溶液或30%甘油缓冲盐水溶液中，容器加塞封固。如系液体材料，可装在封闭的毛细玻管或试管中运送。

饱和氯化钠溶液的配制：蒸馏水100ml，氯化钠38～39g，充分搅拌溶解后，用数层纱布过滤，高压灭菌后备用。30%甘油缓冲盐水溶液的配制法是：中性甘油30ml，氯化钠0.5g，碱性磷酸钠1.0g，加蒸馏水至100ml，混合后高压灭菌备用。

30%甘油缓冲盐水溶液的配制：中性甘油30ml，氯化钠0.5g，碱性磷酸钠1.0g，加蒸馏水至100ml中，混合后高压灭菌备用。

2. 病毒学检验材料　于50%甘油缓冲盐水溶液或鸡蛋生理盐水中保存，容器加塞封固。

50%甘油缓冲盐水溶液的配制：氯化钠2.5g，酸性磷酸钠0.46g，碱性磷酸钠10.74g，溶于100ml中性蒸馏水中，加中性甘油150ml，蒸馏水50ml，混合分装后，高压灭菌备用。

鸡蛋生理盐水的配制：先将新鲜的鸡蛋表面用碘酒消毒，然后打开将内容物倾入灭菌容器内，按全蛋9份加入灭菌生理盐水1份，摇匀后用灭菌纱布过滤，再加热至56～58℃，持续30min，第2天及第3天按上法再加热一次，即可应用。

3. 病理组织学检验材料　将采取的脏器组织块放入10%福尔马林溶液或95%酒精中固定；固定液的用量应为送检病料的10倍以上。如用10%福尔马林溶液固定，应在24h后换新鲜溶液一次。严寒季节为防病料冻结，可将上述固定好的组织块取出，保存于甘油和10%福尔马林等量混合液中。

（三）病料的送检

病料包装容器要牢固，做到安全稳妥，对于危险材料、怕热或怕冻的材料要分别采取措施。一般病原学检验的材料应放入加有冰块的保温瓶或冷藏箱内送检；供病理学检验的材料放在10%福尔马林溶液中，不必冷藏。包装好的病料要尽快运送，长途以空运为宜。盛装病料的容器要标明号码，详细记录，并附病料送检单，复写3份，其中1份留做存根，2份送检验室，待检验完毕后，退回1份。送检单格式见表实－2。

表实-2　动物病理材料送检单

第　号

送检单位		地　址		检验单位		材料收到日期	年 月 日 时
患病动物种类		发病日期	年月日时	检 验 人		结果通知日期	年 月 日 时
死亡时间	年月日时	送检日期	年月日时	检验名称	微生物学检验	血清学检查	病理组织学检查
取材时间	年月日时	取 材 人					
疫病流行简况							
主要临诊症状							
主要剖检变化				检验结果			
曾经何种治疗							
病料序号名称		病料处理方法					
送检目的				诊断和处理意见			

【思考题】

1. 病料的采取应注意哪些问题？
2. 如何正确地保存病料？

实训四　传染病尸体的运送和处理

【目的】结合生产实践，掌握传染病尸体的运送及处理方法。

【设备材料】铁锹、运尸车、绳子、棉花、纱布、工作服、消毒剂、燃料等。

【内容及方法】

（一）尸体的运送

尸体运送前，工作人员应穿戴工作服、口罩、风镜、胶鞋及手套。运送尸体应用特制的运尸车（车的内壁衬钉铁皮，以防漏水）。装车前应将尸体各天然孔用蘸有消毒药液的棉花或湿纱布严密填塞，小动物和禽类可用不渗水塑料袋盛装，以免流出粪便、分泌物和血液等造成周围环境的污染。在尸体躺过的地方，应用消毒液喷洒消毒，如为土壤地面，应铲去表层土，连同尸体一起运走。运送过尸体的用具、车辆应严加消毒，工作人员用过的手套、衣物及胶鞋等亦应进行消毒。

（二）尸体处理的方法

应按 GB 16548—2006《病害动物和病害动物产品生物安全处理规程》的规定，针对不同疫病采取不同方法处理。

1. 高温煮沸处理法 将肉尸分成重2kg、厚8cm的肉块，放在大铁锅内（有条件可用蒸汽锅），煮沸2~2.5h，煮到猪的深层肌肉切开为灰白色，牛的深层肌肉切开为灰色，肉质无血色时即可。

2. 掩埋法 这种方法虽不够可靠，但比较简单，所以在实际工作中仍常应用。

选择远离住宅、农牧场、水源、草原及道路、土质宜干而多孔（沙质土壤最好）的僻静地方，挖1.5~2m的深坑。坑底铺以2~5cm厚的石灰，将尸体放入，使之侧卧，并将污染的土层、捆尸体的绳索一起抛入坑内，然后再铺2~5cm厚的石灰，填土夯实。尸体掩埋后，上面应作0.5m高的坟丘。

3. 焚烧法 是毁灭尸体最彻底的方法，可在焚尸炉中进行。如无焚尸炉，则可挖掘焚尸坑。挖一长2.5m、宽1.5m、深0.7m的坑，将取出的土堵在坑沿的两侧。坑内用木柴架满，坑沿横架数条粗湿木棍，将尸体放在架上，然后在木柴上倒以煤油，并压以砖瓦或铁皮，从下面点火，直到把尸体烧成黑炭为止，并把它掩埋在坑内。

4. 化制法 这是一种较好的尸体处理方法，它不仅对尸体作到无害化处理，并保留了有价值的畜产品，如工业用油脂及骨、肉粉。此法要求在有一定设备的化制厂进行。化制尸体时，对烈性传染病，如鼻疽、炭疽、气肿疽、羊快疫等患病动物尸体可用高压灭菌。

5. 发酵法 将尸体抛入专门的尸体坑内，利用生物热的方法将尸体发酵分解以达到消毒的目的。这种专门的尸体坑是贝卡里氏设计出来的，所以叫做贝卡里氏坑。建筑贝卡里氏坑应选择远离住宅、农牧场、草原、水源及道路的僻静地方。尸坑为圆井形，深9~10m，直径3m，坑壁及坑底用不透水材料作成（可用水泥或涂以防腐油的木料）。坑口高出地面约30cm，坑口有盖，盖上有小的活门（平时落锁），坑内有通气管。如有条件，可在坑上修一小屋。坑内尸体可以堆到距坑口1.5m处，3~5个月后尸体完全腐败分解，此时可以挖出作肥料。

如果土质干硬，地下水位又低，加之条件限制，可以不用任何材料，直接按上述尺寸挖一深坑即可，但需在距坑口1m处用砖头或石头向上砌一层坑缘，上盖木盖，坑口应高出地面30cm，以免雨水流入。

【注意事项】

1. 如何运送患传染病的动物尸体？
2. 试述患传染病的动物尸体的处理方法。

实训五　禽流感的检验技术

【目的】 掌握禽流感的实验室检验方法。

【设备材料】

1. 器材 剪刀、镊子、酒精灯、棉拭子、1~3ml带帽塑料试管、离心机、离心试管、琼脂粉、打孔器、微量移液器、96孔V型微量反应板、微量血球振荡器、10日龄鸡胚、照蛋器、75%酒精、锥子、1ml注射器、针头、蜡烛、15ml试管及支架、10ml试管。

2. 试剂 1%鸡红细胞悬液、硫柳汞、高致病性禽流感病毒血凝素分型抗原、标准分型血清、阴性血清，待检血清、鸡新城疫阳性血清、减蛋综合征EDS_{76}血清、支原体标准阳性血清、青霉素、链霉素、卡那霉素、阿氏液、pH值7.2的0.01mol/L PBS液。

3. 试验动物 9～11 日龄 SPF 鸡胚、6 周龄 SPF 鸡。

【内容及方法】

（一）病毒分离与鉴定

1. 病料采集 一般应在感染初期或发病急性期从死禽或活禽采取。死禽采取气管、肺、肝、肾、脾、泄殖腔等组织样品；活禽用大小不等的灭菌棉拭子擦拭喉头、气管或泄殖腔，带有分泌物的棉拭子放入含有 1 000IU/ml 青霉素、2 000μg/ml 链霉素 pH 值 7.2～7.6 的肉汤中。

2. 样品的运送和保存 病料应放在含有抗菌素的 pH 值 7.2～7.4 的等渗磷酸盐缓冲液（PBS）内。抗生素的选择视当地情况而定，组织和气管拭子悬液中应含有青霉素（2 000IU/ml）、链霉素（2mg/ml）、庆大霉素（50μg/ml）和制霉菌素（1 000IU/ml），但粪便和泄殖腔拭子所有抗菌素浓度应提高 5 倍，加入抗菌素后 pH 值应调至 7.0～7.4。在室温放置 1～2h 后应尽快处理，没有条件的可在 4℃存放几天，也可于低温（－70℃）条件下保存。

3. 样品处理 将棉拭子充分捻动、拧干后除去拭子，样品液经 1 000r/min 离心 10min，取上清液作为接种材料。组织样品用 PBS 的悬液，1 000r/min 离心 10min，取上清液作为试验样品。

4. 样品接种 取经处理的样品，以 0.2ml/胚的量尿囊腔途径接种 9～11 日龄 SPF 鸡胚，每个样品接种 4～5 枚胚，置 37℃孵化箱内孵育。每日照蛋。

5. 收胚 无菌收取 18h 以后的死胚及 96h 活胚的鸡胚尿囊液，测血凝价。若血凝价很低，则用尿囊液继续传 2 代，若仍为阴性，则认为病毒分离阴性。

6. 病毒鉴定 将收获的鸡胚尿囊液分别采用全量法或微量法按常规进行血凝价检测，当血凝滴度达 1∶16 以上时，确定病毒分离为阳性。分别用鸡新城疫、减蛋综合征和支原体等疫病的标准阳性血清进行中和，若该病毒不被新城疫、减蛋综合征和支原体等阳性血清抑制，则可初步认定分离到的病毒为禽流感病毒。

7. 静脉接种致病指数（IVPI）测定 禽流感病毒致病性测定应在具有高度生物安全的实验室中进行。

（1）*操作方法* 将血凝价在 1∶16（$4\log_2$）以上的感染鸡胚尿囊液用生理盐水 1∶10 稀释，以 0.2ml/羽的剂量分别于翅静脉接种 6 周龄 SPF 鸡 10 只。接种后每日观察每只鸡的发病及死亡情况，连续观察 10d，计算 IVPI 值。

（2）*记录方法* 根据每只鸡的症状用数字方法每天进行记录，正常鸡为 0，病鸡记为 1，重病鸡记为 2，死鸡记为 3（病鸡和重病鸡的判断主要依据临床症状表现。一般而言，“病鸡”表现有下述一种症状，而“重病鸡”则表现下述多个症状，如呼吸症状、沉郁、腹泻、鸡冠和/或肉髯发绀、脸和/或头部肿胀、神经症状。死亡鸡在其死后的每次观察都记为 3）。

IVPI 值＝每只鸡在 10 天内记录的所有数字之和÷100

（3）*判定标准* 当 IVPI 值大于 1.2 时，判定此分离株为高致病性禽流感病毒株。

（二）血清学诊断

1. 血凝（HA）试验（微量法）

①在微量反应板的 1～12 孔均加入 25μl PBS，换滴头。

②吸取25μl抗原加入第1孔，混匀。

③从第1孔吸取25μl抗原加入第2孔，混匀后吸取25μl加入第3孔，如此进行对比稀释至第11孔，从第11孔吸取25μl弃之，换滴头。

④每孔再加入25μl PBS。

⑤将1%鸡红细胞悬液充分摇匀，每孔均加入25μl。

⑥置微量血球振荡器上，振荡1min，在室温（20～25℃）下静置40min后观察结果（如果环境温度太高，可置4℃环境下1h）。对照孔红细胞将呈明显的纽扣状沉积到孔底。

⑦结果判定：将反应板倾斜，观察红细胞有无呈泪滴状流淌。完全血凝（不流淌）的抗原或病毒最高稀释倍数为其血凝价（对HA试验而言为一个血凝单位）。

2. 血凝抑制（HI）试验（微量法）

①根据血凝试验结果配制4 HAV的病毒抗原。例如，如果病毒血凝价为1∶256，则4 HAV抗原的稀释倍数应是1∶64。

②在微量反应板的1～11孔加入25μl PBS，第12孔加入50μl PBS。

③吸取25μl血清加入第1孔内，充分混匀后从第一孔吸取25μl于第2孔，依次对比稀释至第10孔，从第10孔吸取25μl弃去。

④1～11孔均加入含4 HAV混匀的病毒抗原液25μl，混匀，室温静置至少30min。

⑤每孔加入25μl的鸡红细胞悬液，轻微振荡1min，室温下静置约40min（若环境温度太高可置4℃条件下1h），对照红细胞将呈明显纽扣状沉于孔底。

⑥结果判定：以完全抑制4个HAV抗原的血清最高稀释倍数作为HI滴度。

只有阴性对照孔血清滴度不大于$2\log_2$，阳性对照血清误差不超过1个滴度，试验结果才有效。HI价小于或等于$3\log_2$判定HI试验阴性；HI价等于或大于$4\log_2$为阳性。

3. 琼脂扩散（AGP）试验

（1）琼脂板的制备　称量琼脂粉1.0g，加入100ml pH值7.2的0.01mol/L PBS液，在水浴中煮沸使之充分融化，加入8g氯化钠，充分溶解后加入1%硫柳汞溶液1ml；冷至45～50℃时，将洁净干热灭菌直径为90mm的平皿置于平台上，每个平皿加入18～20ml，加盖待凝固后，把平皿倒置以防水分蒸发，置普通冰箱中保存备用（时间不超过2周）。

（2）打孔　在制备的琼脂板上按7孔一组的梅花形打孔（中间1孔，周围6孔），孔径约5mrn，孔距2～5mm，将孔中的琼脂用8号针头斜面向上从右侧边缘插入，轻轻向左侧方向将琼脂挑出，不影响边缘或使琼脂层脱离皿底。

（3）封底　用酒精灯轻烤平皿底部至琼脂刚刚要溶化为止，封闭孔的底部，以防侧漏。

（4）加样　用微量移液器或带有6～7号针头的0.25ml注射器，吸取抗原悬液滴入中间孔（图实－3中⑦号孔），标准阳性血清分别加入外周的①和④号孔中，被检血清按编号顺序分别加入另外4个外周孔（图实-3中②、③、⑤、⑥号孔）。每孔均以加满不溢出为度，每加一个样品应换一个滴头。

（5）作用　加样完毕后，静置5～10min，然后将平皿轻轻倒置放入湿盒内，37℃温箱中作用，分别在24h、48h和72h观察并记录结果。

（6）判定方法　将琼脂板置日光灯或侧强光下观察，若标准阳性血清（图实－3中①和④号孔）与抗原孔之间出现一条清晰的白色沉淀线，则试验成立。

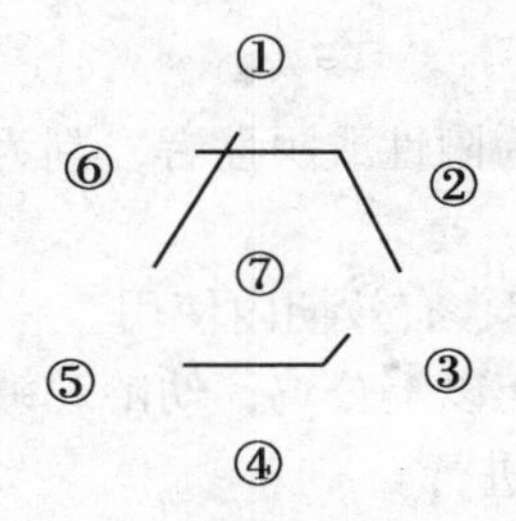

图实－3　琼脂扩散试验结果

（7）判定标准　若被检血清孔（图实－3 中②号孔）与中心抗原孔之间出现清晰致密的沉淀线，且该线与抗原与标准阳性血清之间沉淀线的末端相吻合，则被检血清判为阳性。

被检血清孔（图实－3 中③号孔）与中心孔之间虽不出现沉淀线，但标准阳性血清孔（图实－3 中④号孔）的沉淀线一端向被检血清孔内侧弯曲，则此孔的被检样品判为弱阳性（凡弱阳性者应重复试验，仍为弱阳性者，判为阳性）。

若被检血清孔（图实－3 中⑤号孔）与中心孔之间不出现沉淀线，且标准阳性血清沉淀线直向被检血清孔，则被检血清判为阴性。

被检血清孔（图实－3 中⑥号孔）与中心抗原孔之间沉淀线粗而混浊，或标准阳性血清与抗原孔之间的沉淀线交叉并直伸，被检血清孔为非特异反应，应重做，若仍出现非特异反应则判为阴性。

【思考题】

试述禽流感的诊断方法。

实训六　鸡白痢的检疫

【目的】熟悉和掌握鸡白痢的血清学检疫方法。

【设备材料】

1. 器材　洁净的玻璃板、干燥的灭菌试管、注射针头、带柄不锈金属丝环（环直径约4.5mm）、巴氏滴管、移液器、玻璃铅笔等。

2. 诊断液　鸡白痢全血平板凝集抗原（由农业部中国兽药监察所购得，或其他来源的合格产品。抗原为福尔马林灭活的细菌悬液，每毫升含菌100亿）、试管凝集反应抗原、鸡白痢阳性血清和阴性血清。

【内容及方法】

（一）快速全血平板凝集反应

1. 操作方法　先将鸡白痢全血平板凝集抗原瓶充分摇匀，用滴管吸取抗原，垂直滴一滴（约0.05ml）于玻片上，然后使用注射针头刺破鸡的翅静脉或冠尖，以金属环沾取血液一满环（约0.02ml）混入抗原内，随即搅拌均匀，并使散开至直径约2cm为度。

2. 结果判断

①抗原与血液混合后在2min内发生明显颗粒状或块状凝集者为阳性。

②2min以内不出现凝集，或出现均匀一致的极微小颗粒，或在边缘处由于临干前出现

絮状者判为阴性反应。

③除上述情况之外而不易判断为阳性或阴性者，判为可疑反应。

3. 注意事项

①抗原应在 2～15℃冷暗处保存，有效期内使用。

②本抗原适用于产卵母鸡及 1 年以上公鸡，幼龄鸡敏感度较差。

③本试验应在 20℃以上室温中进行。

（二）血清凝集反应

1. 血清试管凝集反应

（1）被检血清制备　以 20 或 22 号针头刺破鸡翅静脉，使之出血，用一清洁、干燥的灭菌试管靠近流血处，采集 2ml 液，斜放凝固以析出血清，分离出血清，置 4℃待检。

（2）抗原　试管凝集反应抗原，必须具有各种代表性的鸡白痢菌株的抗原成分，对阳性血清有高度凝集力，对阴性血清无凝集力，使用时将抗原稀释成每毫升含菌 10 亿，并把 pH 值调到 8.2～8.5，稀释的抗原当天用完。

（3）操作方法　在试管架上依次摆 3 支试管，吸取稀释抗原 2ml 置第 1 管，再吸取各 lml 分置第 2、3 管。先吸取被检血清 0.08ml 注入第 1 管，充分混合后从第一管吸取 1ml 移入第 2 管，充分混合后再从第二管吸取 1ml 移入第 3 管，混合后从第三管吸出 1ml 弃去，最后将三只试管摇振数次，使抗原与血清充分混合，在 37℃温箱中孵育 20h 后观察结果。

（4）结果判断　试管 1、2、3 的血清稀释倍数依次分别为 1∶25、1∶50、1∶100，凝集阳性者，抗原显著凝集于管底，上清液透明；阴性者，试管呈均匀混浊；可疑者介于前两者之间。在鸡 1∶50 以上凝集者为阳性。在火鸡 1∶25 以上凝集者为阳性。

2. 血清平板凝集反应

（1）抗原　与试管凝集反应者相同，但浓度比试管法的大 50 倍，悬浮于含 0.5% 石炭酸的 12% 氯化钠溶液中。

（2）操作方法　用一块玻板以玻璃铅笔按约 $3cm^2$ 画成若干方格，每一方格加被检血清和抗原各 1 滴，用牙签充分混合。

（3）结果判定　观察 30～60s，凝集者为阳性，不凝集者为阴性。试验应在 10℃以上室温进行。

【思考题】

1. 试述鸡白痢的检疫方法。
2. 我国大部分省份鸡白痢检疫的阳性率很高，试分析其原因和防治对策。

实训七　巴氏杆菌病的实验室诊断

【目的】掌握巴氏杆菌病的病理剖检变化和微生物学诊断方法。

【设备材料】

1. 器材　显微镜、擦镜纸、香柏油、外科刀、外科剪、镊子、玻片、5ml 注射器、组织研磨器、消毒的平皿及试管、美蓝染色液、革兰氏染色液、瑞氏染色液、鲜血琼脂、普通肉汤培养基。

2. 实验动物 小鼠。

【内容及方法】

（一）巴氏杆菌病的病理剖检

根据实际情况选择疑为猪肺疫、禽霍乱或兔巴氏杆菌病的病例或尸体，应用病理剖检技术进行剖检，观察其病理变化。

猪肺疫的主要病理变化是黏膜、浆膜和内脏出血、水肿，皮下胶样浸润，纤维素性胸膜肺炎等。禽霍乱的主要病理变化是黏膜、浆膜出血，胸腹腔和肠浆膜以及心包腔有纤维素性炎症，肝脏上有灰白色坏死灶；慢性病例可见有脓性干酪样关节炎，肉髯肿胀。

（二）病料采取

无菌采取新鲜的实质器官（肝、脾、肾、肺脏等）、心血（焊封于毛细管内），另做心血和实质器官的涂片数张。

（三）染色镜检

将病料组织涂片用美蓝染色，血液涂片用瑞氏染色，镜检，可见菌体呈卵圆形，有明显的两极浓染，血片用瑞氏时，菌体呈蓝色或淡青色，红细胞染成淡红色。

（四）分离培养

将病料接种于鲜血琼脂和普通肉汤培养基，37℃培养，18h后观察结果。多杀性巴氏杆菌在鲜血琼脂上呈较平坦、半透明的露滴样菌落，不溶血；在普通肉汤中呈均匀混浊，管底有沉淀，振摇时沉淀物呈辫状升起。取菌落或肉汤培养物作细菌涂片，染色，镜检，根据菌体形态（球杆状或双球状）和染色特性（革兰氏阴性菌）进行诊断。

（五）动物接种试验

将病料研磨成糊状，用灭菌生理盐水稀释成1：5～1：10乳剂，或用细菌的肉汤培养物接种于实验动物皮下或肌肉，剂量为0.2～0.5ml。猪、牛、羊等家畜的病料可用小鼠或家兔；家禽的病料可用鸽、鸡或小鼠。实验动物如于接种后18～24h左右死亡，则采取心血及实质脏器作涂片镜检和接种培养基进行分离培养。根据病原菌的形态、染色、培养、生化等特性加以鉴定。在采取材料作培养、镜检完毕后，尚须对实验动物尸体进行剖检作病理变化观察。在接种局部可见到肌肉及皮下组织发生水肿；胸腔和心包有浆液性纤维素性渗出物；心外膜有多数出血点；淋巴结肿大；肝脏淤血（如用鸡接种，尚可见到肝表面密布的小坏死灶）。

【思考题】

1. 试述巴氏杆菌病微生物学检查程序。

2. 当猪群中同时有猪肺疫和猪瘟存在的可疑时，从猪体分的巴氏杆菌是否可以确诊猪肺疫？为什么？

实训八　布鲁氏菌病的检疫

【目的】 初步掌握布氏杆菌病的血清学诊断方法。

【设备材料】

1. 器材 清洁灭菌小试管（试管口径为1cm）、试管架、0.5ml吸管、1ml吸管、10ml

吸管、凝集板。

2. 诊断液 布鲁氏菌试管凝集抗原、平板凝集抗原（使用时用0.5%石炭酸生理盐水做1∶2稀释）、虎红平板凝集抗原、布鲁氏菌水解素、全乳环状反应抗原、标准阳性血清和阴性血清。

【内容及方法】

（一）试管凝集反应

1. 被检血清的制备 牛、羊由颈静脉，猪于耳静脉或剪断尾端采血。局部剪毛消毒后，以无菌操作采取血液5～8ml，盛于灭菌试管中，并立即摆成斜面使之凝固（冬季置于温暖处，夏季置于阴凉处），凝固后即可送实验室，或等10～12h血清析出后，用毛细吸管吸取血清于灭菌的小瓶内。封存置冰箱中备用，并记录畜号。

血清样品应尽可能于24h内送到实验室，最迟不得超过3d。若3d内不能送达者必须加入防腐剂（尤其是夏天），通常每9ml血清加5%石炭酸生理盐水1ml或于每毫升血清中边摇振边加入5%石炭酸1～2滴。

2. 被检血清稀释度 一般情况，牛、马和骆驼用1∶50、1∶100、1∶200和1∶400四个稀释度；猪、山羊、绵羊和犬用1∶25、1∶50、1∶100和1∶200四个稀释度。大规模检疫时也可用两个稀释度，即牛、马和骆驼用1∶50和1∶100；猪、羊、犬用1∶25和1∶50。

3. 操作方法 操作方法见表实-3。

（1）*稀释血清（以牛、骆驼为例）* 每份被检血清用5支小试管（8～10ml），第1管加入稀释液2.4ml，第2管不加，第3、4、5管各加入0.5ml，用1ml吸管取被检血清0.1ml，加入第1管中，混匀（一般吸吹3～4次）后吸取混合液分别加入第2管和第3管各0.5ml，将第3管混匀，吸0.5ml加入第4管，第4管混匀吸取0.5ml加入第5管，第5管混匀后弃去0.5ml。如此稀释后从第2管起血清稀释度分别为1∶25、1∶50、1∶100、1∶200。

（2）*加入抗原* 将1∶20稀释的抗原由第2管起，每管加入0.5ml，血清最后稀释度由第2管起依次为1∶50、1∶100、1∶200和1∶400。

猪和羊的血清稀释和加入抗原的方法与牛、骆驼一致，不同的仅第1管加稀释液2.3ml及被检血清0.2ml。加入抗原后从第2管到第5管血清稀释度依次为1∶25、1∶50、1∶100和1∶200。

每次试验必须做3种对照，即阳性血清（1∶25）、阴性血清（1∶25）和抗原对照。

表实-3 牛试管凝集试验操作方法

试管号	1	2	3	4	5	阳性血清对照	阴性血清对照	抗原对照
稀释倍数	1:25	1:50	1:100	1:200	1:400	1:25	1:25	
0.5%石炭酸生理盐水（ml）	2.4		0.5	0.5	0.5			0.5
被检血清（ml）	0.1	0.5	0.5	0.5	0.5 弃0.5	0.5	0.5	
抗原（1:20）（ml）		0.5	0.5	0.5	0.5	0.5	0.5	0.5
判定								

（3）结果判定　牛、马和骆驼血清凝集价为1∶100以上，猪、羊和犬1∶50以上者，判为阳性。牛、马和骆驼血清凝集价为1∶50，猪、羊和犬为1∶25者判为可疑。可疑反应的家畜经3～4周重检，牛、羊重检时仍为可疑，判为阳性。猪和马重检时仍为可疑，但该场中未出现阳性反应及无临诊症状的家畜，判为阴性。根据实验结果填写试管凝集反应通知单。布鲁氏菌病试管凝集反应通知单样式见表实－4。

表实－4　布鲁氏菌病试管凝集反应通知单

登记号码		采血日期：　年　月　日					畜主姓名	
		收到日期：　年　月　日						
通知号码		检验日期：　年　月　日					住　址	
畜　别	畜号	1∶25	1∶50	1∶100	1∶200	1∶400	判定	备注

（二）平板凝集反应

1. 操作方法（表实－5）　取洁净无油脂光滑的玻璃一片，用蜡笔划分为4cm² 左右的5个小格，第一格写血清号码，用0.2ml刻度吸管将血清以0.08ml、0.04ml、0.02ml、0.01ml的剂量，依次分别加入每排4个小格中，吸管必须稍抖并接触玻板。然后在每格血清上垂直滴加抗原0.03ml（如为自制滴管，必须事先测定准确）；然后用牙签或火柴将血清和抗原混合均匀。一份血清用一根牙签，以0.01ml、0.02ml、0.04ml及0.08ml的顺序混合搅拌混匀后，并于酒精灯上稍稍加热（加热时防止温度过高，尤其应注意被检液干涸或玻板破损），5～8min内记录反应结果。

表实－5　玻片凝集反应操作方法

液滴序号	1	2	3	4
被检血清（ml）	0.08	0.04	0.02	0.01
玻板抗原（ml）	0.03	0.03	0.03	0.03
相当于试管反应的效价	1∶25	1∶50	1∶100	1∶200

平板凝集试验的血清量0.08ml、0.04ml、0.02ml和0.01ml，加入抗原后，其效价相当于试管凝集价的1∶25、1∶50、1∶100和1∶200，每批次平板凝集试验必须以阴、阳性血清对照。

2. 判定标准

“＋＋＋＋”：液体完全透明，出现大的凝集片或小颗粒状，即100%凝集。

“＋＋＋”：液体几乎完全透明，有明显的凝集片，即75%凝集。

“＋＋”：液体不甚透明，有可见的凝集片，即50%凝集。

“＋”：液体混浊，仅仅可以看见颗粒物，即25%凝集。

“－”：液体均匀混浊，无凝集现象。

本法和试管凝集反应一样，确定凝集价时，按出现“＋＋”号以上凝集现象为准，大家畜（牛、骆驼）血清凝集价1：100以上为阳性反应，1：50为疑似反应；中小家畜（猪、山羊、绵羊、犬）血清在1：50以上为阳性，1：25为可疑反应。

（三）虎红平板凝集试验

这种试验是快速玻片凝集反应，抗原是布氏杆菌加虎红制成，它可与试管凝集及补体结合反应效果相比，且在犊牛菌苗接种后不久，以此抗原做试验就呈现阴性反应，对区别菌苗接种与动物感染有帮助。

1. 操作步骤 被检血清和布氏杆菌虎红平板凝集抗原各0.03ml滴于玻璃板的方格内，每份血清各用一支火柴棒混合均匀。在室温（20℃）4～10min内记录反应结果。同时以阳、阴性血清作对照。

2. 结果判定 在阳性血清及阴性血清试验结果正确的对照下，被检血清出现任何程度的凝集现象均判为阳性，完全不凝集的判为阴性，无可疑反应。

（四）变态反应试验

本试验是用不同类型的抗原进行布鲁氏菌病诊断的方法之一。布鲁氏菌水解素即变态反应试验的一种抗原，这种抗原专供绵羊和山羊检查布鲁氏菌病之用。按《羊布鲁氏菌病变态反应技术操作规程及判定标准》进行。

1. 操作方法 使用细针头，将水解素注射于绵羊或山羊的尾褶襞部或肘关节无毛处的皮内，注射剂量0.2ml。注射前应将注射部位用酒精棉消毒。如注射正确，在注射部形成绿豆大小的硬包。注射一只羊后，针头应用酒精棉消毒，然后再注射另一只。

2. 结果判定 注射后24h和48h各观察反应一次（肉眼观察和触诊检查）。若两次观察反应结果不符时，以反应最强的一次作为判定的依据。判定标准如下。

阳性反应（+）：注射部位有明显不同程度肿胀和发红（硬肿或水肿），不用触诊，凭肉眼即可察觉者。

疑似反应（±）：肿胀程度不明显，而触诊注射部位，常需与另一侧皱褶相比较才能察觉者。

阴性反应（-）：注射部位无任何变化。

阳性牲畜，应立即移入阳性动物群体进行隔离，可疑牲畜必须于注射后30d进行第二次复检，如仍为疑似反应，则按阳性牲畜处理，如为阴性则视为健畜。

（五）全乳环状试验

本法是用于监测布鲁氏菌病乳牛群有无本病感染的一种方法。全乳环状试验抗原用苏木紫染成蓝色或用四氮唑染成红色。

1. 操作方法 取新鲜全脂乳1ml于小试管内，加入抗原1滴约0.05ml，倒转试管数次，混合均匀，放于37℃温箱中1h，取出判定结果。

2. 判定标准

阳性反应（+）：上层乳脂环着色明显（蓝或红）；乳脂层下的乳柱为白色或着色轻微。

阴性反应（-）：乳脂层白色或轻微着色，乳柱显著着色。

疑似反应（±）：乳脂环与乳柱的颜色相似。

【思考题】

1. 试述牛布鲁氏菌病的检疫方法。

2. 以试管凝集试验为例，写一份牛布鲁氏菌病的检疫报告。

实训九 结核病的检疫

【目的】掌握牛结核菌素变态反应的诊断方法。

【设备材料】

1. 诊断液 提纯结核菌素。

2. 器材 酒精棉、卡尺、1～2.5ml注射器、针头、工作服、帽、口罩、胶鞋、记录表、线手套等。如为冻干结核菌素，还需准备稀释用注射用水或灭菌的生理盐水，带胶塞的灭菌小瓶。

【内容及方法】

（一）牛分枝杆菌PPD皮内变态反应试验

1. 注射部位 一般在颈侧中部上1/3处，3个月以内的犊牛，也可在肩胛部进行。

2. 术前处理 将牛只编号后，在术部剪毛（或提前一天剃毛），直径约10cm，用卡尺测量术部中央皮皱厚度，作好记录。如术部有变化时，应另选部位或在对侧进行。

3. 注射剂量 不论牛只大小，一律皮内注射1万IU。即将牛型提纯结核菌素稀释成每毫升含10万IU后，皮内注射0.1ml。如用2.5ml注射器，应再加等量注射用水皮内注射0.2ml。冻干提纯结核菌素稀释后应当天用完。

4. 注射方法 先以70%酒精消毒术部，然后皮内注入定量的牛型提纯结核菌素，注射后局部应出现小泡，如注射有疑问时，应另选15cm以外的部位或对侧重做。

5. 观察反应 皮内注射后经72h时判定，仔细观察局部有无热痛、肿胀等炎性反应，并以卡尺测量皮皱厚度，作好详细记录。对疑似反应牛应即在另一侧以同一批菌素同一剂量进行第二回皮内注射，再经72h后观察反应。

如有可能，对阴性和疑似反应牛，于注射后96h、120h再分别观察一次，以防个别牛出现较迟的迟发型变态反应。

6. 结果判定

（1）*阳性反应* 局部有明显的炎性反应。皮厚差等于或大于4mm以上者，其记录符号为（+）。对进出口牛的检疫，凡皮厚差大于2mm者，均判为阳性。

（2）*疑似反应* 局部炎性反应不明显，皮厚差在2.1～3.9mm，其记录符号为（±）。

（3）*阴性反应* 无炎性反应。皮厚差在2mm以下，其记录符号为（-）。

凡判定为疑似反应的牛只，于第一次检疫30d后进行复检，其结果仍为可疑反应时，经30～45d后再复检，如仍为疑似反应，应判为阳性。

（二）牛的禽分枝杆菌或副结核菌PPD皮内变态反应试验

如果牛群有感染禽分枝杆菌或副结核菌可疑时，可以应用牛、禽两型提纯结核菌素的比较试验进行诊断。其方法和判定如下。

1. 注射部位及术前处理 将牛只编号后在同一颈侧的中部选两个注射点。一点在上1/3处，一点在下1/3处。剪毛（或提前一天剃毛）直径约10cm，用卡尺测量术部中央皮皱厚度，作好记录。两个注射点之间的距离不得少于10cm，注射点距离颈项顶端和颈静脉沟也不得少于10cm。如术部皮肤有变化时，选对侧颈部进行。

2. 注射剂量 在上1/3处皮内注射禽型提纯结核菌素0.1ml（每毫升含25 000国际单位），在下1/3处皮内注射牛型提纯结核菌素0.1ml（每毫升含10万国际单位）。不论大小牛只，注射剂量相同。如用2.5ml注射器注射剂量（0.1ml）不易掌握，应加等量生理盐水或注射用水稀释后皮内注射0.2ml，冻干菌素稀释后应当天用完。

3. 注射方法 以70%酒精消毒术部，然后皮内注射定量的牛、禽两种提纯结核菌素。注射后局部应出现小泡，如注射有疑问时，可另选15cm以外的部位或对侧颈部重做。

4. 观察反应 注射后72h判定（可于48和96h各进行一次判定）。详细观察和比较两种菌素炎性反应的程度。并用卡尺测量其皮厚，分别计算出牛、禽两种菌素皮内变态反应的皮厚差，然后比较二者之间的皮差（如果增加了48和96h的判定时间，即可比较出两种菌素反应消失的快慢）。

5. 判定结果

①牛型提纯结核菌素反应大于禽型提纯结核菌素反应，两者皮差在2mm以上，判为牛型提纯结核菌素皮内反应阳性牛。其记录符号为（M+）。对已经定性的结核牛群，少数牛即使牛、禽两型之间的皮差在2mm以下，或牛型提纯结核菌素反应略小于禽型提纯结核菌素的反应（不超过2mm），也应判牛结核菌素反应牛（但牛型提纯结核菌素本身反应的皮厚差应在2mm以上）。

② 禽型提纯结核菌素反应大于牛型提纯结核菌素的反应，两者的皮差在2mm以上，判为禽型提纯结核菌素皮内变态反应阳性牛。其记录符号为（A+）。对已经定性的副结核菌或禽结核菌感染的牛群：即使禽、牛两型提纯结核菌素之间的反应皮差小于2mm或禽型提纯结核菌素略小于牛型提纯结核菌素的反应（不超过2mm），也应判为禽结核菌素反应牛（但禽型提纯结核菌素本身反应的皮差应在2mm以上）。

对进出口牛的检疫，任何一种菌素（牛、禽、副）皮差超过2mm以上（或局部有一定炎性反应），均认为是不合格。

【思考题】

试述应用牛分枝杆菌PPD皮内变态反应检查牛结核病的方法和判定标准。

实训十 炭疽的实验室诊断

【目的】掌握炭疽实验室诊断的步骤和方法。

【设备材料】

1. 器材 油镜显微镜、香柏油、载玻片、酒精灯、剪刀、镊子、手术刀、接种环、二甲苯、擦镜纸、乳钵、小号铜锅、沉淀反应管、毛细吸管、清洁中号试管、玻璃漏斗、滤纸、漏斗架。

2. 试剂 革兰氏染色液、碱性美蓝染色液、肉汤培养基、普通琼脂平板、血液琼脂平板、炭疽沉淀素血清、标准炭疽沉淀原、被检材料（疑似炭疽病料）。

【内容及方法】

（一）临床检查

1. 流行特点 应了解患病动物所在地区以往有无炭疽的发生、流行形式、发病季节、动物种类、发病和死亡情况、采取了哪些相应的措施、对尸体如何处理以及近年来炭疽预防接种工作进行情况等。

2. 临诊检查 除精神、食欲、结膜、体温等一般检查外，应特别注意喉部、腹下等处有无肿胀、肿胀的性质，患病动物有无疝痛症（应与真疝痛区别），粪便是否带血。

（二）病料采取

疑为炭疽死亡的动物尸体，通常不作剖检。应先自耳静脉采血涂片镜检，作初步诊断。不进行剖检的尸体可作局部解剖采取小块脾脏，然后将切口用浸透了20%漂白粉溶液的棉花或纱布堵塞，妥善包装后，专人送检。

（三）染色镜检

取患病动物濒死时或刚死亡动物的血液作涂片标本，最好用瑞氏或姬姆萨染色法染色，牛羊炭疽常可见到大量的有荚膜的炭疽杆菌，单个或成对存在，偶有短链，菌端粗大、两端平直成方形，荚膜呈深红紫色；猪炭疽要采取病变部淋巴结或渗出液涂片检查。

（四）分离培养

无菌采取患病动物濒死期或刚死动物的病理材料，直接接种于普通琼脂平板及肉汤培养基中，置37℃培养18～24h，检查有无炭疽杆菌生长。如果检查材料已经陈旧或污染时；可将血液或组织乳剂先放到肉汤中加温65～70℃经10min，杀死无芽孢的细菌，然后吸取0.5ml，接种于普通琼脂平板进行分离培养。

观察普通琼脂平板上生长的菌落，如有疑似炭疽的菌落，则应进行纯培养。为了鉴定分离的细菌为炭疽杆菌，必须接种各种培养基，观察菌体的形态，菌落的形态及生化反应，同时接种实验动物观察菌体的致病能力。炭疽杆菌与伪炭疽杆菌有某些类似之处，可参照表实－6以鉴别。

表实－6 炭疽杆菌与伪炭疽杆菌的鉴别要点

鉴别方法	炭疽杆菌	伪炭疽杆菌
运动力测定	无	一般有运动
高浓度 CO_2 下培养于血清培养基上的生长物	有荚膜	无荚膜
普通琼脂培养基上生长物	常成长链	常成短链
普通肉汤培养物	不浑浊、无菌膜	常浑浊、有菌膜
明胶穿刺培养	倒立松树样生长，液化缓慢	无倒立松树样生长，液化常快速
羊血琼脂平板培养	溶血弱或不溶血	溶血明显
卵磷脂酶	产生量小，为弱阳性	蜡样杆菌常呈强阳性，大量产生
对实验动物致病能力	有致病力	大多数没有致病力

上述的试验中，以运动力测定、荚膜形成、致病力，以及卵磷脂酶试验较为重要。

（五）串珠试验

炭疽杆菌在适当浓度青霉素溶液作用下，菌体肿大形成串珠，这种反应为炭疽杆菌所特有，因此可用此法与其他需氧芽孢杆菌相鉴别。

操作方法：取培养4～12h的肉汤培养物三管，其中二管各及时加入每毫升含5单位和10单位青霉素溶液0.5ml（最终浓度含0.5和1.0单位）混匀，另一管加生理盐水0.5ml，作为对照。置37℃孵育1～4h（时间过久，串珠继续肿胀，容易破裂），取出加入20%福尔马林溶液0.5ml，固定10min后，涂片显微镜检查，找到典型串珠状者可判定为炭疽杆菌。

（六）环状沉淀试验（Ascoli试验）

用于检查可疑尸体的感染兽皮、器官和组织中炭疽杆菌（炭疽免疫血清能与炭疽芽孢杆菌的抗原浸出物形成一种沉淀物）。

操作方法：采集1g左右可疑患病动物的组织，经研磨碎后，用5～10ml含10%醋酸的碳酸生理盐水稀释，煮沸5min，冷却后过滤即成被检沉淀原；如被检材料为皮毛，取干皮毛（鲜皮毛须37℃下放置48h）于高压灭菌器内15磅压力30min，取出冷却后剪成碎块，称重，加入5～10倍0.3%的石炭酸生理盐水，于室温下浸泡18～24h，用中性石棉或滤纸过滤，获得透明的滤液即为被检沉淀原。然后取一支小试管，加入0.5ml抗炭疽沉淀素血清，再小心将被检抗原滤液置于其上，如在15min内，在抗原和血清接触面形成一种环状混浊的沉淀环，则表示阳性反应。本试验应设正常血清和正常组织作对照。

【思考题】

1. 试述炭疽的流行特点和临床表现。
2. 试述炭疽的实验室诊断方法。

实训十一　附红细胞体病的实验室诊断

【目的】镜检法诊断猪附红细胞体病。

【设备材料】载玻片、盖玻片、瑞氏染色液、姬姆萨染色液、吖啶橙染液、中性蒸馏水、显微镜、待检血液。

【内容及方法】

（一）悬滴法

取新鲜血液加等量生理盐水稀释后，吸取一滴置载玻片上，加盖玻片，置油镜下观察，可见虫体呈球形、逗点形、杆状或颗粒状。由于虫体附着在红细胞表面的张力作用，红细胞在视野内上下震动或左右运动；红细胞的形态发生变化，呈星芒状、锯齿状等不规则形态。该方法也适合抗凝血液，抗凝血液存放1～2d，不影响检测结果。

（二）直接涂片法

取新鲜血液或抗凝血少许置于载玻片，做成血涂片，在高倍镜或油镜下直接观察。可见到附红细胞体呈球形、逗点形、杆状或颗粒状。有附红细胞体寄生的红细胞呈星芒状、锯齿状等不规则形态。

该方法简单、快速。但其不足之处，一是对推片的技术有一定的要求，红细胞必须推成薄层；二是容易和其他导致红细胞变形的情况混淆。

（三）染色法

1. 瑞氏染色法 将自然干燥的血片置于水平的支架上，滴加瑞氏染色液，并计数滴数直至将血膜浸盖为止，待染1～2min后，滴加等量的蒸馏水，轻轻吹动使之混匀，再染4～10min，用蒸馏水冲洗，自然干燥或吸干后镜检。

2. 姬姆萨染色法 血涂片自然干燥后用甲醇固定1～2min，将血涂片直立于装有姬姆萨染色液的染色缸中，染色30～60min，取出用蒸馏水洗净，干燥后镜检。

3. 吖啶橙染法 血涂片自然干燥后用甲醇固定1～2min，用滴管吸取吖啶橙染液2～3滴于血膜上，染色40～60s加盖玻片，镜检。

4. 镜检

（1）瑞氏染色 在油镜下观察，红细胞呈淡紫红色，附红细胞体呈淡蓝色。

（2）姬姆萨染色 在油镜下观察可见附红细胞体被染成紫红色。

（3）吖啶橙染色 将图片置于荧光显微镜下观察，附红细胞体呈明亮橘黄色，背景呈暗绿色。此时，从红细胞的边缘和血浆中可辨认出病原体。在急性病例中，病原体不易辨认，为淡黄色至浅绿色的小点状。

【思考题】

如何进行附红细胞体病的实验室诊断。

实训十二 猪瘟的诊断与检测

【目的】了解和掌握猪瘟的现场诊断和实验室诊断方法。

【设备材料】

1. 器材 剪刀、手术刀、镊子、注射器、针头、接种环、酒精灯、酒精棉球、体温计、载玻片、荧光显微镜、96孔110°～120°微量血凝板、10～100μl可调微量移液器等。

2. 试剂 血液琼脂、麦康凯琼脂、抗猪瘟荧光抗体、pH值3.0磷酸盐缓冲液、猪瘟兔化弱毒疫苗、青霉素、链霉素、0.02mol/L磷酸缓冲盐水、pH值7.4的0.05mol/L Tris-HCl缓冲液的混合液、pH值7.6的1% NaN_3、H_2O_2、猪瘟间接血凝抗原（猪瘟正向血凝诊断液，每瓶5ml，可检测血清25～30头份）、猪瘟阳性对照血清（每瓶2ml）、阴性对照血清（每瓶2ml）、稀释液（每瓶10ml）、待检血清（每份0.2～0.5ml，56℃水浴灭活30min）等。

3. 试验动物 家兔。

【内容及方法】

（一）流行病学调查、临床观察和尸体剖检

详细了解发病猪群的发病情况和其他相关情况，包括发病猪头数、发病经过、可能的原因或传染源、主要临诊症状、治疗措施及效果、病程和死亡情况、发病猪的来源及预防接种的时间、附近其他猪群的情况等；详细检查病猪的临诊症状，包括步态及精神状态，粪便形状和质地及是否带血或黏液，眼结膜和口腔黏膜是否有出血变化，体表可触摸淋巴结（腹股沟淋巴结）肿大情况，体温变化情况等。病猪急宰或死亡后，应进行剖检，全面检查内脏器官的眼观病理变化，特别注意淋巴结、咽喉、肾脏、脾脏、膀胱、胆囊、心内外膜、肠道等脏器的出血性变化。

（二）细菌学检查

猪瘟诊断中细菌学检查的目的是为了确定发病猪（群）是否存在并发或继发细菌感染，有时也为了排除猪瘟。采取刚死不久的病猪或急宰猪的血液、淋巴结、脾脏等病理材料，接种于血液琼脂和麦康凯琼脂平板上，培养24～48h，检查有无疑似的病原细菌。如有，需进一步鉴定和做动物接种试验，将检查结果记入病历或剖检记录内，并提出诊断意见。

（三）家兔接种试验

①选择体重1.5kg以上大小基本相等的健康家兔4只，分为2组，每组2只；试验前3天测温，每天3次，间隔8h，体温正常时进行下面试验。

②采取疑似猪瘟病猪的淋巴结和脾脏等病料作成1：10悬液，取上清液加青霉素、链霉素各1 000单位处理后，以每只5ml的剂量肌肉接种试验组兔。如用血液需加抗凝剂，每头接种2ml。对照组兔不接种。

③继续测温，每隔6h 1次，连续3d。

④7d后用猪瘟兔化弱毒1：20～1：50的清液静脉注射试验组兔和对照组兔，每只lml。每6h测温1次，连续3d。

⑤记录每只兔的体温变化，绘制体温曲线。根据试验组和对照组兔的热反应进行诊断。

a. 如试验组接种病料后无热反应，后来接种猪瘟兔化弱毒后也无热反应，而对照组兔接种猪瘟兔化弱毒有定型热反应，则诊断为猪瘟。

b. 如试验组接种病料后有定型热反应，接种猪瘟兔化弱毒后不发生热反应，而对照组接种猪瘟兔化弱毒发生定型热反应，则表明病料内含有猪瘟兔化弱毒。

c. 如试验组接种病料后无热反应，接种猪瘟兔化弱毒后发生定型热反应，或接种病料后发生热反应，后来对接种猪瘟兔化弱毒又发生定型热反应，而对照组接种猪瘟兔化毒后发生定型热反应，则不是猪瘟。

（四）猪瘟间接血凝试验

1. 操作方法

①检测前，应将冻干诊断液每瓶加稀释液5ml浸泡7～10d后方可应用。

②稀释待检血清：在血凝板上的第1孔至第6孔各加稀释液50μl加入第1孔，混匀后从中取出50μl加入第2孔，依此类推直至第6孔混匀后丢弃50μl，从第1孔至第6孔的血清稀释度依次为1：2、1：4、1：8、1：16、1：32、1：64。

③稀释阴性血清和阳性血清：在血凝板上的第11排第1孔加稀释液60μl，取阴性血清20μl混匀后取出30μl丢弃。此孔即为阴性血清对照孔。

在血凝板上的第12排第1孔加稀释液70μl，第2孔至第7孔各加稀释液50μl 。吸取阳性血清10μl，加入第1孔混匀并从中取出50μl加入第2孔……直到第7孔混匀并丢弃50μl。该孔的阳性血清稀释度则为1：512。

④在血凝板上的第1排第8孔加稀释液50μl即为稀释液对照孔。

⑤滴加抗原：第1排1～8孔和对照孔各加血凝抗原25μl立即置微量振荡器上振荡1min，或用手摇匀。室温下静置1.5～2h。

2. 判定方法和标准 先观察阴性血清对照好和稀释液对照孔，红血球应全部沉入孔底，无凝集现象（－）或呈阳性（＋）的轻度凝集为合格；阳性血清对照应呈（＋＋＋）凝集为合格。

在以上3孔对照合格的情况下，观察待检血清各孔的凝集程度，以呈“＋＋”凝集的待检血清最大稀释度为血凝效价（血凝价）。血清的血凝价达到1：16为免疫合格。

“－”表示红血球100%沉于孔底，完全不凝集

“＋”表示约有25%的红血球发生凝集

“＋＋”表示50%红血球出现凝集

“＋＋＋”表示75%红血球凝集

“＋＋＋＋”表示90%～100%红血球凝集

3. 注意事项

①勿用90°或130°血凝板，以免误判。

②污染严重或溶血严重的血清样品不宜检测。

③冻干血凝抗原，必须加稀释液浸泡7～10d，方可使用，否则易发生自凝现象。

④用过的血凝板，应及时冲洗干净，勿用毛刷或其他硬物刷洗板孔，以免影响孔内光洁度。

⑤使用血凝抗原时，必须充分摇匀，瓶底应无血球沉积。

⑥液体血凝抗原4～8℃贮存，有效期3年。

⑦如来不及判定结果或静置2h结果不清晰，也可放置第2天判定。

⑧每次检测，只设阴性、阳性血清和稀释液对照各1孔。

⑨稀释不同的试验要素时，必须更换塑料嘴。

⑩血凝板和塑料嘴洗净后，自然干燥，可重复使用。

（五）直接荧光抗体检查

1. 操作方法

①取急性高热期病猪的扁桃体、淋巴结或脾一小块，用滤纸吸去外面液体。

②取洁净载玻片一块，稍微烘热，将组织小片的切面触压玻片，略加转动，作成压印片，置室温干燥，或将病理组织制成冰冻切片。

③滴加冷丙酮数滴，置－20℃固定15～20min。

④用磷酸盐缓冲液（PBS）冲洗，阴干。

⑤滴加荧光标记抗体，置37℃饱和湿度箱盒内作用30min。

⑥用pH值7.2的PBS漂洗3次，每次5～10min。

⑦干后滴加甘油缓冲液，加盖玻片封闭，用荧光显微镜检查。

2. 结果判定 如细胞胞浆内有弥漫性、絮状或点状的亮黄绿色荧光为猪瘟；如仅见暗绿或灰蓝色，则不是猪瘟。

试验应设已知含猪瘟病毒材料压印片和不含猪瘟病毒材料压印片作为阳性和阴性对照。

标本染色和漂洗后，浸泡于5%吐温80-PBS（pH值7.2，0.01mol/L）中1h以上，除去非特异染色，晾干后用0.1%伊文思蓝复染15～30min，检查判定同上。

【思考题】

1. 猪瘟的临床症状和病理变化有哪些？

2. 试述猪瘟的实验室诊断方法。

实训十三　鸡新城疫的诊断与免疫检测

【目的】 掌握鸡新城疫的临诊诊断要点、新城疫的实验室诊断和免疫监测技术。

【设备材料】

1. 器材　剪刀、骨剪、肠剪、镊子、病理剖检记录表、工作服、胶靴、围裙、橡胶手套和来苏儿、恒温培养箱、照蛋灯、针锥、组织匀浆器、1ml 注射器、种蛋或鸡胚、96 孔 V 型微量滴定板、微量混合器、25μl 微量加样器、吸头、塑料采血管（内径 2mm 的聚乙烯塑料管，剪成 10 ~12cm 长）。

2. 试剂　0.85%灭菌生理盐水或 pH 值 7.0 ~7.2 磷酸盐缓冲液（PBS）、标准抗原、标准阳性血清、被检血清、1%鸡红细胞悬液（采集 3 只健康公鸡的抗凝血液，放入离心管中，加入 3 ~4 倍量生理盐水，以 2 000r/min 离心 15 min，去掉血浆和白细胞层，再加生理盐水，混匀、离心，反复洗涤 3 次，最后吸取压积红细胞用生理盐水配成 1%（V/V）悬液备用）。

【内容及方法】

（一）临床诊断

按家禽尸体剖检程序，首先检查鸡的体表组织，然后检查皮下组织，最后打开体腔，暴露整个胸腔和腹腔器官，检查内部组织器官。鸡新城疫主要检查消化道病变。

嗉囊：充满酸臭液体及气体。

腺胃：乳头顶端有出血点，特别在腺胃和肌胃交界处出血更为明显，有的可形成凹陷的出血性溃疡。1 周龄内雏鸡要多剖检几只方可发现乳头出血。

肌胃：剥离角质层，可见其下的肌肉有出血斑。

小肠：黏膜出血、坏死，尤其是十二脂肠黏膜出血明显，小肠后段肠黏膜上有枣核样纤维素性坏死灶，稍突出，表面有假膜覆盖，假膜脱落即成溃疡。

盲肠、直肠：盲肠扁桃体肿大、出血、坏死，直肠黏膜的皱褶呈条状出血。

气管：充血、出血。

其他：有时可见肺瘀血或水肿。产蛋鸡卵泡和输卵管显著充血，卵泡膜极易破裂以致卵黄流入腹腔。肝、脾、肾无特殊变化。

非典型新城疫的出血性变化大多不明显，剖检时需仔细辨认。其盲肠扁桃体和直肠黏膜出血变化发生的频率通常较高。

（二）NDV 的分离鉴定

1. 鸡胚准备　取健康的种蛋数枚，先用温水洗净，然后放入 37.5 ~38℃温箱内孵化，箱内要放置水盆，以保持箱内湿度。有条件的可直接从孵化厂取 7 ~9 日龄鸡胚，作为诊断用一般不需要考虑母源抗体问题，因病料中的野毒可不受母源抗体的影响致死鸡胚。

2. 病料准备　无菌操作取可疑新城疫病死鸡的脑（易磨碎，含毒量高，不易污染）、肝、气管或骨髓（含毒时间最长），按 1∶5 加入灭菌的生理盐水，置组织匀浆器或研钵研磨（脑组织可用玻璃棒在试管内搅拌），取上清液按青霉素和链霉素各 1 000IU/ml，如果是气管或粪便由于污染重可再加庆大霉素 500IU/ml，以 2 000 r/min 离心 15min 或过夜，备用。

3. 接种　取7～9日龄的鸡胚，用照蛋灯照蛋，观察鸡胚应健活（血管鲜红明显，胚动），并标记尿囊腔接种部位，避开胚体（黑影），于胚体上方气室侧下缘作标记，接种部位用碘酊消毒，酒精脱碘，再用消毒针锥在接种处用腕力打孔钻透。用1ml注射器吸取病料0.2ml注入尿囊腔，注意针的深度，不能刺伤胚体也不能注入气室或溢出壳外。然后用蜡融化后封孔，继续孵化，24h照蛋，弃去死胚（血管变粗、变黑或胚体不动）。24h后每隔5～6h照蛋一次，鸡胚通常在36～48h死亡。将死胚取出置4℃冰箱放置冷却，以免收获时血管出血。

4. 收获　将死胚用碘酊消毒气室部蛋壳，用镊子破壳并弃掉，再用眼科镊小心撕去壳膜，并刺破绒毛尿囊膜，将胚体压住用无菌吸管吸取尿囊液，尿囊液应澄清，出血的、混浊的尿囊液不能用。

5. 病毒鉴定

①新城疫死亡的鸡胚应全身出血，特别是头、肢明显，尿囊液澄清。

②取尿囊液做血凝试验，检测病毒的血凝性，测定病毒的凝集价。病毒能凝集鸡的红细胞，且凝集价在$6\log_2$以上。操作方法参照表实－7，只是用尿囊液代替病毒液。

③用该被检尿囊液和标准的的新城疫抗原分别与同1份新城疫阳性血清做血凝抑制试验，当测得的效价应相一致，才能证明被检病毒为新城疫病毒。操作方法参照表实－8，只是用阳性血清代替被检血清，用4单位尿囊液代替4单位病毒液。

（三）新城疫的免疫监测

新城疫免疫监测常用的方法是微量血凝抑制试验（HI）。

1. 微量血凝试验（HA）　用于检测病毒的血凝性，测定病毒抗原的血凝价，以确定HI试验4个血凝单位所用病毒抗原的稀释倍数。操作方法见表实－7。

①在微量滴定板的1～10孔中滴加稀释液25μl。

②吸取抗原（或被检鸡胚尿囊液）25μl滴加于第1孔中，然后由左至右顺序倍比稀释到第10孔后吸取25μl弃之。设11孔为红细胞对照（阴性对照），不加病毒液，只加25μlPBS，第12孔加入标准NDV25μl（阳性对照）。

③在上述每孔中加入1%红细胞悬液25μl。置微型混合器上振荡1min，或手持滴定板绕圆圈混匀。室温下（18～20℃）静置30～40 min，根据血凝图像判定结果。

表实－7　β微量法HA试验操作方法

孔号	1	2	3	4	5	6	7	8	9	10	11	12
PBS液（μl）	25	25	25	25	25	25	25	25	25	25	25	—
病毒液（μl）	25	25	25	25	25	25	25	25	25	25	— 弃25	25
混合，静置30～40min												
1%红细胞（μl）	25	25	25	25	25	25	25	25	25	25	25	25

红细胞沉于孔底呈小圆点，竖起反应板红点流动为不凝；无圆点不流动为凝集。能使红细胞完全凝集的抗原最高稀释度称为该抗原的血凝价（血凝滴度）。

④计算出含4个血凝单位的抗原浓度。抗原应稀释倍数=血凝滴度÷4

如病毒血凝滴度为1：256，则4个血凝单位为256÷4=64，即应将抗原或尿囊液稀释64倍进行HI试验。

2. 微量血凝抑制试验（HI） 操作方法见表实-8。

①在微量滴定板的1~11孔加入稀释液25μl，12孔加50μl。

②吸取被检血清25μl于第1孔中，挤压混匀后吸25μl于第2孔，并依次倍比稀释至第11孔，吸25μl弃去。

③吸取浓度为4个血凝单位的抗原依次加入1~11孔，每孔25μl。置微型混合器上振荡1min。置室温（18~20℃）下作用至少30 min。

④每孔滴加25μl1%鸡红细胞悬液，振荡混合，室温静置30~40 min，判定结果。

表实-8 β微量法HI试验操作方法

孔号	1	2	3	4	5	6	7	8	9	10	11	12
PBS液（μl）	25	25	25	25	25	25	25	25	25	25	25	50
被检血清（μl）	25	25	25	25	25	25	25	25	25	25	弃25	—
4单位病毒液（μl）	25	25	25	25	25	25	25	25	25	25	25	—
混合，静置40min												
1%红细胞（μl）	25	25	25	25	25	25	25	25	25	25	25	25
混合，静置40min												
结果判定	●	●		●	●	●	※	※	※	※	※	●

注：●红细胞不凝呈圆点 ※红细胞凝集平铺无圆点

3. 结果判定 在对照结果的情况下，以完全抑制红细胞凝集的血清最高稀释度，称为该血清的HI效价或滴度，用被检血清的稀释度或以2为底的对数（log_2）表示。如表实-8中第6孔完全抑制，则HI滴度为1：64（6log_2）。鸡群的HI滴度以抽检样品的HI滴度的几何平均值表示。

4. 应用

（1）确定最佳的免疫时间 雏鸡首免时间，应由母源抗体来决定。当其滴度下降到3log_2时作为首免日期。根据1日龄雏鸡的HI抗体滴度，结合其半衰期（每4.5d下降1个滴度），可推算出其下降到3log_2的时间。如1日龄时平均在5log_2，则9日龄为3log_2；1日龄时为6log_2，则13.5日龄为3log_2，依此类推。疫病流行地区或受威胁区，母源抗体悬殊的鸡群，首免日龄可提前至1日龄或稍后（1~4日龄），以后待HI抗体降到4log_2以下应加强免疫，使鸡群HI效价保持在5log_2以上。

雏鸡首免日龄=（1日龄雏鸡母源抗体对数几何平均值-4）×4.5+5。如果HI效价低于4log_2，则应在1日龄首免，而不是5日龄。

（2）检验免疫效果 鸡群免疫后10~14d，抽样采血测定HI效价，若HI抗体滴度比免疫前增加2个以上，则为合格；若免疫前后抗体滴度无变化，则应进行重新免疫。正常情况，鸡群免疫后 HI 抗体效价保持一定的水平，如用弱毒活疫苗免疫后，HI 效价可达 1：16～1：64（$4\log_2$～$6\log_2$），用油乳剂苗，HI 效价可达 1：256～1：512，最高达 1：2 048（$11\log_2$）。

监测时要随机抽样采血，血样数根据鸡群的大小而定。1 000只以下的鸡群，取 10～15 只鸡的血样；1 000～5 000只时，取 25～30 只鸡的血样；5 000～10 000只的鸡群，取40～50 只鸡的血样。

监测时间与使用的疫苗有关，用Ⅳ系和克隆 30 苗免疫鸡群应每月监测 1 次，用Ⅰ系和油乳苗免疫的鸡群应每隔 2 个月监测 1 次。

（3）*了解鸡群的免疫水平* 鸡群 HI 效价的高低在一定程度程度上反映了免疫保护水平的。鸡群 HI 效价离散度较小，而 HI 效价较高，其保护水平也高，相反，则保护水较低。HI 效价在 $4\log_2$ 的鸡群保护率为 50%，HI 效价在 6～$10\log_2$ 的鸡群保护率为 90%～100%，因此鸡群 HI 效价最好应维持在 $6\log_2$ 以上。当发现个别鸡 HI 抗体异常升高（超过 $11\log_2$），且 HI 抗体效价参差不齐，低的在 $4\log_2$ 以下，说明该鸡群可能感染了新城疫强毒，结合临诊和病理剖检，可诊断该鸡群已受到新城疫强毒感染。

【思考题】

1. 试述鸡新城疫的临床症状和病理变化。
2. 如何进行新城疫病毒的分离培养？
3. 试述应用血凝抑制试验进行新城疫免疫监测的方法步骤。

实训十四　鸡马立克氏病的诊断、监测与免疫接种

【目的】掌握鸡马立克氏病的诊断和鸡群感染情况的监测方法以及鸡马立克氏病的免疫接种要点。

【设备材料】

1. 器材 注射器（lml 或 2ml）8～10 只、6～8 号针头 20 只、10mm ×100mm 试管若干只（分离血清或浸提羽髓抗原）、玻璃棒（直径 6～8mm、圆头、长约 16cm）4～6 只；刻度吸管、滴管 18～20 只，烧杯或搪瓷缸 4～6 个（盛蒸馏水）；玻璃平皿、打孔器（直径 3mm 和 6mm），镊子或长柄钳、纱布、护目镜、手套、温度计、塑料桶、冰块、冰盘、液氮罐等。

2. 试剂 8% pH 值 7.2～7.4 的钠、钾磷酸盐缓冲液；氯化钠、标准抗原、阳性血清；鸡马立克氏病 HVT 冻干苗、鸡马立克氏病细胞结合性活疫苗（CVI988 液氮苗）、稀释液、精制琼脂粉等。

【内容及方法】

（一）诊断依据

本病的诊断主要依据临床症状和病理变化。几乎所有鸡群都存在 MDV 感染，但只有部分鸡群发生 MD；免疫鸡群可以防止 MD 发生，但不能阻止 MDV 强毒感染。因此，血清和病毒的诊断方法只能用于鸡群感染情况的监测，而不能作为发生 MD 的诊断依据。

神经型可根据病鸡特征性麻痹症状以及外周神经的变化即可确诊。表现受害神经增粗，横纹消失，有时呈水肿样外观。因受害的坐骨神经丛和臂神经丛常为单侧，与另一侧对比容易发现明显差别。内脏型根据内脏器官的肿瘤病变进行诊断，但必须通过肿瘤组织检查与鸡淋巴细胞性白血病进行鉴别诊断。MD 肿瘤主要由大、中、小 T 淋巴细胞组成，而淋巴白血病肿瘤主要由大小均一的 B 淋巴细胞组成。

（二）MD 感染情况的监测

鸡群 MD 感染情况的监测一般采用琼脂扩散试验，该方法可用于 20 日龄以上鸡羽髓 MDV 抗原检测和 1 月龄以上鸡的血清抗体检测。

1. 1%琼脂平板制备 用含 8%含氯化钠的 PBS（0.01mol，pH 值 7.4）配制 1%琼脂溶液，水浴加温使充分溶化后，加入直径 90mm 培养皿，每皿约 15ml；平置，在室温下凝固冷却后备用。

2. 打孔 将琼脂板放在预先印好的 7 孔形图案上，用打孔器按图形准确位置打孔，中央孔孔径为 4mm，周边孔孔径为 3mm，孔距均为 3mm。每个平皿可打 4～5 组孔。

3. 加样

（1）检测羽髓中 MDV 抗原 选拔受检鸡含羽髓丰满的羽毛数根（幼鸡 8 根以上，成鸡 3～5 根），将带有羽髓的毛根剪集于试管内，每管滴加 2～3 滴 PBS 或生理盐水。然后用玻璃棒将羽毛根压集于管底，以适当的压力转动玻棒 10 多次，待浸提液充分浑浊后，倾斜试管，以玻棒引流将浸提液导至管口，另一人用吸管将之移入外周 2、3、5、6 孔内，在中央孔加入 MD 阳性血清，周边 1、4 孔加入标准 MD 琼扩抗原。

（2）检测血清抗体 用吸管将被检血清按顺序依次加入外周孔，其中有一孔加阳性血清，每加一份血清前，必须把吸管洗净拭干。用另一吸管向中央孔滴加标准抗原。加样时均以加满而不溢出为度。

加样完毕后稍等片刻，待所加样稍被吸附下沉后，将琼脂平皿加盖并平放于加盖的湿盒内，置 37℃温箱中孵育，18～24h 内观察并记录结果。

4. 结果判定 被检样品孔与中心孔之间形成清晰的沉淀线，并与周边已知抗原和阳性血清孔的沉淀线相连，判为阳性；不出现沉淀线的判为阴性；已知抗原与阳性血清之间所产生的沉淀线末端弯向被检样品孔内侧时，则该被检样品判为弱阳性。有些被检材料可能会出现两条以上沉淀线，则最突出的线称作 A 线，次要的线称作 B 线，都属于阳性反应。

（三）鸡马立克病的免疫接种

1. 鸡马立克氏病 HVT 冻干苗使用方法

（1）器械消毒 连续注射器要拆开，与针头、胶管等一起先用清水反复冲洗，然后煮沸 15min。

（2）检查稀释液 稀释液保存于 2～15℃冷暗处，不能冰冻保存。稀释液瓶盖如有轻微松动，或液体有轻微混浊、变色都不能使用。

（3）稀释液预冷 稀释液临用前放 2～8℃冰箱中冷藏 2h，或在盛有冰块容器中预冷。

（4）疫苗稀释 先用注射器吸取 5ml 稀释液注入疫苗瓶中，溶解后抽出混匀的溶液，注入稀释瓶内，再向疫苗瓶注入稀释液冲洗 2 次，疫苗稀释配制要在 30min 内完成。

（5）注射部位 一般注于颈部背侧皮下，不要靠头太近，每只鸡 0.2ml。注射过程中稀释液瓶要放在冰水中，并隔 10min 摇晃 1 次。

2. 鸡马立克氏病细胞结合性活疫苗（液氮苗）稀释及使用

①操作者戴上手套和护目镜，打开液氮罐，把装疫苗安瓿的金属筒提出液氮，达到一次能够取出一支安瓿的高度，取出疫苗安瓿，然后将金属筒插回液氮罐内，立即盖上盖子。

②将取出的疫苗安瓿放入已准备好的水桶中，水温为 15～26℃（或按产品说明），用镊子夹着晃动，一般在 60s 左右即可融化。疫苗稀释液平时应于 4℃保存，稀释前应预温至 15～26℃（或按产品说明）。

③从水中取出完全融化的疫苗安瓿，轻轻摇动安瓿使疫苗混匀，用手指轻弹安瓿颈部，使颈部或尖端的疫苗流入底部（严禁用力甩下），然后用洁净的纱布擦干，并用纱布包着，远离操作者面部，于瓶颈处折断安瓿。

④用装用 12 号针头的 5ml 无菌注射器缓慢吸取安瓿中的疫苗，注入稀释液瓶中。

⑤吸取稀释液反复冲洗安瓿 3 次，将冲洗液重新注入稀释液瓶中。

⑥沿稀释液瓶的纵轴正反轻轻转动 8～10 次，使疫苗与稀释充分混匀，应避免产生泡沫。稀释好的疫苗瓶应放在装有冰块的盘中。

⑦使用无菌连续注射器，按接种剂量调整好刻度，装上 7 号针头，颈背侧皮下注射 0.2ml 疫苗。注射过程中，每 5～10min 轻摇疫苗瓶 1 次。

3. 注意事项

①一般在出壳后 12h 内注射，一定要在孵化厅（已消毒）的接种室进行。

②不论是冻干苗，还是液氮苗，都应按规定的羽份接种。稀释液中不能添加其他任何药品，疫苗稀释后需在 1h 内用完。因此，一次稀释的疫苗量不宜太多。

【思考题】

1. 简述马立克氏病的诊断要点。
2. 为什么说感染马立克氏病毒不能作为诊断马立克氏病的标准？

实训十五　鸡传染性法氏囊病的诊断与免疫监测

【目的】熟悉并掌握鸡传染性法氏囊病的诊断及免疫检测方法。

【设备材料】

1. 器材　剪刀、镊子、平皿（直径 80mm）、打孔器、点样毛细管或微量移液器、烧杯、酒精灯、带盖瓷盘、注射器、荧光显微镜等。

2. 试剂　生理盐水、蒸馏水、精制琼脂粉、氯化钠、荧光抗体、标准抗原、阳性血清和待检血清等。

【内容及方法】

（一）临床诊断要点

传染性法氏囊病仅发生于鸡，多见于雏鸡和幼龄鸡，以 3～6 周龄最易感。往往突然发病，前 3d 死亡不多，第 5～7 天死亡达到高峰，第 7 天后死亡减少或停止。主要症状为病鸡精神高度沉郁、蹲伏、不愿走动、震颤、排白色水样稀粪。病鸡脱水虚弱而死亡，死亡率一般在30%左右。特征性病变是胸肌、腿肌出血，腺胃和肌胃交界处出血；法氏囊肿大出血，严重者法氏囊像紫葡萄。病程长的法氏囊内有干酪样物质，整个囊变硬。有的病例法氏囊萎缩。肾肿大并有尿酸盐沉积。

（二）免疫荧光抗体检查

1. 被检材料制备 采取病死鸡的法氏囊、盲肠扁桃体、肾和脾，用冰冻切片制片后，用丙酮固定10min。

2. 染色方法 在切片上滴加IBD的荧光抗体，置湿盒内在37℃感作30min后取出，先用pH值7.2 PBS液冲洗，继而用蒸馏水冲洗，自然干燥后滴加甘油缓冲液封片（甘油9份，pH值7.2 PBS 1份）镜检。

3. 结果判定 镜检时见片上有特异性的荧光细胞时判为阳性，不出现荧光或出现非特异性荧光则判为阴性。

4. 注意事项 滴加标记荧光抗体于已知阳性标本上，应呈现明显的特异荧光。滴加标记荧光抗体于已知阴性标本片上，应不出现特异荧光。本法在感染12h就可在法氏囊和盲肠扁桃体检出。

（三）琼脂扩散试验

1. 琼脂平板制备 将8.0g氯化钠和0.2ml苯酚溶于100ml蒸馏水中，加入精制琼脂1.2~1.5g，水浴溶化后，用5.6% $NaHCO_3$将pH值调至6.8~7.2，趁热用3层纱布过滤，浇板（注意切勿产生气泡，厚度应均匀一致），制成厚度3mm的琼脂板，冷却凝固后置4℃冰箱中可保存7d。

2. 打孔 首先在坐标纸上画好七孔梅花形图案，把图案放在琼脂板平皿下面，照图案在固定位置打孔，外周孔径3mm，中央孔与孔间距为3mm，打孔切下的琼脂用针头或笔尖将其挑出（注意不要损坏孔壁），封孔底。

3. 加样 加样前在琼脂平皿边缘贴上胶布或用琼脂墨水写上日期和编号，中央孔加入法氏囊琼扩抗原0.02ml，外周1孔、4孔加入法氏囊阳性血清，外周2孔、3孔、5孔、6孔依次加入待检血清，加至孔满为止，每加一份血清前，必须把吸管洗净拭干。待孔内液体稍被吸附后将加盖，将平皿倒置，并平放于加盖的湿盒内，置37℃温箱中孵育，间隔12h观察1次，至72h判定并记录结果。

4. 结果判定 当标准阳性血清孔与抗原孔之间出现明显致密的沉淀线时，待检血清孔与抗原孔之间形成沉淀线，或阳性血清的沉淀线末端弯向毗邻的待检者血清孔内侧，则待检血清判为阳性；待检血清孔与与抗原孔之间不形成沉淀线，或阳性血清的沉淀线向毗邻的待检者血清孔直伸或弯向外侧，则待检血清判为阴性。

5. 应用

（1）确定最佳首免日龄　按总雏鸡数的0.5%的比例采血分离血清，用标准抗原及阳性血清进行抗体测定。若10份血清中有8份检出抗体，阳性率即为80%。按照如下测定的结果制定活疫苗的首免最佳日龄：鸡群在1日龄测定时阳性率不到80%的，在10~17日龄间首免。若阳性率达80%以上，应在7~10日龄再监测1次，此次阳性率低于50%时，在14~21日龄首免，如果阳性率在50%以上，在17~24日龄免疫。

（2）检查免疫效果　免疫后10d进行抗体监测，血清抗体阳性率达80%以上，证明免疫成功。

(3) *确定卵黄抗体效价* 将高免卵黄在试管或96孔反应板作递倍稀释后，依次加到外周孔，反应后以出现沉淀线的卵黄液最高稀释倍数为卵黄的抗体效价。法氏囊病卵黄抗体效价使用的最终浓度应达到64倍以上。

【思考题】

写出传染性法氏囊病的诊断方法。

主要参考文献

[1] 傅先强，刘占君. 养禽场禽病检验手册. 北京：中国农业大学出版社，1992.
[2] 蔡宝祥等. 动物传染病诊断学. 南京：江苏科学技术出版社，1993.
[3] 顾建洪. 新编禽病全集. 北京：中国经济出版社，1995.
[4] 郑明球. 家畜传染病学实验指导（第三版）. 北京：中国农业出版社，1995.
[5] 中国农业科学院哈尔滨兽医研究所. 动物传染病学. 北京：中国农业出版社，1999.
[6] B. E. 斯特劳，S. D. 阿莱尔，W. L. 蒙加林，D. J. 泰勒主编. 赵德明，张中秋，沈建忠主译. 猪病学（第八版）. 北京：中国农业出版社，2000.
[7] 蔡宝祥. 家畜传染病学（第四版）. 北京：中国农业出版社，2001.
[8] 褚景生. 中草药防治畜禽传染病. 石家庄：河北科学技术出版社，2001.
[9] 吴清民. 兽医传染病学. 北京：中国农业大学出版社，2002.
[10] 王俊东，蔡建平. 畜禽群发性疾病防治. 北京：中国农业科技出版社，2002.
[11] 白文彬，于康震. 动物传染病诊断学. 北京：中国农业出版社，2002.
[12] 张泉鑫. 猪病中西医综合防治大全（第二版）. 北京：中国农业出版社，2002.
[13] 甘孟侯. 中国禽病学. 北京：中国农业出版社，2003.
[14] 农业部兽医局. 简明禽病防治技术手册. 北京：中国农业出版社，2005.
[15] 吴志明，刘莲芝，李桂喜. 动物疫病防控知识. 北京：中国农业出版社，2006.
[16] 陈溥言. 兽医传染病学（第五版）. 北京：中国农业出版社，2006.
[17] 张卫宪. 当代养牛与牛病防治技术大全. 北京：中国农业科学技术出版社，2006.
[18] 葛兆宏. 动物传染病. 北京：中国农业出版社，2006.
[19] 王志远. 猪病防治. 北京：中国农业出版社，2006.
[20] 徐建义. 禽病防治. 北京：中国农业出版社，2006.